例说CorelDRAW X7——创意图形设计从入门到精通

/孙毓 著/

国家一级出版社
全国百佳图书出版单位
西南师范大学出版社
XINAN SHIFAN DAXUE CHUBANSHE

图书在版编目（CIP）数据

例说CorelDRAW X7 ：创意图形设计从入门到精通 /
孙毓著. -- 重庆 ：西南师范大学出版社，2015.6
ISBN 978-7-5621-7410-3

Ⅰ. ①例… Ⅱ. ①孙… Ⅲ. ①图形软件 Ⅳ.
①TP391.41

中国版本图书馆CIP数据核字(2015)第120887号

当代图形图像设计与表现丛书
主　编：丁鸣　沈正中

例说CorelDRAW X7——创意图形设计从入门到精通　孙毓　著
LISHUO CorelDRAW X7——CHUANGYI TUXING SHEJI CONG RUMEN DAO JINGTONG

责任编辑：鲁妍妍
整体设计：鲁妍妍

西南師範大學出版社（出版发行）
地　　址：重庆市北碚区天生路2号　　邮政编码：400715
本社网址：http：//www.xscbs.com　　电　　话：（023）68860895
网上书店：http：//xnsfdxcbs.tmall.com　　传　　真：（023）68208984

经　　销：新华书店
排　　版：重庆大雅数码印刷有限公司·黄金红
印　　刷：重庆康豪彩印有限公司
开　　本：787mm×1092mm　1/16
印　　张：14
字　　数：344千字
版　　次：2015年7月 第1版
印　　次：2015年7月 第1次印刷
ISBN 978-7-5621-7410-3
定　　价：56.00元（附光盘）

本书如有印装质量问题，请与我社读者服务部联系更换。读者服务部电话：（023）68252507
市场营销部电话：（023）68868624 68253705

西南师范大学出版社正端美术工作室欢迎赐稿，出版教材及学术著作等。
正端美术工作室电话：（023）68254657（办）　13709418041　E-mail：xszdms@163.com

序

PREFACE

中国道家有句古话叫“授人以鱼，不如授之以渔”，说的是传授人以知识，不如传授给人学习的方法。道理其实很简单，鱼是目的，钓鱼是手段，一条鱼虽然能解一时之饥，但不能解长久之饥，想要永远都有鱼吃，就要学会钓鱼的方法。学习也是相同的道理，我们长期从事设计教育工作，拥有丰富的实践和教学经验，深深地明白想要学生做出优秀的设计作品，未来能有所成就，就必须改变过去传统的填鸭式教育。摆正位置，由授鱼者的角色转变为授渔者，激发学生学习的兴趣，教会学生设计的手段，使学生在以后的设计工作中能够自主学习，举一反三，灵活地运用设计软件，熟练掌握各项技能，这正是本套丛书编写的初衷。

随着信息时代的到来与互联网技术的快速发展，计算机软件的运用开始遍及社会生活的各个领域。尤其是在如今激烈的社会竞争中，大浪淘沙，不进则退。俗话说：“一技傍身便可走天下”，但无论是在校学生，还是在职工作者，又或是设计爱好者，想要熟练掌握一个设计软件，都不是一蹴而就的，它是一个需要慢慢积累和实践的过程。所以，本丛书的意义就在于：为读者开启一盏明灯，指出一条通往终点的捷径。

本丛书有如下特色：

（一）本丛书立足于教育实践经验，融入国内外先进的设计教学理念，通过对以往学生问题的反思总结，侧重于实例实训，主要针对普通高校和高职等层次的学生。本丛书可作为大中专院校及各类培训班相关专业的教材，适合教师、学生作为实训教材使用。

（二）本丛书对于设计软件的基础工具不做过分的概念性阐述，而是将讲解的重心放在具体案例的分析和设计流程的解析上。深入浅出地将设计理念和设计技巧在具体的案例设计制图中传达给读者。

（三）本丛书图文并茂，编排合理，展示当今不同文化背景下的优秀实例作品，使读者在学习过程中与经典作品之美产生共鸣，接受艺术的熏陶。

（四）本丛书语言简洁生动，讲解过程细致，读者可以更直观深刻地理解工具命令的原理与操作技巧。在学习的过程中，完美地将设计理论知识与设计技能结合，自发地将软件操作技巧融入实践环节中去。

（五）本丛书与实践联系紧密，穿插了实际工作中的设计流程、设计规范，以及行业经验解读。为读者日后工作奠定扎实的技能基础，形成良好的专业素养。

感谢读者们阅读本丛书，衷心地希望你们通过学习本丛书，可以完美地掌握软件的运用思维和技巧，助力你们的设计学习和工作，做出引发热烈反响和广泛赞誉的优秀作品。

前言
FOREWORD

笔者从事CorelDRAW教学多年，乐于钻研CorelDRAW，深刻地体会到它就像是哆啦A梦的大口袋，可以帮助我们实现自己的设计梦想，所以学习和使用CorelDRAW是一件令人愉快的事。本书力求在一种轻松、愉快的学习氛围中带领读者深入地学习并掌握该软件功能，学习CorelDRAW的使用技巧以及在创意图形等设计领域的应用。

CorelDRAW X7是Corel公司最新推出的一款集矢量图形绘制、版面设计、位图编辑等多种功能于一体的图形设计应用软件，在广告招贴设计、标志设计、字体设计、插画、图形图案设计、版式设计等多个领域发挥着重要的作用。相对于之前的版本，其在功能上有了很大的提高，读者可以更加轻松顺畅地表达想要的设计风格和实现无限创意。

本书以CorelDRAW X7软件为设计平台，以平面设计领域的实际应用为引导，全面系统地讲解了CorelDRAW X7的功能与应用。设计案例与软件功能完美结合是本书的一大特色。每一章的开始部分，首先介绍设计创意理念，欣赏并解析相关作品及成功案例，然后讲解案例所涉及的软件功能，最后再针对软件功能的应用制作不同类型的设计案例。这样的内容安排能够令读者在不同类型的设计案例中体验CorelDRAW X7的使用乐趣，在动手实践的过程中轻松掌握软件的使用技巧，了解设计项目的制作流程，真正做到学以致用。

本书共分为八章。第一章简要介绍了创意图形设计知识和CorelDRAW X7基本操作方法。第二章到第八章讲解了创意图形、插画设计、包装设计、海报设计、标志设计、产品设计、书籍封面设计的创意与表现方法，并通过案例巧妙地将CorelDRAW X7各项功能贯穿其中。本书的配套光盘中包含了案例的素材文件、最终效果文件等辅助学习内容。

目录 CONTENTS

目录 CONTENTS

第一章 CorelDRAW X7 入门知识

本章导读

CorelDRAW 是一款功能强大的矢量图形绘制软件，同时它也兼备了很多位图编辑的功能。本章主要介绍 CorelDRAW X7 的基本情况、基本操作方法、位图和矢量图的基础知识、常用的文件格式及 CorelDRAW 的应用领域等。

学习目标

- 了解 CorelDRAW X7 的基本概况
- 了解 CorelDRAW X7 的应用领域
- 了解位图和矢量图的基本知识
- 了解 CorelDRAW X7 的新增功能
- 掌握 CorelDRAW X7 的工作界面
- 熟练掌握 CorelDRAW X7 的基本操作方法

第一节 关于 CorelDRAW X7

一、CorelDRAW X7 简介

CorelDRAW Graphics Suite 是加拿大 Corel 公司开发出品的矢量图形制作软件。由于其拥有非凡的设计表现能力，被广泛地应用于广告设计、包装设计、产品设计、书籍装帧设计、矢量动画制作、网站制作等多个设计领域，并起到了非常重要的作用。

CorelDRAW Graphics Suite X7 是 Corel 公司最新推出的矢量图形处理软件，如图 1-1。它以强大、完善的功能和易学易用的特点，赢得了广大图形图像处理爱好者的喜爱，在平面设计制作软件中占据核心地位。

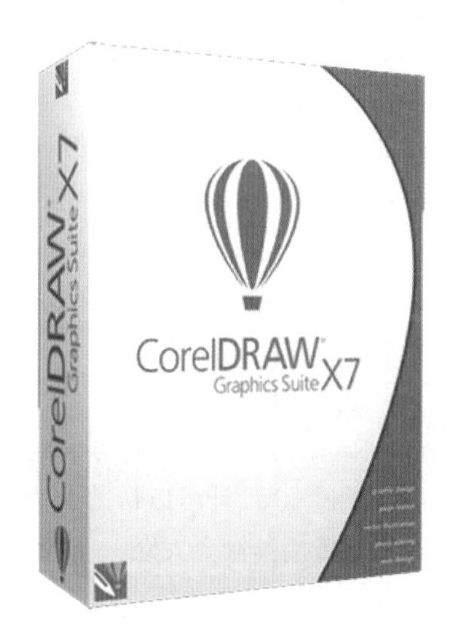

图 1-1

常言道：工欲善其事，必先利其器。对于使用 CorelDRAW X7 从事图形图像处理的设计师们来说，首先必须要准备适合配置的计算机。根据最新版本的 CorelDRAW X7 的要求，其安装硬件要求如下：

◎操作系统：Microsoft Windows 8/8.1（32 位或 64 位版本）或 Windows 7（32 位或 64 位版本），均安装有最新的 Service Pack；

◎ CPU：Intel Core 2 Duo 或 AMD Athlon 64；

◎内存：2 GB RAM；

◎硬盘空间：1 GB（不包括内容的典型安装）。

二、CorelDRAW X7 的应用领域

CorelDRAW X7 是一款集矢量图形绘制、版面设计、位图编辑等多种功能于一体的图形设计应用软件，在广告招贴设计、标志设计、字体设计、装饰画、图形图案设计、版式设计等多个领域发挥着重要的作用。

（一）平面广告设计

CorelDRAW X7 是一款易学易用的图形制作与设计软件，大量的平面设计师使用 CorelDRAW 来进行平面广告设计制作，如图 1-2。

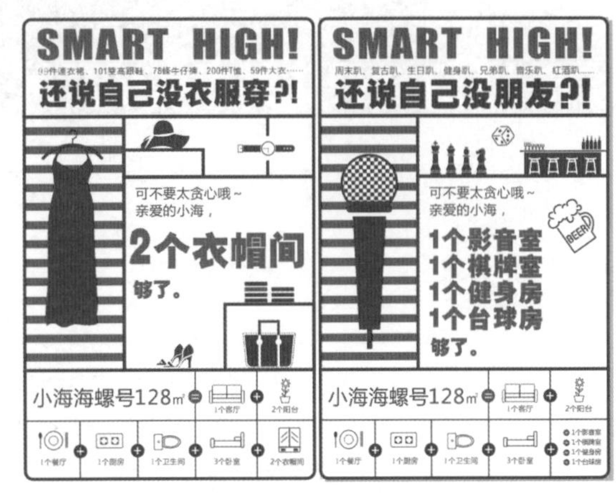

图 1-2

（二）插画设计

在现代设计领域中插画设计可以说是最具有表现意味的，而且其应用范围也在不断扩大。特别是在信息高速发展的今天，以插画为表现形式的商业信息随处可见，插画设计已成为现实社会中不可替代的艺术形式。CorelDRAW X7 具有强大的插画绘制功能，用户可以使用各种工具和命令轻松地绘制出自己想要的图形、图案和漂亮的插画作品，如图 1-3。

图 1-3

FLOWER EFFECT

图 1-4

（三）VI 设计

CorelDRAW X7 在 VI 设计方面的应用是非常广泛的。通过 VI 设计可以帮助企业进行宣传并将企业文化传播给社会大众，VI 是一个严密而完整的符号系统，它的特点在于可以展示清晰的“视觉力”结构，准确地传达独特的企业形象。通过差异性面貌的展现，达成企业认识、识别的目的。图 1-4 是使用 CorelDRAW X7 制作的 VI 设计案例。

图 1-5

（四）包装设计

CorelDRAW X7 在包装设计方面的应用也是非常广泛的，其工具和命令为设计制作包装的平面图和效果图提供了强有力的支持。在后面的章节中，我们将详细阐述如何使用 CorelDRAW X7 快速完成包装设计的平面图和效果图的设计与制作，如图 1-5。

（五）产品设计

设计产品的外观，需要学会使用大量的设计软件，包括 CorelDRAW、Photoshop、Pro/Engineer、AutoCAD、Rhino、3ds Max，等等。纵观这些软件，最容易上手的还是 CorelDRAW。CorelDRAW 提供的智慧型绘图工具以及新的动态导向，可以充分地降低软件操作难度，允许设计者更加精确地创建物体的尺寸和位置，减少操作步骤，节省设计时间，如图 1-6。

图 1-6

（六）书籍装帧设计

CorelDRAW X7 在书籍装帧设计方面的应用也是非常广泛的，它集成了 ISBN 生成组件，可以快速地插入条形码。同时，CorelDRAW X7 的定位功能使用起来也非常方便。如图 1-7 是使用 CorelDRAW X7 制作的书籍装帧案例。

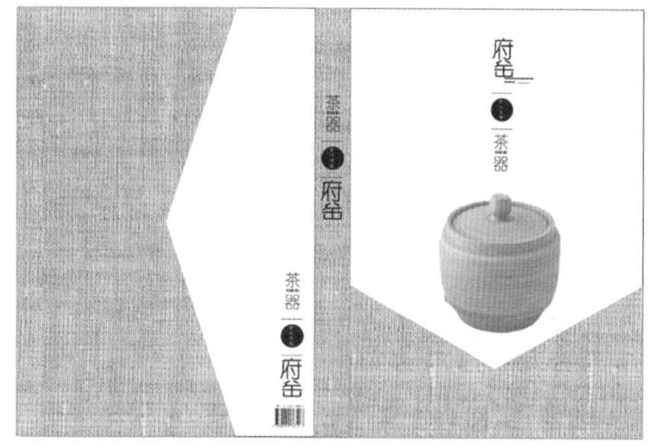

图 1-7

第二节 CorelDRAW X7 的工作界面介绍

正常情况下，启动 CorelDRAW X7 后可以进入如图 1-8 所示的工作界面。

一、标题栏

标题栏位于工作界面的顶部，用于显示 CorelDRAW 程序的名称和当前打开文件的名称以及所在路径。单击标题栏右端的 3 个按钮可以分别对 CorelDRAW 窗口进行最小化、最大化 /

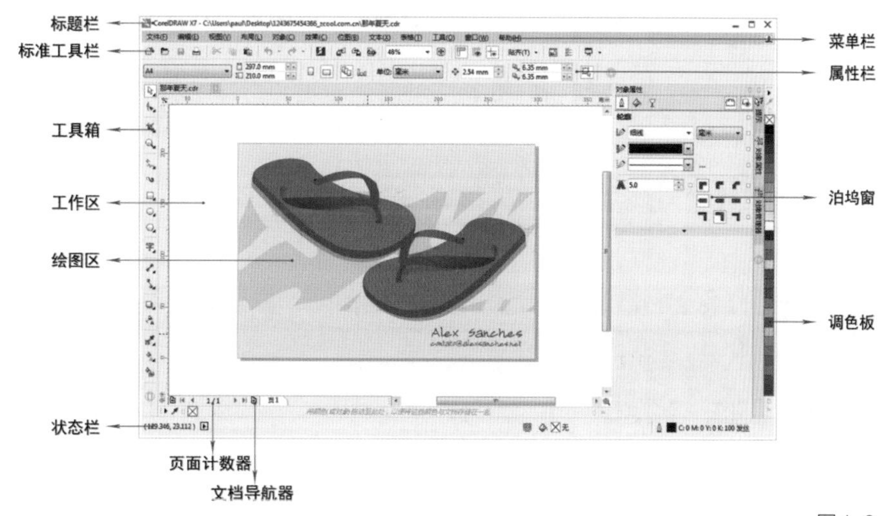

图 1-8

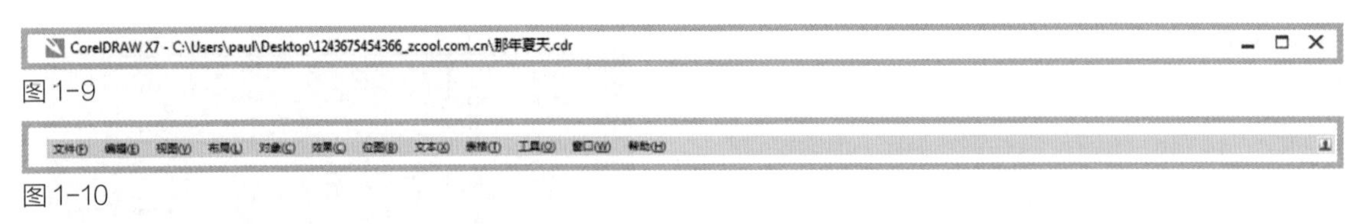

图 1-9

图 1-10

还原和关闭操作，如图 1-9。

二、菜单栏

菜单栏包含了 CorelDRAW X7 的所有操作命令，如【文件】、【编辑】、【视图】、【布局】、【排列】、【效果】、【位图】、【文本】、【表格】、【工具】、【窗口】和【帮助】等菜单项，如图 1-10。熟练地使用菜单栏是掌握 CorelDRAW X7 最基本的要求。用户可以通过选择菜单栏中相应的命令来执行相关的操作。单击某一菜单项都将弹出其下拉菜单，如选择【视图】菜单项，将弹出如图 1-11 所示的下拉菜单。

图 1-11

三、标准工具栏

标准工具栏（图 1-12）提供了用户经常使用的一些操作按钮，当用户将鼠标光标移动到按钮上，系统将自动显示该按钮相关的注释文字，如【新建】、【打开】、【保存】、【打印】、【撤销】和【重做】等。用户只需直接单击相应的按钮即可执行相关的操作。

四、属性栏

属性栏用于显示所编辑图形的属性信息和可编辑图形的按钮选项，而且属性栏的内容会根据所选的对象或当前选择工具的不同而发生变化（图 1-13 ~ 图 1-15）。用户可以通过单击其中的按钮对图形进行编辑和修改。

五、工具箱

工具箱（图 1-16）用于放置 CorelDRAW X7 中的各种绘图或编辑工具，

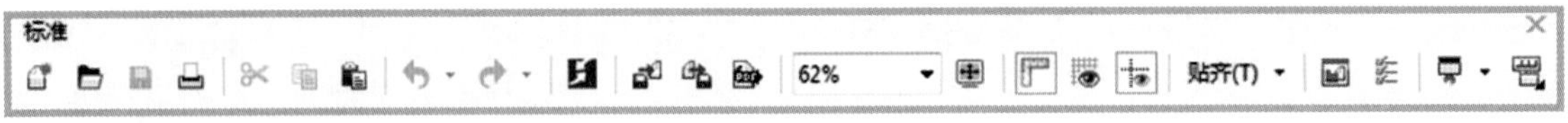

图 1-12 标准工具栏

图 1-13

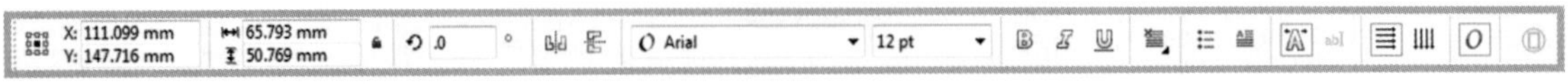

图 1-14

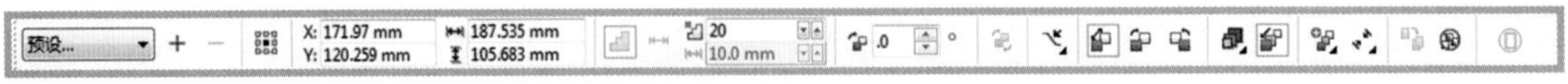

图 1-15

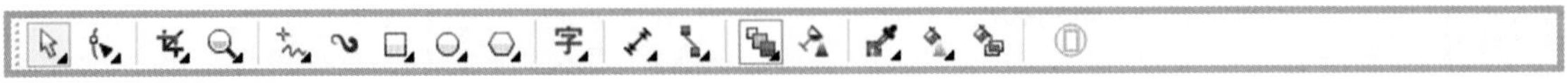

图 1-16

其中的每一个按钮表示一种工具。将鼠标光标移动到工具按钮上不放,会显示该工具的名称，从而方便用户认识各个工具。单击其中一个工具按钮，即可进行相应工具的操作。某些工具按钮右下角带有“三角形”符号，表示该工具包含有子工具，选择“三角形”符号或按住该工具按钮不放，即可展开子工具。

六、调色板

CorelDRAW X7 窗口中的调色板在默认状态下位于工作界面的右侧，可对选定图形的内部或轮廓进行颜色填充。在调色板中的一种颜色块上按住鼠标左键，将展开多列与该颜色相关联的其他颜色选择框（图 1–17）。用户可以从中选择所需的颜色。

使用调色板填充图形的方法：先选择图形对象，再用鼠标左键单击调色板中所需的颜色即可为图形填充相应的颜色。如果要将选中图形的轮廓颜色填充为其他颜色，则使用鼠标右键单击调色板中所需的颜色即可。

七、工作区

工作区（图 1–18）是工作时的可显示空间，当显示内容较多或进行多窗口显示时，可以用滚动条进行调节，以达到最佳效果。

八、绘图区

绘图区（图 1–19）是指 CorelDRAW X7 工作窗口中带有矩形边缘的区域。在此区域内的图形才能被打印出来，用户如果要打印所制作的作品，要将其移到该区域内，还可以根据需要在属性栏中设置绘图页面的大小和方向。

九、泊坞窗

泊坞窗（图 1–20）提供了许多常用的功能，其在默认状态下停靠在屏幕的右边。

在泊坞窗中进行操作的同时，用户可以在页面中预览到效果，单击其下方相应的按钮即可执行操作，极大地方便了用户使用。当用户打开多个泊坞窗后，除了当前泊坞窗外，其他泊坞窗将以标签的形式显示在右侧边缘，单击相应的标签可切换到其他的泊坞窗。

十、状态栏

状态栏（图 1–21）用于显示当前操作或操作提示信息，它会随操作的变化而变化，左边括号内的数据表示鼠标光标所在位置的坐标。

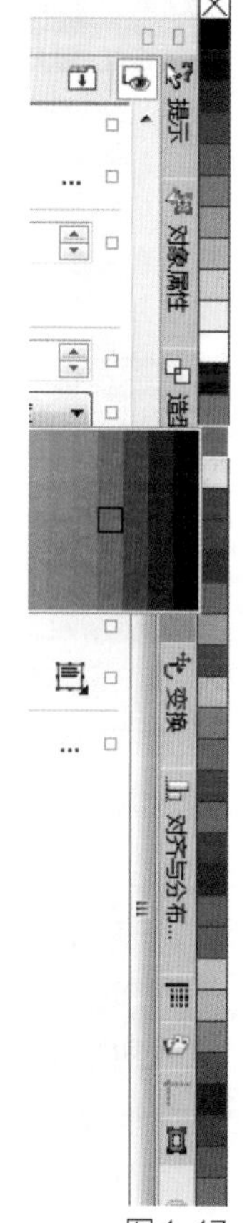

提示
对象属性
变换
对齐与分布...
图 1–17

图 1–18

图 1–19

变换
中心
相对中心
副本:
应用
图 1–20

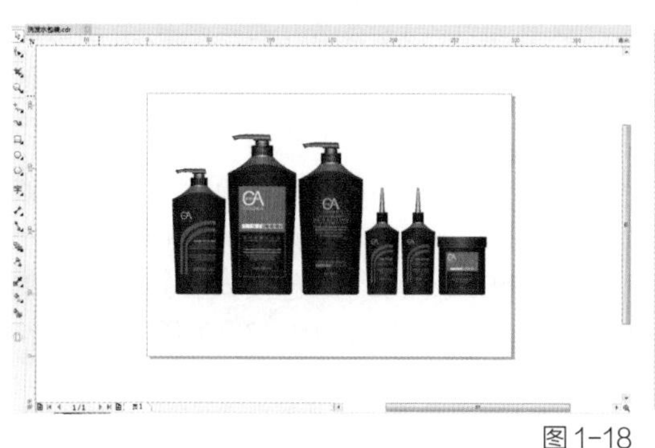

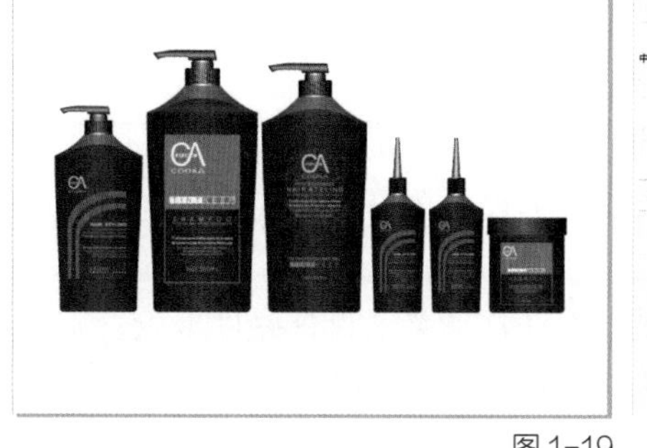

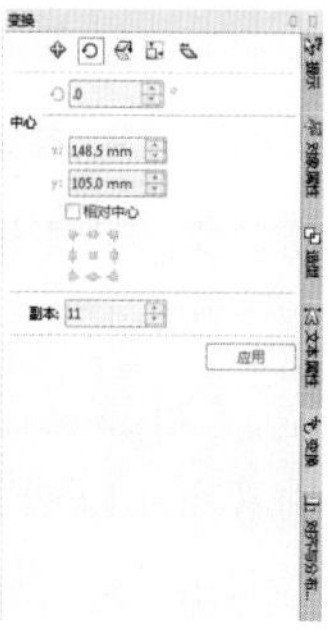

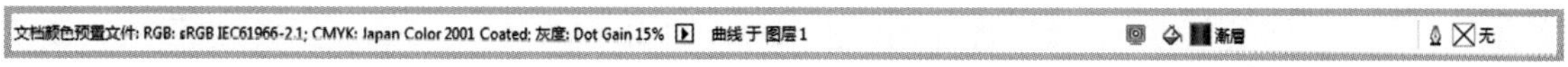

文档颜色预置文件: RGB: sRGB IEC61966-2.1; CMYK: Japan Color 2001 Coated; 灰度: Dot Gain 15%
曲线 于 图层 1
渐层
无
图 1–21

图 1-22 矢量图缩放前后对比效果

第三节 矢量图和位图的基本知识

掌握电脑平面设计常识不仅可以更好地学习 CorelDRAW，也是运用该软件制作平面作品的基础条件。

一、关于矢量图

矢量图又称为向量图，它以数学的矢量方式来记录图像内容。它无法通过扫描或拍摄获得，主要在矢量设计软件中生成，如 CorelDRAW 和 Adobe Illustrator 等软件。矢量图中图形的组成元素称为对象，无论将矢量图放大或缩小多少倍都不会产生失真现象，如图 1-22 所示。

矢量图所占的磁盘空间较小，经常用于图案设计、文字设计、标志设计和版式设计等。但矢量图形软件不能设计出绚丽多彩的图像效果。

二、关于位图

位图是相对于矢量图而言的，又称点阵图。位图可通过扫描仪、数码相机获得，也可通过如 Photoshop 和 CorelDRAW 获得，还可以由 Corel PHOTO-PAINT 之类的设计软件生成。位图由许多像素组成，每个像素都能记录一种色彩信息，因此位图图像能表现出绚丽的色彩效果。另外，位图的色彩越丰富，图像的像素就越多，分辨率也就越高，文件也相应越大。由于位图由多个像素点组成，因此将位图放大到一定倍数时就会看到像素点，产生失真现象。

三、色彩模式

色彩模式是将色彩用数据来表示的一种方式，正确的色彩模式可以使图形图像在屏幕或印刷品上正确地显现。CorelDRAW 常用的色彩模式有 RGB、CMYK、HSB、Lab、黑白模式、灰度模式和索引色模式等。各个色彩模式之间可以根据图形图像使用需要相互换。

（一）RGB 模式

RGB 模式是一种加色模式，由 Red（红）、Green（绿）和 Blue（蓝）3 种颜色组成，通过这 3 种色光的组合可以形成其他的颜色。用户可按不同的比例混合这 3 种色光，获得可见光谱中绝大部分种类的颜色。

由于 3 种颜色各自都有 256 个亮度水平级，3 种颜色相叠加就有 256×256×256=16777216 种颜色的可能，完全可以表现出绚丽多彩的图像效果，所以 RGB 模式也称真彩色模式。在生活中应用得最广泛，我们每天接触到的电脑显示屏、电视机都是采用 RGB 色彩模式。

（二）CMYK 模式

CorelDRAW 调色板中默认的色彩模式为 CMYK 模式，分别表示 Cyan（青）、Magenta（品红）、Yellow（黄）和 Black（黑）。相对于 RGB 模式的加色混合模式，CMYK 的混合模式是一种减色叠加模式，它通过反射某些颜色的光并吸取另外一些颜色的光来产生不同的颜色。如果将四色油墨中的两种或两种以上的颜色进行叠加，叠加的种类和次数越多，所得到的颜色就越暗，反射回的白色就越少，因此称之为减色法混合。

CMYK 模式也称印刷色模式，是最常用的印刷色模式，在印刷时通常都要进行四色分色再进行印刷。

（三）Lab 模式

Lab 模式是一种国际色彩标准模式，该模式将图像的亮度与色彩分开。由3个通道组成，L通道是透明度，其他两个通道是色彩通道，即色相（a）和饱和度（b）。在Lab模式下，L通道的范围为0%—100%；a通道为从绿到灰，再到红色；b通道为从蓝到灰，再到黄的色彩范围，这些颜色混合后将产生明亮的色彩，二者的变化范围均为-120—+120。

（四）HSB模式

HSB模式是根据颜色的色相（H）、饱和度（S）和亮度（B）来定义颜色的。其中，色相是物体的本身颜色，是指从物体反射进入人眼的波长光度，不同波长的光，显示为不同的颜色；饱和度又叫纯度，指颜色的鲜艳程度；亮度是指颜色的明暗程度。

（五）索引色模式

索引色彩也称为映射色彩，它只能通过间接的方式创建，而不能直接获得。由于该模式的图像是256色以下的图像，在整幅图像中最多只有256种颜色，一般只可用作特殊效果，而不能用于常规的印刷。

（六）黑白模式

黑白模式中只有黑和白两种色值，常见黑白模式的转换方式有50% Threshold（以50%为界限，将图像中大于50%的像素全变成黑色，小于50%的像素全变成白色）、抖动图像（将灰色变为黑白相间的几何图案）和误差扩散抖动（转换图像时，产生颗粒状的效果）3种。只有灰度模式和带有通道的图像才能直接转换为黑白模式。

（七）灰度模式

灰度模式又称8比特深度图，它能产生256级的灰色调。将一个彩色文件转换为灰度模式后，所有的色彩信息将从文件中消失，不能将原来的颜色完全还原，所以在将图像转换为灰度模式时一定要谨慎。

和黑白模式一样，灰度模式的图像中只有明暗值，没有色相和饱和度这两种颜色信息，由它与黑白模式组成的图像就构成了精彩的黑白世界。黑白模式只有黑、白两种色质，而灰度模式则由0—255个灰度级组成。

四、文件格式

文件格式代表了一个文件的类型。不同的文件有不同的文件格式。通常可以通过其扩展名来进行区别，如扩展名为.cdr的文件表示CorelDRAW格式文件，而扩展名为.psd的文件表示Photoshop格式文件。如果要生成各种不同格式的文件，需要用户在保存文件时选择所需的文件类型，然后程序将自动生成相应的文件格式，并为其添加相应的扩展名。

CorelDRAW是平面图形设计软件，有时遇到要制作位图效果的图形文件时，则需要结合其他的设计软件来制作出更加精美的图像效果。在CorelDRAW中保存文件时，可以生成多种不同格式的文件，主要包括以下五种。

（一）CDR格式

CDR格式是CorelDRAW软件生成的默认文件格式，它可以完整的保留矢量文件的所有信息，以及各图形的可编辑性，可以被Corel公司出品的一系列软件识别。

用CDR文件格式保存的图形文件，物理硬盘占用空间较小，可以保留由CorelDRAW软件工作中产生的对象属性、坐标位置、版面安排等信息。

（二）TIFF格式

TIFF图像文件格式可在多个图像软件之间进行数据交换，该格式支持RGB、CMYK、Lab和灰度等色彩模式，而且在RGB、CMYK及灰度等模式中支持Alpha通道的使用。几乎所有的绘画、图像编辑和页面版面应用程序均支持此图像文件格式。TIFF格式是平面设计中最常使用的一种通用性无损压缩格式，可以应用于各种不同的操作平台，可以被绝大多数的图形图像类软件识别，但其占用的磁盘空间较大。

（三）JPEG格式

JPEG通常简称JPG，是一种较常用的有损压缩技术，它主要用于图像预览及超文本文档，如HTML文档。

该文件格式的最大优点是能够大幅度降低文件的大小，但由于降低文件大小的途径是通过有选择地删除图像数据进行的，因此，图像质量有一定的损失。在将图像文件保存为 JPEG 格式时，可以选择压缩级别，级别越高得到的图像品质越低，文件也就越小。

（四）GIF 格式

GIF 图像文件可进行 LZW 压缩，使图像文件占用较少的磁盘空间。该格式可以支持 RGB 格式、灰度和索引色等色彩模式。

（五）BMP 格式

BMP 是一种标准的点阵式图像文件格式，它支持 RGB、索引色、灰度和位图色彩模式，但不支持 Alpha 通道。以 BMP 格式保存的文件通常比较大。

第四节 CorelDRAW X7 新增功能详解

一、新增的工具按钮

（一）完全控制填充和透明度

CorelDRAW X7 已创造出史上最强大的填充引擎，可让用户完全控制渐变填充、位图图样填充和矢量图样填充的操作。创建椭圆形和矩形渐变填充、控制渐变填充中各个颜色的透明度、重复对象中的渐变填充及其他功能。

（二）精确的布局和绘图工具

使用增强的布局功能时，可确保页面上的每个元素正好位于用户所需要的位置。新增的【对齐辅助线】选项可帮助用户快速地放置对象（快速显示并提供与其他相邻对象对齐的辅助线建议）。新增的【轮廓位置】选项允许用户挑选轮廓是位于对象内部、对象外部还是内外各占一半。

二、新增的菜单命令

（一）重新设计、可完全自定义的界面

CorelDRAW X7 已简化工具和设置，以便自然地反映工作流，所以当用户需要的时候，一切工具和设置都在用户所需要的地方。用户可在 Lite、经典或默认工作区之间选择以便顺利入门，然后使用新增的快速自定义功能来定制符合用户需求的工具箱和属性栏。

（二）矢量和位图图样填充

现在，通过使用“对象属性”泊坞窗中的增强控件，可以搜索、预览、应用和变换矢量图样填充和位图图样填充。还可以将已创建的填充保存为新的 FILL 格式，供用户稍后使用或与其他用户共享。

（三）QR 码生成器

将独特的 QR 码作为设计的移动市场营销工具进行创建和添加。向用户的 QR 码添加文本、图像和颜色，使其突出或调和。内置验证确保用户的 QR 码功能完整且可以在主流智能手机和扫描应用程序上读取。

（四）简单的颜色和谐编辑

增强的“颜色样式”泊坞窗使得查看、排列和编辑颜色样式与颜色和谐变得更加容易。现在可以在指定亮度值和保留饱和度与色度的同时调整颜色。新的和谐规则允许用户将颜色和谐中的所有颜色对齐到基于规则的系统，以便用户可以在修改这些颜色的同时，保留颜色和谐。

三、新增的其他功能

（一）高级工作区

多个新预定义的工作区可使特定行业的所

有工具都组织有序且便于访问。在“页面布局”和“插图”之间选择，或设置工作区，使其外观如 Adobe Photoshop 或 Illustrator，帮助简化从 Creative Suite 的转换。

（二）轻松预览字体和高级字符工具

为任何项目查找完美的字体。新增的“字体乐园”允许用户在将字体应用于设计之前，预览和体验不同的字体。此外，重新设计的“插入字符”泊坞窗可自动显示与所选字体关联的所有字符、符号和字形，使得查找和插入这些内容变得比以往更加容易。

（三）特殊效果和高级照片编辑

使用全新的特殊效果，包括四种新增的压感液态工具（涂抹、吸引、排斥、转动）和新增的相机效果（例如散景模糊、着色、棕褐色色调和延时），可以在 Corel® PHOTO-PAINT™ X7 中创建独特的图像。支持 300 多种相机的各种 RAW 文件，可为用户提供多种方式的丰富图像。

（四）高分辨率和多显示器支持

借助新增的多显示器支持功能，在多个屏幕之间移动工作将不再是令人头疼的难题。现在可以取消停放项目、泊坞窗和工具栏，并将其拖到应用程序窗口的外面。此外，CorelDRAW X7 已优化该套件的所有应用程序，实现了高 DPI 显示，因此界面将在高分辨率显示器上显得清晰明亮。

（五）内置内容中心

体验新的“内容中心”（完全与套件的应用程序集成的在线存储库）。从 CorelDRAW X7 的右侧与社区的其他用户共享渐变填充、位图图样填充和矢量图样填充。获取灵感、展示用户的作品并为您最喜欢的作品投票。

（六）学习资料和专家技巧

不管用户是经验丰富的图形专家还是刚崭露头角的设计师，可能都希望学习新的技巧。CorelDRAW X7 不断扩大的动态学习资料库（包括视频教程、网络研讨会和专家见解）将为用户提供帮助。此外，该应用程序右侧的 CorelDRAW 提示可提供培训视频和使用技巧。

（七）简单、专业的网站设计

Corel® Website Creator™ 不断地使得网站设计变得非常轻松。借助几十种新模板和 SiteStyles、增强 CSS3 的支持和新增的 HTML5 功能，用户可以快速设计、构建和维护吸引眼球的交互式网站，而无须学习如何编程。

（八）与最新的文件格式兼容

无论用户处理的文件格式是何种类型，CorelDRAW X7 都能提供用户所需的一切。支持 100 多种文件格式，包括最新的 AI、PSD、PDF、JPG、PNG、SVG、DWG、DXF、EPS、TIFF、DOCX 和 PPT 格式，此外，还支持 300 多种相机的各种 RAW 文件。

（九）免版税且高质量的内容

借助 10000 多种剪贴画和数码图像、1000 种字体、350 个模板、800 个图文框和图样等内容，让您的设计保持新颖性。

（十）有趣的移动应用程序

免费为 iOS 设备提供的新图样应用程序，可从数码照片中创建无缝的位图图样。以新的 FILL 格式保存图样，将其用于 CorelDRAW 或通过电子邮件、Facebook 共享您的创作。对于 Windows 8 用户，新的应用程序设计提供的查找和共享完美图像的方法很简单。将其用于搜索 iStockPhoto、Fotolia、Flickr 上的图像和 CorelDRAW.com 的画廊，然后保存最喜爱的图像以便快速引用、重用和共享。

第二章 CorelDRAW X7 中的创意图形绘制

本章导读

CorelDRAW 是一款功能强大的矢量图形绘制软件，同时它也兼备了很多位图编辑的功能。本章要求学生们在掌握基本图形、曲线图形、常用图形特效等知识点，熟练掌握外观修改工具、填充工具的基础上，能够设计并制作创意图形。

学习目标

- 掌握常用基本图形工具
- 掌握曲线图形工具
- 熟练掌握图形外观修改工具
- 熟练掌握对象的填充
- 掌握常用图形的特效
- 能够应用所学知识制作创意图形

第一节 关于创意图形设计

一、创意图形的概念

20 世纪 70 年代，国际设计联盟（GAI）组织了以“和平”为主题的招贴设计竞赛活动。

在几百幅名人作品中，日本设计师福田繁雄的作品（图 2-1）赢得了评委的一致好评，画面以温和而又醒目的黄色为基调，以黑色大炮为元素，采用对角线构成的画面，引起观众的注意，最为令人叫绝的是，福田繁雄将一颗脱离弹筒的炮弹在视觉流程上做了反向处理，一目了然的视觉传达效果使人感到其深刻的内涵。它向人们传播一个历史的规律，它向侵略者提出警告：谁发动战争，谁就将自食其果，自取灭亡。一张白纸，

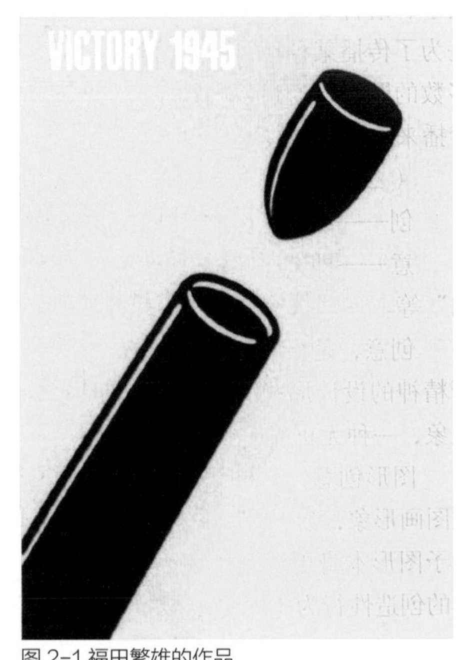

图 2-1 福田繁雄的作品

图 2-2 图案作品、美术作品

设计师仅用一个图形，不用文字，不用旁白，便能与观众沟通，这就是创意图形语言的魅力。

（一）图形的概念

图形（Graphic）是设计作品的表意形式，是设计作品中敏感和倍受关注的视觉中心。它是由绘、写、刻、印以及现代电子技术、摄影等手段产生的能传达信息的图像记号。

图形与我们常见的美术作品、图案作品有一定的区别。美术、图案作品主要是为了创造美并以此来反映社会和生活，它通过描绘来展示画家对生活的理解、对社会的看法，有时会是作者情感的宣泄（图 2-2），一般以画家原作的价值为最高。

图 2-3 创意图形

而图形（图 2-3）却有很强的功能性，和文字、语言等媒介一样，有一定的信息量，它是为了传播某种概念、思想或观念而存在。大多数的图形要通过在社会上被大量复制、广泛传播来达到最终的设计目，并实现艺术价值。

（二）创意图形的概念

创——即“开创”“创造”“独创”。

意——即“主意”“意念”“意识”“意向”等。

创意，是指将创造性的意念转化成具有创新精神的设计形式的一种思维过程。它是一种想象，一种无止境的联想。

图形创意，是指以图形为造型元素的说明性图画形象，经一定的形式构成和规律性变化，赋予图形本身更深刻的寓意和更宽广的视觉心理的创造性行为（图 2-4）。

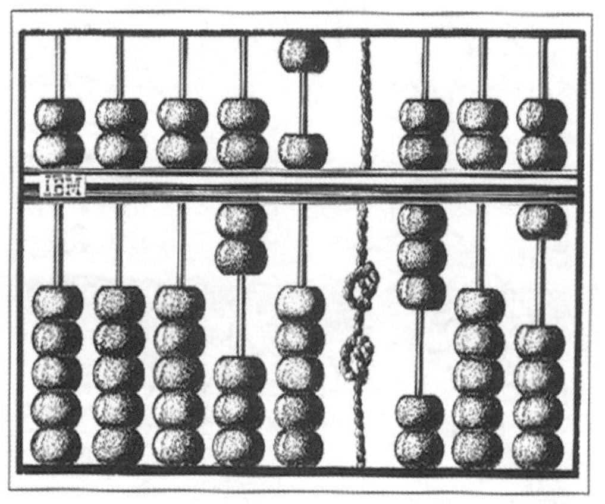

图 2-4 创意图形

二、CorelDRAW X7 制作创意图形的过程

（一）资料收集阶段

为了实施某个方案，在工作之前必须做好前期的准备工作，这样可以提高工作效率。创意图形的设计也是如此，在进入实际操作之前，必须收集相关资料。只有做好前期的资料收集工作，才能保证设计作品的质量。

首先对事物进行全面的调查，以设计大象图形为例，明确大象的形象和动态。调查过程中可以去动物园实拍一些照片，也可以借助图书资料、网络搜集关于大象的系列图片（图 2–5）。搜集工作完成以后，在拍摄和收集的照片中选出一些符合主题的照片进行创意。

（二）草图阶段

将整理好的照片作为参考，绘制草图，具体化形象设计（图 2–6）。

（三）利用 CorelDRAW X7 绘制大象的形状

在草图阶段我们通常习惯用铅笔或其他书写工具在图纸上绘制，在 CorelDRAW X7 软件中也可以利用绘图工具来绘制图形。其中的【贝塞尔工具】和【钢笔工具】就是我们最常用也是最重要的绘图工具。这里我们用【贝塞尔工具】来绘制大象的身体。

图 2–5 大象图片资料的收集

图 2–6 草图阶段

图 2-7

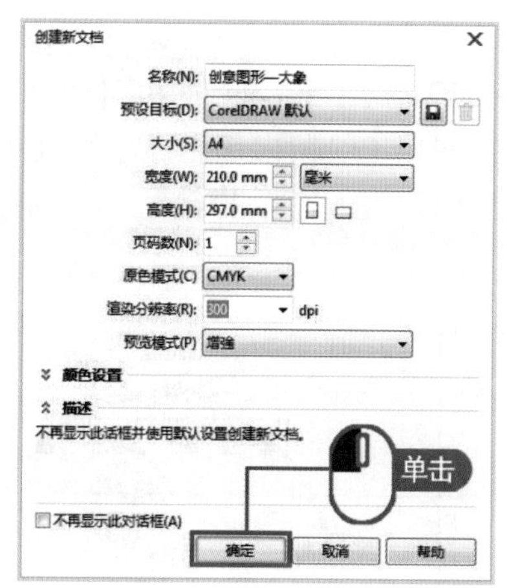

图 2-8

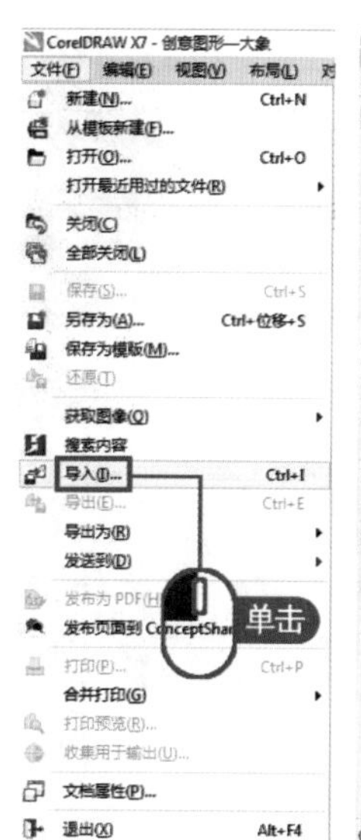

图 2-9

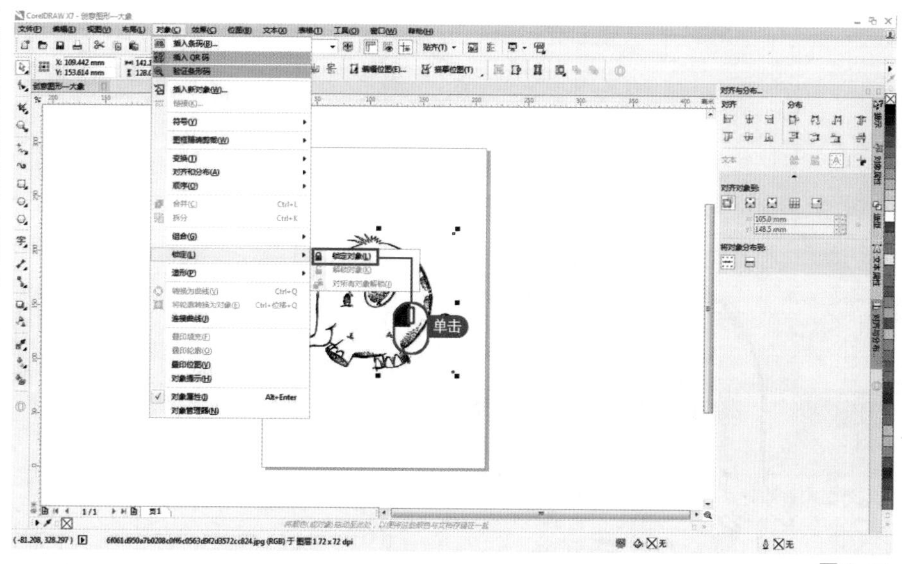

图 2-10

步骤一：新建文档——创意图形大象

打开 CorelDRAW X7，选择【标准工具栏】中的【新建】按钮（图 2-7），或者按【Ctrl+N】组合键，在弹出【创建新文档】对话框中设置文档的尺寸以及各项参数，如图 2-8 所示，点击【确定】按钮，即可创建新文档。

步骤二：导入草图

选择【文件】菜单栏中的【导入】命令（如图 2-9），或者按【Ctrl+I】组合键，弹出【导入】对话框，选择光盘中的对应文件，点击【确定】按钮导入图片。

选择【对象】菜单栏中的【锁定—锁定对象】命令，即可锁定草图，如图 2-10 所示。

步骤三：创建外部轮廓

运用【工具箱】中的【缩放工具】，适当放大操作区域。

选择【工具箱】中的【贝塞尔工具】，在文档中绘制外部轮廓，如图 2-11、图 2-12 所示。

步骤四：绘制内部的轮廓线

选择【工具箱】中的【贝塞尔工具】，在文档中绘制内部轮廓，如图 2-13、图 2-14 所示。

步骤四：填充颜色

根据自己的喜好，给大象各部分填充颜色，如图 2-15 所示。

图 2-11

图 2-12

图 2-13

图 2-14

图 2-15

步骤五：后期处理

最后，可以根据大象的形象，配置一些场景。通过场景的搭配使大象憨态可掬的特点更加突显，如图 2-16 所示。

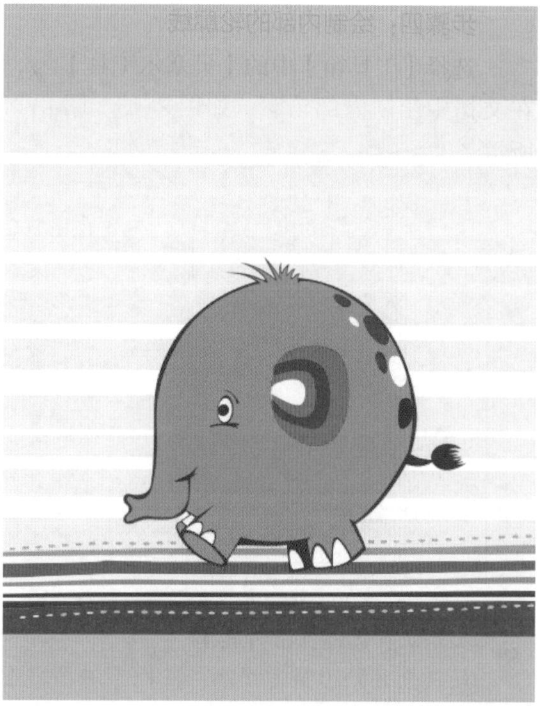

图 2-16

第二节 关于创意图形

在掌握基本图形、曲线图形、常用图形特效等知识点和熟练掌握外观修改工具、填充工具的基础上，本小节通过制作 2014 年巴西世界杯吉祥物“福来哥”（图 2-17），将上述所掌握的综合知识在案例中进行展示。

步骤一：新建文档——福来哥

打开 CorelDRAW X7，选择【标准工具栏】中的【新建】按钮，或者按【Ctrl+N】组合键，在弹出【创建新文档】对话框中设置文档的尺寸以及各项参数，如图 2-18 所示，点击【确定】按钮，即可创建新文档。

BRASIL
2014

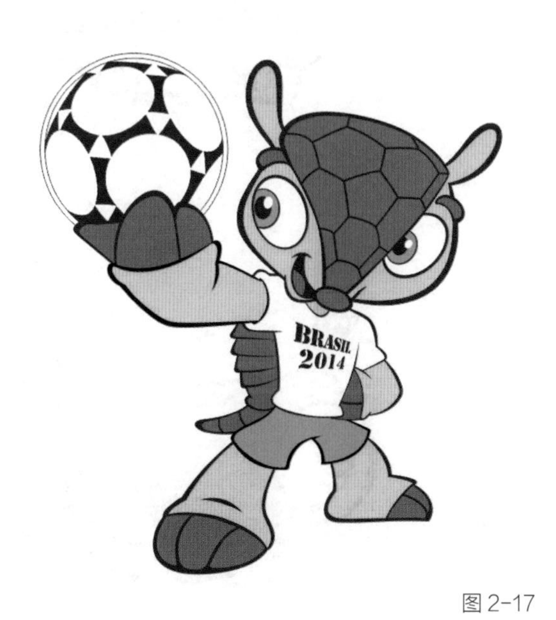

图 2-17

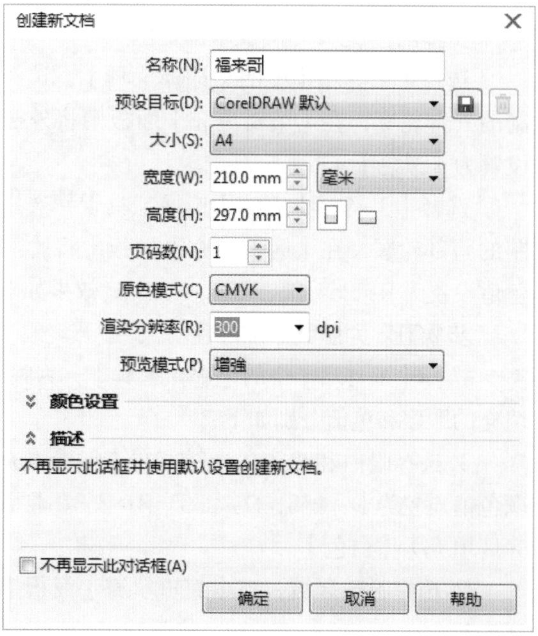
创建新文档
名称(N): 福来哥
预设目标(D): CorelDRAW 默认
大小(S): A4
宽度(W): 210.0 mm
毫米
高度(H): 297.0 mm
页码数(N): 1
原色模式(C) CMYK
渲染分辨率(R): 300 dpi
预览模式(P) 增強
颜色设置
描述
不再显示此话框并使用默认设置创建新文档。
不再显示此对话框(A)
确定
取消
帮助

图 2-18

图 2-19 绘制外部轮廓

图 2-20 绘制内部轮廓——脸

图 2-21 绘制内部轮廓——眼睛

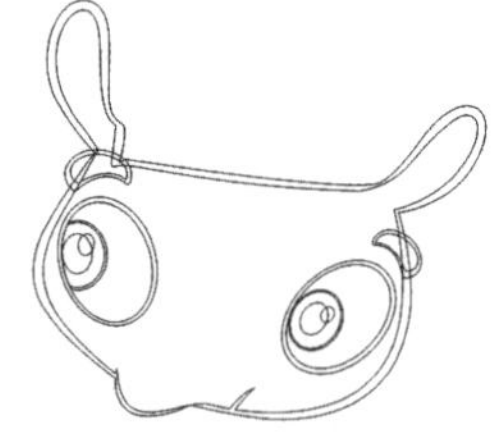

图 2-22 绘制内部轮廓——眉毛

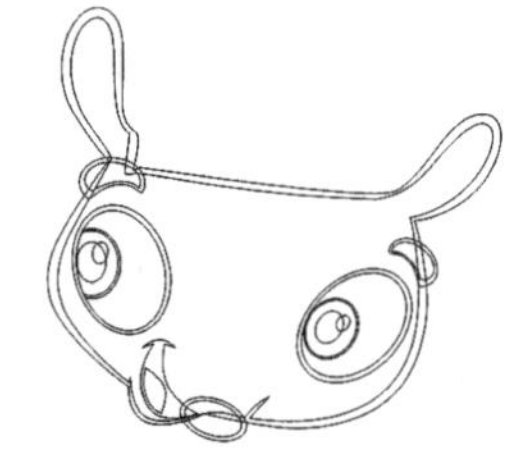

图 2-23 绘制内部轮廓——鼻子、嘴巴

步骤二：创建头部外轮廓

从头部开始绘制吉祥物，选择【工具箱】中的【贝塞尔工具】，在文档中绘制外部轮廓，如图 2-19 所示。

步骤三：创建头发和五官轮廓

选择【贝塞尔工具】，在文档操作区分别绘制吉祥物的脸部、眼睛、眉毛、鼻子、嘴巴，如图 2-20 ~ 图 2-23 所示。

步骤四：为外轮廓及脸部上色

选择【工具箱】中的【选择工具】，选择步骤二中绘制的外部轮廓，在【编辑填充】面板中将外部轮廓的颜色设置为【黑色】。

选择【工具箱】中的【选择工具】，选择步骤三中绘制的脸部轮廓，在【编辑填充】面板中将脸部填充颜色，色值设置为 R：255，G：203，B：42，效果如图 2-24 所示。

图 2-24

步骤五：为眼睛添加颜色

选择【工具箱】中的【选择工具】，为眼睛填充颜色，填充的顺序和色值分别如下：

1. 选择眼白和瞳孔高光区，在【编辑填充】面板中将颜色值设置为 R：255，G：255，B：255，将眼白和瞳孔高光区填充为【白色】。

2. 选择眼球区域，在【编辑填充】面板中将颜色值设置为 R：2，G：167，B：86，将眼球区域填充为【绿色】。

3. 选择眼眶和瞳孔区域，在【编辑填充】面板中将颜色值设置为 R：0，G：0，B：0，将眼眶和瞳孔区域填充为【黑色】，效果如图 2-25 所示。

图 2-25

步骤六：为眉毛添加颜色

选择【工具箱】中的【选择工具】，为眉毛填充颜色。按【Shift】键选择步骤三中创建的眉毛外轮廓，在【编辑填充】面板中将颜色值设置为R：0，G：0，B：0，将眉毛外轮廓填充为【黑色】；再次按住【Shift】键选择两边眉毛的内轮廓，在【编辑填充】面板中将颜色值设置为R：178，G：95，B：78，将眉毛内轮廓填充为【棕色】，效果如图2-26所示。

步骤七：为鼻子和嘴巴添加颜色

选择【工具箱】中的【选择工具】，为鼻子和嘴巴填充颜色。填充的顺序和色值分别如下：

1. 选择吉祥物的鼻子外轮廓部分，在【编辑填充】面板中将鼻子外轮廓填充为【黑色】，颜色值设置为R：0，G：0，B：0；选择鼻子的内轮廓，在【编辑填充】面板中将鼻子内轮廓填充为【棕色】，颜色值设置为R：178，G：95，B：78，效果如图2-27所示。

2. 选择嘴部区域，在【编辑填充】面板中将张大的嘴巴填充为【黑色】，颜色设置值为R：0，G：0，B：0，选择舌头部分，在【编辑填充】面板中将舌头填充为【玫红色】，颜色设置值为R：242，G：36，B：145，效果如图2-27所示。

步骤八：绘制头部的甲壳并且填充

选择【贝塞尔工具】，在文档操作区绘制吉祥物的蓝色甲壳，如图2-28所示。绘制完成后，对头部甲壳进行填充。甲壳的外部轮廓填充为【黑色】，甲壳上的多边形甲片色值设置为：R：1，G：109，B：156，效果如图2-29所示。

步骤九：将绘制好的部分进行组合

将绘制好的甲壳与头部进行组合，组合过程中注意调整图层次序，效果如图2-30所示。

步骤十：绘制身体和足球的轮廓

按照以上绘制头部的方法，完成吉祥物身体与足球轮廓的绘制，效果如图2-31、图2-32所示。

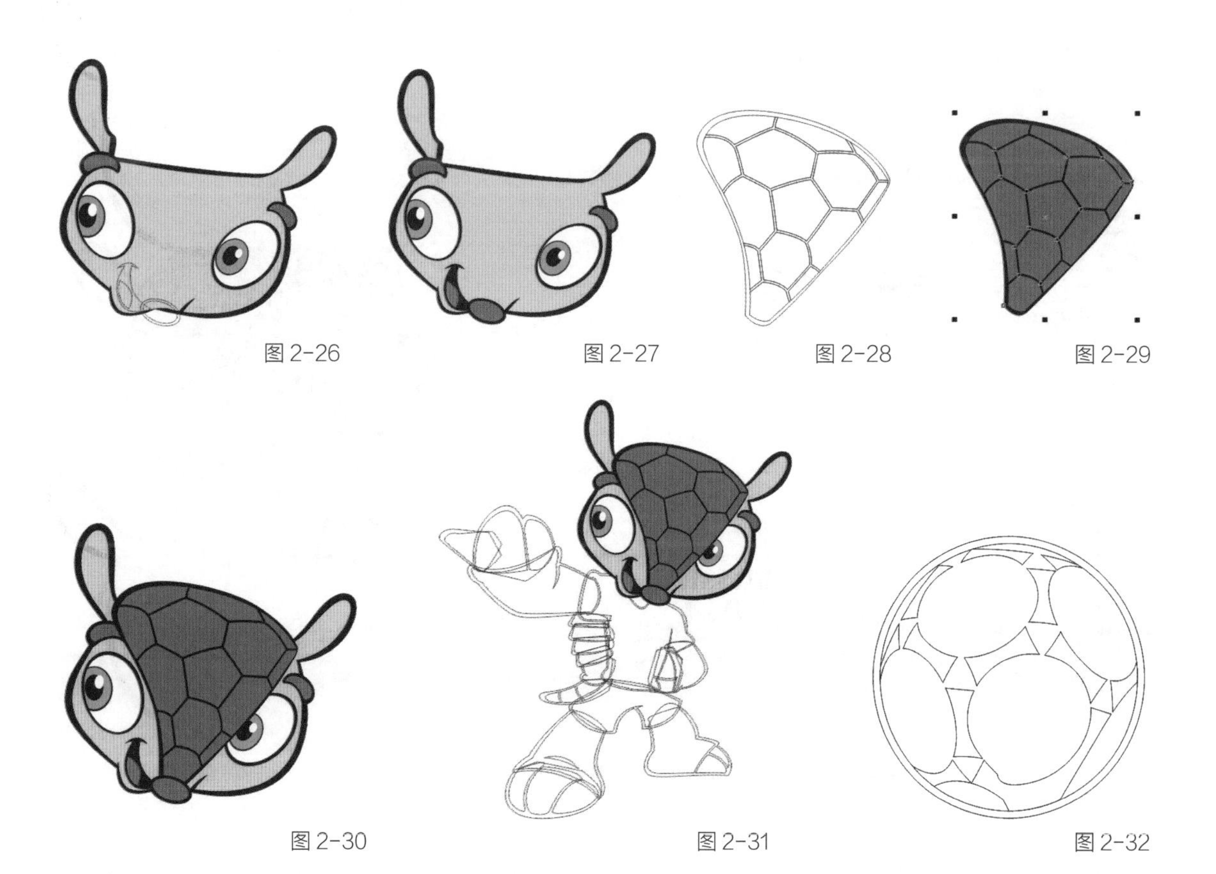

图2-26　图2-27　图2-28　图2-29

图2-30　图2-31　图2-32

步骤十一：制作排列文字

选择【工具箱】中的【文本工具】，在工作区选择适合的字体和字号，在文档空白区输入【BRASIL】和【2014】两组文字，将两组文字上下排列，效果如图 2-33 所示。

步骤十二：将文字置入衣服

1. 选择【工具箱】中的【选择工具】，选择刚制作的两组文字。

2. 选择【对象】菜单栏中的【图框精确剪裁—置于图文框内部】命令（图 2-34），将文字置入吉祥物的 T 恤内，效果如图 3-35 所示。

步骤十三：编辑图文框内容

如图 2-35，文字虽然已经放到了吉祥物的衣服上，但是文字在衣服上的透视存在问题，我们需要对图文框内的内容进行编辑。

选择【对象】菜单栏中的【图框精确剪裁—编辑 PowerClip】命令（图 2-36），提取图文框中内容进行编辑（图 2-37）。

选中提取出的文字，选择【效果】菜单栏中的【添加透视】命令（图 2-38），两组文字的表面出现红色虚线框，效果如图 2-39 所示。根据吉祥物衣服的透视关系，调整文字透视框的四个角点，给文字加上透视效果，如图 2-40 所示。

文字透视效果编辑结束后，选择【对象】菜单栏中的【图框精确剪裁—结束编辑】命令，退出编辑图文框内容，效果如图 2-41 所示。

步骤十四：对身体和足球进行上色

按照步骤四—步骤八的方法对吉祥物的身体进行上色。至此，“2014 年巴西世界杯吉祥物——福来哥”就绘制完成了。最终效果如图 2-42 所示。

BRASIL
2014

图 2-33

图 2-34

图 2-35

图 2-36

图 2-37

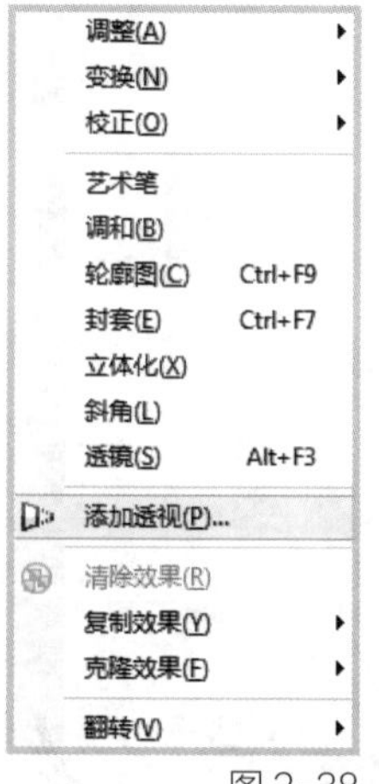

图 2-38

图 2-39

图 2-40

图 2-41

图 2-42

第三节 绘制个性的底纹

通过前面的学习，我们已经掌握了基本图形、曲线图形和外观修改工具的使用。接下来，我们在此基础上，加上一些简单的命令，制作出属于自己的个性底纹（图 2-43、图 2-44）。

步骤一：新建文件

在桌面上双击 CorelDRAW X7 应用程序图标，打开 CorelDRAW X7 应用程序窗口。选择【标准工具栏】中的【新建】按钮，或者按【Ctrl+N】组合键，弹出【创建新文档】对话框，从中设置文档的尺寸以及各项参数，点击【确定】按钮，即可创建新文档。

步骤二：绘制图形并填充颜色

1. 选择【工具箱】中的【多边形工具】，按住【Ctrl】键，在工作区绘制正六边形，在【属性栏】将【点数或边数】设置为【6】，如图 2-45 所示。

2. 选择【工具箱】中的【钢笔工具】，沿六边形的 3 个顶点和中点围合成一个倾斜的平行四边形，顺序为点 1-2-3-4-1，如图 2-46 所示。

3. 按住四边形左下角的黑色控制点，鼠标按着控制点不放松，然后拖动鼠标，即可实现缩放，缩放到合适的大小以后右击鼠标（单击鼠标右键，鼠标左键不松）完成缩小复制，如图 2-47 所示。

4. 缩小复制完成后，按住【Shift】键将其垂直移动至如图 4-48 所示位置。

5. 框选两个四边形，选择【属性栏】中的【修剪工具】，将两个四边形重合的部分剪空，删除小四边形，留下被修剪后的图形，如图 2-49 所示。

6. 选择【工具箱】中的【选择工具】，选择修剪后的图形，在【编辑填充】面板中将颜色值设置为 R：64，G：76，B：88，【轮廓色】设置为【无】，效果如图 2-50 所示。

步骤三：制作单位图形

1. 选择【工具箱】中的【选择工具】，选择被修剪后的图形，再次单击该图形，出现旋转控制点，如图 2-51 所示。将旋转轴点由中心

图 2-43

图 2-44

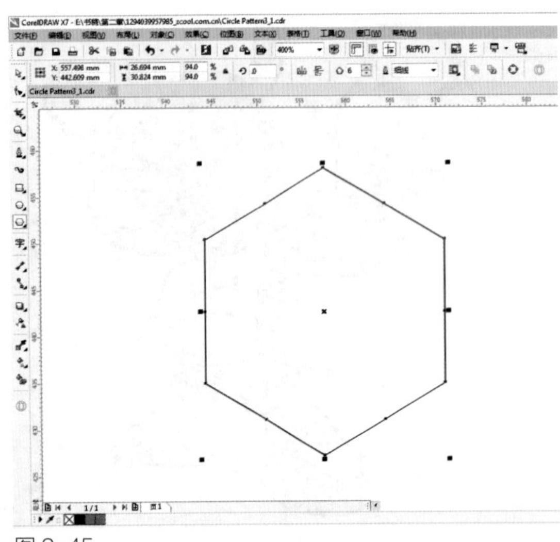
图 2-45

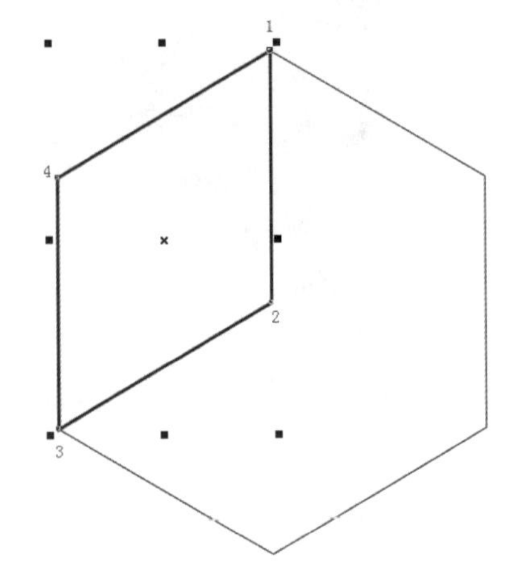

图 2-46

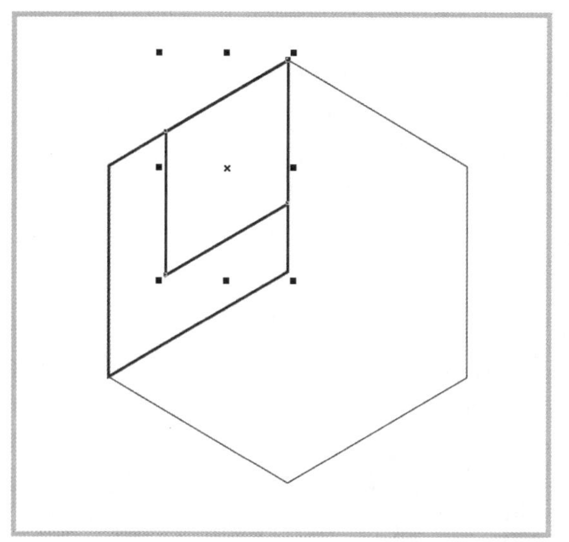
图 2-47

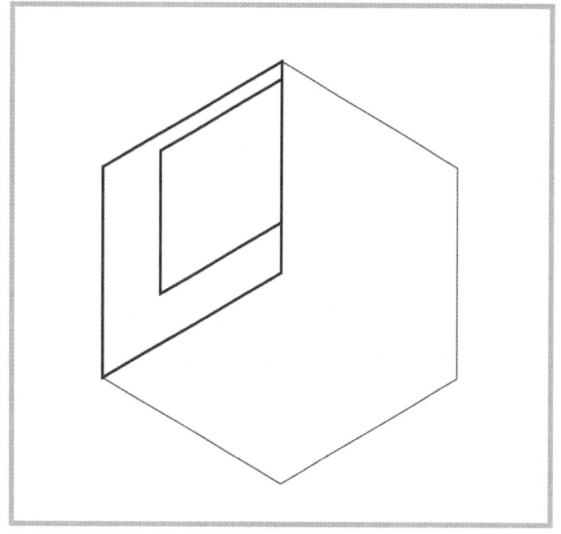
图 2-48

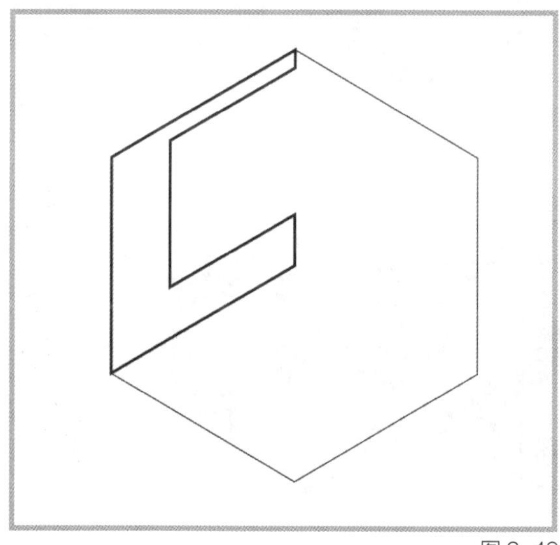
图 2-49

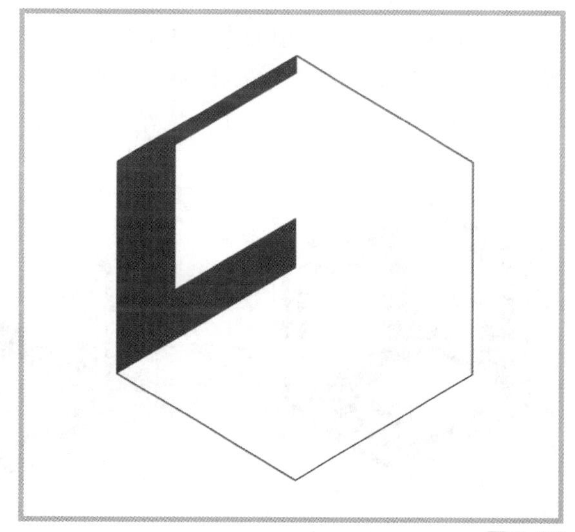
图 2-50

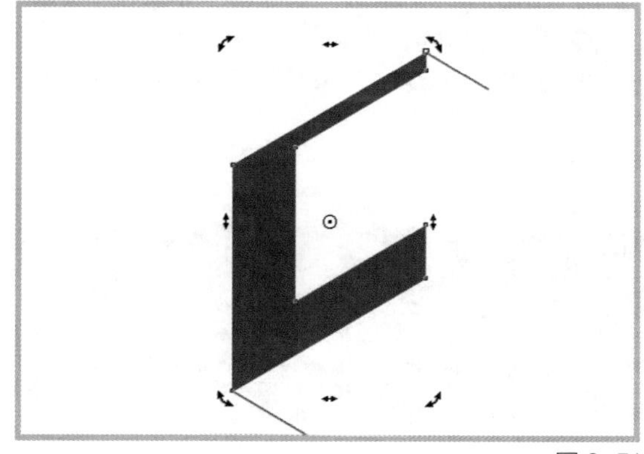
图 2-51

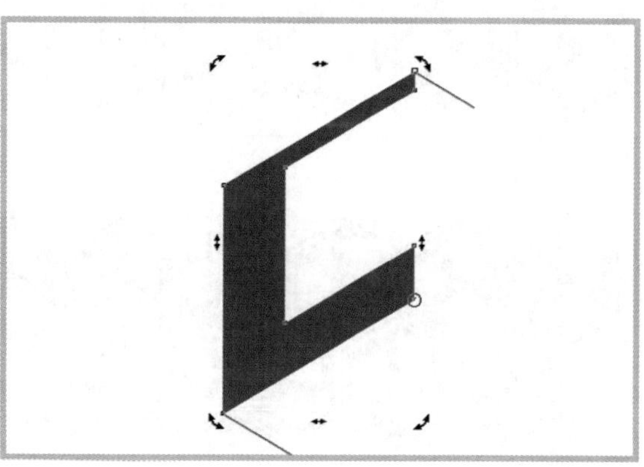
图 2-52

移至右下角，如图 2-52 所示。

2. 选择【对象】菜单栏中的【变换—旋转】命令，打开【变换】泊坞窗。在该泊坞窗中将【旋转角度】设置为【120】，【副本】设置为【2】。选择【应用】按钮，得到旋转后的图形。

3. 框选所有图形，选择【属性栏】中的【合并】命令，得到如图 2-53 所示图形。

4. 选择【工具箱】中的【多边形工具】，在【属性栏】将【点数或边数】设置为【6】，将鼠标移至图形中央捕捉到中心后，按住【Ctrl】和【Shift】键，在工作区绘制由中心向外扩展的正六边形，如图 2-54 所示。

步骤四：批量复制单位图形

1. 框选单位图形，选择【属性栏】中的【组合对象】命令，或按【Ctrl+G】组合键来群组对象。

2. 选择【工具箱】中的【选择工具】，将鼠标移至图 2-55 中的【1】点位置，捕捉到该节点后，按住鼠标左键向【2】点位置拖动，捕捉到【2】号节点后右击鼠标（单击鼠标右键，鼠标左键不松）完成复制，如图 2-56 所示。

3. 按【Ctrl+R】组合键，重复该项操作，完成后如图 2-57 所示。

4. 选择【工具箱】中的【选择工具】，框选所有图形，将鼠标移至图 2-57 中的【1】点位置，捕捉到该节点后，按住鼠标左键向【2】点位置拖动，捕捉到【2】号节点后右击鼠标（单击鼠标右键，鼠标左键不松）完成复制，如图 2-58 所示。

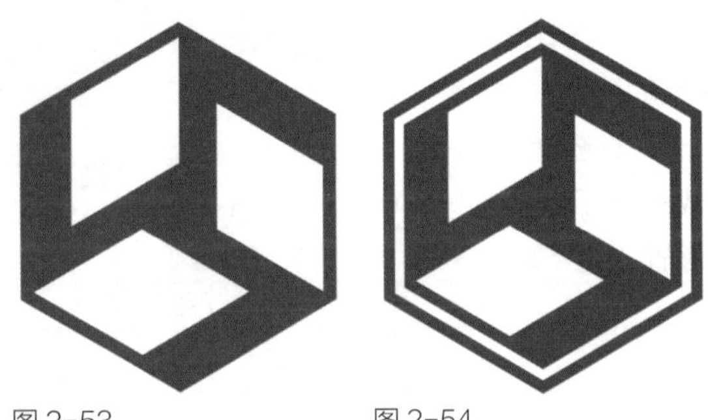

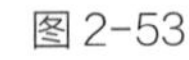

图 2-53　　图 2-54

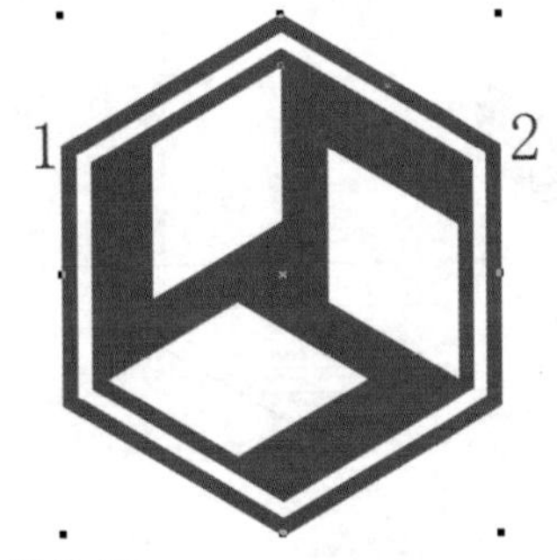

图 2-55

图 2-56

图 2-57

图 2-58

5. 选择【工具箱】中的【选择工具】，框选所有图形，将鼠标移至图 2-58 中的【1】点位置，捕捉到该节点后，按住鼠标左键向【2】点位置拖动，捕捉到【2】号节点后右击鼠标（单击鼠标右键，鼠标左键不松）完成复制。

6. 按【Ctrl+R】组合键，重复该项操作，完成后如图 2-59 所示。

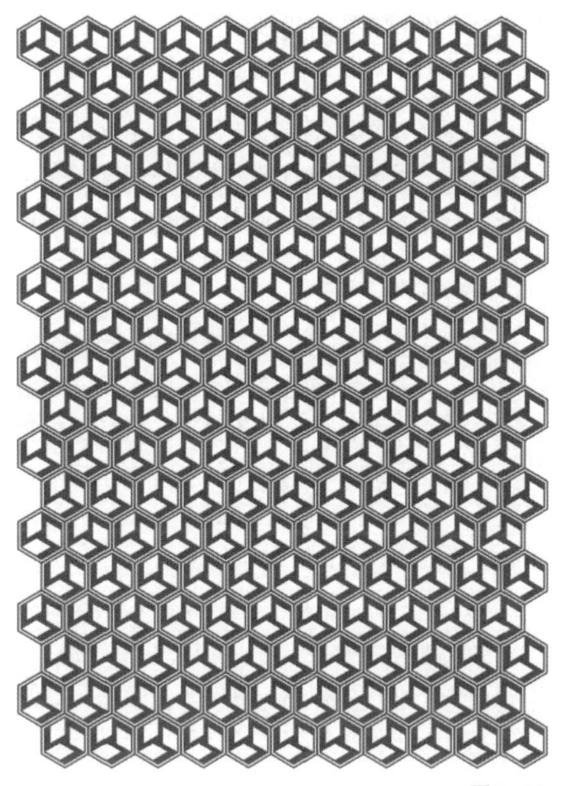

图 2-59

步骤五：将底纹置入图文框

1. 在工作区创建与页面等大的矩形，如图 2-60。

2. 选择【工具箱】中的【选择工具】，选择图 2-59 所示图形。

3. 选择【对象】菜单栏中的【图框精确剪裁—置于图文框内部】命令（图 2-61），将图形置入矩形内，最终效果如图 2-62 所示。

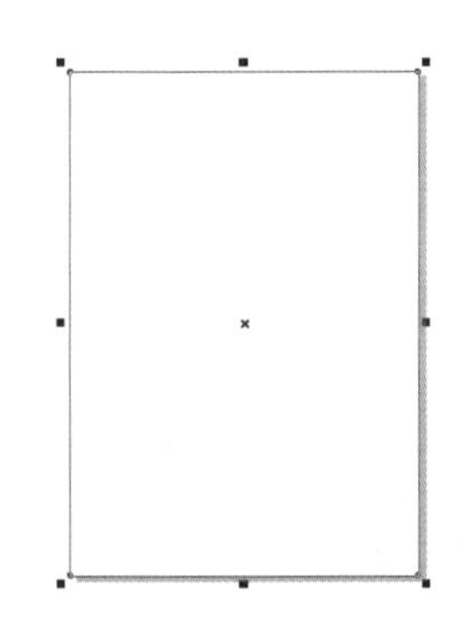

图 2-60

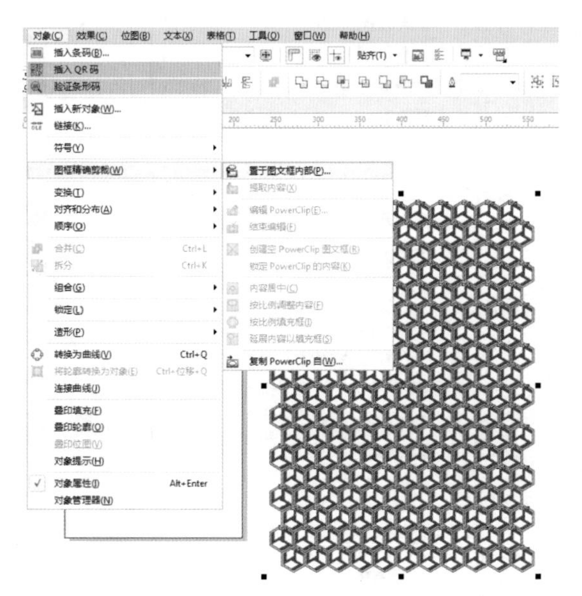

图 2-61

图 2-62

第四节 绘制传统图案

中国传统图案是指由历代沿袭下来的具有独特民族艺术风格的图案。中国传统图案源于原始社会的彩陶图案，已有 6000 年—7000 年的历史。可分为原始社会图案、古典图案、民间民俗国案和少数民族图案。

传统图案的题材广泛，有人物、动物、植物、水波、火焰、编织纹、几何纹以及原始宗教纹样等，造型拙稚，线条粗犷，风格质朴生动，具有鲜明的层次和节奏感。在图案结构上，已熟练地采用对称、平衡、分割、连续、放射、重叠、联结、分离、组合等方法。

在现代设计中，以广告包装设计行业为例，许多设计师就考虑到了中国人的审美心理，将中国传统装饰艺术中的“喜鹊”“鲤鱼”等有象征意义的图形，运用在设计上，通过这些形象的运用达成大众文化心理上的情感诉求。又如，招贴海报中“绳结”“狮子”等形象的运用，让中国人在民族文化心理的层次上感到亲切与接近，广泛运用屡试不爽。可见，传统装饰艺术在现代设计中具有重要意义。

下面我们就试着用 CorelDRAW X7 制作一幅传统图案，效果如图 2-63 所示。

步骤一：新建文件

在桌面上双击 CorelDRAW X7 应用程序图标，打开 CorelDRAW X7 应用程序窗口。选择【标准工具栏】中的【新建】按钮，或者按【Ctrl+N】组合键，在弹出的【创建新文档】对话框中设置文档的尺寸以及各项参数，点击【确定】按钮，即可创建新文档。

步骤二：绘制外框

1. 在工作区绘制如图 2-64 所示的图形。

2. 选择【对象】菜单栏中的【将轮廓转换为对象】命令，如图 2-65 所示。

图 2-63

图 2-64

对象(C) 效果(C) 位图(B) 文本(X) 表格
插入条码(B)...
插入 QR 码
验证条形码
插入新对象(W)...
链接(K)...
符号(Y)
图框精确剪裁(W)
变换(T)
对齐和分布(A)
顺序(O)
合并(C) Ctrl+L
拆分 Ctrl+K
组合(G)
锁定(L)
造形(P)
转换为曲线(V) Ctrl+Q
将轮廓转换为对象(E) Ctrl+位移+Q
连接曲线(J)
叠印填充(F)
叠印轮廓(O)
叠印位图(V)
对象提示(H)
对象属性(I) Alt+Enter
对象管理器(N)

图 2-65

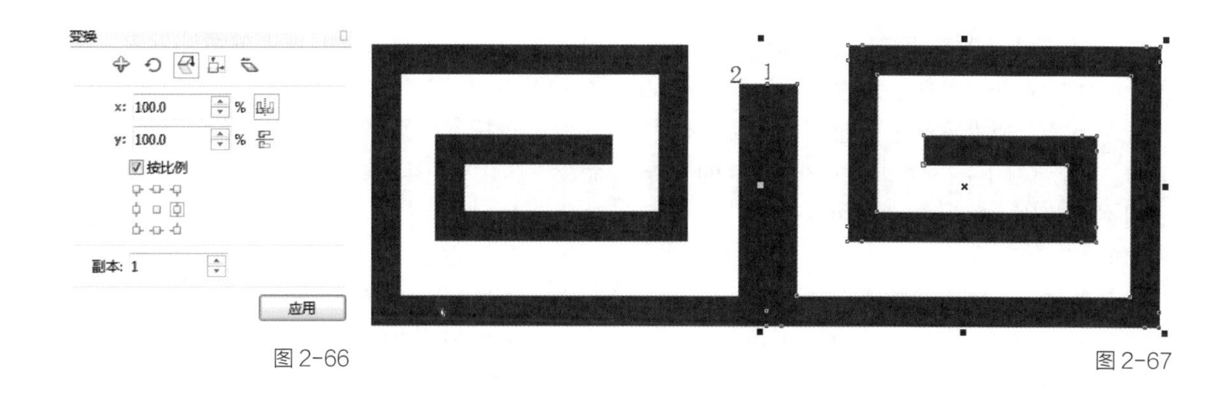

图 2-66

图 2-67

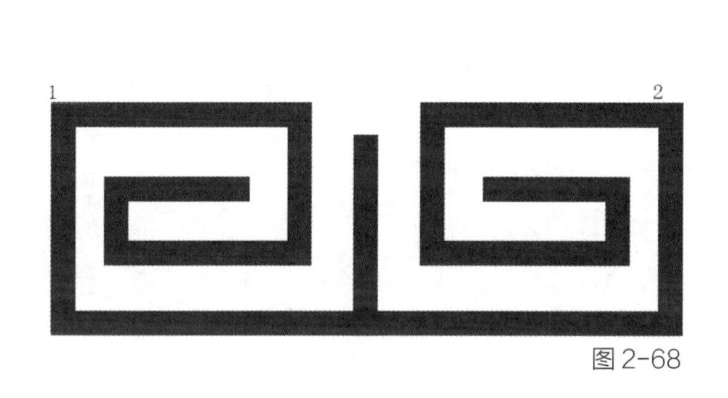

图 2-68

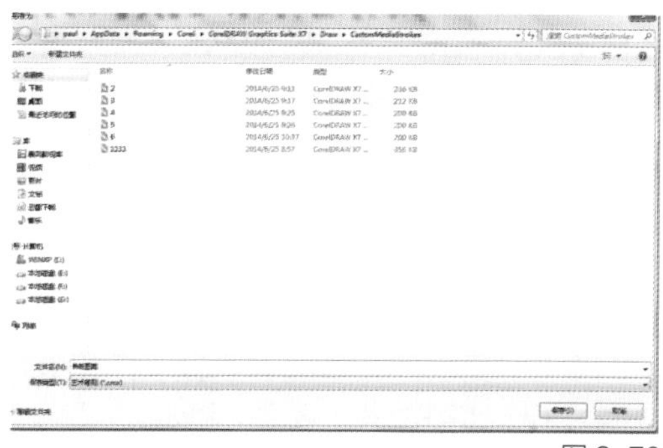

图 2-70

图 2-69

3. 选择【工具箱】中的【选择工具】，选择刚制作的图形。

4. 选择【对象】菜单栏中的【变换—缩放和镜像】命令，打开【变换】泊坞窗，在该泊坞窗中设置如图 2-66 所示参数。点击【应用】按钮得到如图 2-67 所示图形。

5. 选择【工具箱】中的【选择工具】，选中图 2-67 右边的图形，将鼠标移至【1】点位置，捕捉到该节点后，按住鼠标左键向【2】点位置平移，捕捉到【2】号节点后松开鼠标，使之重合，效果如图 2-68 所示。

6. 选择【工具箱】中的【选择工具】，框选所有图形，将鼠标移至图 2-68 中的【1】点位置，捕捉到该节点后，按住鼠标左键向【2】点位置拖动，捕捉到【2】号节点后右击鼠标（单击鼠标右键，鼠标左键不松）完成复制。

7. 按【Ctrl+R】组合键，重复该项操作，得到如图 2-69 所示的图形。

8. 框选所有图形，选择【属性栏】中的【组合对象】命令，群组对象。

9. 选择【工具箱】中的【艺术笔工具】，在【属性栏】中就出现了艺术笔的调整选项，点击左边第二个【笔刷】按钮。选中花边，点击右边的【保存艺术笔触】按钮，弹出【另存为】对话框，如图 2-70 所示，保存笔触。

10. 选择【工具箱】中的【椭圆形工具】，在工作区内，按【Ctrl】键绘制正圆，如图 2-71 所示。

11. 选择【工具箱】中的【艺术笔工具】，在【属性栏】中就出现了艺术笔的调整选项，点击左边第二个【笔刷】按钮。在【属性栏】中的【笔刷笔触】下拉菜单中找已经保存的【传统图案】笔刷（图 2-72），得到如图 2-73 所示效果。

步骤三：绘制内部花卉图案

1. 绘制如图 2-74 所示图形。

2. 选择【工具箱】中的【选择工具】，选择绘制好的图形，再次单击该图形，出现旋转控制点，将旋转轴点由中心移至图形下方，如图 2-75 所示。

3. 选择【对象】菜单栏中的【变换—旋转】命令，打开【变换】泊坞窗。在该泊坞中将【旋转角度】设置为【60】，【副本】设置为【5】，如图 2-76。点击【应用】按钮，得到旋转后的图形，如图 2-77 所示。

4. 框选所有旋转好的图形，将它们填充【黑色】。然后，选择【属性栏】中的【组合对象】命令，得到如图 2-78 所示图形。

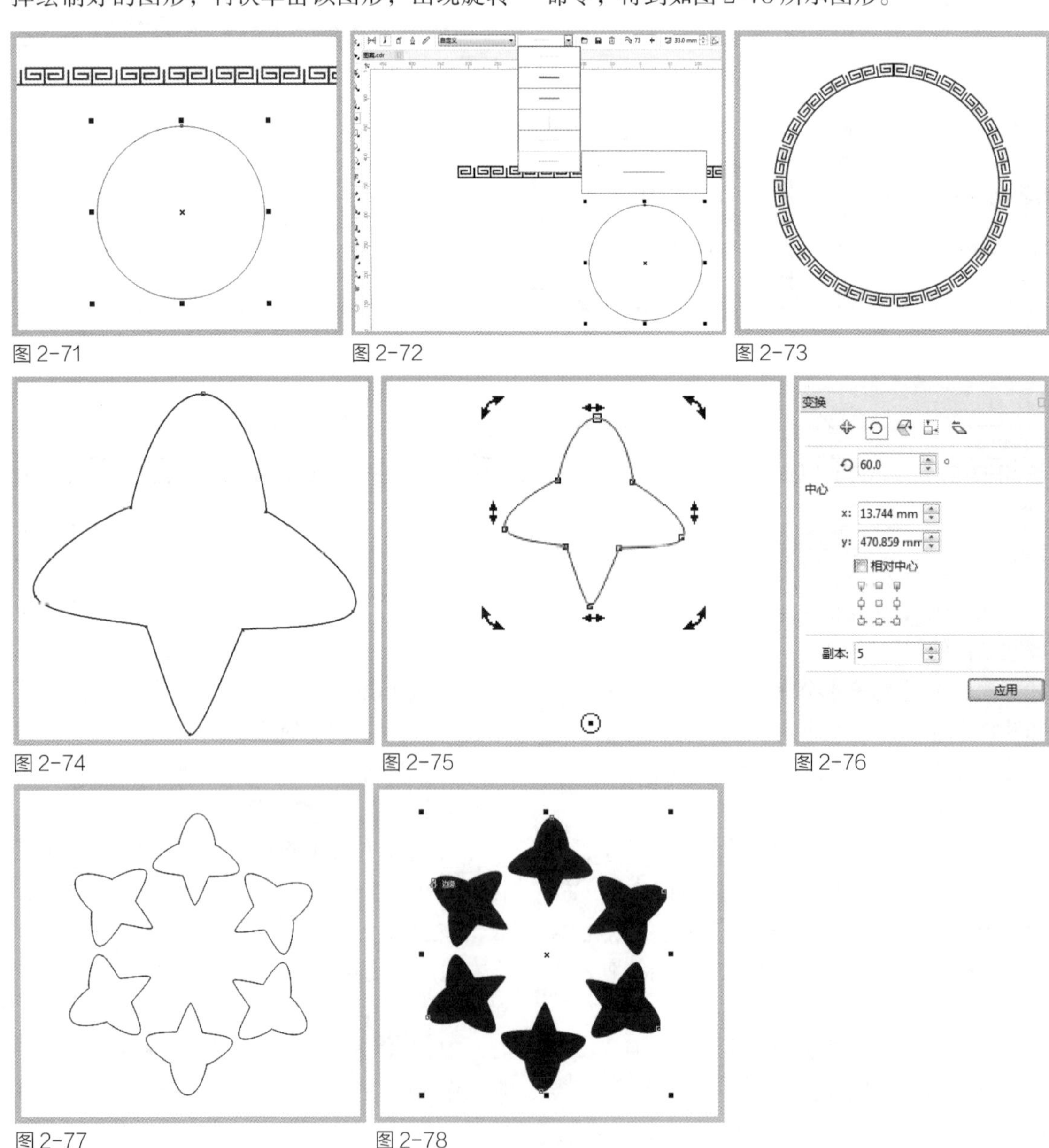

图 2-71 图 2-72 图 2-73

图 2-74 图 2-75 图 2-76

图 2-77 图 2-78

5. 选择【工具箱】中的【贝塞尔工具】，绘制如图 2-79 所示图形。

6. 用鼠标按住四边形右上角的黑色控制点不放，然后拖动鼠标，即可实现缩放，缩放到合适的大小以后右击鼠标（单击鼠标右键，鼠标左键不松）完成缩小复制 2 次，效果如图 2-80 所示。

7. 选择【工具箱】中的【选择工具】，框选 3 个图形，打开【属性栏】中的【对齐与分布】命令，弹出【对齐与分布】泊坞窗，在该泊坞窗设置对齐样式，如图 2-81 所示。

8. 为图形填充黑白两色，如图 2-82 所示。填充完成后群组对象。

9. 参照第 3 点做法，旋转图形，得到如图 2-83 所示图形，并且群组对象。

10. 选择旋转好的图形，参照第 3 点的做法，旋转得到图 2-84 所示图形，将旋转后的图形选中后群组。

11. 选择刚做好的两组图形，如图 2-85 所示，打开【属性栏】中的【对齐与分布】命令，在右侧弹出【对齐与分布】泊坞窗，在该泊坞中设置如图 2-86 所示对齐样式。

12. 按照上述的方法，绘制图 2-87—图 2-89；方法同上，这里就不再赘述。

13. 将群组好的各组图形选中，打开【属性栏】中的【对齐与分布】命令，在右侧弹出的【对齐与分布】泊坞窗中设置【水平方向上居中对齐】和【垂直方向上居中对齐】，得到最终效果如图 2-90 所示。

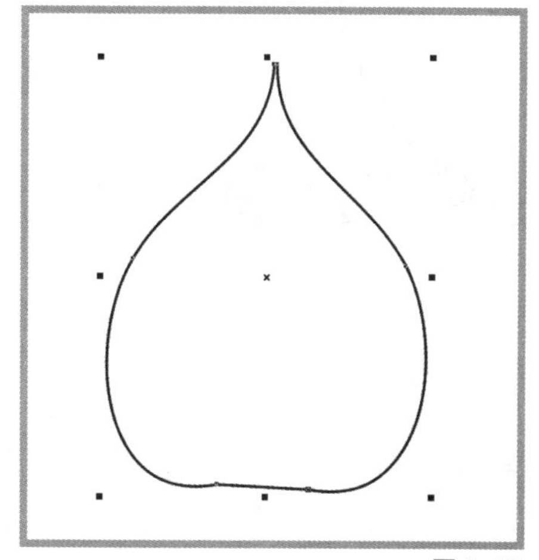

图 2-79

图 2-80

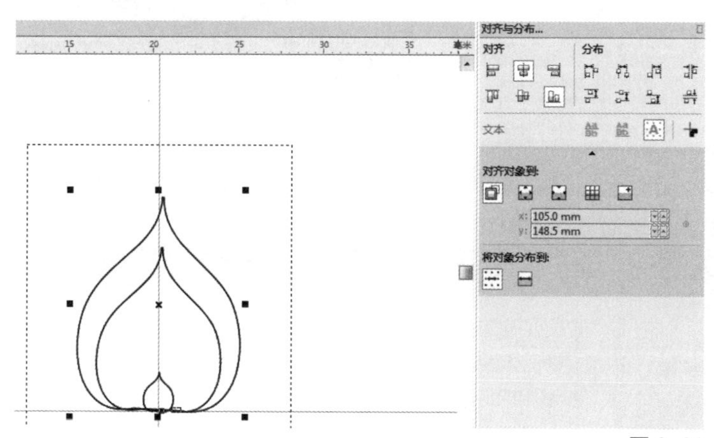

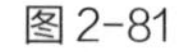

图 2-81

图 2-82

图 2-83

图 2-84

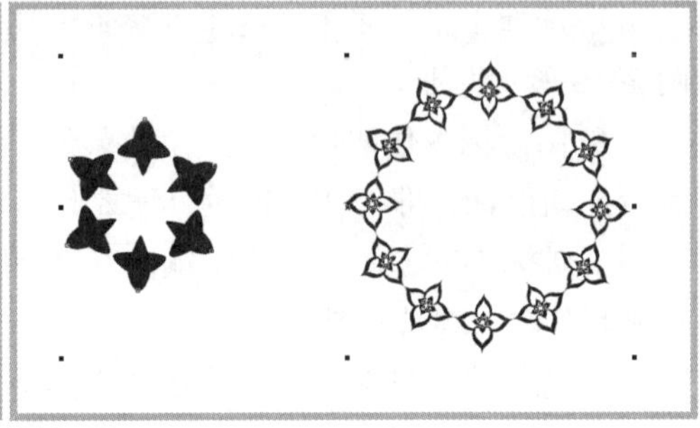

图 2-85

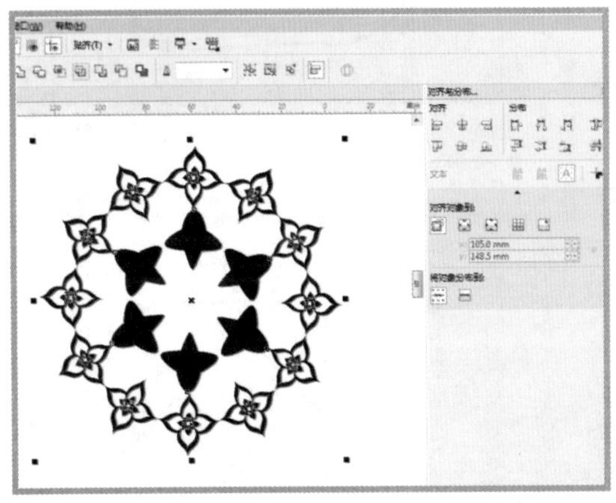

图 2-86

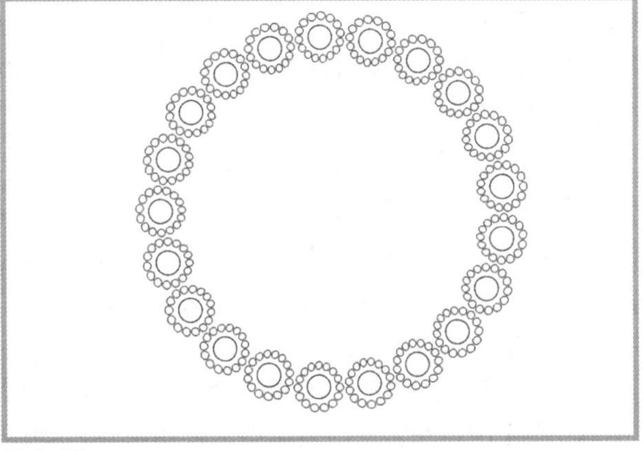

图 2-87

图 2-88

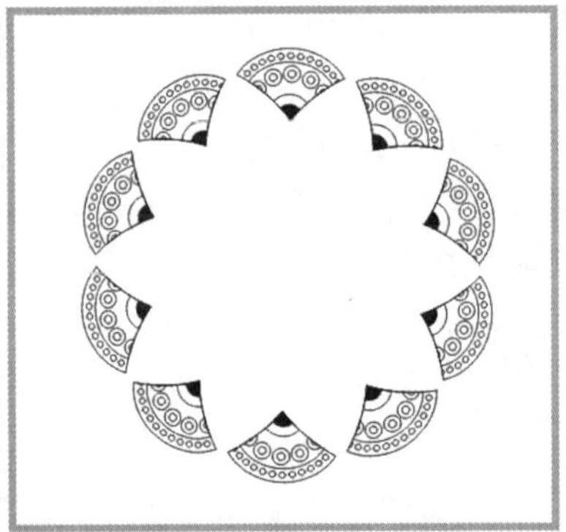

图 2-89

图 2-90

第三章 CorelDRAW X7 中的插画绘制

本章导读

现代插画艺术发展迅速，已经广泛应用于书刊、广告、包装、纺织品等领域。使用 CorelDRAW 绘制的矢量插画简洁明快、独特新颖，表现形式多样，它是最常用的插画制作软件之一。本章以风景插画、商业插画、儿童读物插画为例，讲解了用 CorelDRAW X7 绘制插画的多种方法和技巧。

学习目标

- 掌握常用基本图形工具
- 掌握曲线图形工具
- 熟练掌握图形外观修改工具
- 熟练掌握对象的填充
- 掌握常用图形的特效
- 能够应用所学知识制作插画作品

第一节 关于插画设计

一、插画的概念

插画作为一种艺术形式，广泛应用于现代设计领域的各个方面。从广告设计、商品包装到书籍装帧、宣传样本、展示设计等，都可以看到其动人的“身影”，感受到它独特的魅力。它已成为现代物质文明生活不可缺少的一道亮丽的风景线，是现代设计的一种重要的视觉传达手段。

在当前图像化发展的趋势下，插画更是被广泛地应用于社会的各个领域，技术越来越先进，媒体越来越丰富。除了美化版画和增强读者的阅读兴趣外，它还拓宽了我们的视觉领域，把我们日常生活中看不到的世界展现出来，将我们幻想的世界视觉化，把现实生活中根本不存在的和想象中的事物形象化，使抽象的思维、观念具象化。插画拓宽了我们的视野，丰富了我们的头脑，开阔了我们的心智，给予我们无限的想象空间。插画从图形入手，让图形说话，用形象传递信息，以强烈的视觉冲击力打动观众的心，激发观众的联想并刺激观众的想象，让观众在审美的过程中接受和处理所接纳的信息，这就是为什么插画越来越广泛地被运用于社会各领域的根本原因。

二、插画设计的功能与应用领域

（一）插画设计的功能

一般意义上的艺术插画有三种功能：

1. 作为文字的补充 。

2. 让人们得到感性认识的满足（更多是一种美感和情操的陶冶）。

3. 表现艺术家的美学观念、表现技巧、甚至艺术家的世界观和人生观。

与文字相比，插画设计具有如下四个方面独有的功能价值。

1. 展示生动具体的产品和服务形象，直观的传递信息。

2. 诱发目标消费者的兴趣和潜在的消费欲望。

3. 增强和提升了设计作品的说服力。

4. 强化商品和服务的感染力，给人以审美享受。

（二）插画设计的应用领域

1. 书籍插画

（1）儿童读物插画（图 3-1）。

（2）科学技术类书籍插画（图 3-2）。

2. 商业设计插画

包括各种广告媒体中的插画、商品包装中

在小村庄里生活着一群快乐可爱的孩子，可爱蜜尔整天都闷闷不乐的，因为她长着两瓣显眼的大门牙，伙伴们都笑话她，说她像一只兔子。

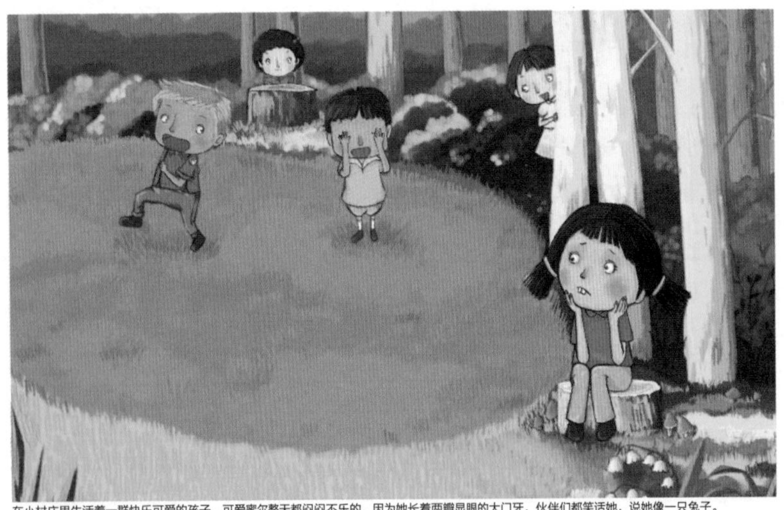

图 3-1

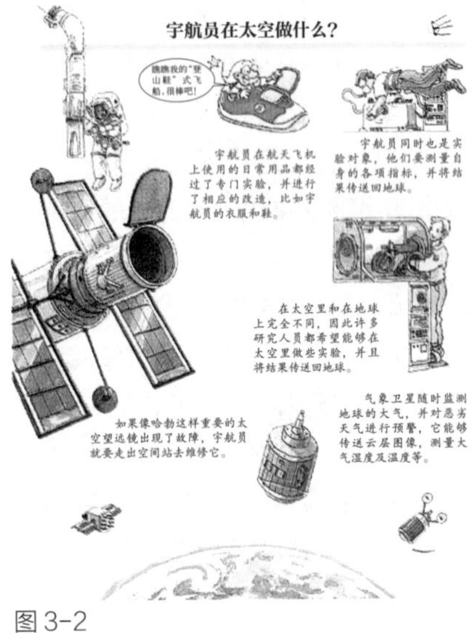

图 3-2

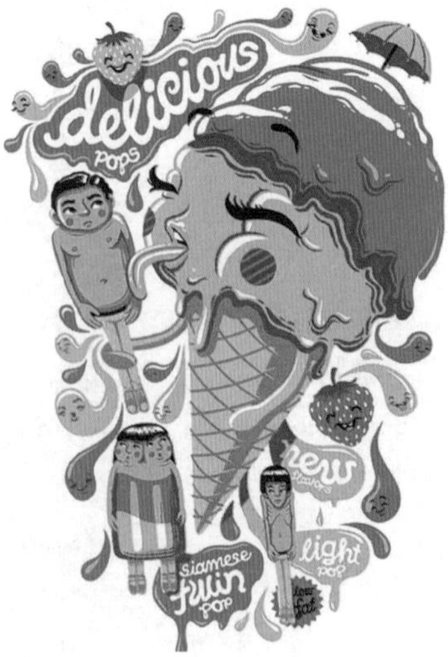

图 3-3

的插画，如图 3-3、图 3-4 所示，生活用品上的插画、企业和品牌宣传册中的插画、各种影视媒体中的插画、各种挂历年历中的插画、各种贺卡中的插画、各种公关用品中的插画。

3. 特殊范畴的插画

这类插画介于文化与商业之间，既有文化性又有商业性，如影视插画、服装插画（图 3-5）、文化广告插画、公益事业广告插画（图 3-6）、体育插画等。

图 3-4

图 3-5

图 3-6

三、插画的艺术手法

（一）幽默性

幽默性是商业插画使用幽默的表现手法，通过运用造型、色彩等手段，营造诙谐、幽默的画面效果。在欣赏的时候可以打破严肃、沉闷、呆板的画面效果，从而使读者产生轻松、愉快的心情。

（二）讽刺性

大多是针对一些社会上的不良风气或者是针对人性的弱点和不足进行尖锐的披露和批判，在表现上往往比较夸张，耐人寻味。分为纯粹讽刺和幽默讽刺。

（三）象征性

一般是根据两种不同事物的性质，找出它们之间的联系，或者是以物喻人，或者是以人比物，或者是相似之处。使主体表现得巧妙、婉转。从而使画面的表现更加具有趣味性，更加丰富多彩。

（四）幻想性

通过作者的想象力，将画面的造型和色彩进行重新组织，创造出现实生活中没有的情景，给人以神秘感。这类插画可以表现伤感类的题材，也可以表现恐惧类、甜美类的题材，通过对于幻境的创造，使人们感受到现实中所没有的视觉经历。

（五）戏剧性

往往是根据电影、戏剧等艺术作品的故事情节进行创作。在以画面的方式叙述情节片断时，常常采取夸张的手法，画面效果具有趣味性。

（六）直叙性

同文学作品中的平铺直叙性的方式一样，对所要表现的主题进行的明显、直接的叙述性描绘。

（七）寓言性

一般含有说教意味，以叙事说理为主，所以在儿童故事中使用的比较多。为引发读者的兴趣、便于理解，这类插画通常都使用装饰性的手法，使画面的趣味性更强。

（八）装饰性

装饰性是使用的比较广泛的插画形式，强调画面的审美趣味，因此能够吸引受众的注意力，从而具有较强的实用性。在报纸、刊头设计中往往会采用这类插画，一些时装杂志插画和美容插画也常常使用这种方法进行表现。

第二节 绘制风景插画

这一小节主要学习利用 CorelDRAW X7 来绘制风景插画，主要用到【贝塞尔工具】、【钢笔工具】、【多边形工具】、【颜料桶工具】等。

本案例绘制的是扁平风格的风景插画，如图 3–7 所示。在当今风格多样的插画种类中，矢量插画因为线条光滑、色彩丰富，同时又兼具易于修改、绘制高效，而且输出尺寸不受限制等特点，所以备受插画师的青睐。

步骤一：新建文档——风景插画

打开 CorelDRAW X7，选择【标准工具栏】中的【新建】按钮，或者按【Ctrl+N】组合键，弹出【创建新文档】对话框，从中设置文档的尺寸以及各项参数，如图 3–8 所示，点击【确定】按钮，即可创建新文档。

步骤二：绘制太阳

1. 选择【工具箱】中的【星形工具】，按住【Ctrl】键在工作区绘制星形，然后在【属性栏】将【边数或点数】设置为【31】，【锐度】设置为【13】，如图 3–9 所示。绘制完成后，将其填充为【灰色】，色值设置为 C：70，M：60，Y：60，K：60。星形的【轮廓色】设置为【无】。效果如图 3–10 所示。

2. 选择【工具箱】中的【椭圆工具】，将鼠标移至刚绘制好的星形中心，当鼠标捕捉到中心时按下鼠标左键，配合【Ctrl】和【Shift】键，在工作区绘制跟星形同心的正圆。颜色设置为【白色】，如图 3–11 所示。

3. 选择【工具箱】中的【选择工具】，框选绘制好的星形和圆形，选取右下角的黑色控制点，配合【Shift】键，鼠标按住控制点不放松，然后拖动鼠标，即可实现缩放，缩放到星形的顶点正好切到圆的边缘以后右击鼠标（单击鼠

图 3–7

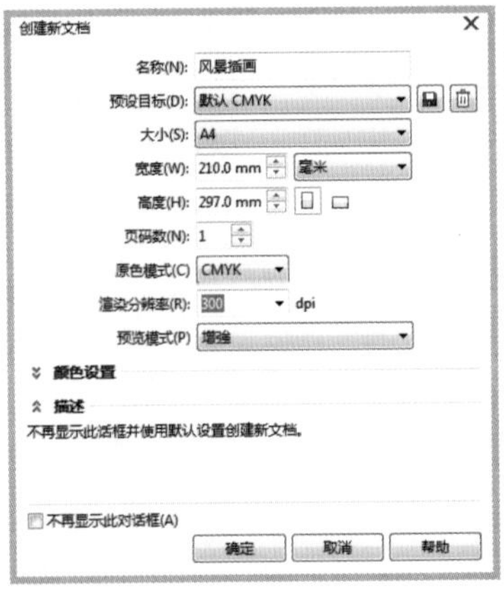

图 3–8

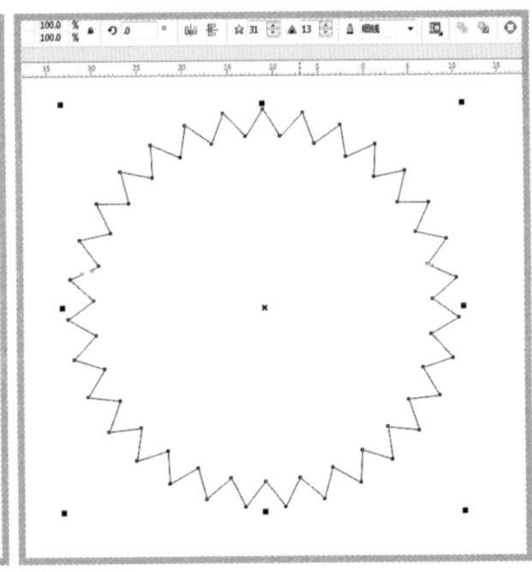
图 3–9

图 3–10

图 3–11

图 3–12

图 3-13

图 3-14

图 3-15

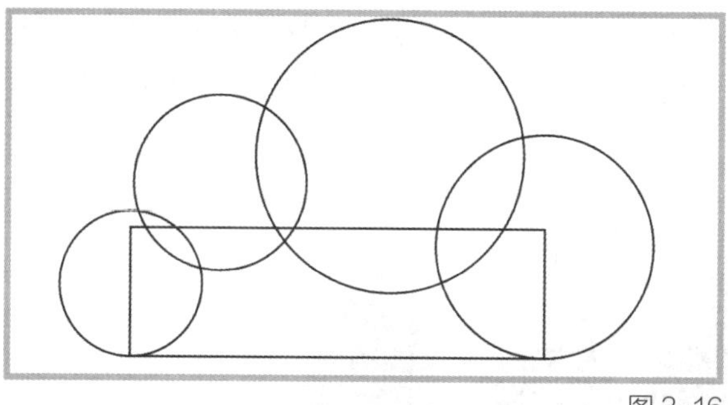
图 3-16

图 3-17

标右键，鼠标左键不松）完成缩小复制，如图 3-12 所示。

4. 再次单击鼠标左键，将其变成旋转控制点，旋转缩小后的星形，使缩小后的星形的顶点在外圈星形边缘的中心。并将缩小后的星形设置为【蓝色】，色值设置为 C：90，M：60，Y：50，K：20；缩小后的圆形颜色填充为【白色】，效果如图 3-13 所示。

5. 重复步骤 3 做法，再复制一套星形和圆，将缩小后星形的颜色色值设置为 C：85，M：35，Y：50，K：15，圆形仍为【白色】，效果如图 3-14 所示。

6. 选择【工具箱】中的【椭圆工具】，将鼠标移至图形中心，当鼠标捕捉到【中心】时按下鼠标左键，配合【Ctrl】和【Shift】键，在工作区绘制同心的正圆。将正圆填充为【红色】，色值设置为 C：0，M：90，Y：95，K：0，效果如图 3-15 所示。

7. 将刚才绘制的所有图形框选，选择【属性栏】的【组合对象】命令，太阳的绘制就完成了。

步骤三：绘制云彩

1. 运用【工具箱】中的【椭圆工具】和【矩形工具】，在工作区绘制出如图 3-16 所示的 4 个椭圆和 1 个矩形。

2. 绘制完成后，选择【工具箱】中的【选择工具】，框选刚绘制的 5 个图形，选择【属性栏】中的【合并】命令，得到白云的形状。给图形填充颜色，色值设置为 C：85，M：35，Y：50，K：15，【轮廓色】设置为【无】。效果如图 3-17 所示。

图 3-18

3. 通过执行【复制】、【镜像】等命令，将绘制好的白云分布到画面相应的位置上，颜色色值分别设置为 C：85，M：35，Y：50，K：15；C：

100，M：80，Y：50，K：30。这里就不再赘述，完成效果如图 3-18 所示。

步骤四：绘制大山（一）

1. 选择【工具箱】中的【多边形工具】，在工作区绘制多边形，然后在【属性栏】中将【点数或边数】设置为【3】，如图 3-19 所示。

2. 选择【工具箱】中的【选择工具】，将鼠标移至图 3-19 中的【1】点位置，捕捉到该节点后，按住鼠标左键向【2】点位置拖动，捕捉到【2】号节点后右击鼠标（单击鼠标右键，鼠标左键不松）完成移动复制，将颜色设置为 C：100，M：80，Y：50，K：30。按【Ctrl+R】键重复该操作两次，效果如图 3-20 所示。

3. 移动并复制图形如图 3-21 所示。选择【属性栏】中的【组合对象】命令，群组图形。

4. 选择【工具箱】中的【多边形工具】，在【属性栏】中将【点数或边数】设置为【3】。在工作区绘制三角形，将颜色色值设置为 C：85，M：35，Y：50，K：15，如图 3-22 所示。

5. 选择【工具箱】中的【选择工具】，选中群组的多个三角形，选择【对象】菜单栏中的【图框精确剪裁—置于图文框内部】命令（如

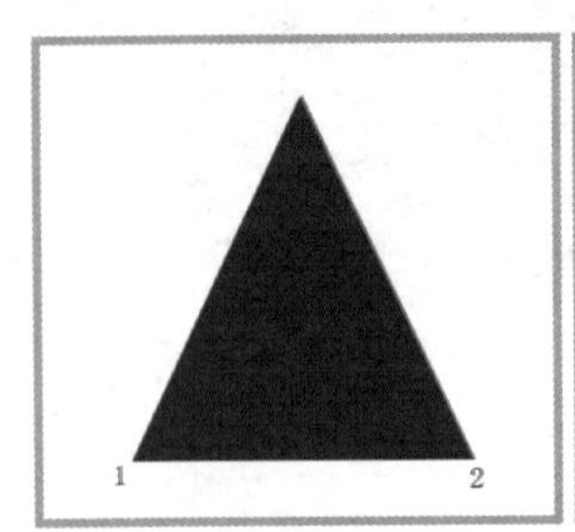

图 3-19

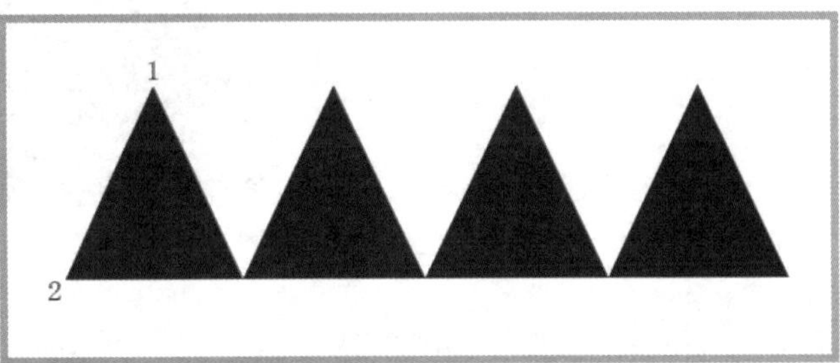

图 3-20

图 3-21

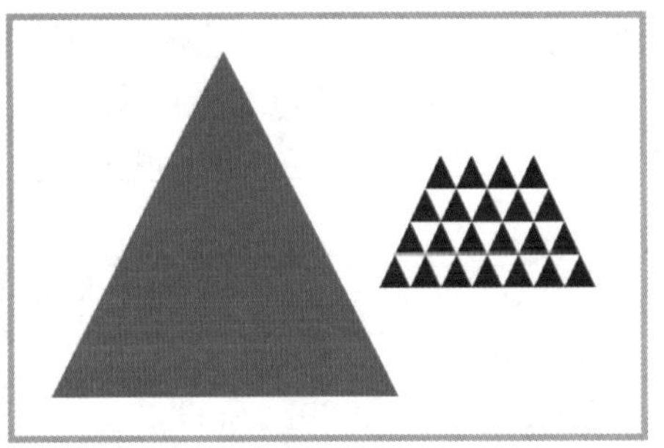
图 3-22

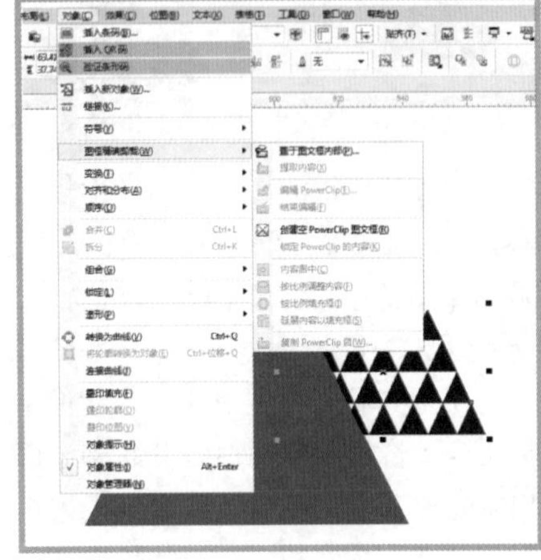
图 3-23

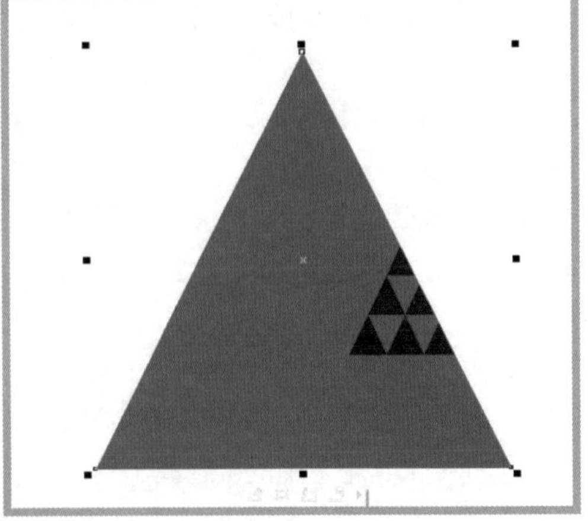
图 3-24

图 3-23），弹出黑色箭头后，单击大三角形。得到效果如图 3-24 所示 。

6. 选择【对象】菜单栏中的【图框精确剪裁—编辑 PowerClip】命令，调整填充内容的位置，如图 3-25 所示。调整好以后，选择【对象】菜单栏中的【图框精确剪裁—结束编辑】命令，效果如图 3-26 所示。

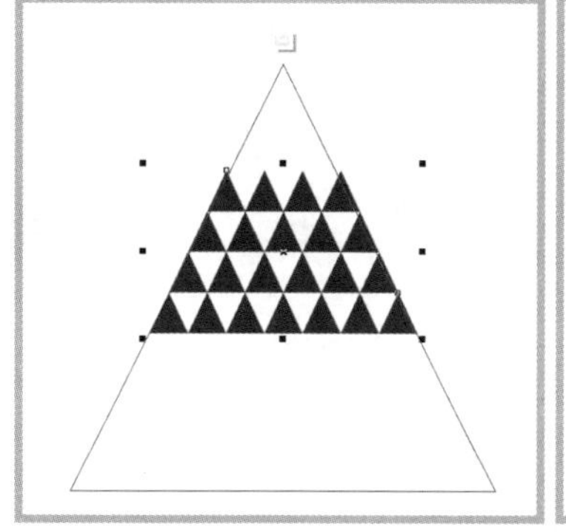

图 3-25

图 3-26

7. 运用【工具箱】中的【椭圆工具】和【矩形工具】，在工作区绘制出如图 3-27 所示圆形和矩形。绘制完成后，选择【工具箱】中的【选择工具】，框选刚绘制的 2 个图形，选择【属性栏】中的【合并】命令，得到门的形状。将图形填充【白色】，【轮廓色】设置为【无】。将其移动到绘制完成的大三角形的右下方，效果如图 3-28 所示。

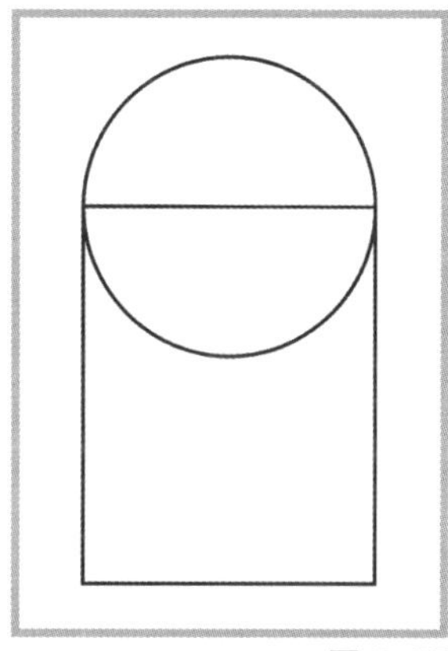

图 3-27

图 3-28

8. 选择【工具箱】中的【贝塞尔工具】，绘制如图 3-29 所示的图形，并且填充颜色，色值设置为 C：85，M：35，Y：50，K：15。将其移动至绘制好的门内。这样第一座大山就绘制完成了，效果如图 3-30 所示。

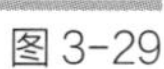

图 3-29

图 3-30

步骤五：绘制大山（二）

1. 选择【工具箱】中的【多边形工具】，在工作区绘制三角形，然后在【属性栏】中将【点数或边数】设置为【3】，如图 3-31 所示。

2. 选择【工具箱】中的【选择工具】，将鼠标移至图 3-31 中的【1】点位置，捕捉到该节点后，按住鼠标左键向【2】点位置拖动，捕捉到【2】号节点后右击鼠标（单击鼠标右键，鼠标左键不松）完成移动复制，将颜色设置为 C：70，M：60，Y：60，K：60。

3. 移动并复制图形如图 3-32 所示。选择【属性栏】中的【组合对象】命令，群组图形。

4. 选择【工具箱】中的【多边形工具】，在工作区绘制三角形，然后在【属性栏】中将【点数或边数】设置为【3】。颜色色值设置为 C：90，M：60，Y：50，K：20，如图 3-33 所示。

5. 选择【工具箱】中的【选择工具】，选中群组的多个三角形，选择【对象】菜单栏中的【图框精确剪裁—置于图文框内部】命令，弹出黑色箭头后，单击刚刚绘制的三角形。得到效果如图 3-34 所示。

6. 选择【对象】菜单栏中的【图框精确剪裁—编辑 PowerClip】命令，调整填充内容位置，如图 3-35 所示。调整好以后，选择【对象】菜单栏中的【图框精确剪裁—结束编辑】命令，效果如图 3-36 所示。

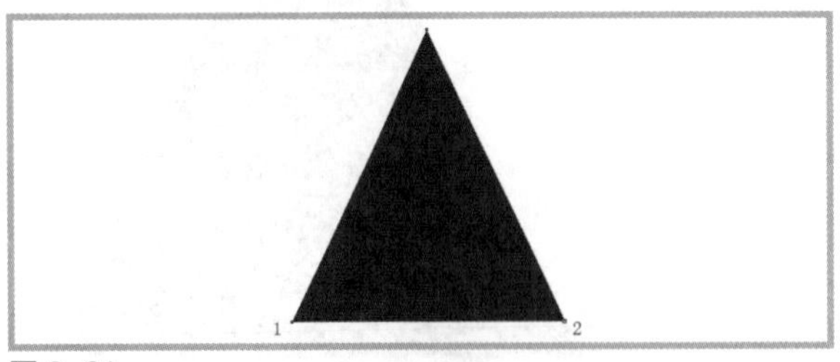

图 3-31

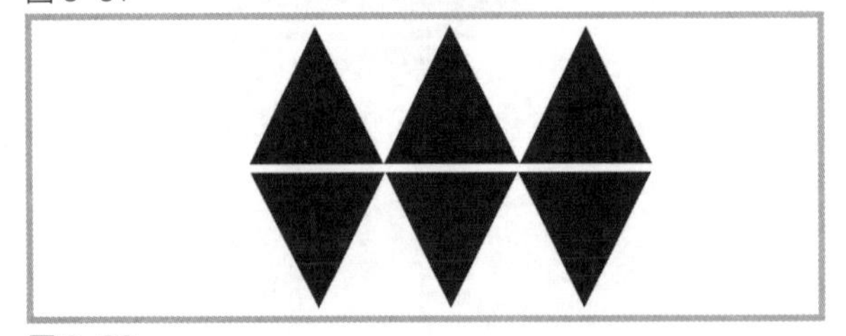
图 3-32

图 3-33

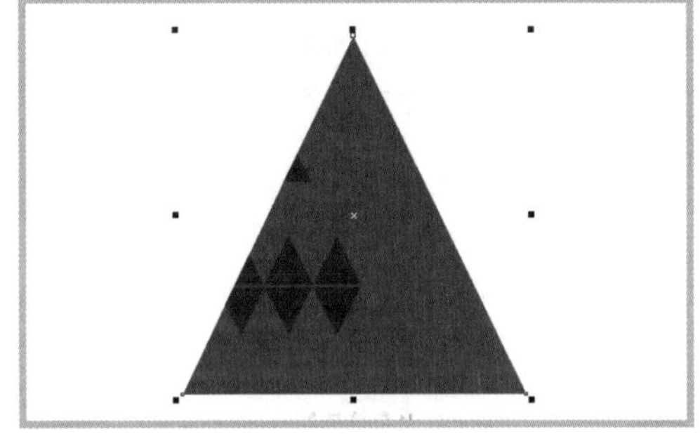
图 3-34

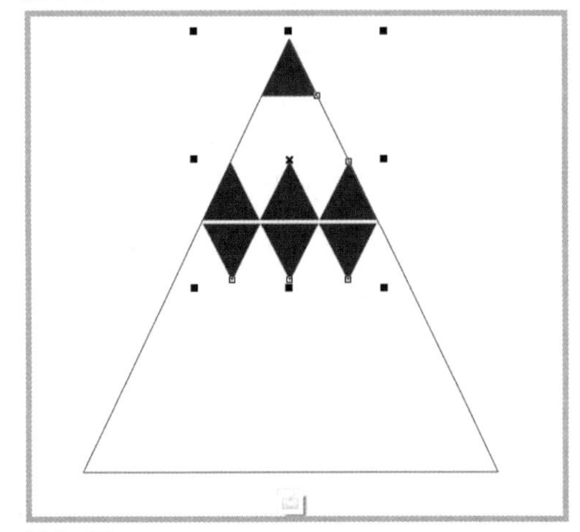
图 3-35

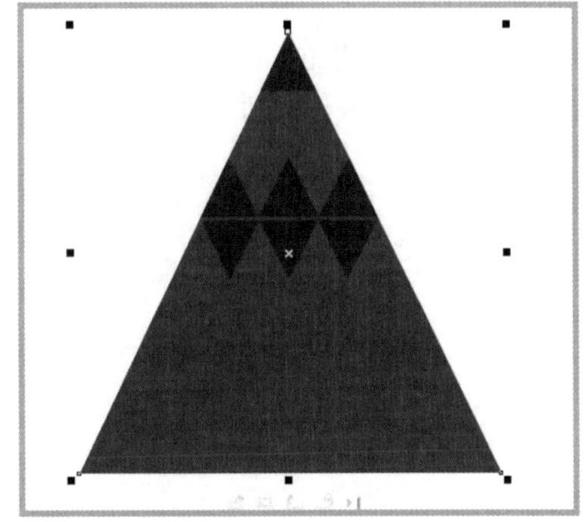
图 3-36

7. 复制步骤四中绘制好的门，将其移动到三角形底边靠左的位置，并填充为【白色】,【轮廓色】设置为【无】，效果如图 3-37。

8. 选择【工具箱】中的【贝塞尔工具】，绘制如图 3-38 所示的图形，并且填充颜色，色值设置为 C：90，M：60，Y：50，K：20。将其移动至绘制好的门内。效果如图 3-39 所示。

9. 选择【工具箱】中的【贝塞尔工具】，绘制如图 3-40 所示图形，并且填充颜色，色值设置为 C：70，M：60，Y：60，K：60。复制心形，将其放置在绘制好的图形中，效果如图 3-41 所示。这样第二座山就绘制完成。

步骤六：绘制大山（三）

1. 选择【工具箱】中的【椭圆工具】，配合【Ctrl】键绘制如图 3-42 所示两个交叉的正圆图形。

2. 选择【工具箱】中的【选择工具】，框选两个圆，选择【属性栏】中的【修剪】命令，得到如图 3-43 所示的图形。将修剪出来的图形填充【蓝色】，色值设置为 C：85，M：35，Y：

图 3-37

图 3-38

图 3-39

图 3-40

图 3-41

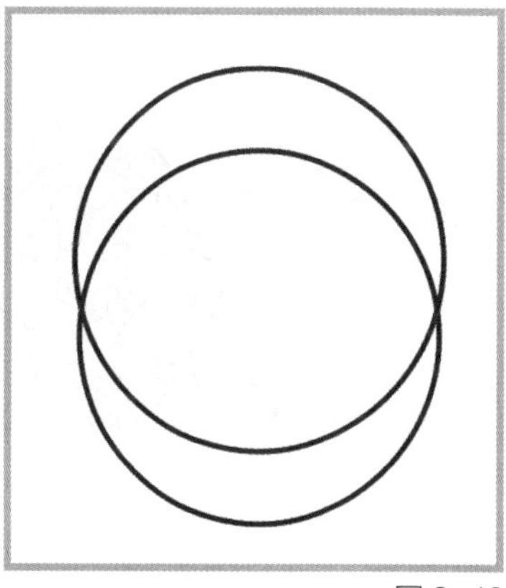

图 3-42

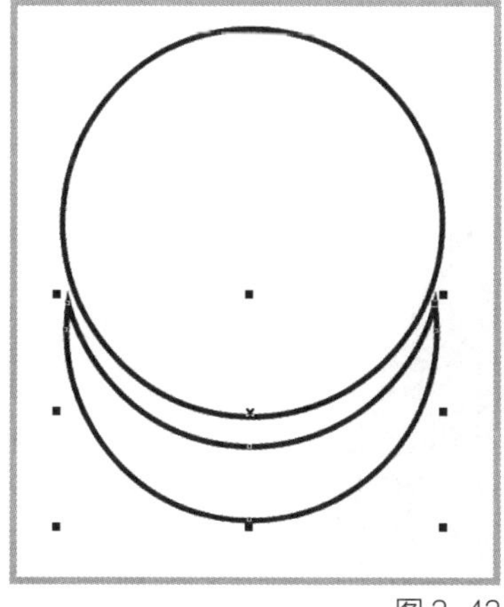

图 3-43

50，K：15。

3. 选择【工具箱】中的【选择工具】，选择修剪好的图形，选择【属性栏】中的【垂直镜像】命令，完成镜像后，移动复制。复制后效果如图 3-44 所示。

4. 在复制好的图形上下两端各绘制两个细长的矩形。框选绘制好的图形，选择【属性栏】中的【组合对象】命令，效果如图 3-45 所示。

5. 选择【工具箱】中的【多边形工具】，在【属性栏】中将【点数或边数】设置为【3】。在工作区绘制三角形，将颜色色值设置为 C：100，M：80，Y：50，K：30，如图 3-46 所示。

6. 选择【工具箱】中的【选择工具】，选择群组好的图形，选择【对象】菜单栏中的【图框精确剪裁—置于图文框内部】命令，弹出黑色箭头后，单击刚绘制的三角形，得到效果如图 3-47 所示 。

7. 选择【对象】，选择【菜单栏】中的【图框精确剪裁—编辑 PowerClip】命令，调整填充内容位置，如图 3-48 所示。调整好以后，选择【对象】菜单栏中的【图框精确剪裁—结束编辑】命令，效果如图 3-49 所示。

图 3-44

图 3-45

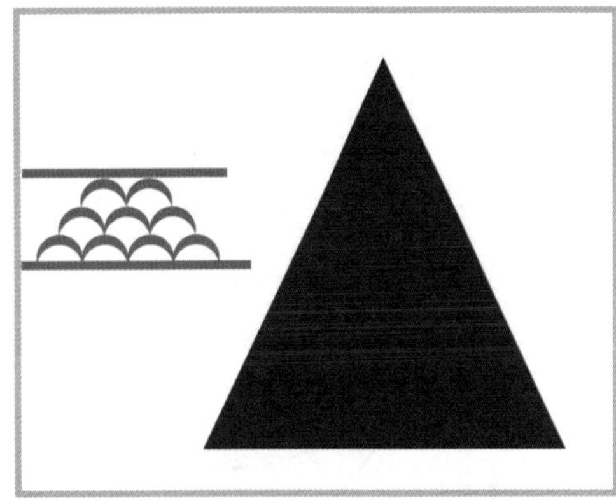
图 3-46

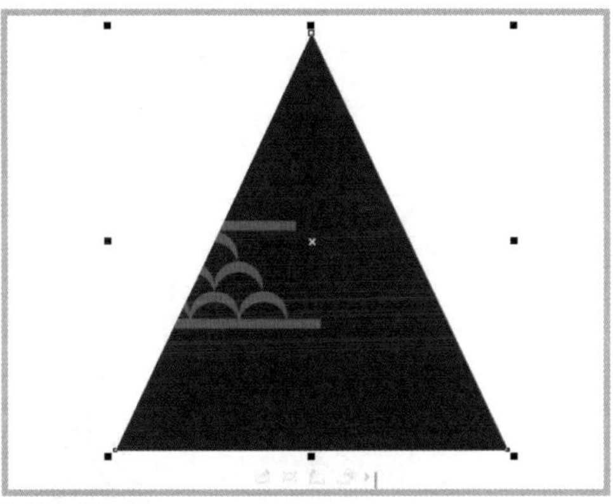
图 3-47

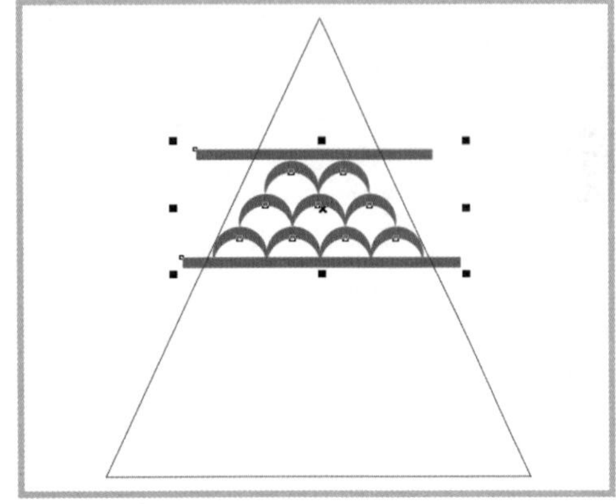
图 3-48

图 3-49

步骤七：绘制大山（四）

1. 选择【工具箱】中的【多边形工具】，在工作区绘制三角形，然后在【属性栏】中将【点数或边数】设置为【3】，将其颜色色值设置为C：35，M：0，Y：100，K：0，如图3-50所示。

2. 选择【工具箱】中的【椭圆工具】，配合【Ctrl】键，在工作区绘制正圆。然后选择圆形，在【属性栏】中选择【饼形】样式，将【起点】和【终点】分别设置为【0】和【180】。效果如图3-51所示。

3. 选择【工具箱】中的【选择工具】，将鼠标移至图3-51中的【1】点位置，捕捉到该节点后，按住鼠标左键向【2】点位置拖动，捕捉到【2】号节点后右击鼠标（单击鼠标右键，鼠标左键不松）完成移动复制，按下【Ctrl+R】组合键，对其进行重复复制。然后为图形填充颜色，将色值设置为C：85，M：35，Y：50，K：15，效果如图3-52所示。

4. 按照以上所述方法，对群组好的半圆形执行【图框精确剪裁——置入图文框内部】命令，将其置入到图3-50的中去，效果如图3-53所示。

5. 运用【工具箱】中的【矩形工具】、【椭圆工具】、【形状工具】绘制如图3-54所示图形。

6. 复制该图形，选择【工具箱】中的【形状工具】，删除内部的节点，效果如图3-55所示。

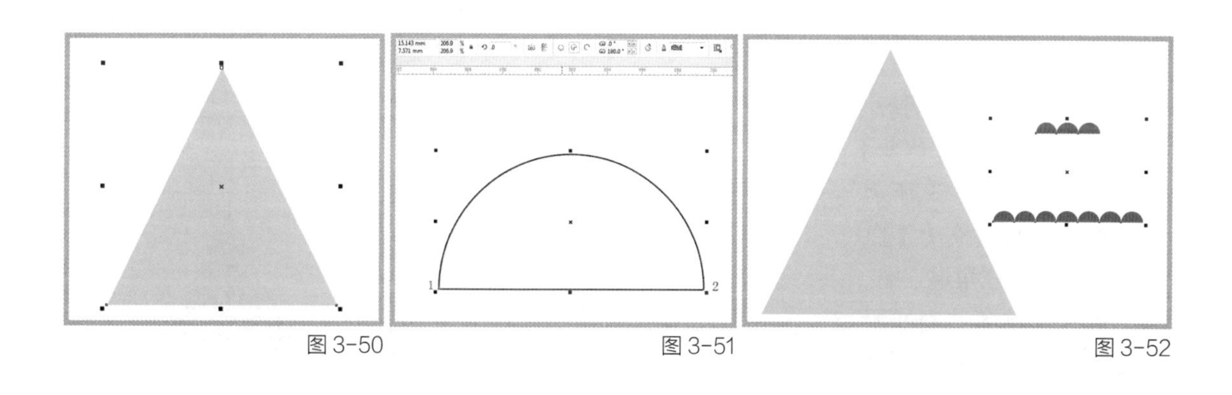

图3-50　　图3-51　　图3-52

图3-53　　图3-54　　图3-55

7. 分别将两个图形填充颜色，有内框的图形填充为【蓝色】，色值设置为 C：85，M：35，Y：50，K：15；无内框的填充为【白色】。填充完成以后，框选这两个图形，选择【属性栏】中的【对齐与分布】命令，弹出【对齐与分布】泊坞窗，选择【垂直方向居中对齐】、【水平方向居中对齐】。完成后群组对象，效果如图 3-56 所示。将其移动到三角形内，效果如图 3-57 所示。

图 3-56

图 3-57

8. 在工作区绘制如图 3-58 所示的正圆与矩形。绘制完成后，框选 2 个图形。选择【属性栏】中的【修剪】命令，得到如图 3-59 所示的图形，将其填充为【白色】，并移动至三角形下端。

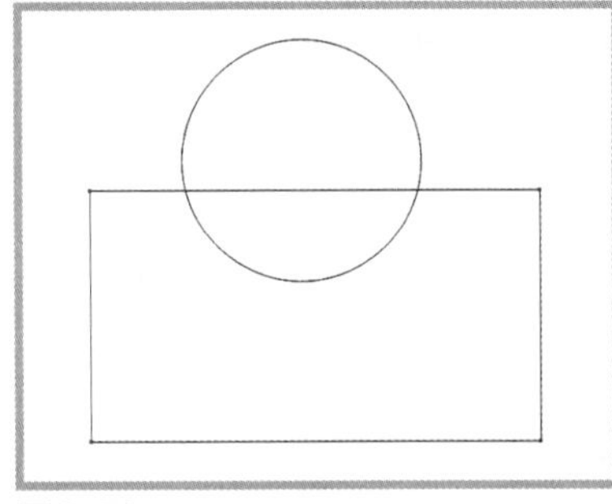
图 3-58

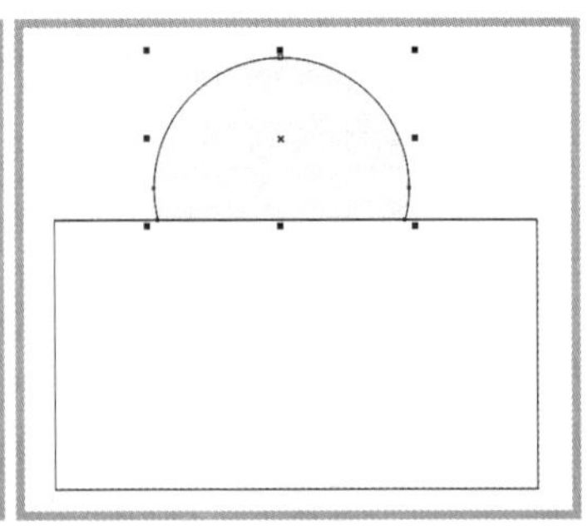
图 3-59

9. 在工作区绘制如图 3-60 所示的图形并填充为【蓝色】，色值设置为 C：35，M：0，Y：100，K：0。绘制好后，将其移动至刚绘制好的半圆内，第四座大山绘制完成，效果如图 3-61 所示。

图 3-60

图 3-61

10. 将步骤四—步骤七中绘制好的四座山放置到画面中，要根据画面实际情况来调整图形的顺序及大小（图 3-62），调整后效果如图 3-63 所示。

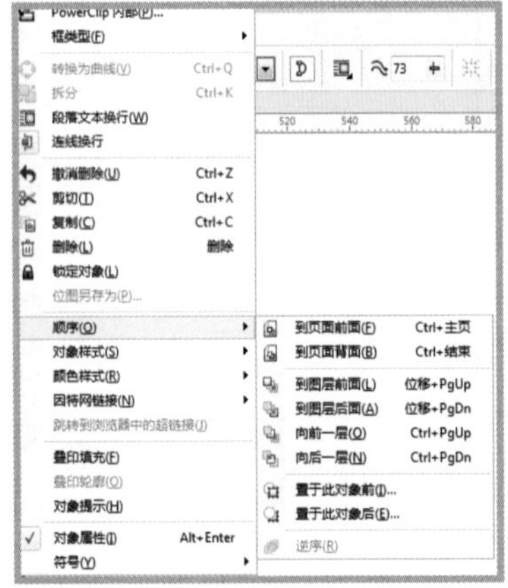

图 3-62

图 3-63

步骤八：绘制大树

1. 选择【工具箱】中的【椭圆工具】，在工作区绘制如图 3-64 所示的椭圆。

2. 选择【工具箱】中的【贝塞尔工具】，在工作区绘制如图 3-65 所示树枝，绘制完成后，将椭圆的树叶部分和树枝部分组合起来，如图 3-66 所示。

3. 执行【缩放并复制】命令，再复制出一大一小两棵树。将树干部分填充为【白色】，树冠部分分别填充色值为：C：100，M：80，Y：50，K：30；C：90，M：60，Y：50，K：20；C：85，M：35，Y：50，K：15。填充完成后效果如图 3-67 所示。

4. 将 3 棵树分别移动到画面中适当的位置，效果如图 3-68。

步骤九：绘制花朵

1. 选择【工具箱】中的【椭圆工具】，配合【Ctrl】键，在工作区绘制一个正圆，鼠标左键再次单击该圆，变成旋转控制点，将圆中心的旋转轴点，移动至圆外，如图 3-69 所示。

2. 打开【变换】泊坞窗，将该泊坞窗中的【旋转角度】设置为【45】，【副本】设置为【7】，得到的图形如图 3-70 所示。

3. 将所有的圆框选，选择【属性栏】中的【合并】命令，得到如图 3-71 所示图形。

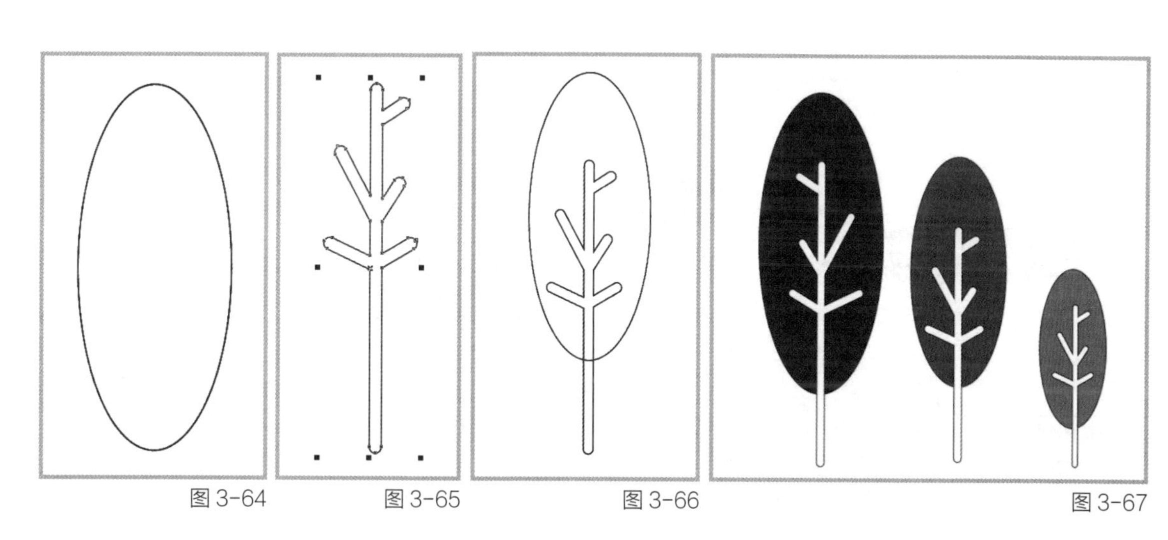

图 3-64　图 3-65　图 3-66　图 3-67

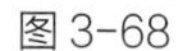

图 3-68

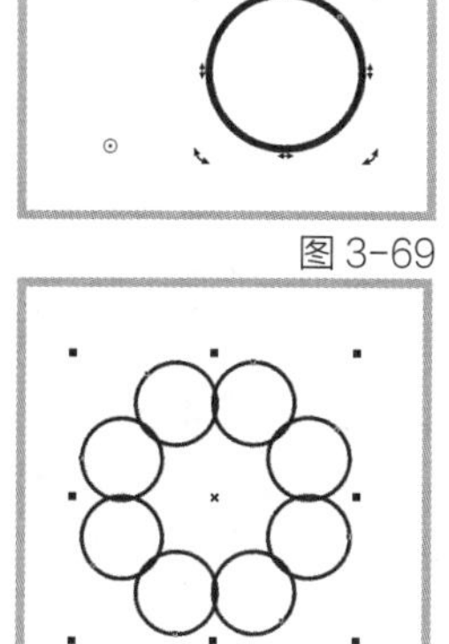

图 3-69　图 3-70

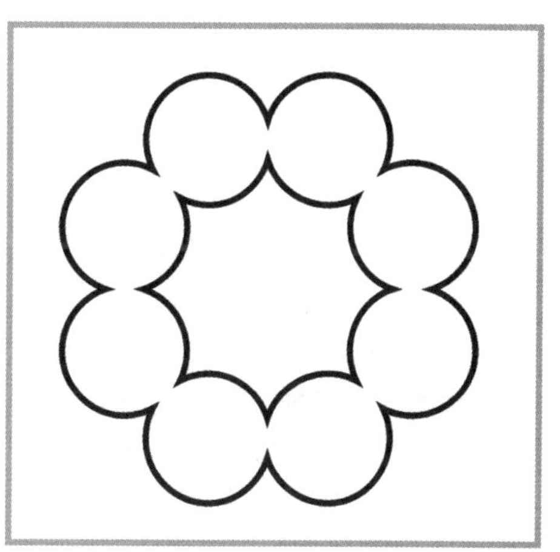

图 3-71

图 3-72　图 3-73　图 3-74　图 3-75

图 3-76　图 3-78　图 3-80

图 3-77　图 3-79　图 3-81

4. 选择【工具箱】中的【修改工具】，选中内圈的所有节点，如图 3-72 所示。

5. 选中节点后，选择【属性栏】中的【延展与缩放节点】命令，配合【Shift】键，缩放节点，完成后效果如图 3-73 所示。

6. 运用【工具箱】中的【矩形工具】和【贝塞尔工具】，绘制花的茎和叶子，绘制完成后效果如图 3-74 所示。将其填充为【白色】，【轮廓色】设置为【无】。绘制好后群组花朵、茎和叶。群组完成后再复制 3 个，将其放置到图中合适的位置，效果如图 3-75 所示。

步骤十：绘制小路

1. 运用【工具箱】中的【椭圆工具】和【贝塞尔工具】，绘制如图 3-76 所示的小路。

2. 将椭圆填充为【蓝色】，色值设置为 C：100，M：80，Y：50，K：30；将两条小路填充为【红色】，色值设置为 C：0，M：100，Y：100，K：20，效果如图 3-77 所示。

3. 将绘制好的图形移动到画面内，注意调整图形的顺序及大小，调整完成后效果如图 3-78 所示。

步骤十一：绘制小鸟

1. 复制步骤六中绘制的【月牙形】，再对其进行镜像复制，做成小鸟剪影，效果如图 3-79。

2. 框选 2 个月牙形，选择【属性栏】中的【组合对象】命令，并将其填充为【白色】。

3. 再移动复制出两个小鸟剪影，移动到画面内，效果如图 3-80 所示。

4. 运用【工具箱】中的【贝塞尔工具】、【修改工具】，绘制出小鸟的图形，如图 3-81 所示。

5. 绘制完成后给小鸟上色，分别填充【白色】和【红色】。红色色值设置为 C：0，M：100，Y：100，K：20，效果如图 3-82 所示。

6. 将小鸟移动到图片中去，【轮廓色】设置为【无】，效果如图 3-83 所示。

步骤十二：绘制装饰物品

1. 运用【工具箱】中的【椭圆工具】、【贝塞尔工具】、【修改工具】，绘制如图 3-84 所示小图形作为装饰物品，绘制完成后将它们填充为【白色】，并将其移动到画面中合适的位置，效果如图 3-85 所示。

2. 缩小复制步骤五中绘制的心形，将其填充为【蓝色】，色值设置为：C：85，M：35，Y：50，K：15；将心形复制排列成矩阵。

3. 将心形的矩阵移动到画面中合适的位置，根据图形的需要删减心形。这样一幅漂亮的扁平风格的风景插画就绘制完成了，最终效果如图 3-86 所示。

图 3-82

图 3-83

图 3-84

图 3-85

图 3-86

第三节 绘制商业插画

这一小节主要学习运用 CorelDRAW X7 来绘制商业插画，主要用到【贝塞尔工具】、【钢笔工具】、【多边形工具】、【颜料桶工具】、【轮廓图工具】和【图框精确裁剪】命令等。

本案例绘制的是一则汽车商业广告插画，如图 3-87—图 3-90 所示。现在，用插画来表现各类商业产品广告已经是司空见惯的事情，插画的应用体现在生活的各个方面，从新品上市广告、各类促销活动，到日常的品牌宣传都少不了插画。

图 3-87

图 3-88

图 3-89

图 3-90

步骤一：新建文件——商业插画

打开 CorelDRAW X7，选择【标准工具栏】中的【新建】按钮，或者按【Ctrl+N】组合键，弹出【创建新文档】对话框，从中设置文档的尺寸以及各项参数，如图 3-91 所示，点击【确定】按钮，即可创建新文档。

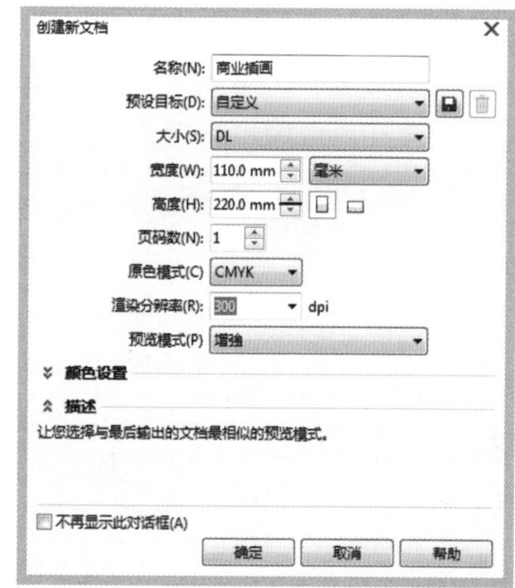

图 3-91

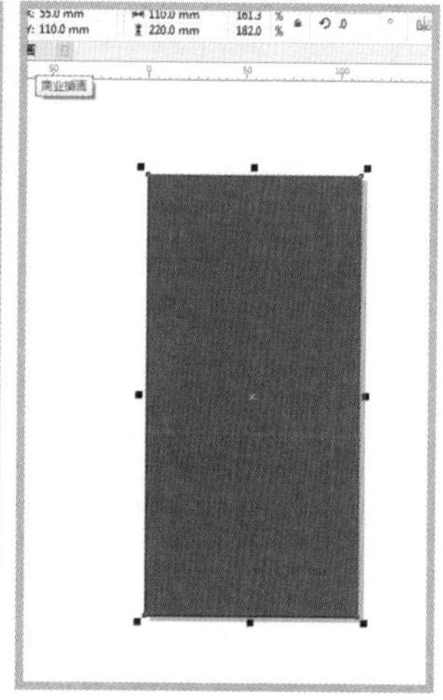

图 3-92

步骤二：绘制背景

1. 选择【工具箱】中的【矩形工具】，在工作区绘制一个矩形。

2. 在【属性栏】修改矩形的参数。将矩形的【宽度】和【高度】分别设置为【110】和【220】。绘制完成后对其填充颜色，填充的色值为 C：91，M：46，Y：73，K：5，效果如图 3-92 所示。

步骤三：绘制汽车

1. 选择【文件】菜单栏中的【导入】命令，导入光盘中第三章【汽车】图片。

2. 选择【工具箱】中的【选择工具】，单击鼠标右键，弹出菜单（图 3-93）后选择【锁定对象】。完成后效果如图 3-94 所示。

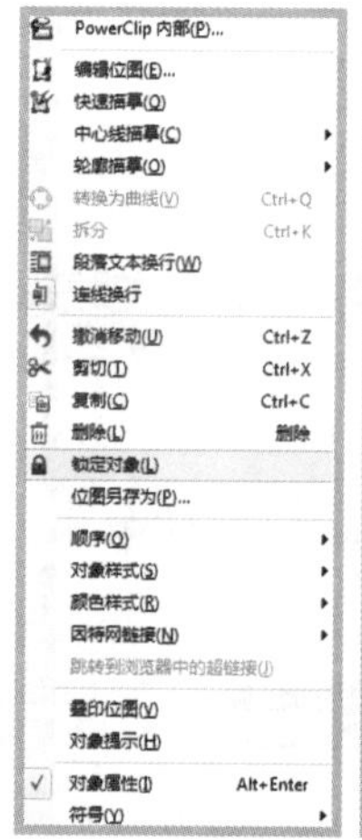

图 3-93

图 3-94

3. 因为汽车正面是完全对称图形，所以我们仅需绘制出车身的一半，然后水平方向镜像即可。选择【工具箱】中的【贝塞尔工具】，沿着汽车的外轮廓绘制图形，如图 3-95、图 3-96 所示。

图 3-95

图 3-96

4. 绘制挡风玻璃：选择【工具箱】中的【贝塞尔工具】，沿图中的挡风玻璃绘制图形，如图 3-97 所示。绘制完成后，选中【挡风玻璃轮廓】和【汽车外轮廓】，选择【属性栏】中的【相交】命令。删除开始绘制的【挡风玻璃轮廓】，保留相交的部分，效果如图 3-98 所示。

5. 绘制车前盖：沿着汽车的前盖阴影部分绘制图形，如图 3-99 所示。绘制好后，选中【挡风玻璃】，再按下【Shift】键加选车前盖图形，选择【属性栏】中的【修剪】命令，效果如图 3-100。

6. 绘制其他细节轮廓：按照上面的方法，绘制出汽车的细部轮廓。这里就不再赘述，各步骤效果如图 3-101—图 3-108 所示。

7. 轮廓线绘制完成后，将图形移至空白工作区，如图 3-109。

8. 给绘制好的图形添加颜色，颜色色值设置如图 3-110 所示。

9. 填充上颜色后，去掉轮廓线。选择【对象】菜单栏中的【变换—缩放和镜像】命令，弹出【变换】泊坞窗，在该泊坞窗中设置镜像参数，如图 3-111 所示。点击【应用】按钮，得到效果如图 3-112 所示。

10. 添加细节部分：选择【工具箱】中的【矩形工具】，在车的前脸部分添加细节，如图 3-113 所示。

在车顶的两侧绘制两个半圆，做成行李架。这样汽车就绘制完成了，将所有对象框选，选择【属性栏】中的【组合对象】命令，群组对象，最终效果如图 3-114 所示。

图 3-97

图 3-98

图 3-99

图 3-100

图 3-101

图 3-102

图 3-103 车灯

图 3-104 后视镜

图 3-105 车灯

图 3-106 后视镜

图 3-107 车灯

图 3-108 后视镜

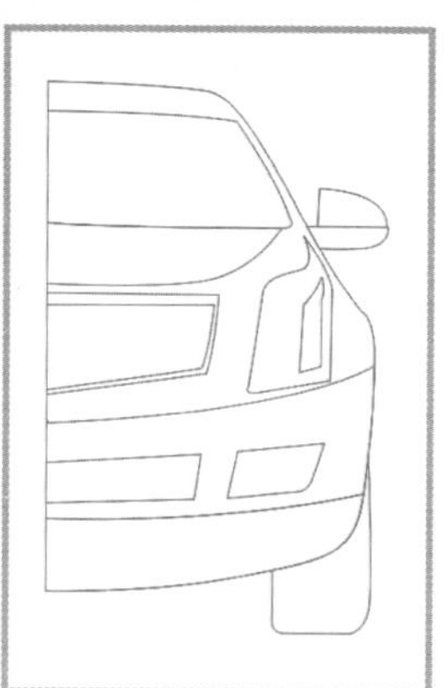
图 3-109

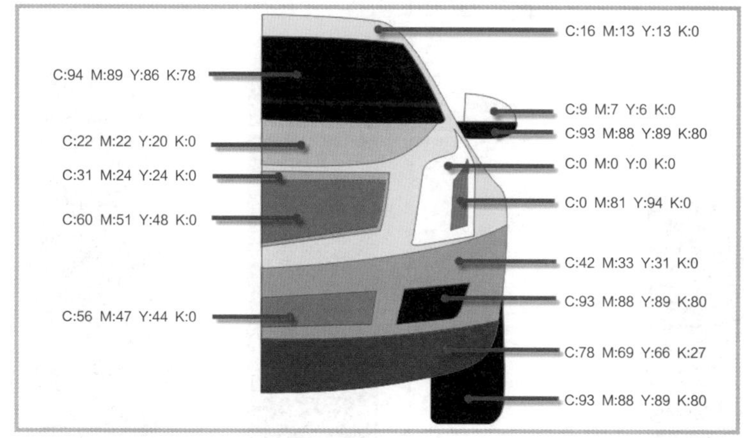

图 3-110

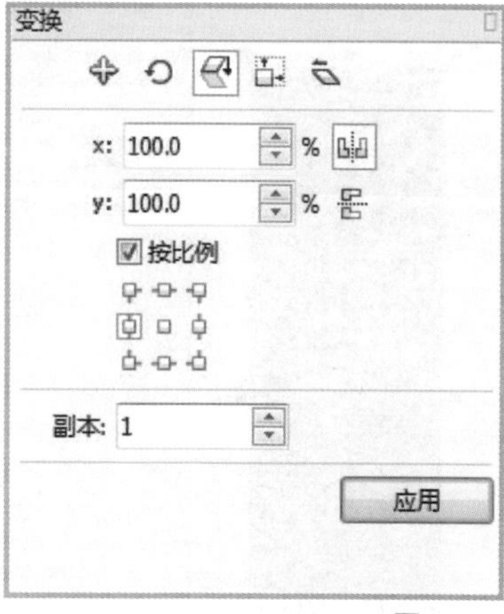

图 3-111

图 3-112

图 3-113

图 3-114

步骤四：绘制音响

1. 选择【工具箱】中的【矩形工具】，在工作区绘制一个矩形，在【属性栏】将【宽度】、【高度】分别设置为【13】和【43】。绘制好后填充颜色，填充颜色色值为C：22，M：83，Y：100，K：0，效果如图3-115所示。

2. 选中该矩形，选择【工具箱】中的【轮廓图工具】，在【属性栏】中将【轮廓样式】设置为【向内轮廓】，【轮廓图步长】设置为【1】，【轮廓图偏移】设置为【1.5】，得到效果如图3-116所示。

3. 选择【工具箱】中的【矩形工具】，在工作区绘制矩形，在【属性栏】将【宽度】、【高度】分别设置为【12】和【2】。

4. 垂直方向上进行镜像复制，完成后将其填充颜色，色值分别设置为C：93，M：88，Y：89，K：80；C：75，M：66，Y：62，K：18。制作完成以后，将其移动到刚绘制好的矩形底部，做成音响底座，效果如图3-117所示。

5. 选择【工具箱】中的【矩形工具】，在工作区绘制一个矩形，在【属性栏】将【宽度】、【高度】分别设置为【12.5】和【2.5】。填充颜色色值为C：22，M：83，Y：100，K：0。填充完成后移动到图3-118所示位置。

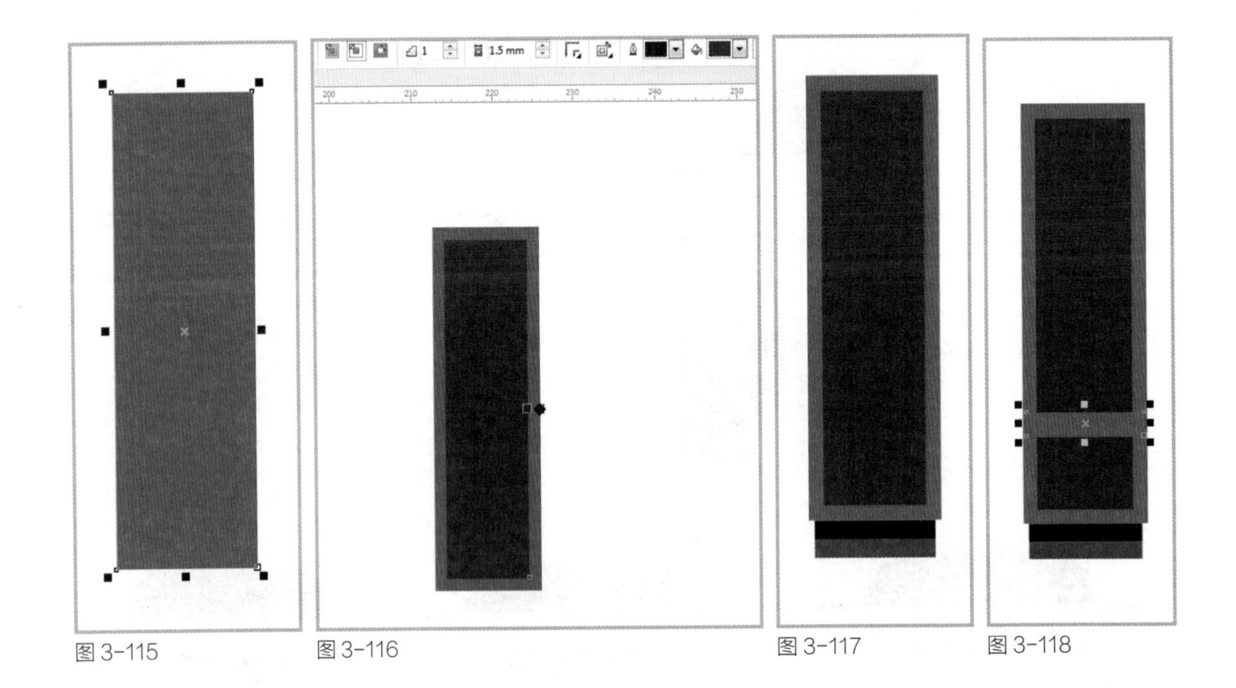

图3-115　图3-116　图3-117　图3-118

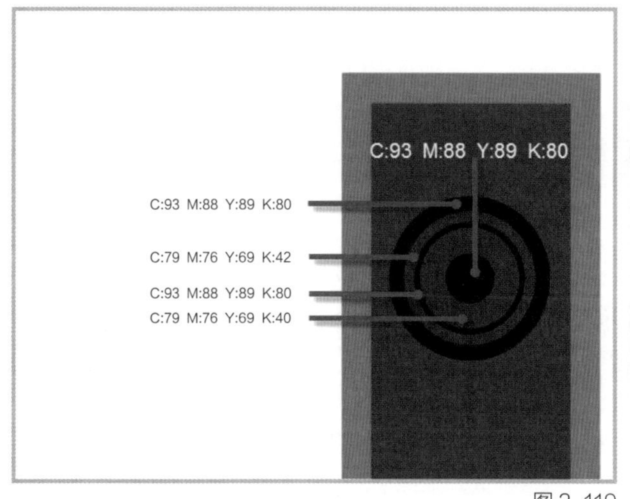

图 3-119

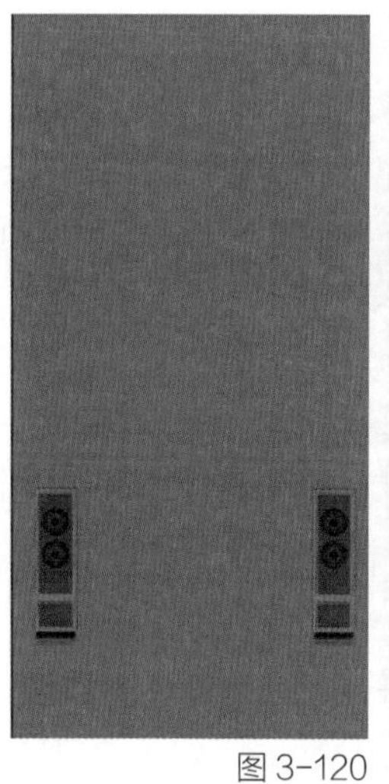
图 3-120

图 3-121

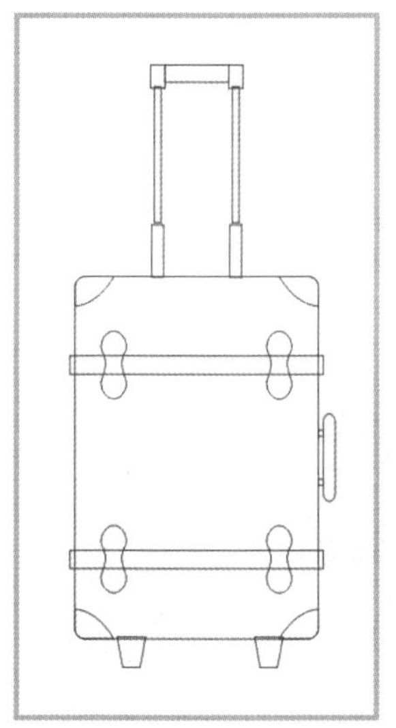
图 3-122

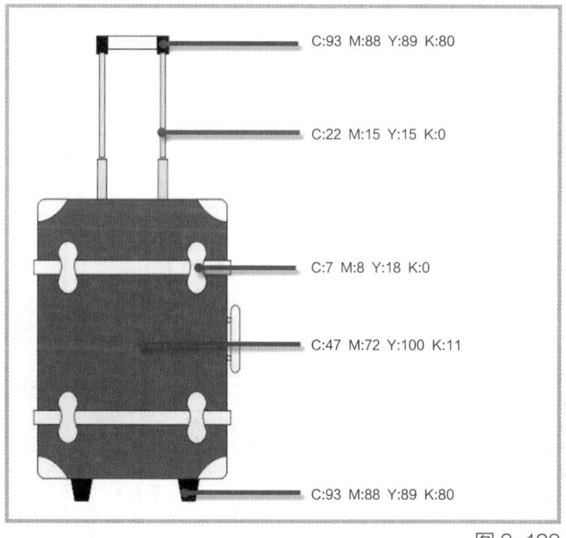

图 3-123

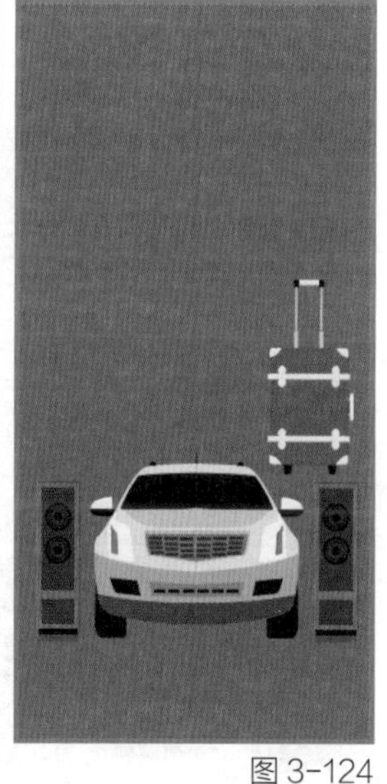
图 3-124

6. 选择【工具箱】中的【椭圆工具】，配合【Ctrl】键，绘制正圆，绘制完成后对其进行缩小复制，并填充颜色，效果及颜色色值如图 3-119 所示。

7. 将绘制好的圆环选中，选择【属性栏】中的【组合对象】命令，群组对象。群组完成后，再对其进行移动复制，效果如图 3-120 所示。

8. 将整个绘制好的音响群组后进行复制。完成后将其移动到画面中，效果如图 3-121 所示。

步骤五：绘制栏杆箱

1. 运用【工具箱】中的【矩形工具】、【椭圆工具】、【修改工具】绘制拉杆箱轮廓，如图 3-122 所示。

2. 绘制完成后将其填充上颜色，颜色色值如图 3-123 所示。填充完成后去掉拉杆箱的轮廓线，对其进行群组，并移至画面中，效果如图 3-124 所示。

步骤六：绘制猫爪

1. 运用【工具箱】中的【手绘工具】、【椭圆工具】绘制猫爪轮廓，如图 3-125 所示。

2. 绘制完成后将其填充上颜色，颜色色值如图 3-126 所示。填充完成后去掉轮廓线，对其进行群组，并移至画面中，效果如图 3-127。

步骤七：绘制照相机

1. 照相机的绘制非常简单，运用【工具箱】中的【矩形工具】、【椭圆工具】绘制相机轮廓，如图 3-128 所示。

2. 绘制完成后将其填充上颜色，设置颜色色值如图 3-129 所示。填充完成后去掉轮廓线，效果如图 3-130，对其进行群组，并移至画面中。

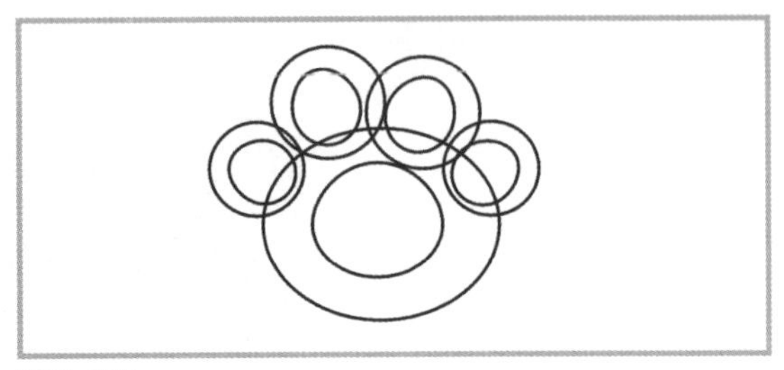

图 3-125

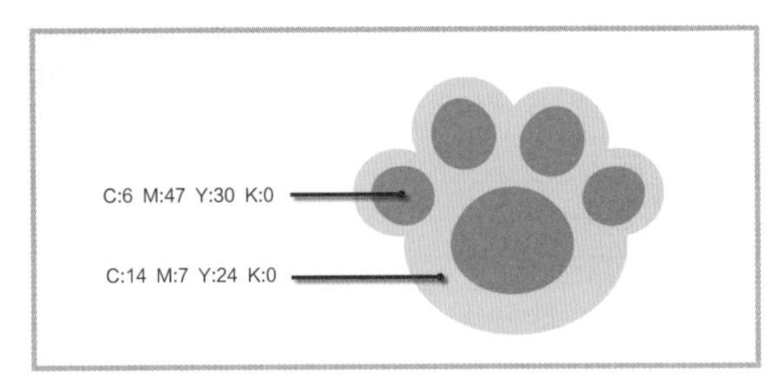

图 3-126

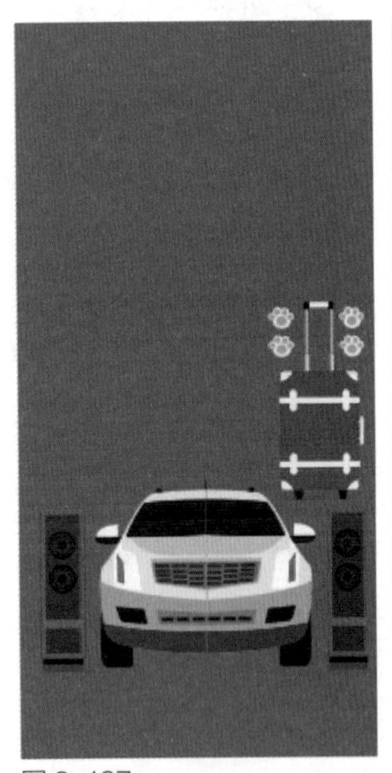

图 3-127

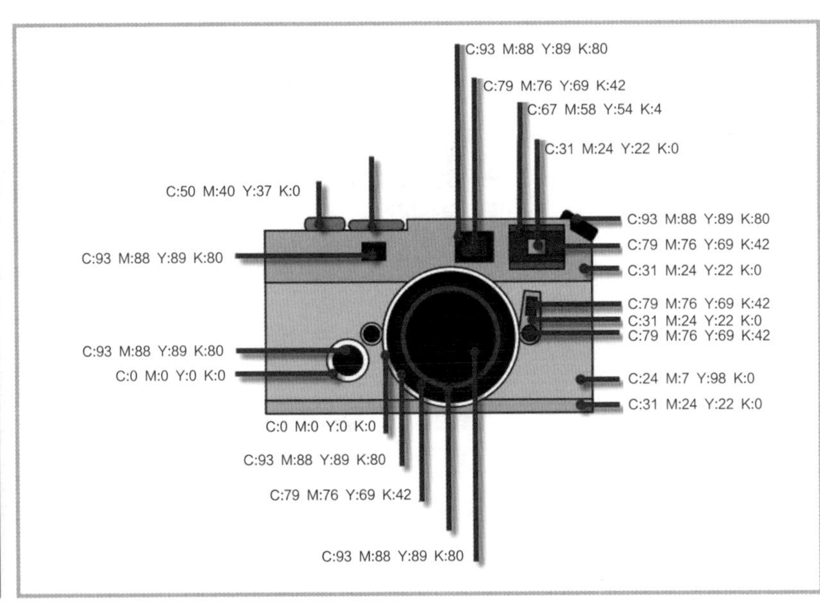

图 3-129

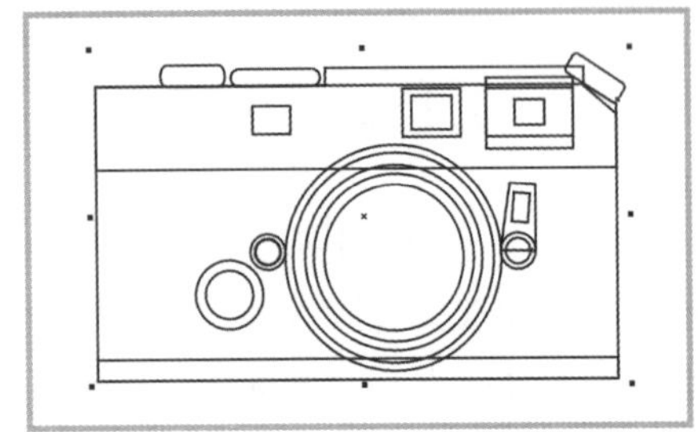

图 3-128

图 3-130

步骤八：绘制小船

1. 下面我们绘制如图 3-131 所示的小船。选择【工具箱】中的【矩形工具】，在工作区绘制一个矩形，然后在【属性栏】将矩形的【宽度】和【高度】分别设置为【28】、【13】，将【圆角】设置为【5】。绘制完成后，选择【属性栏】中的【转化为曲线】命令。

2. 选择【工具箱】中的【修改工具】，选中图 3-132 中的【1】、【2】两点，按【Delete】键删除。再选中图中的【3】、【4】两点，选择【属性栏】中的【转化为直线】命令，如图 3-133 所示。

3. 将【3】、【4】两点垂直向下移动，得到船身，如图 3-134 所示。绘制完成后将船身填充上橙色，色值设置为 C：18，M：93，Y：84，K：0，效果如图 3-135 所示。

4. 在绘制好的小船船身上方绘制细长的矩形，将其填充为【绿色】，色值设置为 C：58，M：0，Y：42，K：0。【轮廓色】设置为【无】，效果如图 3-136 所示。

5. 在矩形的中间，横向绘制一条水平方向的直线，在【属性栏】将直线【线条样式】为点状，如图 3-137。线条颜色设置为【白色】，效果如图 3-138 所示。

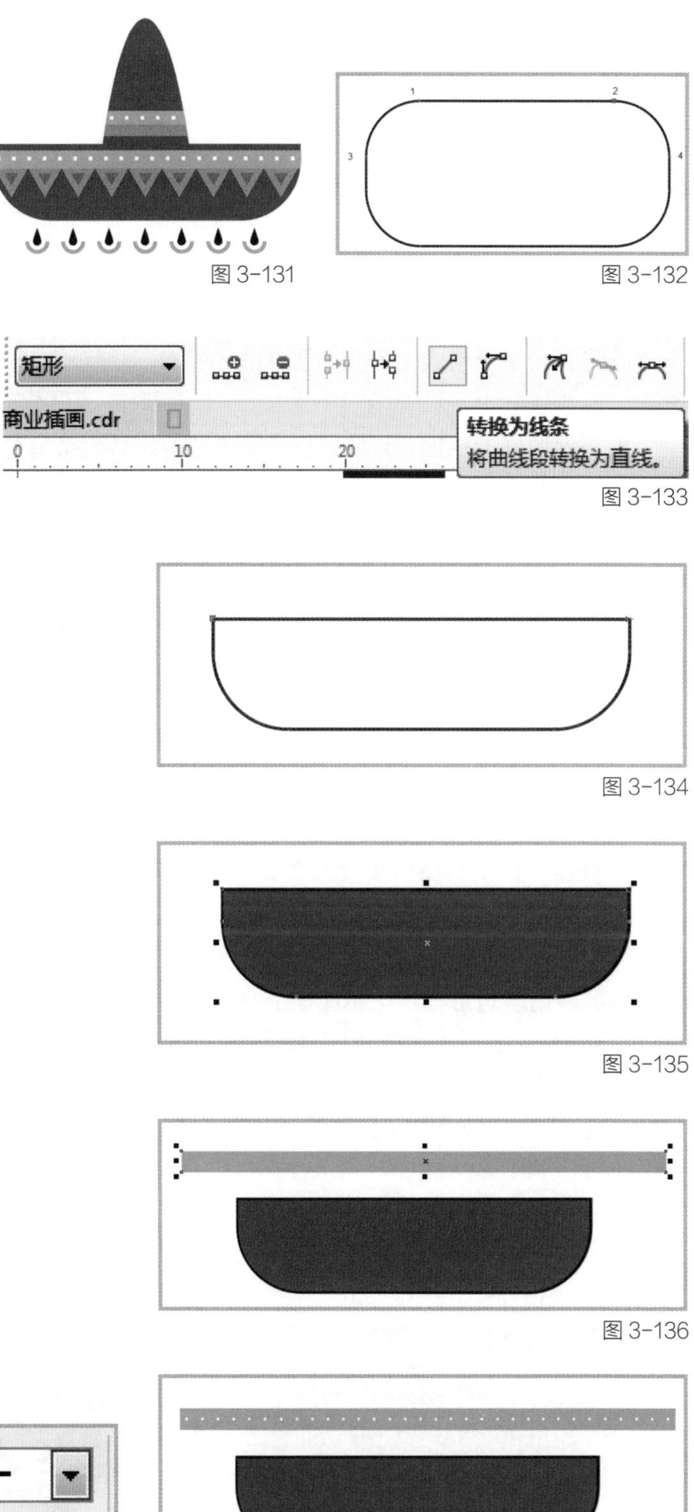

图 3-131

图 3-132

图 3-133

图 3-134

图 3-135

图 3-136

图 3-138

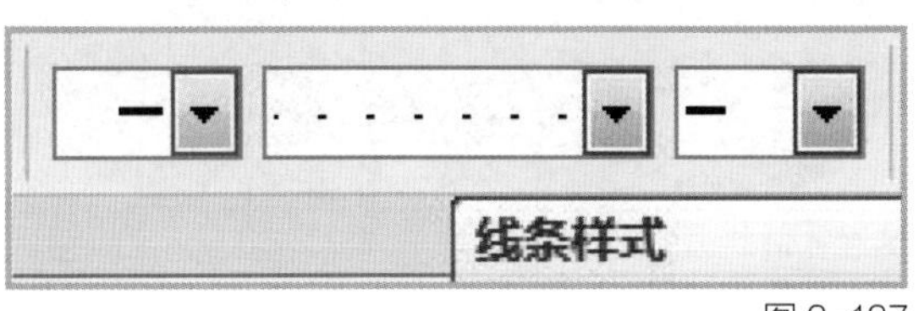

图 3-137

6. 选择【工具箱】中的【多边形工具】，在工作区绘制一个多边形，然后在【属性栏】将【多边形边数】设置为【3】。将其填充颜色，色值为C：4，M：41，Y：96，K：0，效果如图3-139所示。

7. 选择【工具箱】中的【轮廓图工具】，将刚绘制的三角形向内轮廓一步，效果如图3-140所示。对绘制好的三角进行复制，复制完成后将其与矩形底端对其，效果如图3-141所示。

8. 将绘制好的矩形、直线、三角形选中，选择【对象】菜单栏中的【图框精确剪裁—置于图文框内部】命令，弹出黑色箭头后，单击绘制的船身图形，得到效果如图3-142所示。

9. 选择【对象】菜单栏中的【图框精确剪裁—编辑PowerClip】命令，调整填充内容的位置，如图3-143所示。调整好以后，选择【对象】菜单栏中的【图框精确剪裁—结束编辑】，将【轮廓色】设置为【无】，效果如图3-144所示。

10. 按照上述的方法绘制船帆，这里就不再一一赘述。具体的操作步骤如图3-145—图3-147所示。

11. 选择【工具箱】中的【多边形工具】，在工作区绘制多边形，在【属性栏】将【多边形边数】设置为【3】，选择【工具箱】中的【椭圆工具】，鼠标捕捉到三角形底边中点时按下鼠标左键，配合【Shift】、【Ctrl】键绘制正圆，效果如图3-148所示。

12. 框选三角形和圆形，选择【属性栏】中的【合并】命令，得到如图3-149所示图形。选择【工具箱】中的【修改工具】，选中图3-149中的【1】、【2】两个节点后删除，得到如图3-150所示的图形，将其填充为【黑色】。

13. 选择【工具箱】中的【椭圆工具】，在工作区绘制正圆，在【属性栏】中将【样式】设置为【弧】。【起点】和【终点】角度分别设置为【180度】和【0度】，将轮廓色设置为C：58，M：0，Y：42，K：0，效果如图3-151所示。

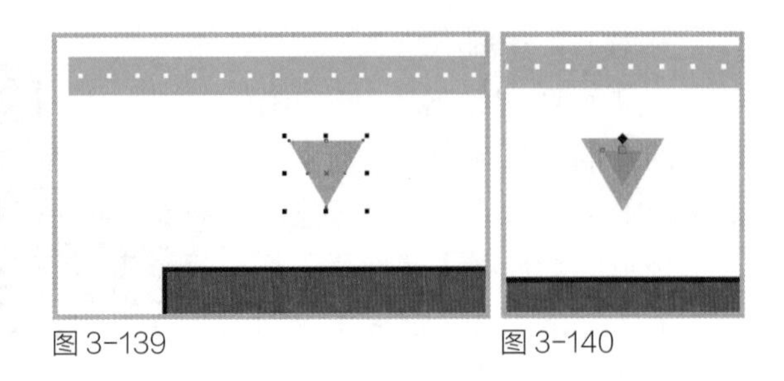
图3-139　　图3-140

图3-141

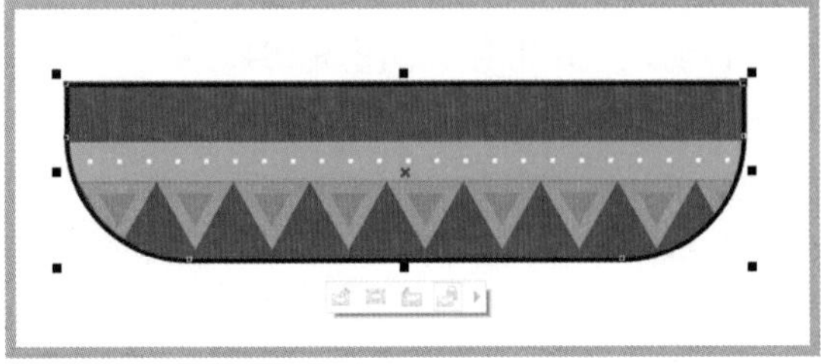
图3-142

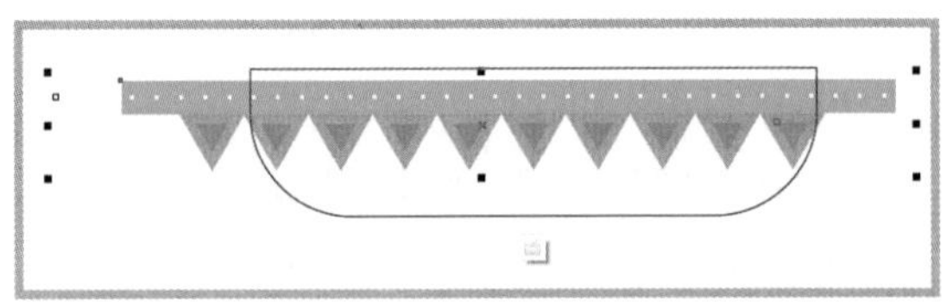
图3-143

图3-144

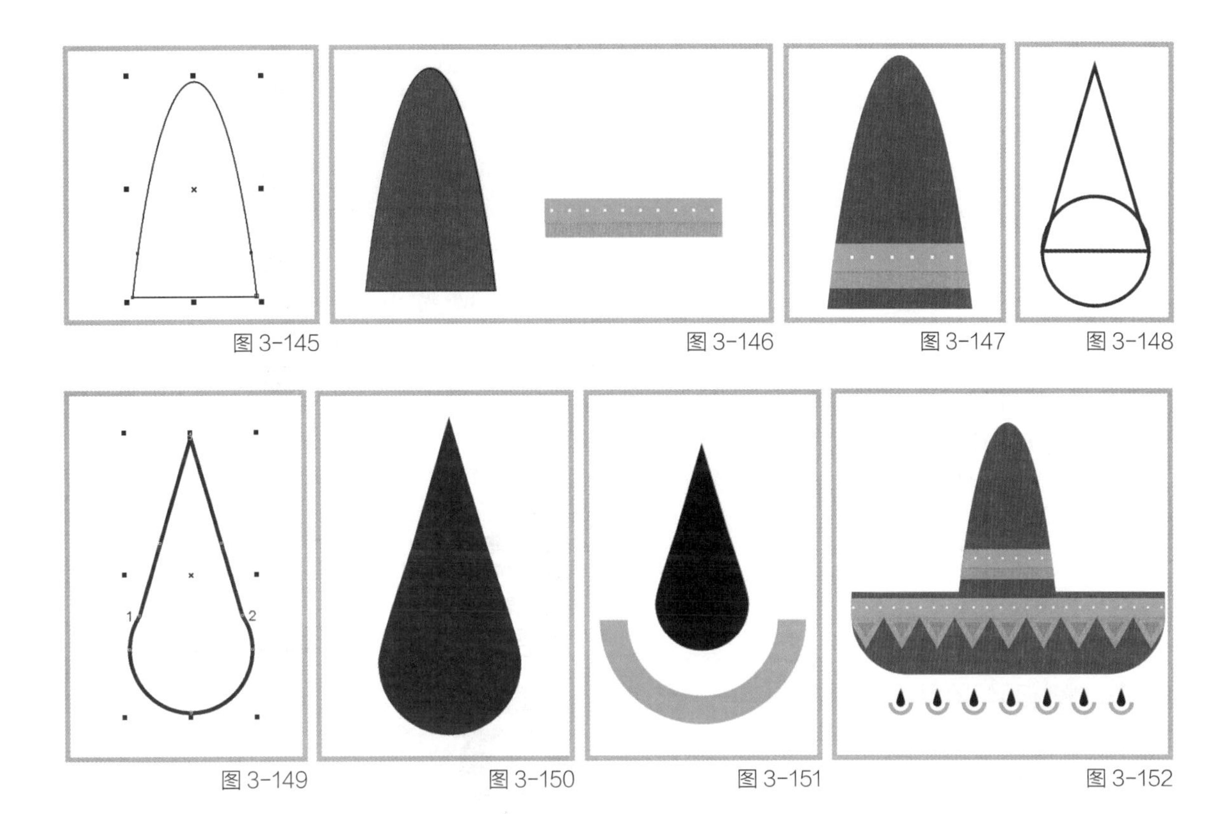

图 3-145　图 3-146　图 3-147　图 3-148

图 3-149　图 3-150　图 3-151　图 3-152

14. 将刚才绘制的图形群组复制多份，复制完成后放置到船身下方，如图 3-152 所示。

步骤九：绘制打火机

1. 打火机的绘制非常简单，运用【工具箱】中的【矩形工具】、【椭圆工具】绘制打火机轮廓，如图 3-153 所示。

2. 绘制完成后将其填充上颜色，颜色色值设置如图 3-154 所示。绘制完成后去掉轮廓线，效果如图 3-155 所示，群组对象后移至画面中。

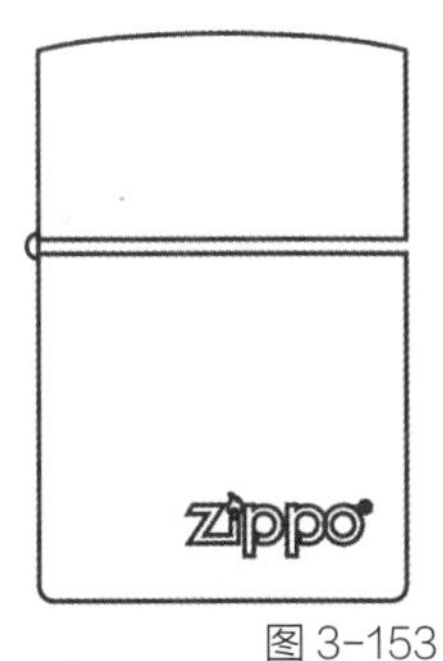

图 3-153

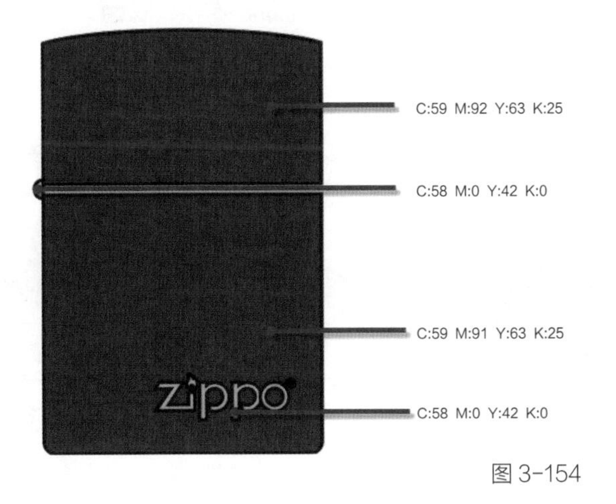

图 3-154

图 3-155

步骤十：绘制笔记本

1.运用【工具箱】中的【矩形工具】绘制笔记本轮廓，如图 3-156 所示。

2.绘制完成后将其填充上颜色，颜色设置如图 3-157 所示。

3.选择【文件】菜单栏中的【导入】命令，导入光盘中的【头像】图片素材。选中图片，选择【属性栏】中的【描摹位图—轮廓描摹—低品质描摹】对话框，对话框设置如图 3-158 所示。点击【确定】按钮得到描摹图形，如图 3-159。将描摹好的图形移动到笔记本上，群组对象，得到图形如图 3-160 所示。

步骤十一：绘制玩偶

1.运用【工具箱】中的【矩形工具】、【修改工具】绘制玩偶轮廓，如图 3-161 所示。

2.绘制完成后将其填充上颜色，颜色设置如图 3-162 所示。填充完成后去掉轮廓线，效果如图 3-163，对其进行群组，并移至画面中。

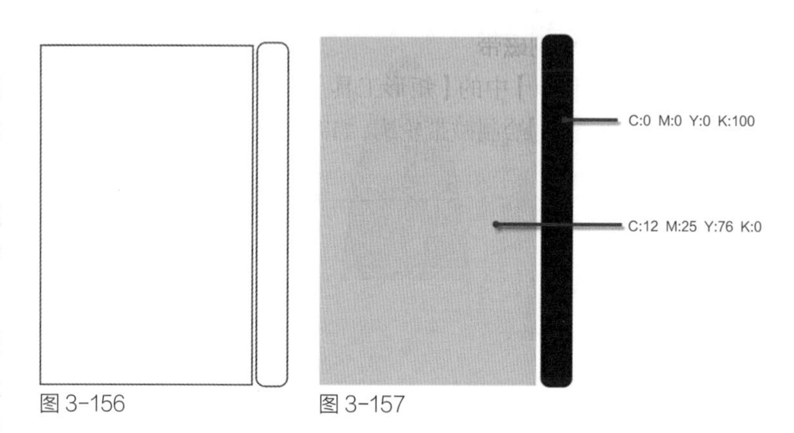

图 3-156　　图 3-157

图 3-158

图 3-159

图 3-160

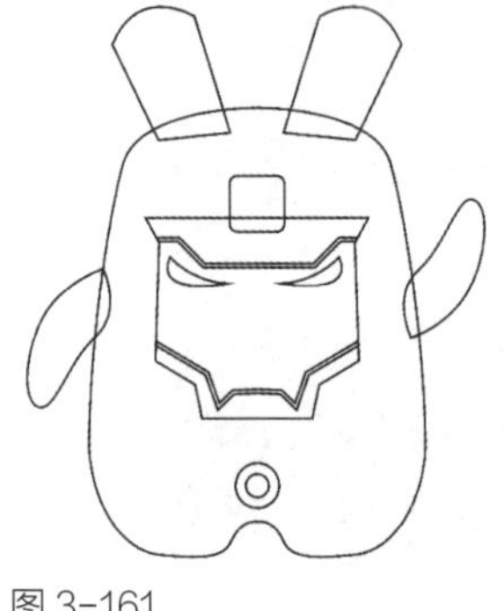

图 3-161

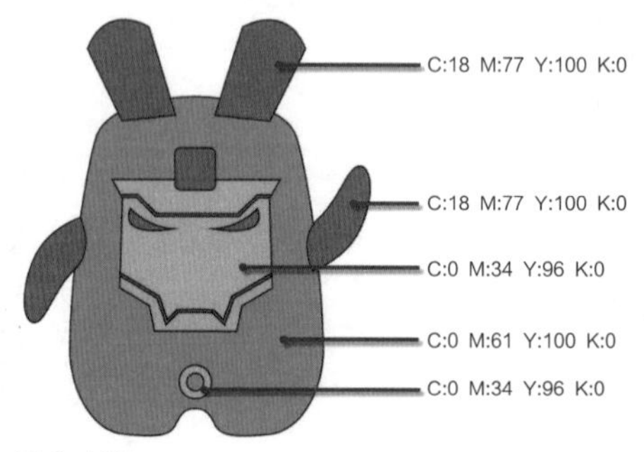

图 3-162

图 3-163

步骤十二：绘制磁带

1. 运用【工具箱】中的【矩形工具】、【椭圆工具】、【修改工具】绘制磁带轮廓，如图3-164所示。

2. 绘制完成后将其填充颜色，颜色设置如图3-165所示。填充完成后去掉轮廓线，效果如图3-166所示，对其进行群组，并移至画面中。

步骤十三：绘制吉他

1. 运用【工具箱】中的【矩形工具】、【椭圆工具】、【修改工具】绘制吉他轮廓，如图3-167所示。

2. 绘制完成后将其填充颜色，颜色设置如图3-168所示。填充完成后去掉轮廓线，效果如图3-169所示，对其进行群组，并移至画面中。

图3-164

图3-166

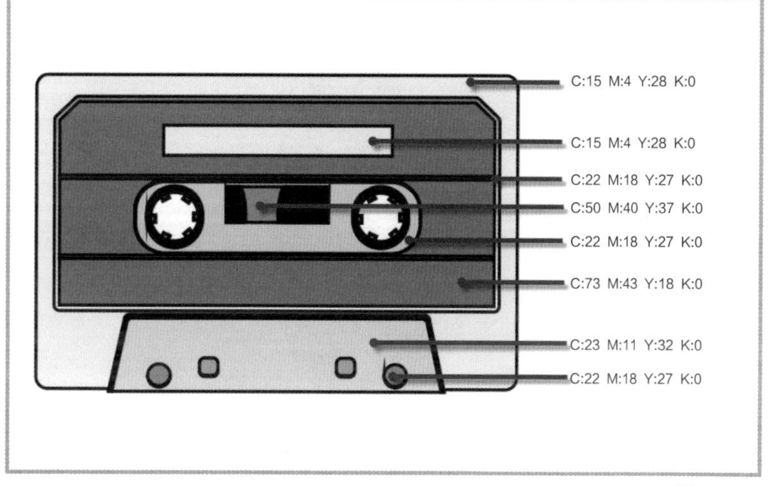

图3-165

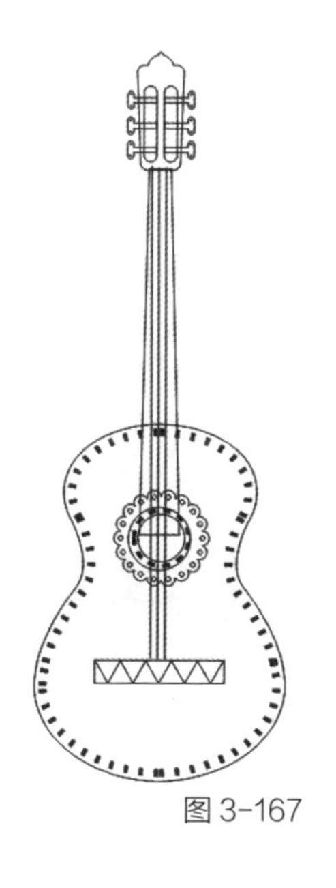

图3-167

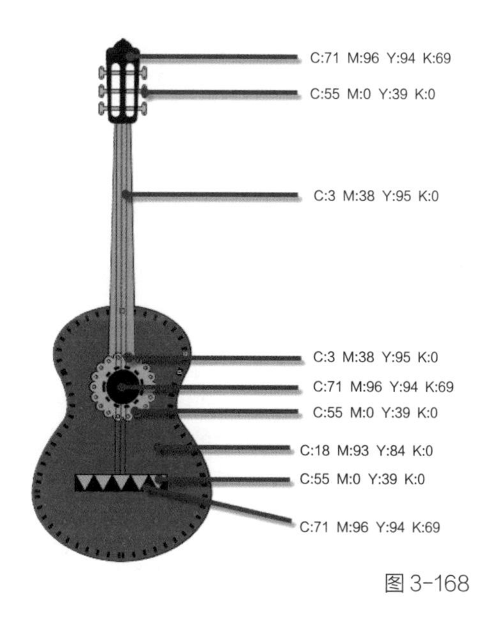

图3-168

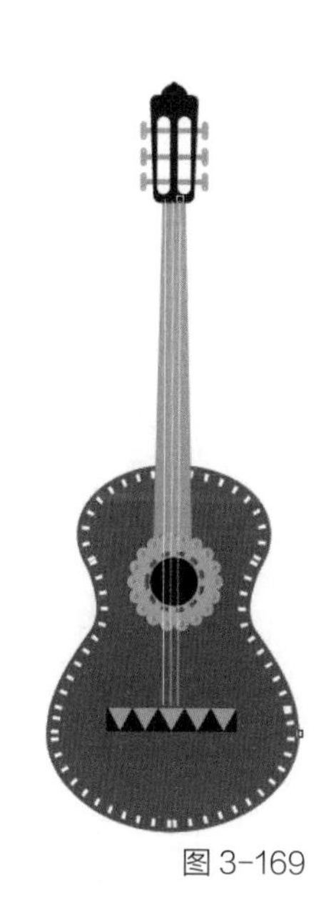

图3-169

步骤十四：绘制调色板

1. 运用【工具箱】中的【手绘工具】、【椭圆工具】、【修改工具】绘制调色板轮廓，如图 3-170 所示。

2. 绘制完成后将其填充上颜色，颜色设置如图 3-171 所示。填充完成后去掉轮廓线，效果如图 3-172，群组对象，移至画面中。

步骤十五：绘制哑铃

1. 运用【工具箱】中的【矩形工具】，绘制圆角矩形来做哑铃轮廓，如图 3-173 所示。

2. 绘制完成后将其填充上颜色，将哑铃的杆填充为【灰色】，其他部分填充【黑色】。填充完成后去掉轮廓线，效果如图 3-174 所示，群组对象，移至画面中。

步骤十六：绘制袜子

1. 运用【工具箱】中的【矩形工具】、【椭圆工具】绘制袜子的轮廓，如图 3-175 所示。

2. 绘制完成后将其填充上颜色，颜色设置如图 3-176 所示。填充完成后去掉轮廓线，效果如图 3-177 所示，群组对象，移至画面中。

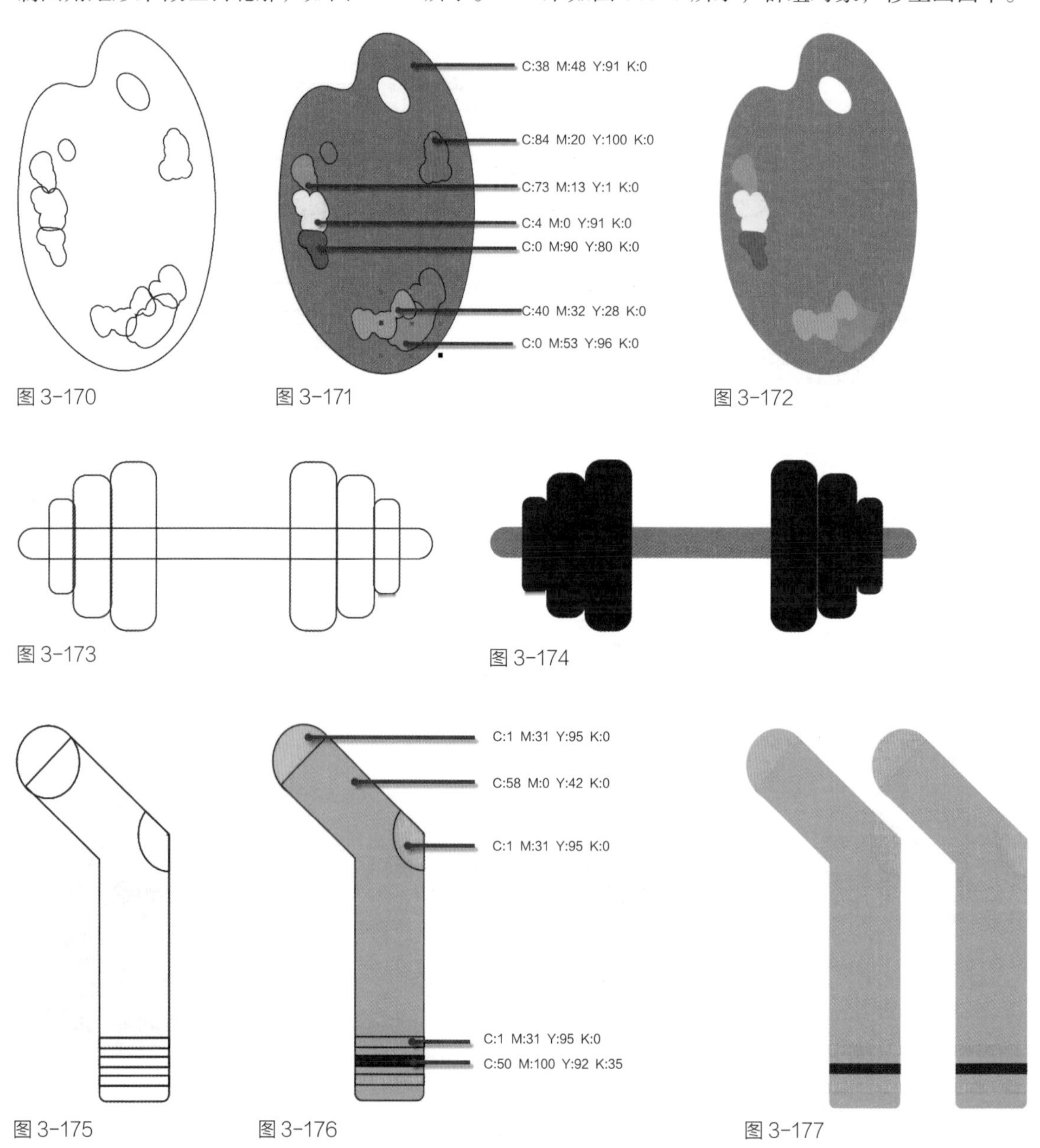

图 3-170　图 3-171　图 3-172

图 3-173　图 3-174

图 3-175　图 3-176　图 3-177

步骤十七：绘制帆布鞋

1. 运用【工具箱】中的【贝塞尔工具】、【椭圆工具】、【星形工具】、【手绘工具】绘制帆布鞋轮廓，如图 3-178 所示。

2. 绘制完成后将其填充上颜色，颜色设置如图 3-179 所示。填充完成后去掉轮廓线，效果如图 3-180 所示，群组对象。

3. 将绘制好的帆布鞋，先【垂直镜像】，再【水平镜像】复制另一只，效果如图 3-181 所示。将绘制好的帆布鞋移至画面中。

步骤十八：绘制衣服

1. 运用【工具箱】中的【矩形工具】、【贝塞尔工具】、【椭圆工具】、【修改工具】绘制衣服轮廓，如图 3-182 所示。

2. 绘制完成后将其填充上颜色，颜色设置如图 3-183 所示。填充完成后去掉轮廓线，效果如图 3-184，群组对象。

图 3-178　图 3-179

图 3-180　图 3-181

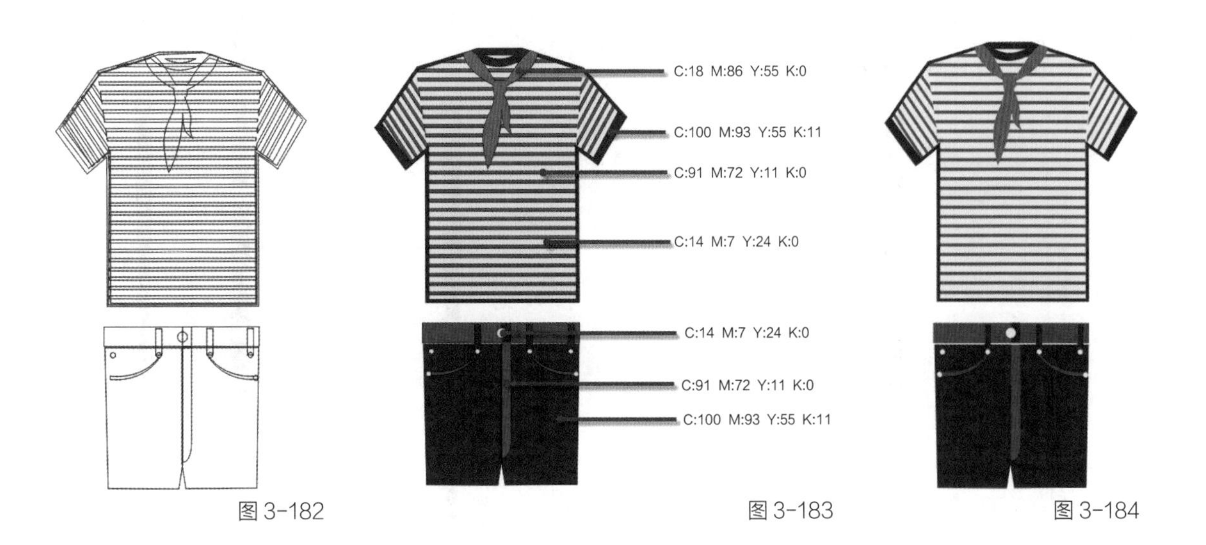

图 3-182　图 3-183　图 3-184

步骤十九：绘制眼镜

1. 运用【工具箱】中的【贝塞尔工具】、【椭圆工具】、【修改工具】绘制眼镜轮廓，如图 3-185 所示。

2. 绘制完成后将其填充上颜色，颜色设置如图 3-186 所示。填充完成后去掉轮廓线，效果如图 3-187 所示，群组对象。

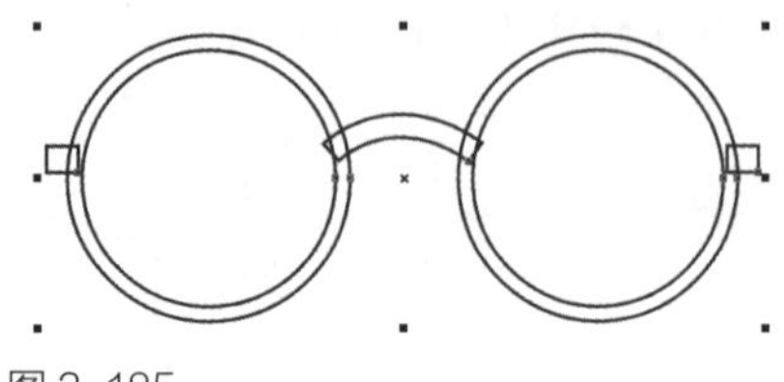
图 3-185

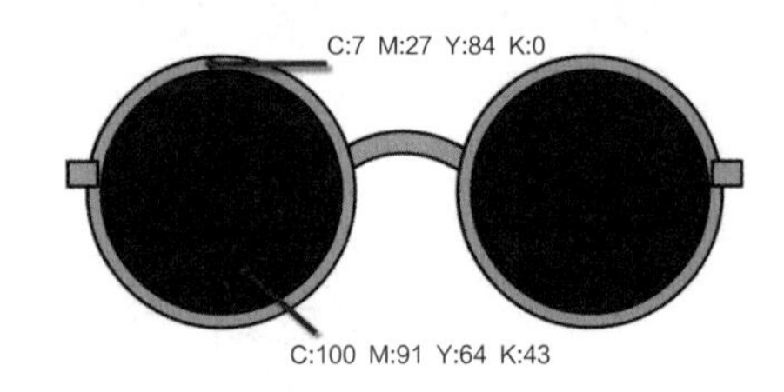

图 3-186

步骤二十：绘制画笔

1. 运用【工具箱】中的【矩形工具】、【贝塞尔工具】、【椭圆工具】、【修改工具】绘制画笔轮廓，如图 3-188 所示。

2. 绘制完成后将其填充上颜色，颜色设置如图 3-189 所示。填充完成后去掉轮廓线，效果如图 3-190，群组对象。

3. 选中画笔，垂直方向镜像并复制一个画笔，效果如图 3-191 所示。将其移动到画面中。

步骤二十一：绘制 PSP

1. 运用【工具箱】中的【矩形工具】、【椭圆工具】绘制 PSP 轮廓，如图 3-192 所示。

2. 绘制完成后将其填充上颜色，颜色设置如图 3-193 所示。填充完成后去掉轮廓线，效果如图 3-194 所示，群组对象，将其移动到画面中。

图 3-187

至此，该插画中的图形部分全部绘制完成，效果如图 3-195 所示。

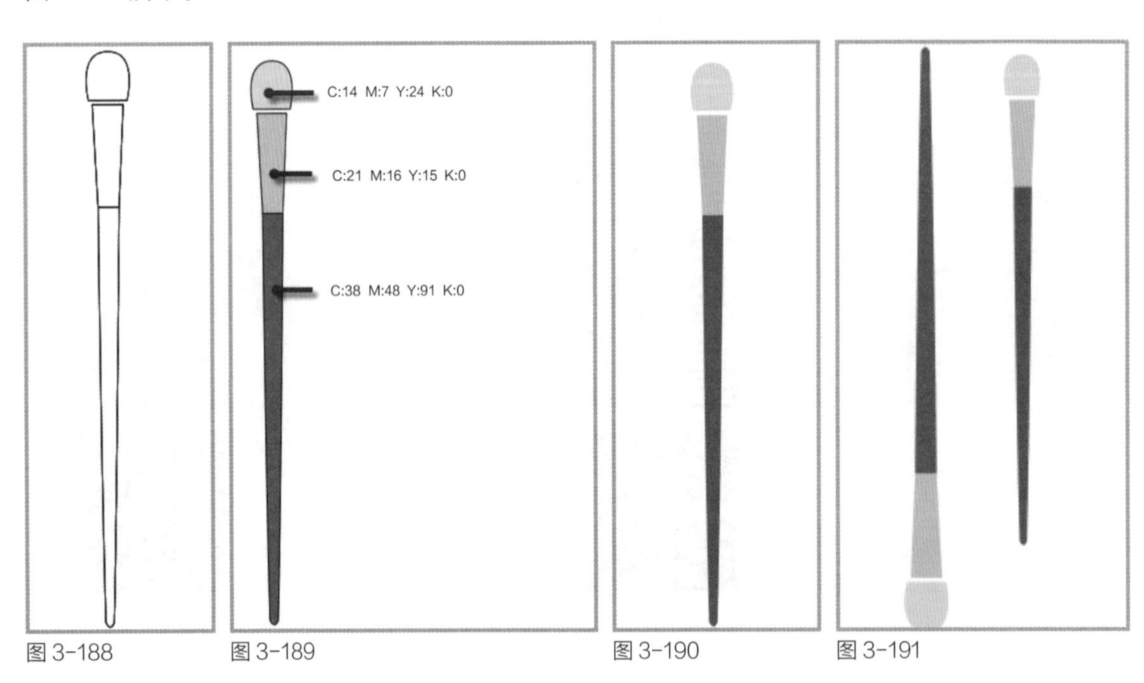

图 3-188　图 3-189　图 3-190　图 3-191

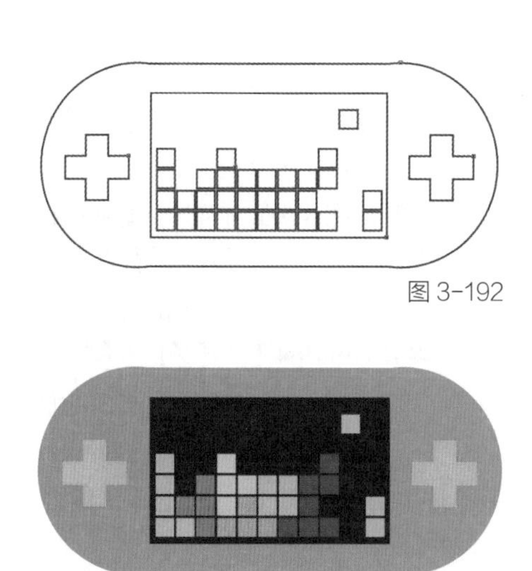

图 3-192

图 3-194

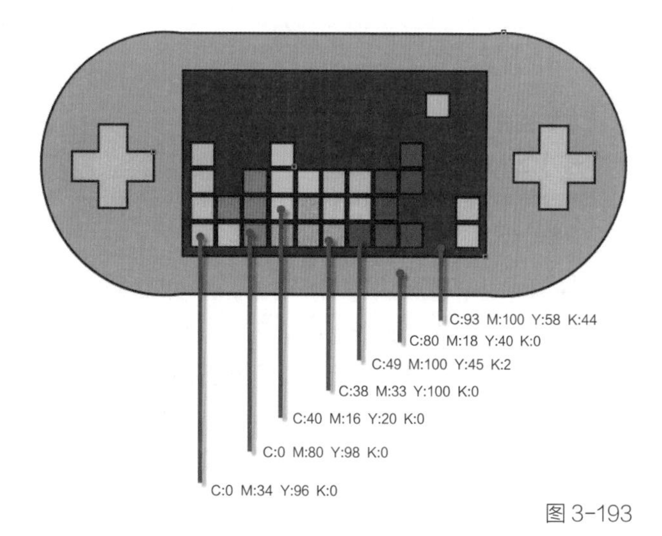

图 3-193

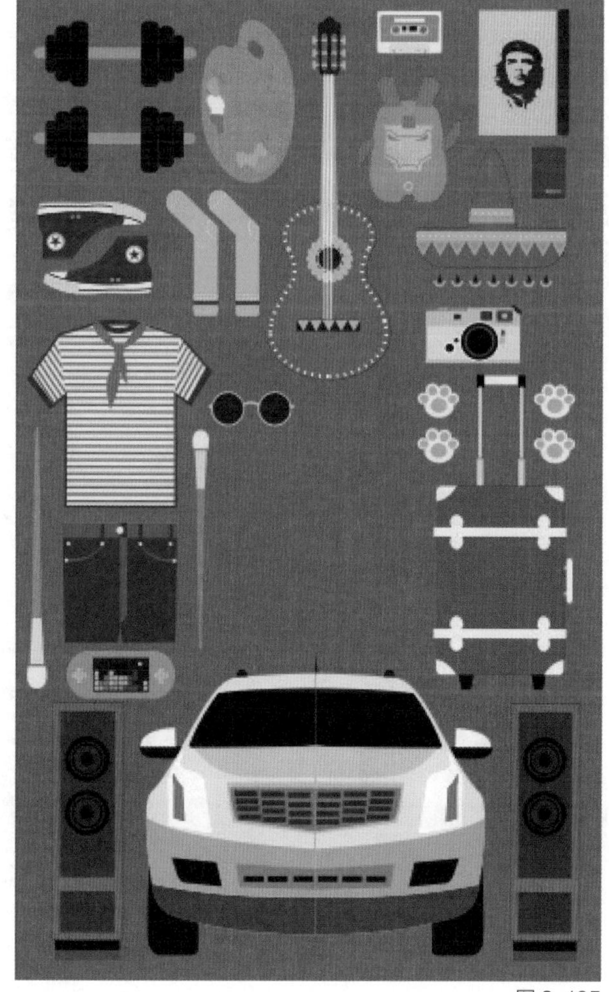

图 3-195

步骤二十二：制作文字部分

1. 在工作区输入文字【66 号公路之文艺青年篇】，将【字体】设置为【经典特黑简体】，【字号】设置为【28】，如图 3-196 所示。

2. 单击鼠标右键，在弹出对话框中选择【转化为曲线】命令。接下来运用【工具箱】中的【修改工具】将文字修改成艺术字体，在这里我们用【号】来做示范，如图 3-197。

3. 将【号】选中，选择【工具箱】中的【修改工具】，选中【号】中所有节点，选择【属性栏】中的【转换为线条】命令，得到如图 3-198 所示效果。

4. 选中图 3-198 中的【1】、【2】、【3】、【4】节点，分别向两端移动，移动到和下面的横垂直对齐，效果如图 3-199 所示。

5. 在图 3-200 中的【1】点处添加节点，然后调整【1】、【2】点的位置，使其与【3】、【4】点垂直对齐，效果如图 3-201 所示。

6. 删除节点：保留图 3-201 中的红框内【1】、【2】、【3】、【4】、【5】、【6】6 个节点，其他节点删除，删除完成后的效果如图 3-202 所示。选择图 3-202 中的【1】、【2】、【3】、【4】节点，使它们垂直方向对齐，效果如图 3-203 所示。

7. 按照上述的方法修改其余的笔画，最终效果如图 3-204 所示。

8. 按照上述的办法，修改其他的文字，效果如图 3-205—图 3-207。

9. 将文字放置到插画当中去，最终效果如图 3-208 所示。

图 3-196

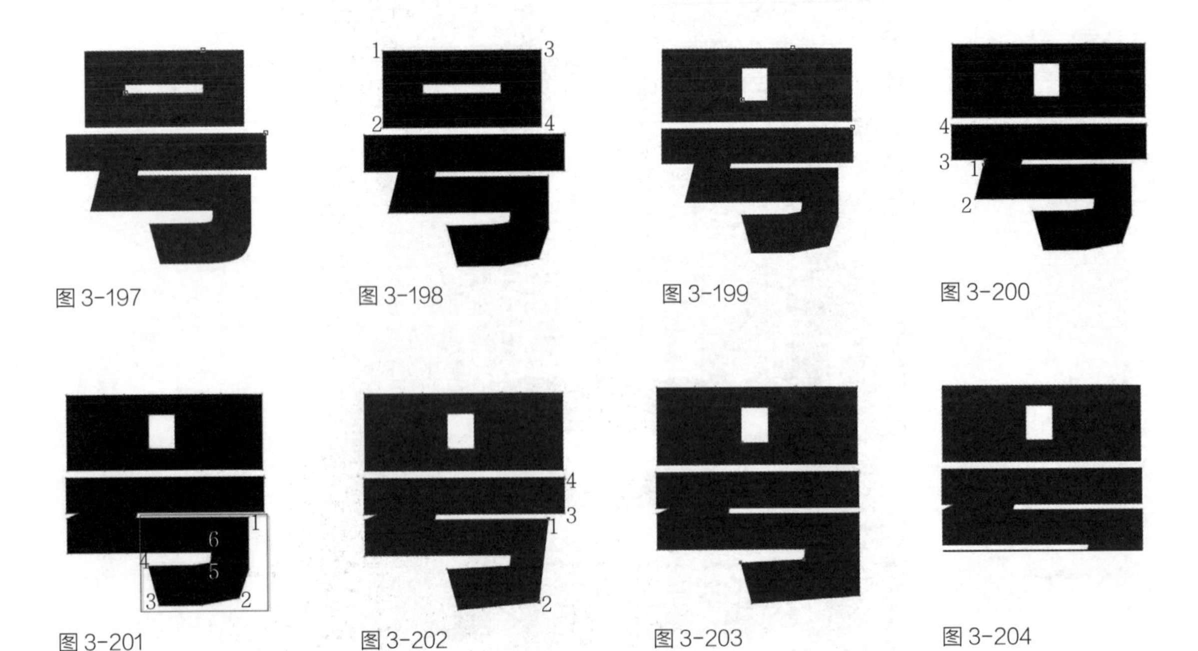

图 3-197　图 3-198　图 3-199　图 3-200

图 3-201　图 3-202　图 3-203　图 3-204

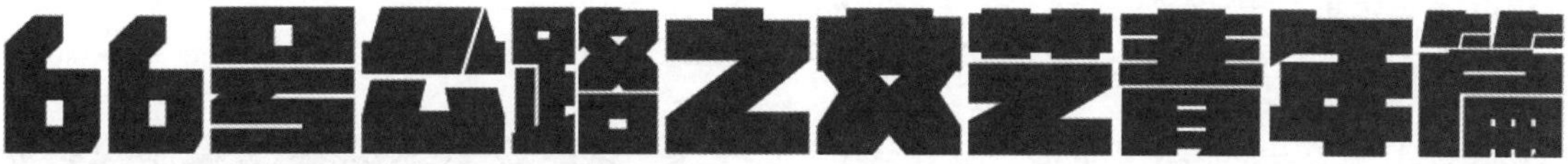

66号公路之文艺青年篇

图 3-205

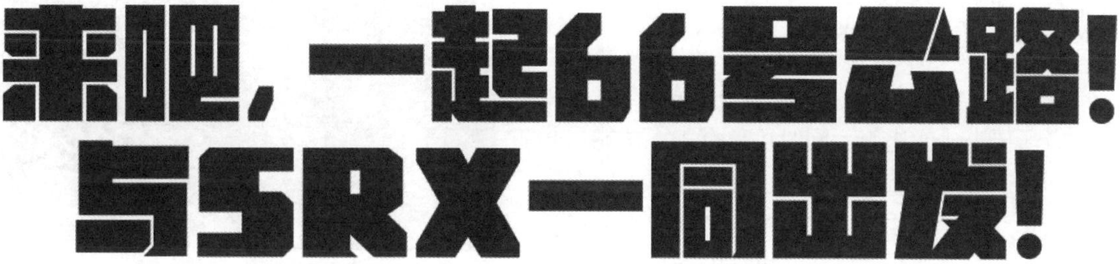

来吧，一起66号公路！
与SRX一同出发！

图 3-207

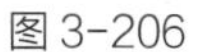
图 3-206

图 3-208

第四节 绘制儿童读物插画

本小节主要学习运用 CorelDRAW X7 来绘制儿童读物插画，主要用到【贝塞尔工具】、【手绘工具】、【钢笔工具】、【多边形工具】、【颜料桶工具】和【修剪】命令、【轮廓】命令等。

图 3-209

儿童读物插画是儿童读物的重要组成部分，它可以很好地吸引儿童的注意力，明确地向儿童传达作者所要表达的内容，同时还具有美育功能。儿童读物插画应从儿童审美心理出发，在审美取向上体现童趣、夸张和变形、想象等特点。下面我们就来制作一幅儿童读物插画，效果如图 3-209 所示。

步骤一：新建 CorelDRAW X7 文档——儿童读物插画

打开 CorelDRAW X7，选择【标准工具栏】中的【新建】按钮，或者按【Ctrl+N】组合键，弹出【创建新文档】对话框，从中设置文档的尺寸以及各项参数，如图 3-210 所示，点击【确定】按钮，即可创建新文档。

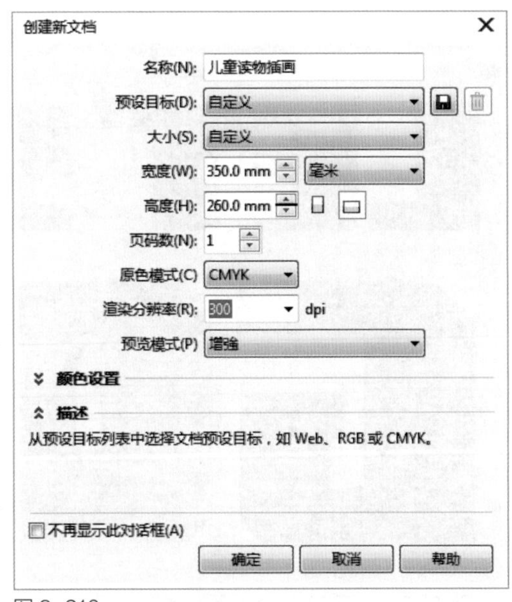

图 3-210

步骤二：绘制背景

1. 选择【工具箱】中的【矩形工具】，在工作区绘制一个矩形，在【属性栏】将矩形的【宽度】、【高度】分别设置为【350】和【260】，并将其填充为【紫色】，色值设置为 C：83，M：86，Y：40，K：5，效果如图 3-211 所示。

2. 选择【工具箱】中的【椭圆工具】，配合【Ctrl】键，在背景上半部分绘制多个小圆，做出星空效果，如图 3-212 所示。绘制完成后将这些小圆填充颜色，色值设置为 C：21，M：19，Y：9，K：0，效果如图 3-213 所示。

图 3-211

图 3-212

图 3-213

步骤三：绘制星星（一）

1. 选择【工具箱】中的【星形工具】，配合【Ctrl】键，在工作区绘制星形，在【属性栏】将星形的【点数或边数】和【锐度】分别设置为【5】和【38】，如图 3-214 所示。

2. 选择【工具箱】中的【钢笔工具】，在如图 3-215 所示位置处绘制一根直线。

3. 框选星形和直线，选择【属性栏】中的【修剪工具】，如图 3-216 所示。

4. 修剪完成后，删除多余的直线。选中星形，选择【属性栏】中的【拆分】命令，将星形分开，效果如图 3-217 所示。

5. 根据上述的方法，再次分割，如图 3-218 所示。

6. 运用【工具箱】中的【矩形工具】、【椭圆工具】，在工作区绘制如图 3-219 所示的图形，并且将其填充颜色，背景色值设置为 C：11，M：23，Y：63，K：0；圆点颜色色值设置为 C：74，M：53，Y：58，K：4，将矩形和圆点群组，效果如图 3-220 所示。

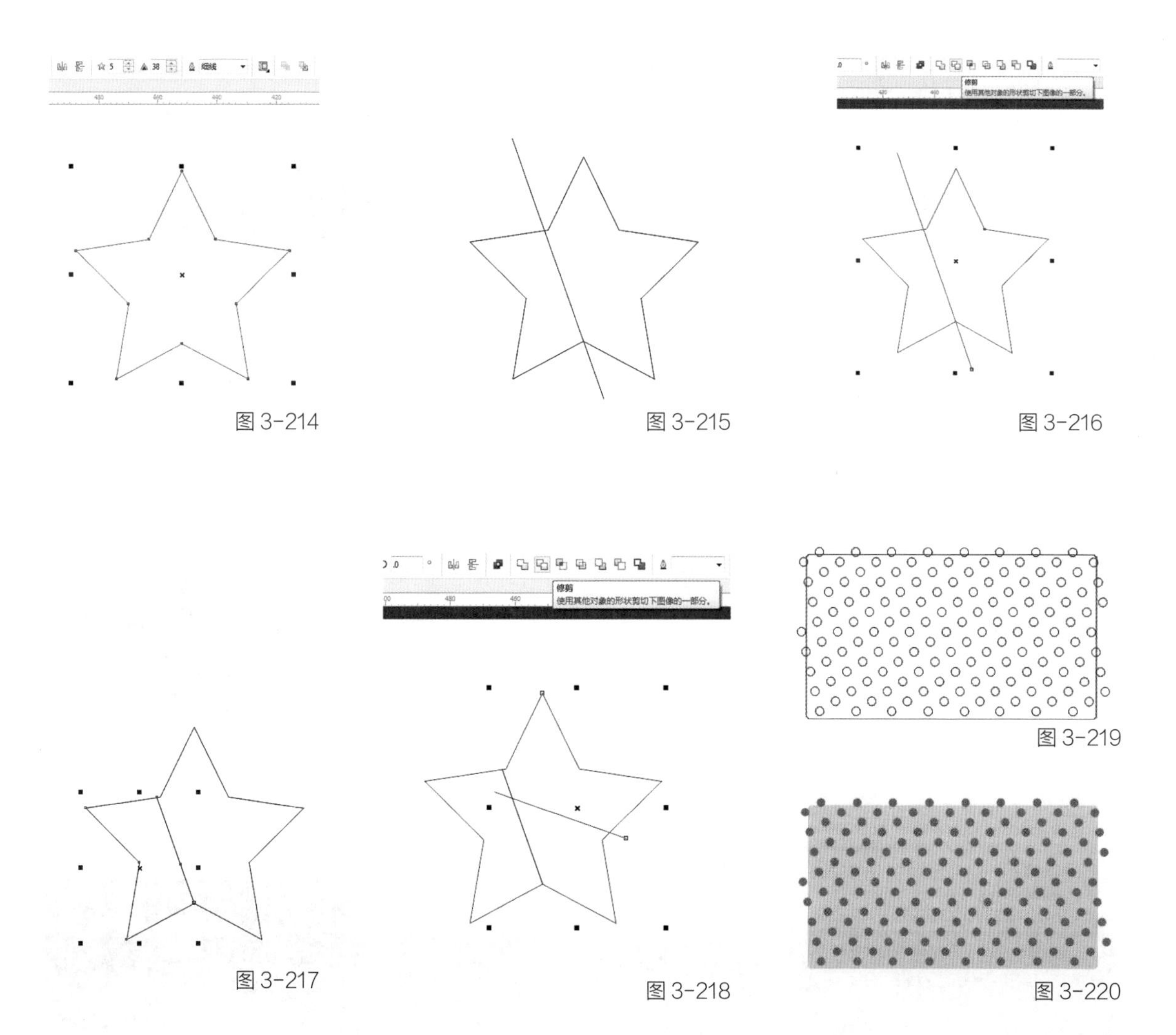

图 3-214

图 3-215

图 3-216

图 3-217

图 3-218

图 3-219

图 3-220

7. 选择【工具箱】中的【选择工具】，选择群组好的图形，选择【对象】菜单栏中的【图框精确剪裁—置于图文框内部】命令，如图 3-221 所示，弹出黑色箭头后，单击五角星的右上部分。

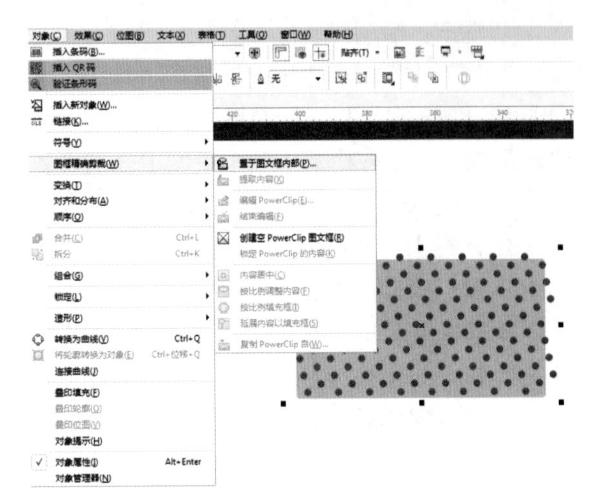

图 3-221

8. 选择【对象】菜单栏中的【图框精确剪裁—编辑 PowerClip】命令，调整填充内容的位置，调整好以后，选择【对象】菜单栏中的【图框精确剪裁—结束编辑】命令，效果如图 3-222 所示。

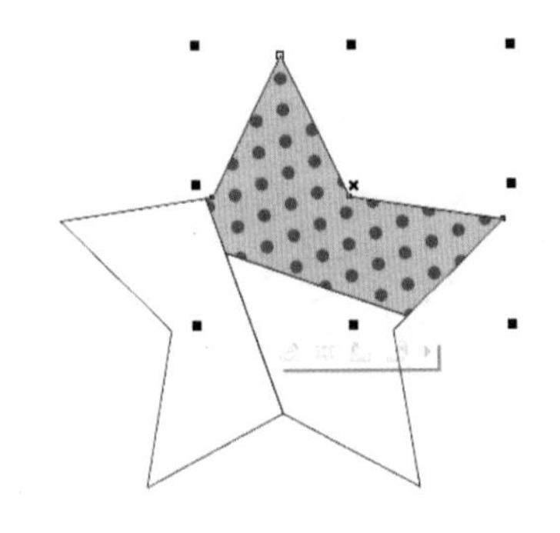

图 3-222

9. 运用【工具箱】中的【矩形工具】、【椭圆工具】，在工作区绘制如图 3-223 所示的图形，绘制好以后，将其填充上颜色，颜色色值如图 3-224 所示。

10. 根据步骤 7、8 的做法，对这两个图形分别执行【图框精确剪裁—置于图文框内部】命令，将其置入到另外两块分割开的星形图形内，效果如图 3-225 所示。

11. 选择【工具箱】中的【贝塞尔工具】，将鼠标移至五角星最上面的节点，按下鼠标绘制垂直向上的直线。将【轮廓色】设置为【白色】。将绘制好的五角星和直线组合到一起，并将它们移至画面中，效果如图 2-226 所示。

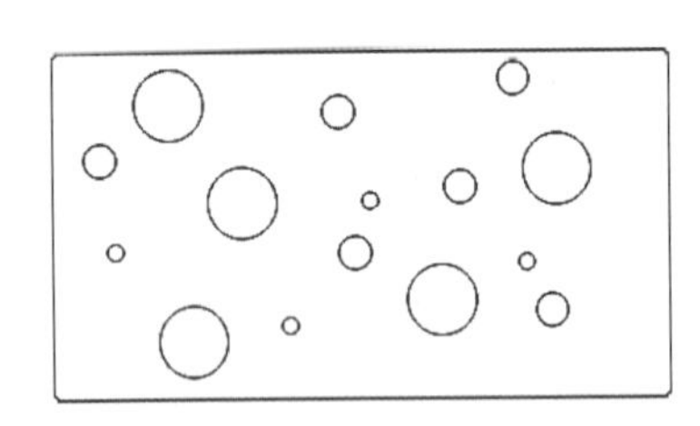

图 3-223

图 3-225

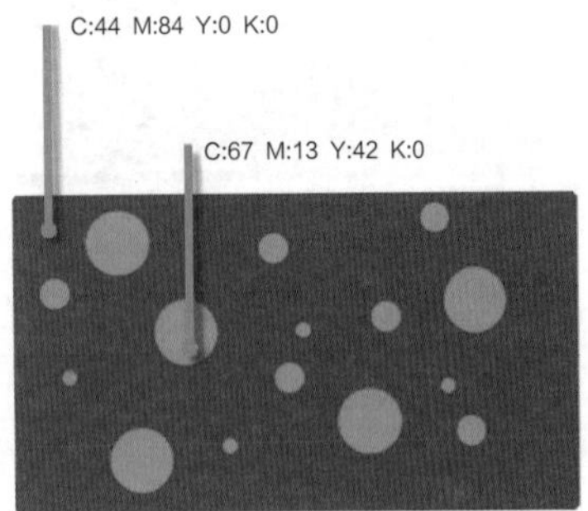

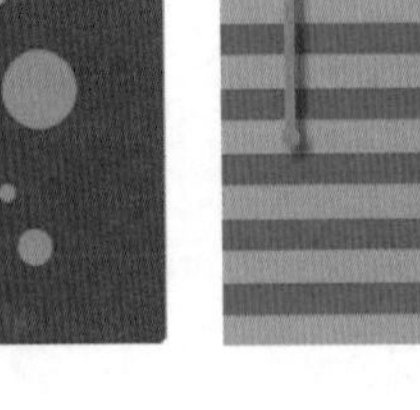

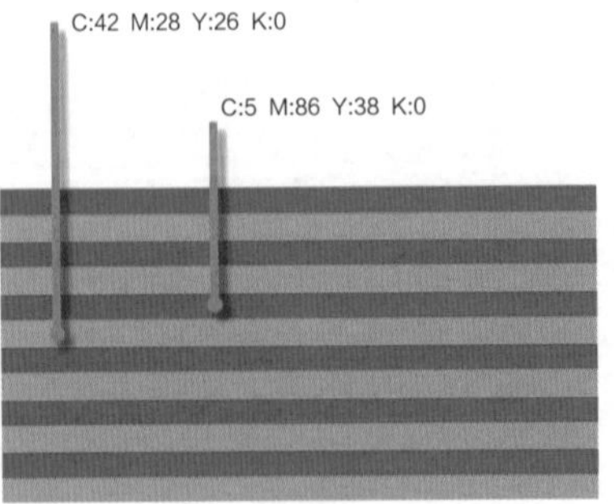

图 3-224

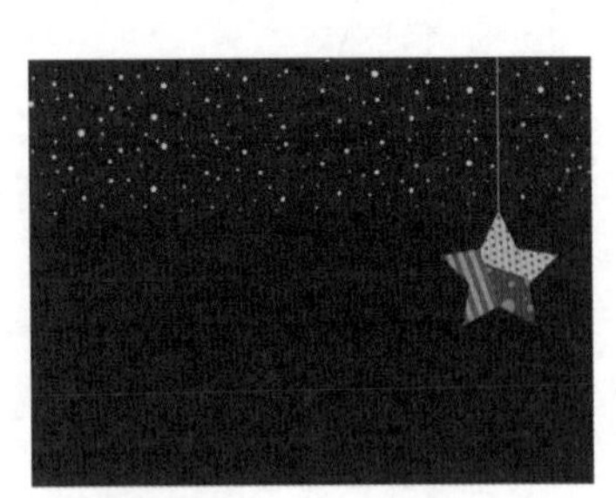

图 3-226

步骤四：绘制星星（二）

1.选择【工具箱】中的【星形工具】，配合【Ctrl】键，在工作区绘制一个星形，在【属性栏】将星形的【点数或边数】和【锐度】分别设置为【5】和【38】，参照上面星星的切分方法，切割星形，如图 3-227 所示。

2.根据自己的想法绘制各种各样的图案，可以参照步骤三中的图案制作方式。

3.绘制完成后，对这些图案分别执行【图框精确剪裁—置于图文框内部】命令，将其置入到星形各片中，最终效果如图 2-228 所示。方法和步骤三一样，这里就不再赘述。

4.选择【工具箱】中的【贝塞尔工具】，将鼠标移至五角星最上面的节点，按下鼠标绘制垂直向上的直线。将【轮廓色】设置为【白色】。将绘制好的五角星和直线组合到一起，并将它们移至画面中，效果如图 2-229 所示。

步骤五：绘制星星上的小人

1.运用【工具箱】中的【手绘工具】、【贝塞尔工具】、【修改工具】绘制小人的外轮廓图形，如图 3-330。

2.绘制完成后，将图形填充颜色，颜色色值设置为 C：71，M：37，Y：51，K：0，效果如图 3-331 所示。

3.运用【工具箱】中的【椭圆工具】、【贝塞尔工具】、【手绘工具】，绘制小人的脸部及五官，如图 3-232 所示。绘制好以后为脸部及五官填充颜色，脸部的颜色色值为 C：11，M：12，Y：16，K：0；鼻子的颜色色值为 C：15，M：75，Y：66，K：0；眼睛嘴巴的色值为 C：62，M：82，Y：60，K：18。填充完成后将脸部及五官群组，再移动到身体上，效果如图 3-233 所示。

4.选择【工具箱】中的【矩形工具】，在工作区绘制一组细长的矩形，将其填充为【橙

图 3-227

图 3-228

图 3-229

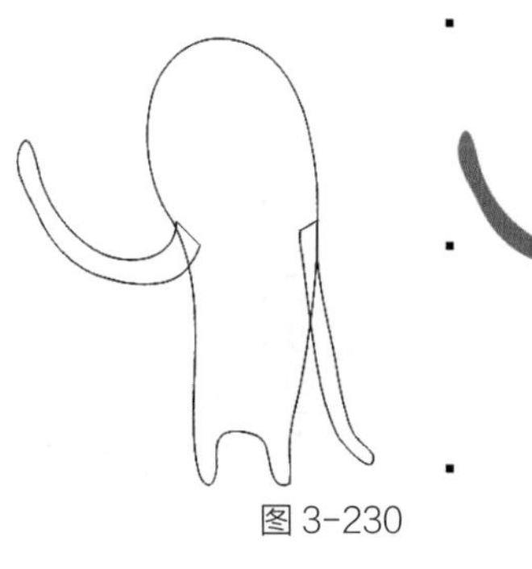

图 3-230

图 3-231

图 3-232

图 3-233

色】，色值为C：15，M：75，Y：66，K：0，如图3-234所示。绘制好以后将其群组，然后对其执行【图框精确剪裁—置于图文框内部】命令，将其置入到小人的身体里，效果如图3-235所示。

5. 将绘制好的小人，移动到画面中，根据实际情况调整图形的顺序，如图2-236所示。

6. 选择【工具箱】中的【椭圆工具】，在小人的胳膊一端绘制椭圆，如图2-237所示。绘制完成后，将星星和小人群组，效果如图2-238所示。

步骤六：绘制月亮

1. 选择【工具箱】中的【椭圆工具】，配合【Ctrl】键绘制一大一小两个正圆，如图3-239所示。框选两个正圆，选择【属性栏】中的【修剪】命令，得到月亮的形状，如图3-240所示。参照步骤三中星星的切分方法，切割月亮，如图3-241所示。

2. 根据自己的想法绘制各式各样的图案，可以参照步骤三中的图案方式进行绘制。

3. 绘制完成后，对这些图案分别执行【图框精确剪裁—置于图文框内部】命令，将其置入到月亮各片中，最终效果如图2-242所示。方法跟步骤三一样，这里就不再赘述。

4. 选择【工具箱】中的【贝塞尔工具】，绘制垂直向上的直线。将【轮廓色】设置为【白色】。将绘制好的月亮和直线组合到一起，并将它们移至画面中，效果如图2-243所示。

图3-234　　图3-235

图3-236　　图3-237

图3-238

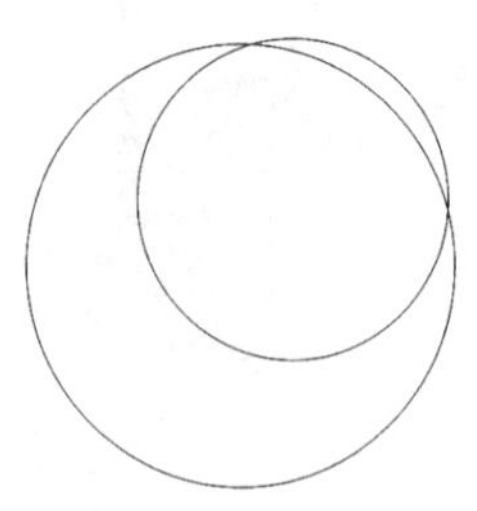

图3-239

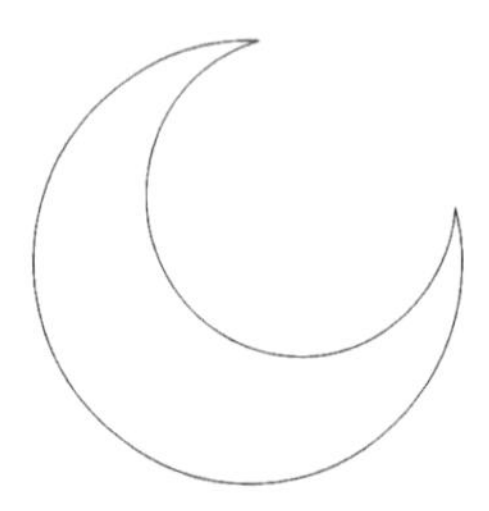

图3-240

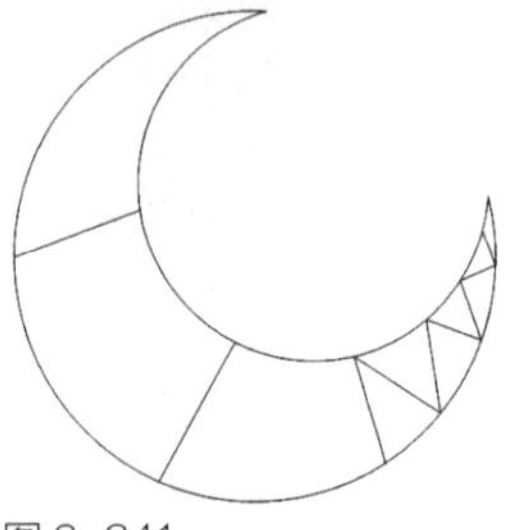

图3-241

图3-242

图 3-243

图 3-244

图 3-245

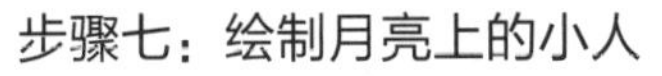

步骤七：绘制月亮上的小人

1. 运用【工具箱】中的【手绘工具】、【贝塞尔工具】、【修改工具】绘制小人的外轮廓图形，如图 3-244 所示。

2. 绘制完成后，将图形填充颜色，颜色色值设置为 C：0，M：86，Y：17，K：0，效果如图 3-345 所示。

图 3-246

图 3-247

3. 运用【工具箱】中的【椭圆工具】、【贝塞尔工具】、【手绘工具】，绘制小人的脸部及五官，如图 3-246 所示。绘制好以后为脸部填充颜色，脸部的颜色色值为 C：0，M：22，Y：24，K：0，鼻子眼睛、嘴巴、头发的颜色色值为 C：51，M：80，Y：100，K：24，腮红的色值为 C：0，M：49，Y：42，K：0。填充完成后将脸部及五官群组，移动到身体上，效果如图 3-247 所示。

图 3-248

图 3-249

4. 选择【工具箱】中的【矩形工具】，在工作区绘制一组细长的矩形，分别将其填充为【绿色】和【灰色】，色值分别为 C：83，M：57，Y：53，K：6，C：36，M：33，Y：36，K：0，如图 3-248 所示。填充好以后将其群组，然后执行【图框精确剪裁—置于图文框内部】命令，将其置入到小人的身体里，效果如图 3-249 所示。

5. 将绘制好的小人，移动到画面中，根据实际情况调整图形的顺序，如图 3-250 所示。

图 3-250

步骤八：绘制落山的太阳

1. 选择【工具箱】中的【星形工具】，配合【Ctrl】键在工作区绘制一个正星形。在【属性栏】将【边数或点数】设置为【19】，【锐度】设置为【24】，如图3-251所示。

2. 选择【工具箱】中的【椭圆工具】，配合【Ctrl】键在工作区绘制一个正圆外切于星形，如图3-252所示。

3. 选择【工具箱】中的【椭圆工具】，配合【Ctrl】键，绘制出3个同心圆，效果如图3-253所示。

4. 在如图3-254所示位置处绘制一个小正圆。调整它的旋转轴点至大圆的中心，打开【变换】泊坞窗，在该泊坞窗中将【旋转角度】设置为【30】，【副本】设置为【11】，如图3-254所示。

5. 将绘制好的图形填充颜色，具体的色值如图3-255所示。

6. 填充完成后，选择【工具箱】中的【矩形工具】绘制矩形，如图3-256所示。

7. 框选矩形和已经群组好的太阳，选择【属性栏】中的【修剪】命令，得到如图3-257所示图形。将太阳移动至画面中，效果如图3-258所示。

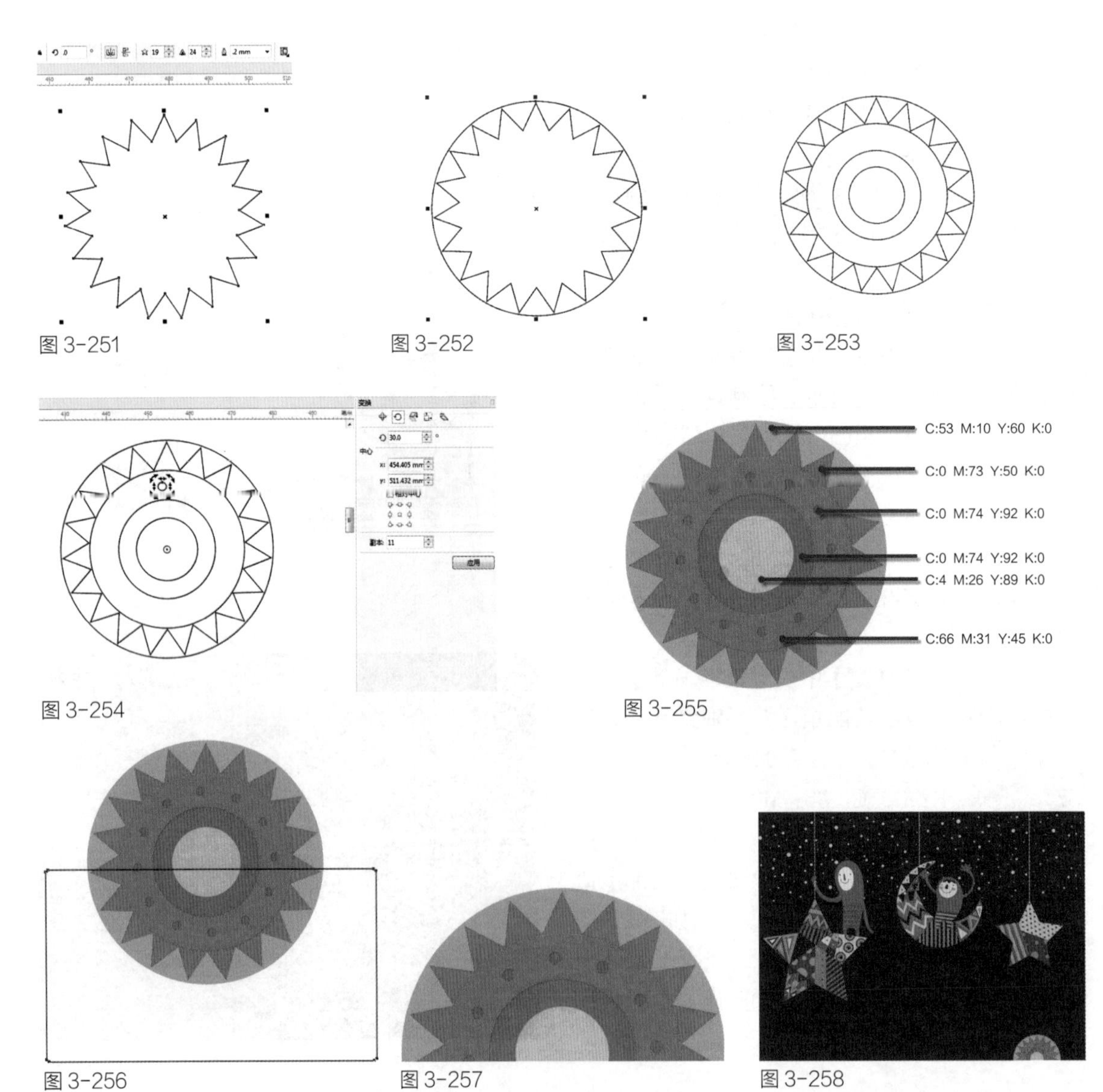

图3-251 图3-252 图3-253

图3-254 图3-255

图3-256 图3-257 图3-258

步骤九：绘制群山

1. 运用【工具箱】中的【椭圆工具】、【修改工具】绘制如图 3-259 图形。

2. 绘制完成后，选中该图形，选择【工具箱】中的【轮廓图工具】，在【属性栏】中将其设置为【向内轮廓】，【步数】设置为【3】，如图 2-260 所示。

3. 选中轮廓后的图形，点击鼠标右键，在弹出的菜单中选择【拆分轮廓图群组】命令，如图 3-261 所示。拆分掉最外圈的图形后，将鼠标移至内圈，在弹出的菜单中选择【取消组合所有对象】命令，如图 3-262 所示。

4. 轮廓图完全拆分后，将其填充上颜色，具体的色值如图 3-263 所示，填充后将其群组。

5. 绘制矩形，将其放置在如图 3-264 所示位置。框选这两个图形，选择【属性栏】中的【修剪工具】，得到图 3-265，将其移至画面中，效果如图 3-266 所示。

6. 按照上述方法，绘制其他的山脉，如图 3-267 所示，这里就不再一一演示。颜色可以根据自己的想法任意添加。绘制完成后，将这些山脉移动到画面中，效果如图 3-268 所示。

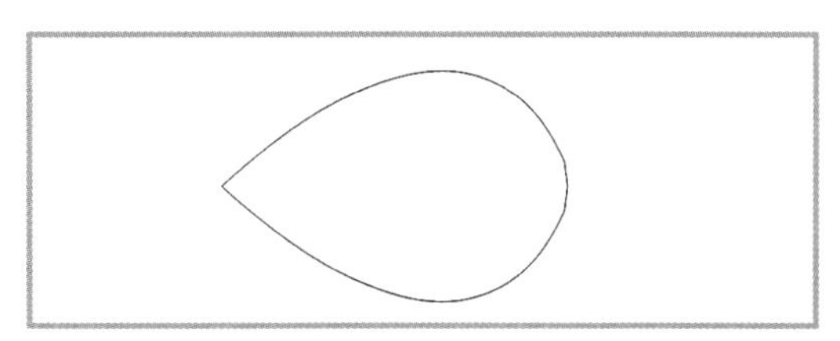

图 3-259

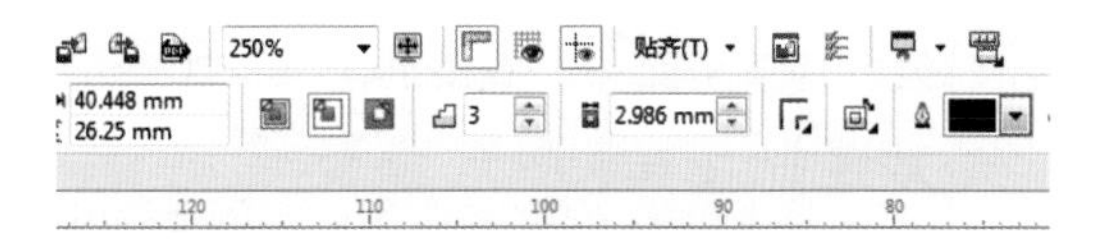

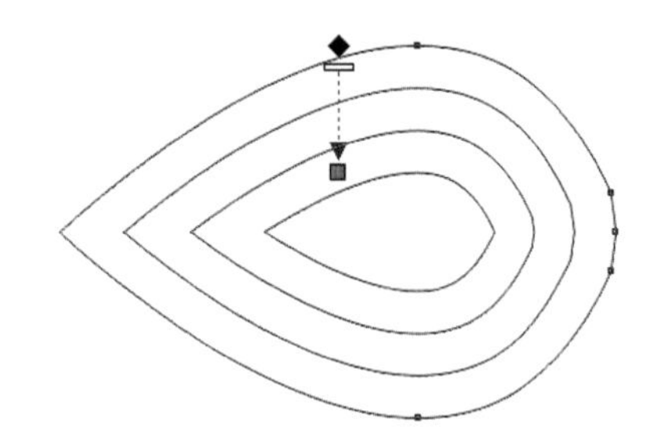

图 3-260

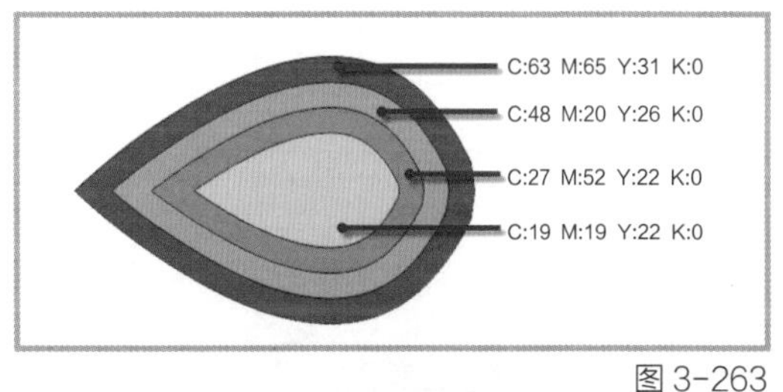

图 3-263

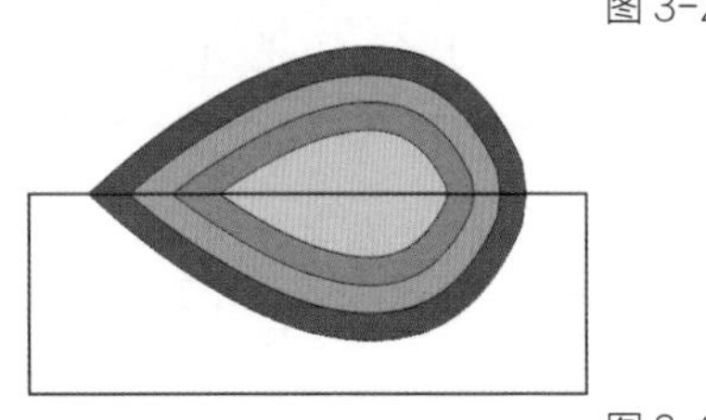

图 3-264

图 3-265

图 3-261

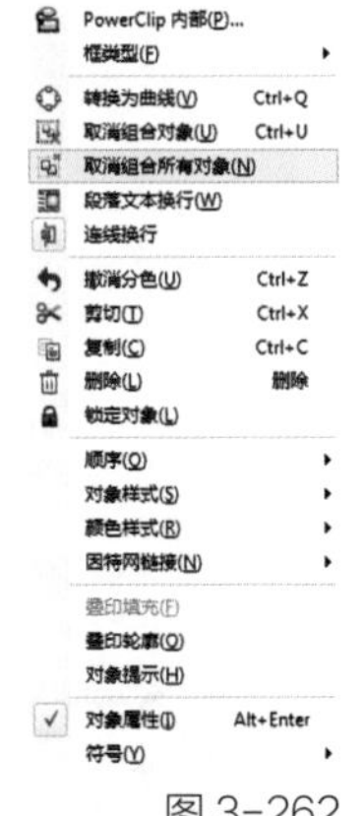

图 3-262

图 3-266

图 3-267

图 3-268

步骤十：绘制大树

1. 运用【工具箱】中的【贝塞尔工具】、【椭圆工具】、【修改工具】绘制大树的轮廓，如图 3-269 所示。

2. 绘制完成后将其填充上颜色，颜色设置如图 3-270 所示。绘制完成后去掉轮廓线，群组对象，移至画面中，效果如图 3-271 所示。

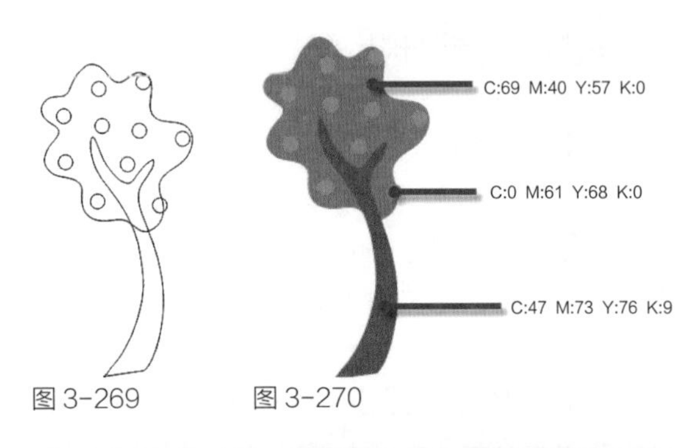

图 3-269　图 3-270

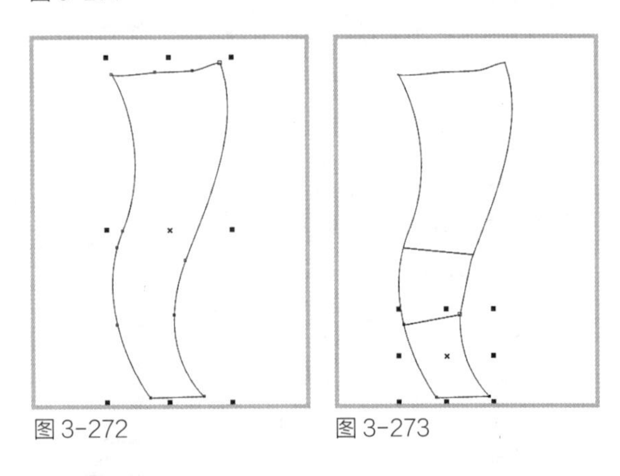
图 3-271

步骤十一：绘制房子

1. 运用【工具箱】中的【贝塞尔工具】、【修改工具】绘制建筑外轮廓，效果如图 3-272 所示。

2. 参照步骤三中的做法，将建筑切分成 3 个部分，如图 3-273 所示。

3. 切分完成后，给图形添加颜色，各部分的色值设置如图 3-274 所示。

4. 绘制窗户，在建筑的内部绘制小矩形作为窗户的轮廓，颜色色值设置为 C：55，M：79，Y：86，K：27，如图 3-275 所示。再次运用【矩形工具】，绘制两个细长的矩形，颜色色值分别设置为 C：71，M：62，Y：45，K：2；C：50，M：86，Y：100，K：24，绘制完效果如图 3-276 所示。

5. 绘制屋顶：选择【工具箱】中的【矩形工具】，在工作区绘制矩形，如图 3-277 所示，绘制完成后，选择【属性栏】中的【转化为曲线】命令。

6. 选择【工具箱】中的【修改工具】，选中上方两个结点，选择【属性栏】中的【延伸或缩放节点】命令，得到如图 3-278 所示图形。

图 3-272　图 3-273

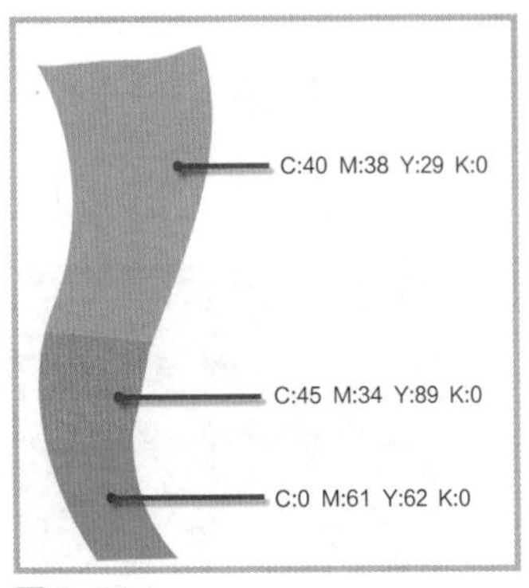

图 3-274

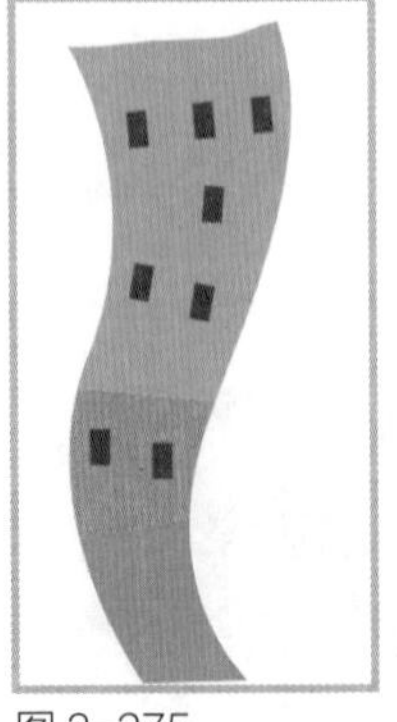
图 3-275

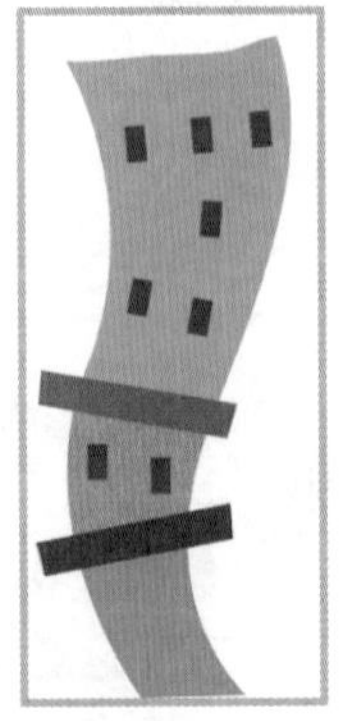
图 3-276

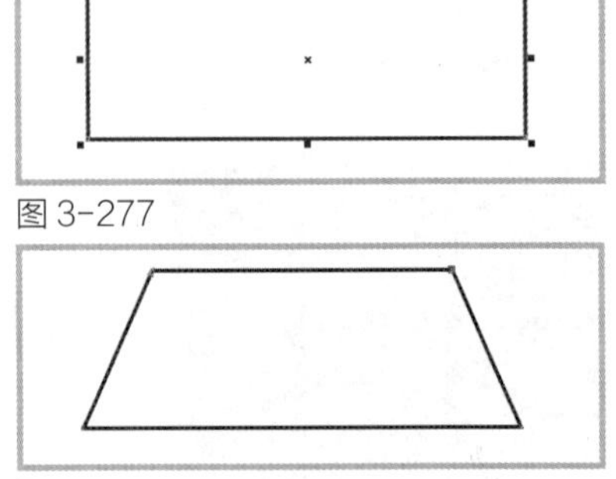
图 3-277

图 3-278

7. 在屋顶轮廓上方绘制如图 3-279 所示图形，绘制完成后群组对象。然后执行【图框精确剪裁—置于图文框内部】命令，将其置入到屋顶轮廓中去，如图 3-280 所示，将制作好的屋顶旋转一定角度，放置到建筑的顶端，效果如图 3-281 所示。

8. 框选绘制好的建筑，选择【属性栏】中的【组合对象】命令，将其移至画面中，如图 3-282 所示。参照上述方法，将其余的建筑绘制好，这里就不再一一赘述，效果如图 3-283 所示。

9. 将绘制好的建筑移入画面中，最终效果如图 3-284 所示，至此这幅儿童读物插画就绘制完成了。

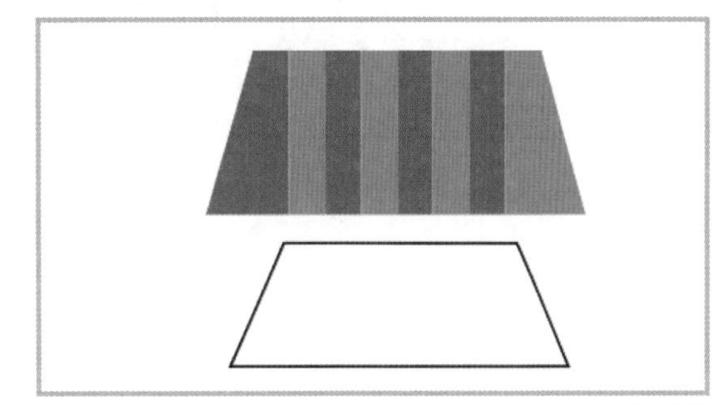

图 3-279

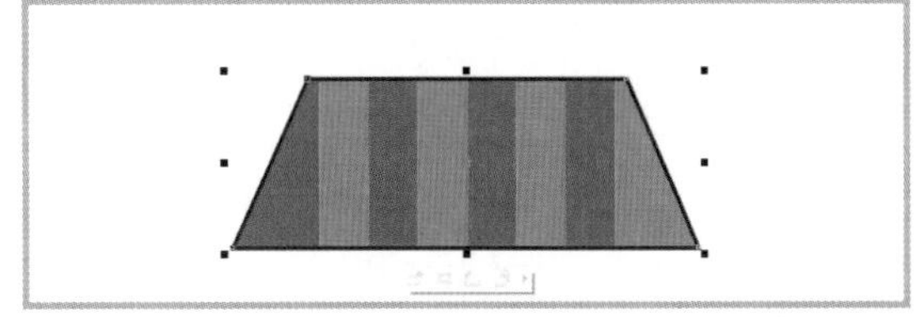

图 3-280

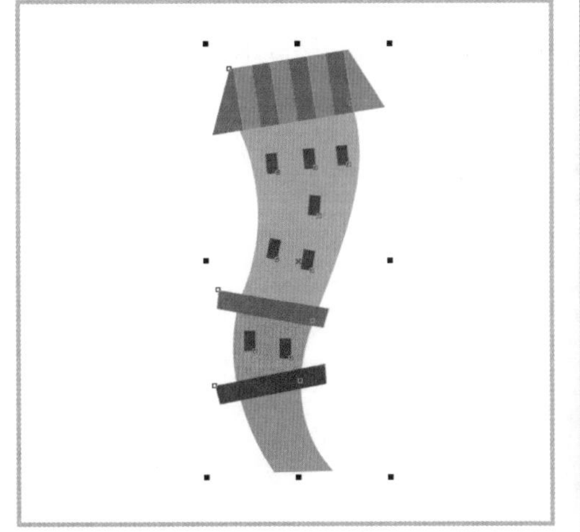

图 3-281

图 3-282

图 3-283

图 3-284

第四章 CorelDRAW X7 中的包装设计

本章导读

本章主要通过一些实例来和大家一起学习如何运用 CorelDRAW X7 进行包装设计，从表面设计到结构层面上全面系统地介绍了包装设计的基本概念和原理，使设计者对包装设计的本质内容有一定的认识和了解。

学习目标

- 通过任务演示了解运用 CorelDRAW 进行包装设计的一般设计思路和方法
- 通过任务演示和操作掌握 CorelDRAW 包装设计所用的绘图工具，以及图形、图像处理，滤镜、光影表现等命令的操作技能和具体制作过程
- 明确学习任务，培养学生学习兴趣和科学研究态度
- 提升引导学生自主学习的能力，养成严谨细致的设计制作习惯

第一节 关于包装设计

一、关于包装

（一）包装的概念

随着时代的变迁，包装已成为沟通产品与消费者之间的重要桥梁。包装的主要特点有：有形、感性与理性交织，长期以来得到消费者的关注，并有力地推动了商品的销售和经济的发展。

何谓包装？我国在《包装通用术语》国家标准（GB4122 － 83）中注明：“为在流通过程中保护产品、方便储运、促进销售，按一定技术方法而采用的容器、材料和辅助物等的总体名称；也指为了达到上述目的而采用容器、材料及辅助物的过程中施加一定技术方法等的操作活动。”

包装是一门综合性的科学，包装设计带有综合性和交叉性。它不仅关系到材料的选择、容器的结构、包装的方法，还关系到造型、图形、色彩、文字等视觉语言的传达。除此之外，还涉及印刷工艺、成型工艺、消费心理学、市场营销学、人体工程学、技术美学等多方面知识的运用，使其更科学、更合理地适应商品特点，符合市场规律，满足消费者的需求。

（二）包装设计与消费心理

包装成为实际商业活动中市场销售的主要行为，不可避免地与消费者的心理活动产生密切的关系。而作为包装设计者如果不懂得消费者的心理则会陷于盲目。怎样才能引起消费者

的注意，如何进一步激发他们的兴趣、诱发他们产生最终的购买行为，都牵涉消费心理学的知识。因此，研究消费者的消费心理及变化是包装设计的重要组成部分。只有掌握并合理地运用消费心理规律，才能有效地改进设计质量，在增加商品附加值的同时，提高销售效率。

消费心理学研究表明，消费者在购买商品前后有着复杂的心理活动，因年龄、性别、职业、民族、文化程度、社会环境等诸多方面的差异，会呈现出众多不同的消费群体及其各不相同的消费心理特征。根据中国社会调查事务所（SSIC）近些年来针对百姓消费心理的调查结果，大体上可将消费心理特征归纳为以下五种类型。

1. 求实心理

大部分的消费者在消费过程中的主要消费心理特征是求实心理，他们认为商品的实际效用最重要，希望商品使用方便、价廉物美，并不刻意追求外形的美观和款式的新颖，如图 4-1、图 4-2。持有求实心理的消费群体主要是成熟的消费者，包括工薪阶层、家庭主妇，以及老年消费群体。

2. 求美心理

经济上有一定承受能力的消费者普遍存在着求美心理，讲究商品自身的造型及外部的包装，比较注重商品的艺术价值，如图 4-3、图 4-4。持有求美心理的消费群体主要是青年人、知识阶层，而在此类群体中女性所占的比例高达 75.3%。在产品类别方面，首饰、化妆品、服装、工艺品和礼品的包装需更加注重审美价值心理的表现。

3. 求异心理

持有求异心理的消费群体主要是35岁以下的年轻人。该类消费群体认为商品及包装的款式极为重要，讲究新颖、独特、有个性，即要求包装的造型、色彩、图形等方面更加时尚、更加前卫，而对于商品的使用价值和价格高低并不十分在意，如图 4-5、图 4-6。在此消费群体中，未成年的少年儿童占有相当大的比重，对于他们来说，有时产品的包装比产品本身更为重要。针对这群不可忽视的消费群体，其包装设计应突出“新奇”的特点，以满足他们求异的心理需求。

图 4-1

图 4-2

图 4-3

图 4-4

图 4-5

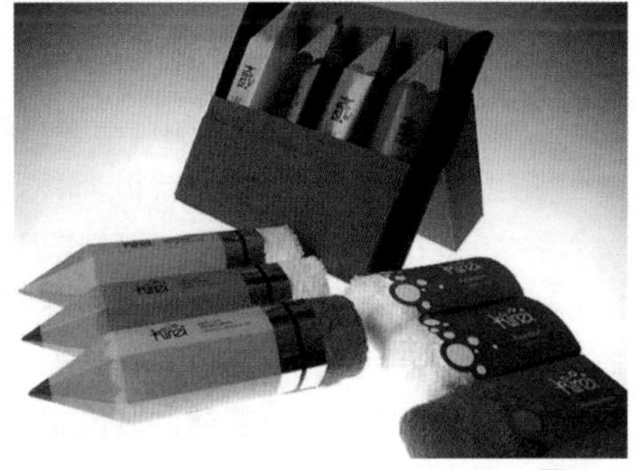
图 4-6

图 4-7

图 4-8

图 4-9

图 4-10

4. 从众心理

从众心理的消费者乐于迎合流行或效仿名人的行为，此类消费群体的年龄层次跨度较大，各种媒体对时尚及名人的大力宣传，促进了这种心理行为的形成。为此，包装设计应把握流行的趋势，或直接推出深受消费者喜欢的产品形象代言人，提高商品的可信度。

5. 求名心理

无论哪一种消费群体都存在一定的求名心理，即重视商品的品牌，对知名品牌有信任感和忠诚感。在经济条件允许的情况下，甚至不顾该商品的高价位而执意认购。因此，通过包装设计树立良好的品牌形象是产品销售成功的关键，如图 4-7、图 4-8 所示。

总之，消费者的心理是复杂的，很少长期保持一种取向，在大多情况下有可能综合两种或两种以上的心理要求。心理需求的多样性促使着产品包装呈现出同样化、多样化的设计风格。

二、包装设计的一般设计思路和构成要素

包装是商品在进入流通、消费领域时不可缺少的条件。其中，包装的结构造型设计和包装的美化设计的好坏直接影响产品外观。另外，在包装过程中，选择合适的材料（如纸、木材、金属等）还可以对产品起到一定的保护作用。

包装是指设计并生产容器或包扎物，并对商品进行包扎、装盛、打包、装潢等作业的过程。虽然整个过程较为复杂，但包装后的产品从各方面都能够起到积极的作用。包装设计，即选用合适的包装材料，运用巧妙的工艺手段，为包装商品进行的容器结构造型和包装的美化装饰设计。当然，在包装设计过程中一般离不开它的构成要素。

（一）标志、文字设计

文字在包装画面中所占的比重较大，是向消费者传达产品信息最主要的途径和手段。产品名称是整个包装中最重要的元素，给人以清晰的视觉印象。因此，设计中的文字应简洁清晰。如图 4-9、图 4-10 所示，包装盒上文字清晰、醒目。

（二）图形、图案设计

在现代包装中，运用最多的是在画面中直接体现产品的图案，并通过各种各样的图形花纹，达到吸引消费者视线的目的。整体画面要有一个视觉重点，使消费者在远距离就能看到这一要素，然后吸引他看这个包装的其他部分，如图 4-11、图 4-12 所示。

（三）色彩的运用

色彩在包装设计中有着举足轻重的地位，它能引起人们心理上的共鸣。同时每一种颜色都有着自己的含义和情感，具有使画面生动、协调、统一的作用。其中，运用最多的是互补色搭配和同色系搭配的方式。协调的颜色搭配能够有效提升产品价值。如图 4-13、图 4-14 为某品牌的系列产品包装，不同的种类采用不同的颜色。 在 CorelDRAW 中我们可以借用其中的立体化功能为一些图像创建逼真的三维透视效果，而若能在此基础上，沿着该三维图像的透视效果为其再添加相应的底、侧面及投影，能使该三维图像呈现更加逼真的效果。该方法特别适合用于商品的外包装设计。

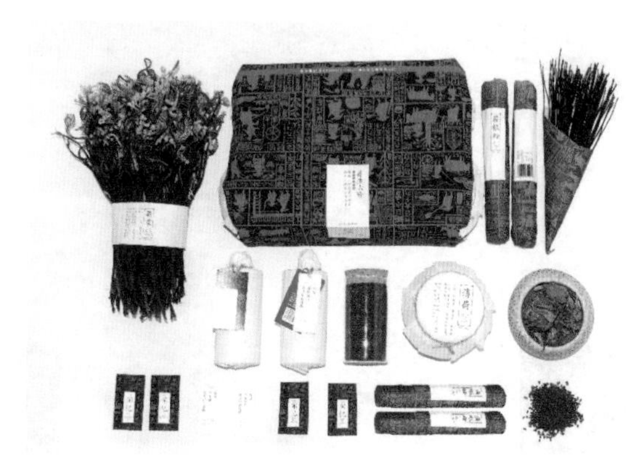

图 4-11

图 4-12

图 4-13

图 4-14

第二节 绘制洗发水包装

本小节主要学习运用 CorelDRAW X7 来绘制洗发水包装，主要用到【贝塞尔工具】、【钢笔工具】、【多边形工具】、【颜料桶工具】、【调和工具】，最终效果如图 4-15 所示。

图 4-15

步骤一：新建 CorelDRAW X7 文档——洗发水包装

打开 CorelDRAW X7，选择【标准工具栏】中的【新建】按钮，或者按【Ctrl+N】组合键，弹出【创建新文档】对话框，从中设置文档的尺寸以及各项参数，如图 4-16 所示，点击【确定】按钮，即可创建新文档。

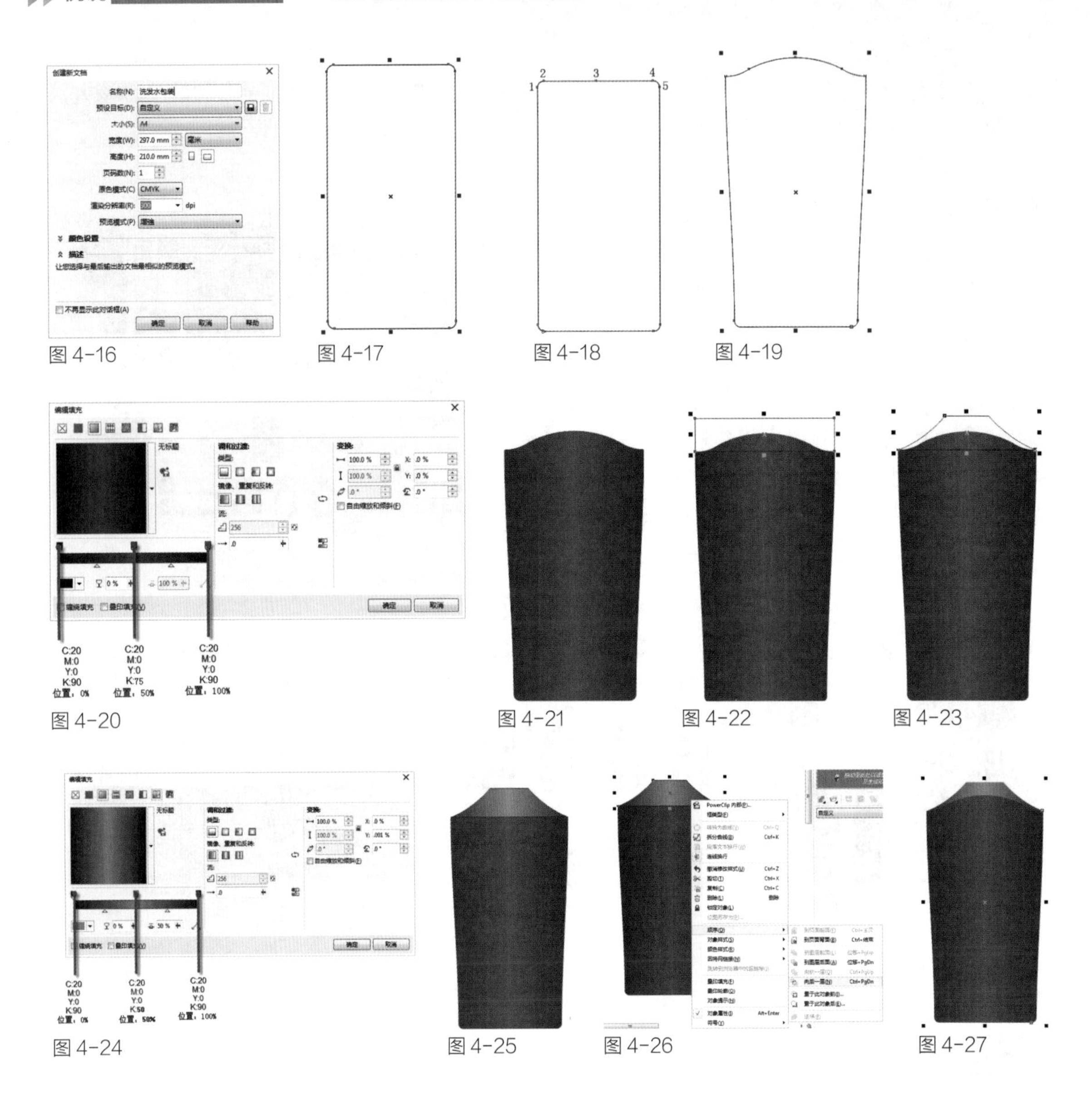

图 4-16　图 4-17　图 4-18　图 4-19

图 4-20　图 4-21　图 4-22　图 4-23

图 4-24　图 4-25　图 4-26　图 4-27

步骤二：绘制瓶身

1. 选择【工具箱】中的【矩形工具】，在工作区绘制矩形，在【属性栏】将【宽度】、【高度】分别设置为【38】、【76】，【顶点样式】设置为【圆角】，如图 4-17 所示。绘制完成后，选择【属性栏】中的【转化为曲线】命令。

2. 选择【工具箱】中的【修改工具】，在图 4-18 顶端直线中点添加节点【3】。然后通过调整节点修改矩形的外轮廓，效果如图 4-19 所示。

3. 将绘制好的瓶身下半部分填充上颜色，按下【F11】键弹出【编辑填充】对话框，设置渐变参数，如图 4-20 所示，效果如图 4-21 所示。

4. 在绘制好的瓶身上半部分绘制矩形，矩形的宽度跟瓶身最宽处一致，如图 4-22 所示。绘制好以后，选择【属性栏】中的【转化为曲线】命令。

5. 选择【工具箱】中的【修改工具】，调整节点修改矩形的外轮廓，调整好后如图 4-23 所示。按下【F11】弹出【编辑填充】对话框，设置渐变参数，如图 4-24 所示。

6. 填充后的效果如图 4-25 所示。单击鼠标右键，在弹出菜单栏中选择【顺序—向后一层】，如图 4-26 所示，调整完成后效果如图 4-27 所示。

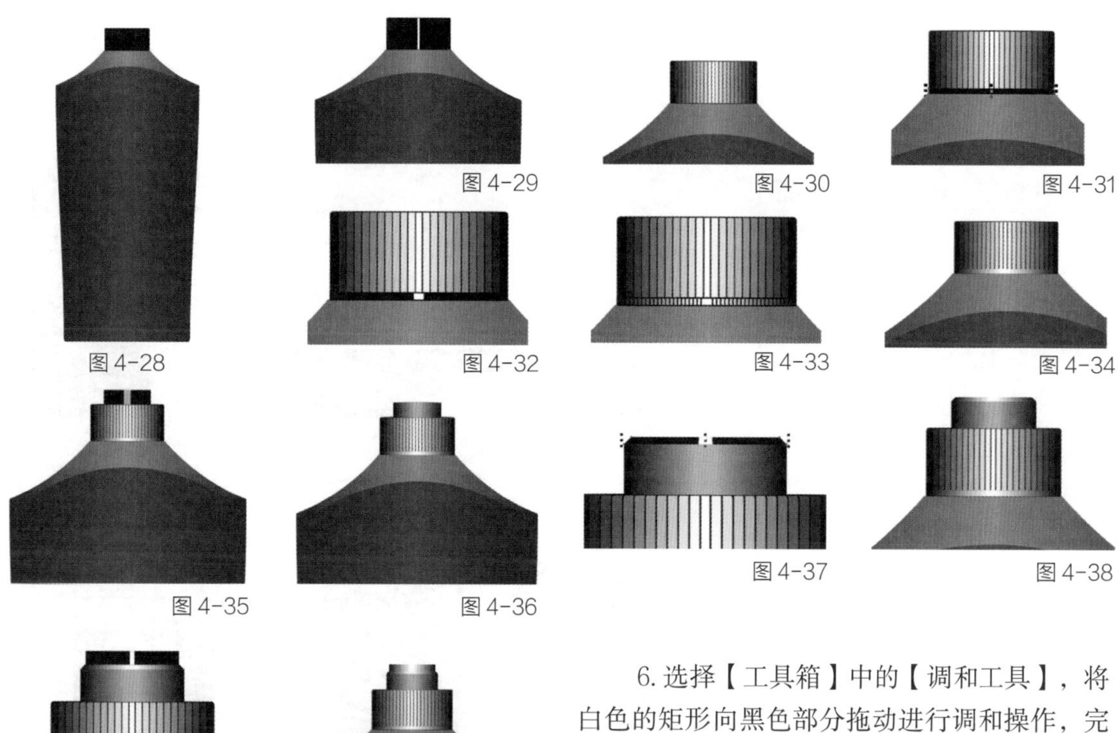

图 4-28 图 4-29 图 4-30 图 4-31 图 4-32 图 4-33 图 4-34 图 4-35 图 4-36 图 4-37 图 4-38

图 4-39 图 4-40

步骤三：绘制按压式瓶口

1. 选择【工具箱】中的【矩形工具】，在瓶身上方绘制矩形，矩形的宽度跟瓶身顶端宽度一致，如图 4-28 所示。绘制完成后填充上【黑色】，【轮廓色】设置为【黑色】。

2. 在黑色矩形的中间绘制一个细长的矩形。高度与黑色矩形一致，将其填充为【白色】，【轮廓色】设置为【黑色】，如图 4-29 所示。

3. 选择【工具箱】中的【调和工具】，将白色的矩形向黑色部分拖动进行调和操作，完成后的效果如图 4-30 所示。

4. 选择【工具箱】中的【矩形工具】，在瓶身上方绘制矩形，矩形的宽度跟瓶身顶端宽度一致，如图 4-31 所示。绘制完成后将其填充【黑色】，【轮廓色】设置为【黑色】。

5. 在绘制好的矩形的中间再绘制一个小矩形。高度与黑色矩形一致，将其填充为【白色】，【轮廓色】设置为【黑色】，如图 4-32 所示。

6. 选择【工具箱】中的【调和工具】，将白色的矩形向黑色部分拖动进行调和操作，完成后效果如图 4-33 所示。选中调和好的图形，鼠标移至调色板最上面的空白色块上，单击鼠标右键，去掉轮廓线，效果如图 4-34 所示。

7. 重复上面的操作，在调和好的矩形上面再绘制一宽一窄，高度相等的两矩形，将其分别填充【黑色】和【白色】，【轮廓色】设置为【无】，如图 4-35 所示。

8. 选择【工具箱】中的【调和工具】，将白色的矩形向黑色部分拖动进行调和操作，完成后效果如图 4-36 所示。

9. 如图 4-37 所示，绘制高度一致一大一小两个梯形。大梯形的底部宽度跟上面绘制的矩形一致，分别将他们填充为【黑色】和【白色】，【轮廓色】设置为【无】。

10. 选择【工具箱】中的【调和工具】，将白色的矩形向黑色部分拖动进行调和操作，完成后效果如图 4-38 所示。

11. 重复上面的操作，在调和好的梯形上面再绘制一宽一窄、高度相等的两个矩形，将其分别填充【黑色】和【白色】，【轮廓色】设置为【无】，如图 4-39 所示。

12. 选择【工具箱】中的【调和工具】，

将白色的矩形向黑色部分拖动进行调和操作，完成后效果如图 4-40 所示。

步骤三：绘制按压式瓶嘴

1. 选择【工具箱】中的【贝塞尔工具】，绘制如图 4-41 所示的图形，绘制完成后填充为【黑色】，【轮廓色】设置为【无】。

2. 在绘制好的图形中间绘制一个细长的图形，如图 4-42 所示，绘制完后，将其填充为【白色】,【轮廓色】设置为【无】。

3. 选择【工具箱】中的【调和工具】，按住鼠标左键将一图形向另一图形拖动，对其进行调和操作，完成后效果如图 4-43 所示。

4. 制作完成后，将瓶嘴放置于瓶身上，效果如图 4-44 所示。这样按压式包装外壳就绘制完成了。

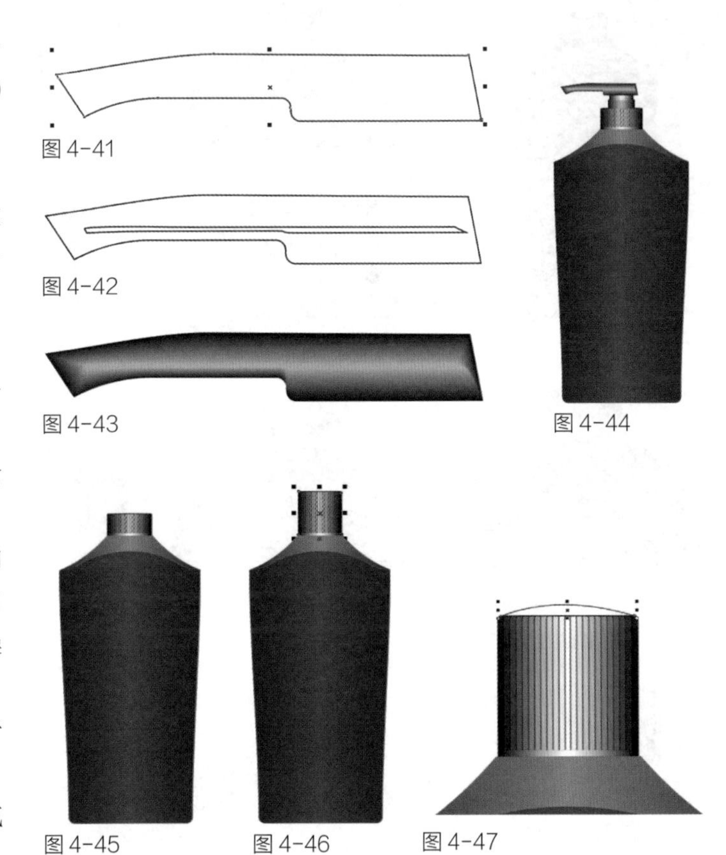

图 4-41

图 4-42

图 4-43

图 4-44

图 4-45

图 4-46

图 4-47

步骤四：绘制尖嘴瓶盖

1. 复制绘制好的按压式瓶体，将如图 4-44 所示的瓶嘴和瓶盖上半部分删除，删除后效果如图 4-45 所示。

2. 选择【工具箱】中的【选择工具】，选中最上面的图形，按住控制点，将高度拉长，调整完成后，效果如图 4-46 所示。

3. 在工作区绘制如图 4-47 所示图形，绘制完成后，按下【F11】键弹出【编辑填充】对话框，将其填充颜色，颜色设置如图 4-48 所示。填充完成后，效果如图 4-49 所示。

4. 在工作区绘制两个较高的梯形，如图 4-50 所示。分别将其填充为【黑色】和【白色】，【轮廓色】设置为【无】。

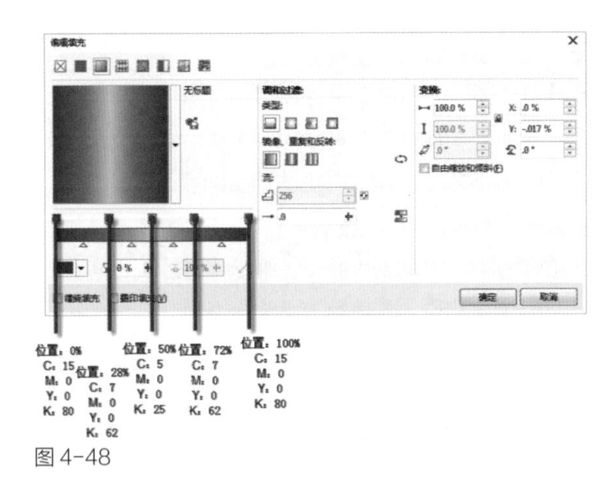

图 4-48

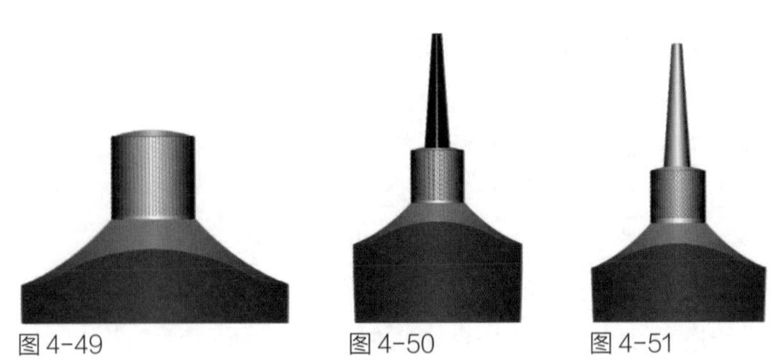

图 4-49

图 4-50

图 4-51

5. 选择【工具箱】中的【调和工具】，将白色的部分向黑色部分拖动进行调和操作，完成后效果如图 4-51 所示。

步骤五：绘制护发矮容器

1. 选择【工具箱】中的【矩形工具】，在工作区绘制一个矩形，如图 4-52 所示。在【属性栏】将【宽度】和【高度】均设置为【38】。将【顶点样式】设置为【圆角】，上面两个角的【圆角半径】设置为【0】，下面两个角的【圆角顶点斗径】设置为【3】。

2. 绘制完成后给矩形填充上颜色，按下【F11】键，在弹出【编辑填充】对话框中设置渐变参数如图 4-53 所示，填充后的效果如图 4-54。

3. 在绘制好的圆角矩形上面再绘制一个矩形，在【属性栏】中将【宽度】、【高度】分别设置为【40】和【8】，【顶点样式】设置为【圆角】。上面两个角的【圆角半径】设置为【0】，下面两个角的【圆角半径】设置为【0.25】，如图 4-55 所示。

4. 绘制完成后，将其填充颜色。按下【F11】键，在弹出【编辑填充】对话框中设置渐变参数，如图 4-56 所示。填充完后将其移至瓶体上方，效果如图 4-57。

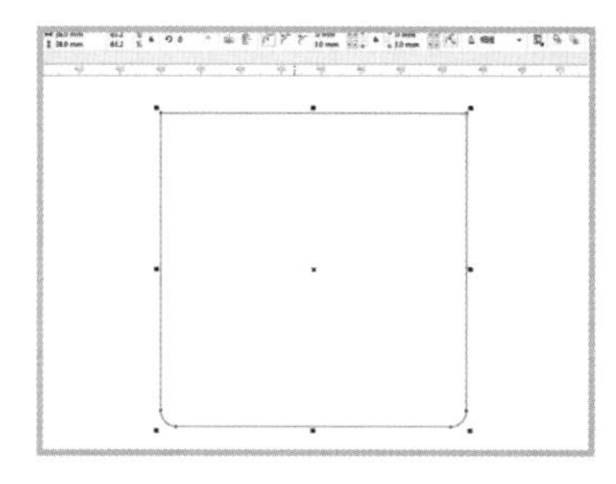

图 4-52

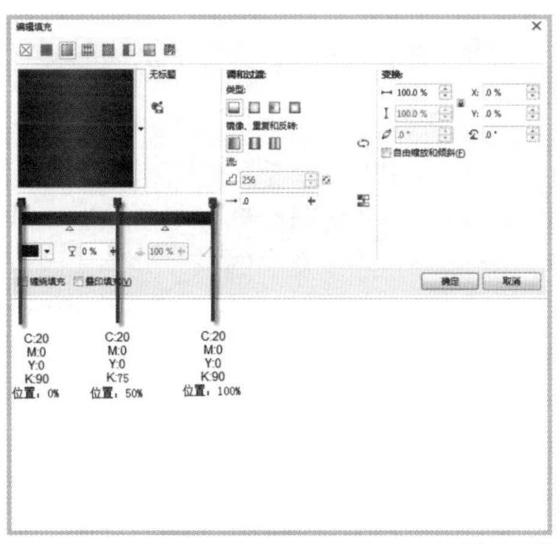

图 4-53

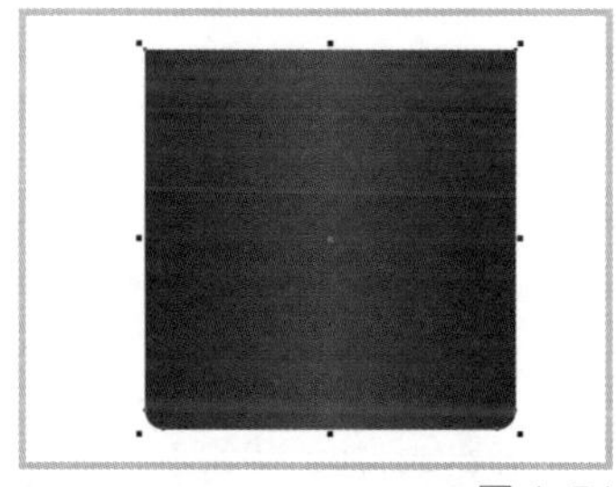

图 4-54

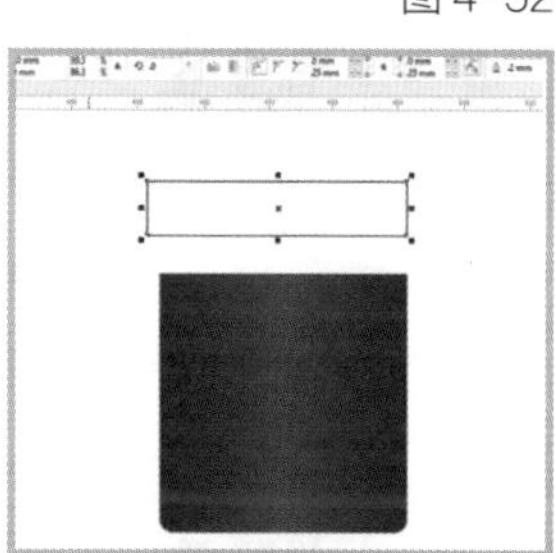

图 4-55

图 4-57

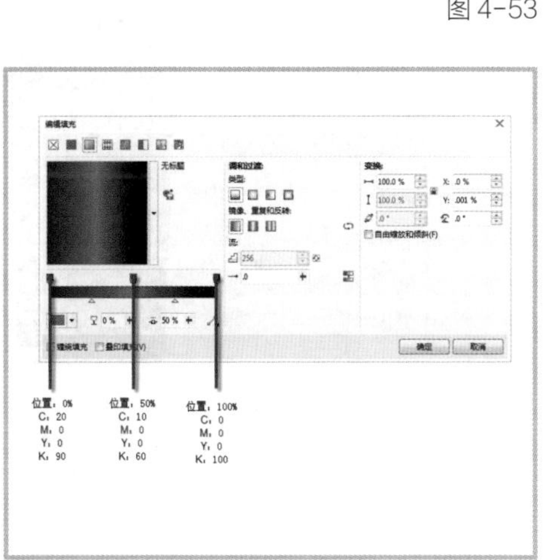

图 4-56

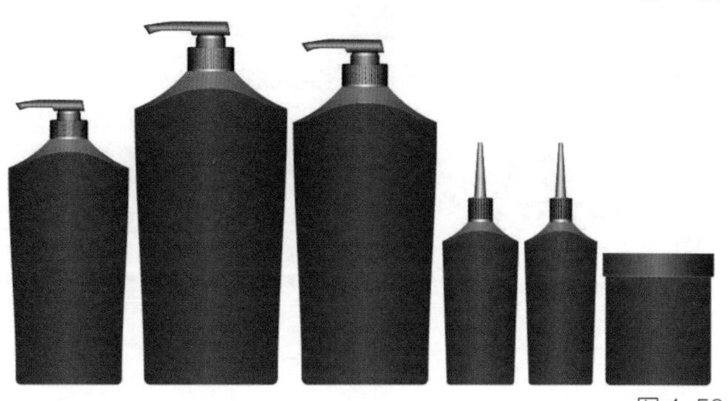

图 4-58

5. 这样所有容器的外形就绘制完成了。我们可以将 3 种容器分别复制几个，效果如图 4-58 所示。

图 4-59

步骤六：绘制 LOGO

1. 选择【工具箱】中的【文字工具】，在工作区单击鼠标左键，输入【CA】两个字母，如图 4-59 所示。

图 4-60

2. 单击鼠标右键，在弹出的菜单栏里选择【转化为曲线】命令，用来进行形状的调整，转化以后的效果如图 4-60 所示。

3. 选择【工具箱】中的【修改工具】，框选字母【C】上的所有节点，向字母【A】方向移动，将其移动到如图 4-61 所示位置。单击鼠标右键，在弹出的菜单中执行【拆分】命令，如图 4-61 所示。

图 4-61

4. 在字母【A】下方的直线上添加一个节点，将节点向【A】的顶点方向移动，调整后效果如图 4-62 所示。

5. 在两字母的中间绘制一个圆角矩形，如图 4-63 所示，绘制好后在矩形内写上文字【OOK】，如图 4-64 所示，这样标志的图形就绘制完成了，再在 LOGO 下面加上标准字体【COOKA】，效果如图 4-65 所示。

图 4-62

步骤七：绘制瓶贴（一）

1. 选择【工具箱】中的【矩形工具】，在工作区绘制一个矩形，按住【Shift】键从中心缩放一个小一圈的矩形，缩放到合适大小的时候，按下鼠标右键（左键不放），完成缩小复制，并且将它们填充上颜色，颜色色值设置为 C：20，M：0，Y：0，K：50，效果如图 4-66 所示。

2. 选择【工具箱】中的【选择工具】，框选绘制好的两个矩形，选择【属性栏】中的【修剪】命令，得到如图 4-67 所示图形。

图 4-63

3. 选择【工具箱】中的【矩形工具】，沿着绘制好的框的内侧边绘制矩形，并为其填充上颜色，色值设置为 C：20，M：0，Y：0，K：50，【轮廓色】设置为【无】，效果如图 4-68 所示。

图 4-64

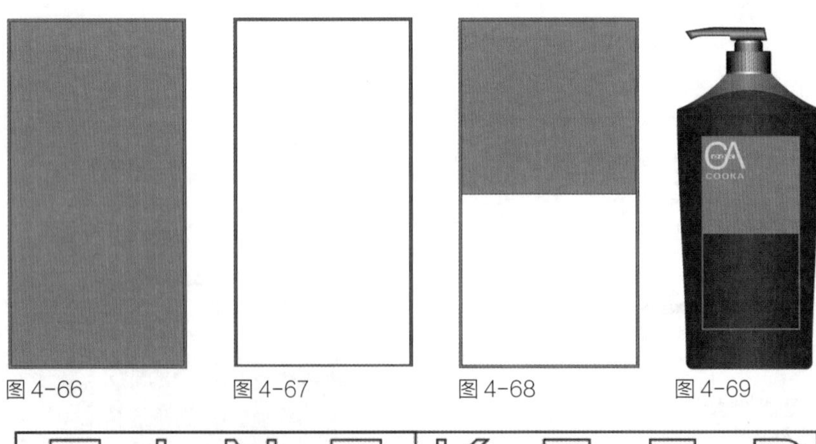

图 4-66　图 4-67　图 4-68　图 4-69

图 4-65

图 4-70

4. 将绘制好的LOGO和图框放置到瓶身上，效果如图4-69所示。

5. 在工作区空白处绘制两个等大的细长矩形，如图4-70所示。将左边的矩形填充为【白色】，右边的矩形填充色设置为【无】。在矩形中输入文字【TINTKEEP】。将【TINT】颜色设置为C：20，M：0，Y：0，K：50；将【KEEP】颜色设置为【白色】。绘制完成后，将它移动至矩形的内侧下方，将所有图形的【轮廓色】设置为【无】，效果如图4-71所示。

图4-71

图4-72

6. 选择【工具箱】中的【文字工具】，在瓶贴的下半部分，输入洗发水的说明性文字，这里就不再赘述，效果如图4-72所示。

7. 选择【工具箱】中的【选择工具】，框选瓶贴部分的所有文字和图形，选择【属性栏】中的【组合对象】命令，然后再对其进行复制，贴到较矮的瓶身上，效果如图4-73所示。

图4-73

步骤八：绘制瓶贴（二）

1. 选择【工具箱】中的【贝塞尔工具】，在空白处绘制如图4-74所示的图形，绘制完成后，将它填充上颜色，色值设置为C：8，M：0，Y：24，K：60。

2. 将填充完颜色的图形移动至瓶身上，如图4-75所示。

3. 选择【工具箱】中的【文字工具】，在瓶贴的右下部分，输入洗发水的说明性文字，这里就不再赘述，效果如图4-76所示。

4. 将绘制好的瓶贴进行复制，贴在瓶身上，这样，洗发水包装设计就完成了，最终效果如图4-77所示。

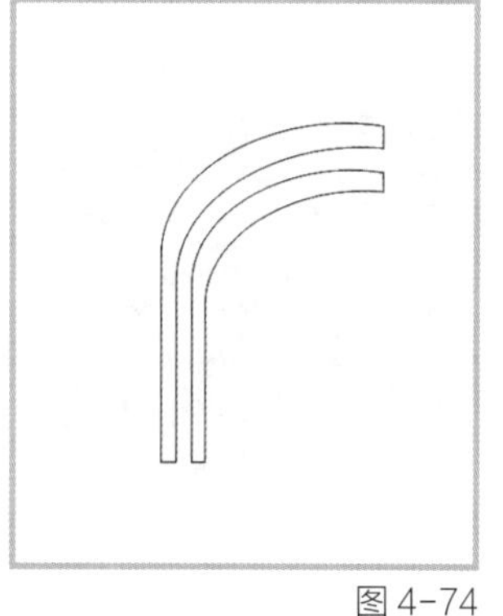
图4-74

图4-75

图4-76

图4-77

第三节 绘制药品包装

本小节主要学习运用 CorelDRAW X7 来绘制如图 4-78 所示药品包装，主要用到的有【矩形工具】、【透明度工具】和【编辑填充】、【图框精确裁剪】命令等。

步骤一：新建文件——药品包装

打开 CorelDRAW X7，选择【标准工具栏】中的【新建】按钮，或者按【Ctrl+N】组合键，弹出【创建新文档】对话框，从中设置文档的尺寸以及各项参数，如图 4-79 所示，点击【确定】按钮，即可创建新文档。

步骤二：绘制背景

1. 选择【工具箱】中的【矩形工具】，在工作区绘制一个矩形，在【属性栏】中将【宽度】、【高度】分别设置为【210】和【297】。绘制好后将矩形贴齐页面，将其填充颜色，颜色色值设置为 C：0，M：0，Y：0，K：90，效果如图 4-80 所示。

2. 选择【工具箱】中的【矩形工具】，在工作区绘制一个矩形，在【属性栏】中将【宽度】、【高度】分别设置为【210】和【100】。绘制好后与刚才绘制的矩形底端对齐，将其填充颜色，颜色色值设置为 C：0，M：0，Y：0，K：80，效果如图 4-81 所示。

图 4-78

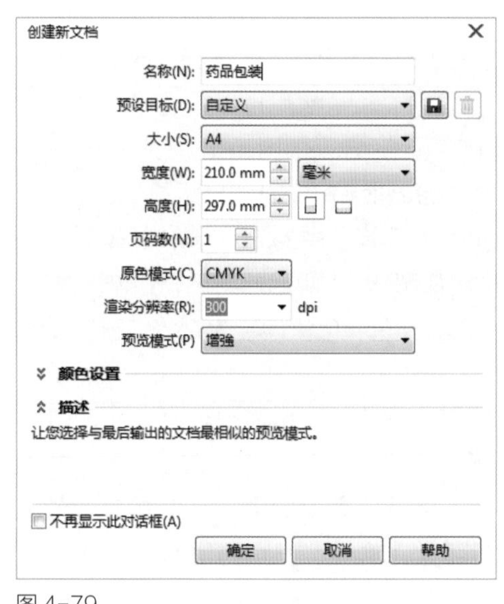

图 4-79

图 4-80

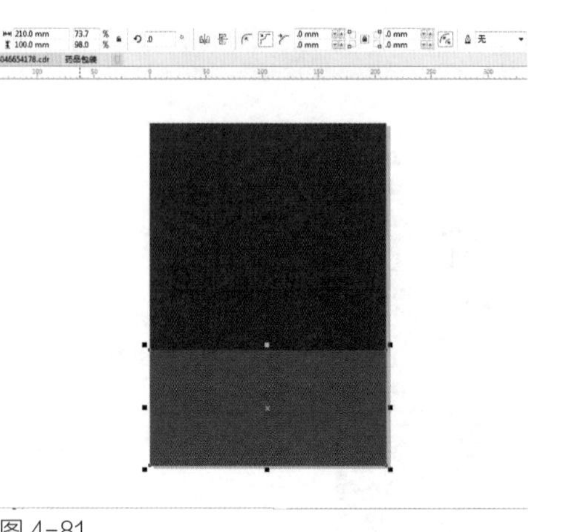
图 4-81

步骤三：绘制瓶身

1. 选择【工具箱】中的【矩形工具】，在工作区绘制一个矩形，在【属性栏】将【宽度】和【高度】分别设置为【54】、【87】。将【顶点样式】设置为【圆角】，【圆角半径】设置为【10】。效果如图 4-82 所示。

2. 将绘制好的圆角矩形填充上颜色。按下【F11】键弹出【编辑填充】对话框，在该对话框中设置渐变参数，如图 4-83 所示，填充后的效果如图 4-84。

3. 选择【工具箱】中的【贝塞尔工具】，在工作区绘制如图 4-85 所示图形。

4. 绘制完成后，选择【对象】菜单栏中的【变换—缩放和镜像】命令，弹出【变换】泊坞窗，设置如图 4-86 所示参数。将【镜像类型】设置为【水平镜像】，【镜像轴点】设置为【右中】，【副本】设置为【1】。

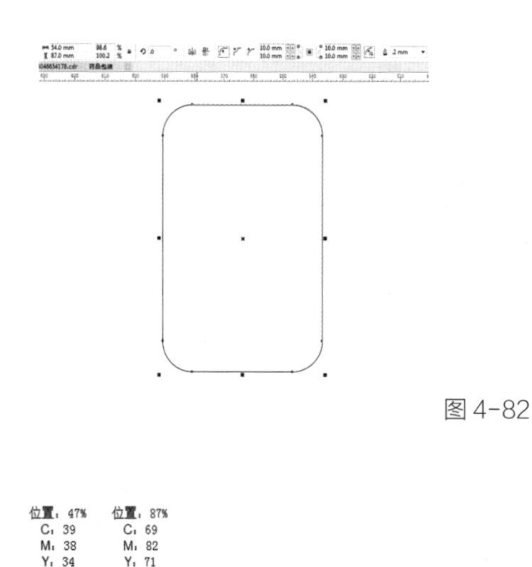

图 4-82

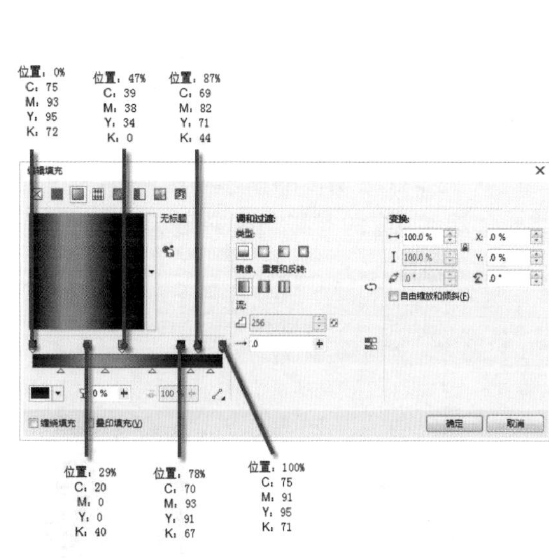

图 4-83

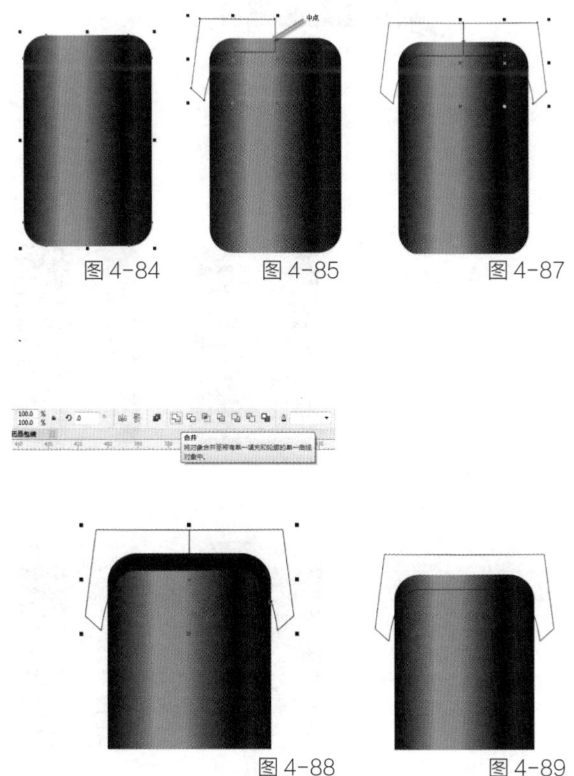

图 4-84　图 4-85　图 4-87

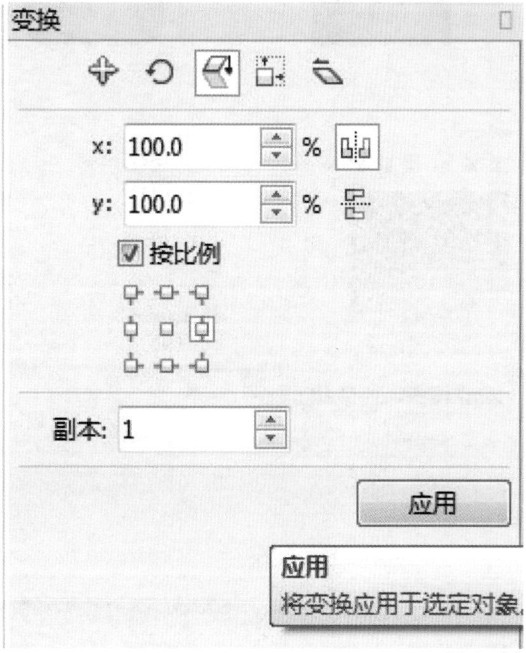

图 4-88　图 4-89

变换
x: 100.0 %
y: 100.0 %
按比例
副本: 1
应用
应用
将变换应用于选定对象.

图 4-86

5. 镜像完成后效果如图 4-87 所示。选择【工具箱】中的【选择工具】，框选绘制好的两个图形，如图 4-88 所示，选择【属性栏】中的【合并】命令，得到如图 4-89 所示图形。

6. 选择【工具箱】中的【选择工具】，框选绘制好的图形，如图 4-90 所示，选择【属性栏】中的【相交】命令，得到如图 4-91 所示图形。

7. 将相交得到的图形填充【黑色】，效果如图 4-92 所示。

8. 选择【工具箱】中的【透明度工具】，在【属性栏】选择【编辑透明度】，在弹出的【编辑透明度】对话框中设置如图 4-93 所示参数。

9. 调整好透明度的图形如图 4-94 所示，将它移动到瓶身的上部。图 4-95 为添加暗部前后的效果对比。

10. 然后对图 4-94 的图形进行复制，再选择【属性栏】中的【垂直翻转】命令，并将其移动到瓶身底部，如图 4-96 所示。

11. 对图 4-94 进行再复制，将颜色填充为【白色】，效果如图 4-97 所示。

12. 选择【工具箱】中的【修改工具】，修改图形做出瓶身的高光轮廓。图 4-98 为调整前后图形的对比。

13. 选中图形顶端中间的节点，向下拖动，做出类似牛角的形状，效果如图 4-99 所示。

14. 选择【工具箱】中的【透明度工具】，在【属性栏】选择【编辑透明度】，弹出【编辑透明度】对话框，设置如图 4-100 所示的参数。

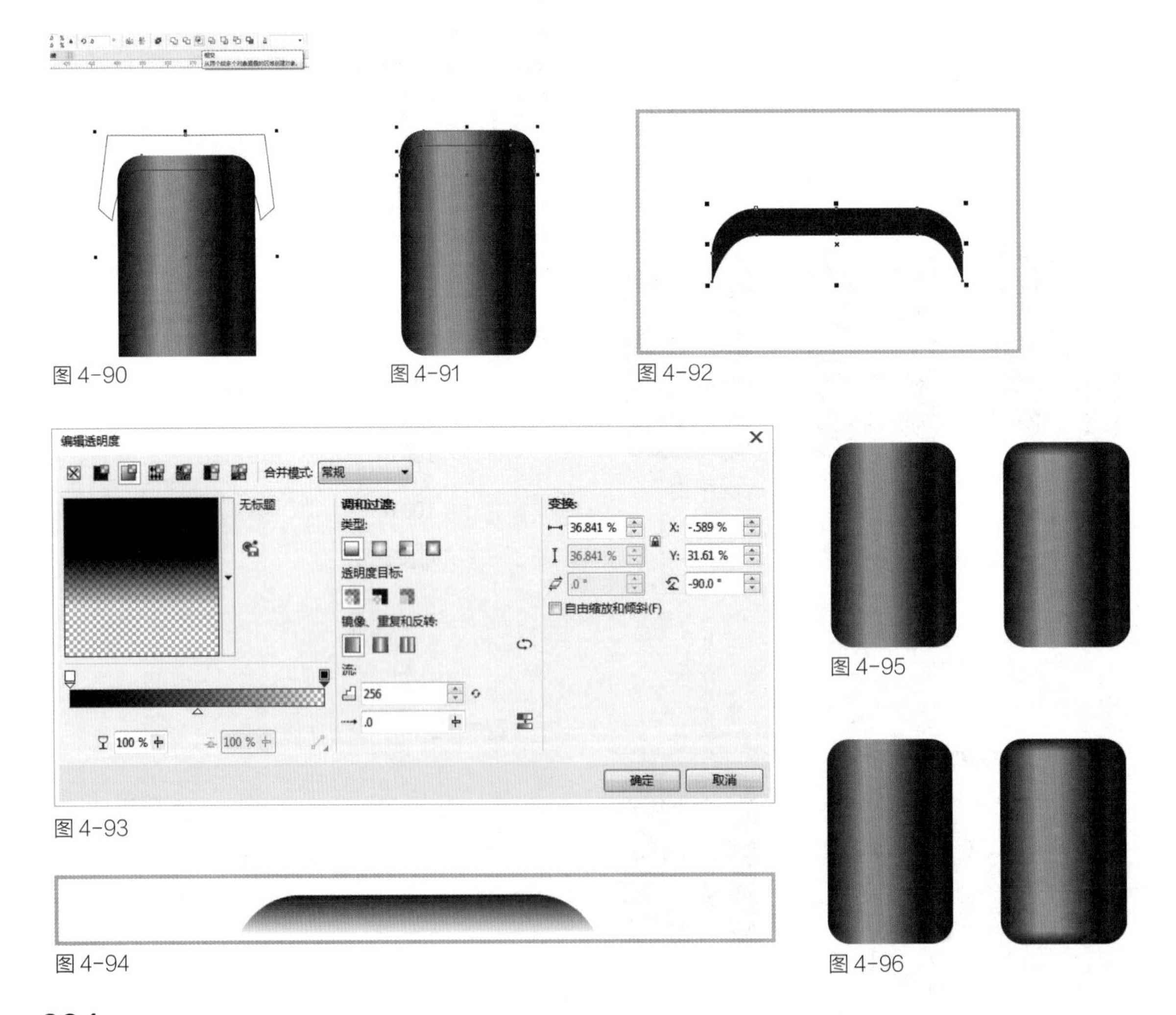

图 4-90

图 4-91

图 4-92

图 4-93

图 4-94

图 4-95

图 4-96

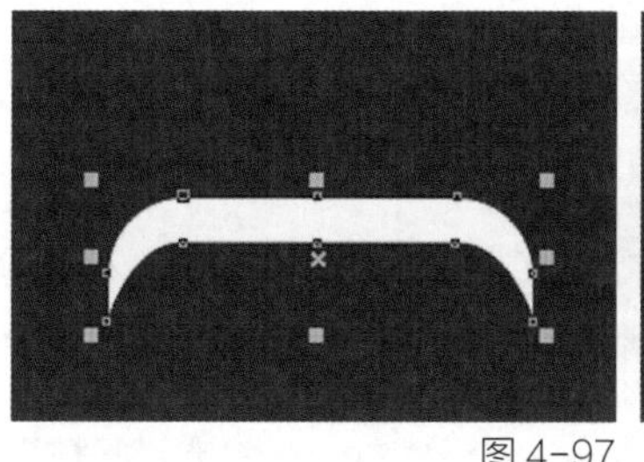

图 4-97

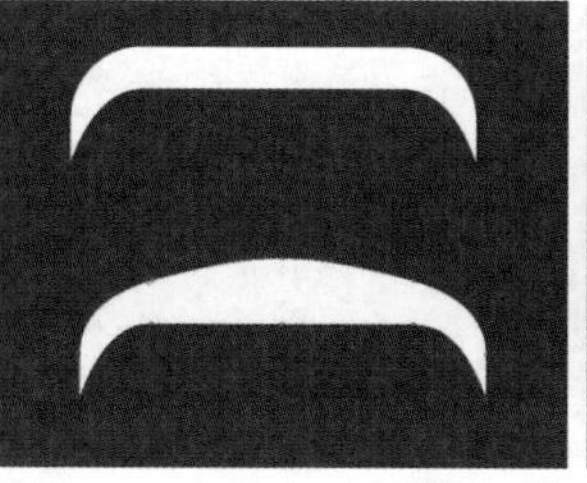

图 4-98

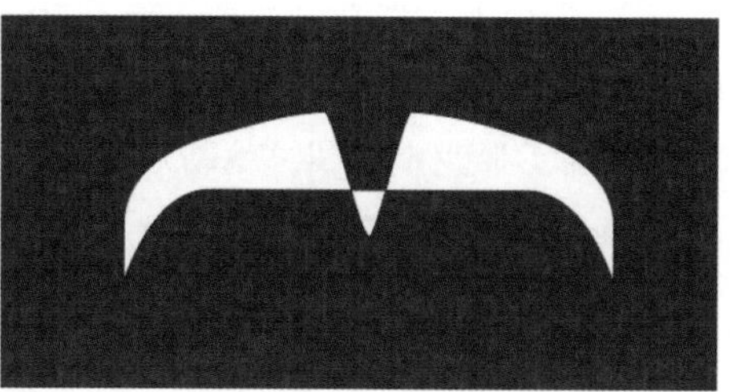

图 4-99

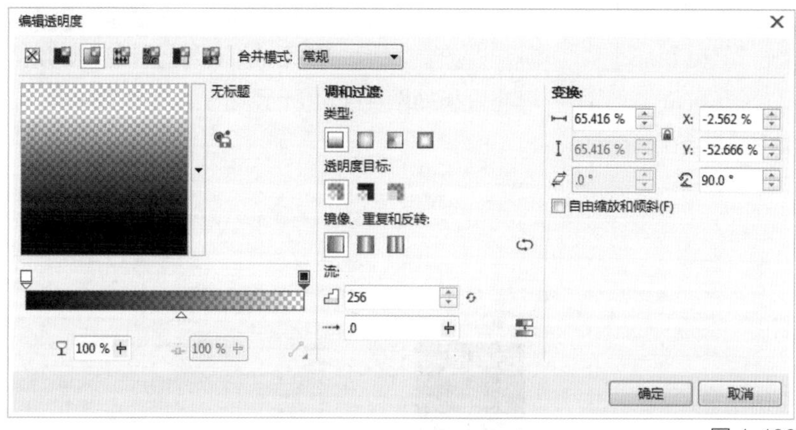

图 4-100

图 4-101

15. 透明度设置好以后，将它移至瓶身上部，效果如图 4-101 所示。

步骤四：绘制瓶盖

1. 选择【工具箱】中的【矩形工具】，在工作区绘制一个矩形，在【属性栏】将【宽度】和【高度】分别设置为【37】、【14.5】。将【顶点样式】设为【圆角】,【圆角半径】设为【4.5】。效果如图 4-102 所示。

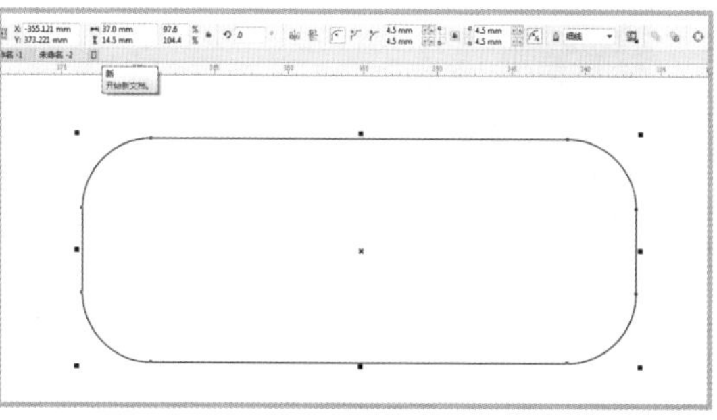

图 4-102

2. 选择【工具箱】中的【矩形工具】，在绘制好的矩形的垂直边边缘绘制一个小圆角矩形，在【属性栏】将【宽度】、【高度】分别设置为【0.3】和【0.5】。将【顶点样式】设为【圆角】，【圆角半径】设置为【0.15】，效果如图 4-103 所示。

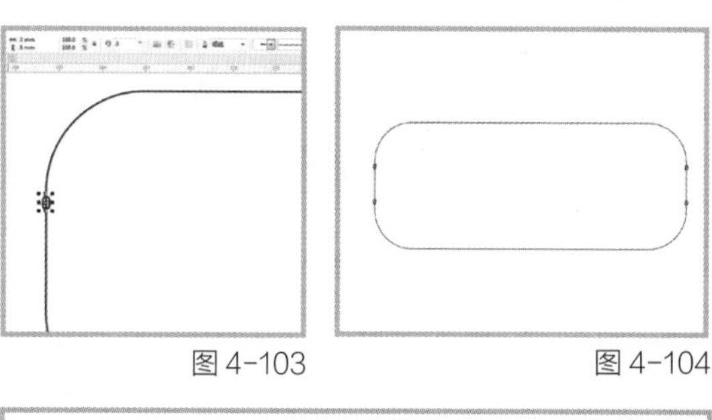

图 4-103　图 4-104

3. 将绘制好的圆角矩形复制 3 个，分别放在如图 4-104 所示相应的位置。

4. 选择【工具箱】中的【选择工具】，框选四个小矩形后，选择【属性栏】中的【组合对象】命令。

图 4-105

5. 框选大矩形和 4 个小矩形，选择【属性栏】中的【修剪】命令，修剪后得到如图 4–105 所示图形，瓶盖上的凹纹就制作出来了。

6. 对修剪后的图形进行填充，按下【F11】键，弹出【编辑填充】对话框，设置如图 4–106 所示参数。填充颜色后，效果如图 4–107 所示。

7. 选择【工具箱】中的【矩形工具】，在工作区绘制一细长圆角矩形，在【属性栏】将【宽度】、【高度】分别设置为【36.5】和【0.5】。将【顶点样式】设为【圆角】，【圆角半径】设为【0.163】，效果如图 4–108 所示。绘制好后，按图 4–109 设置渐变参数。

8. 填充后的效果如图 4–110 所示。将填充好的矩形移至瓶盖上，再对其进行复制，效果如图 4–111 所示。

9. 瓶盖绘制好后，接下来绘制开瓶的小扣。选择【工具箱】中的【矩形工具】，在工作区绘制一个矩形，在【属性栏】将【宽度】、【高度】分别设置为【9.5】和【2】，效果如图 4–112 所示。绘制好后，按图 4–113 设置渐变参数，填充效果如图 4–114 所示。

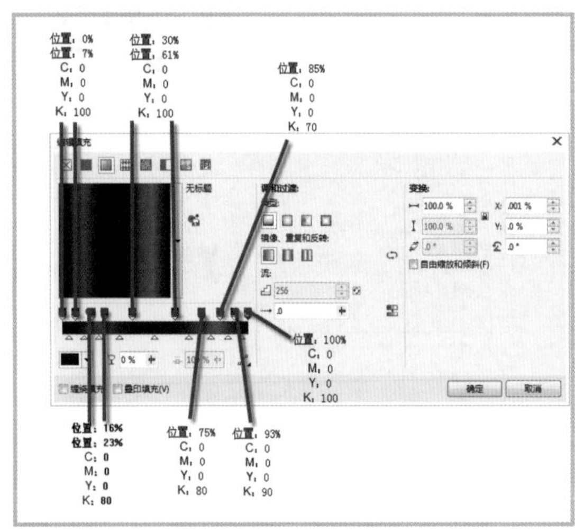

图 4–106

图 4–107

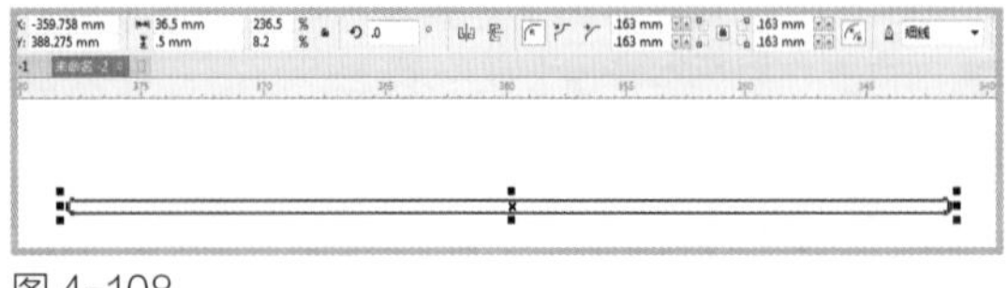

图 4–108

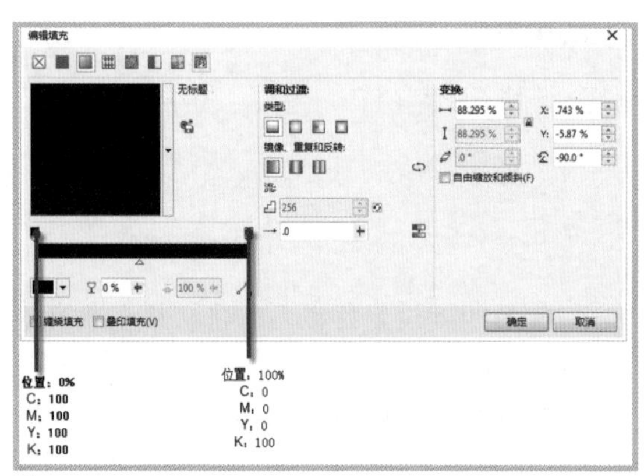

图 4–109

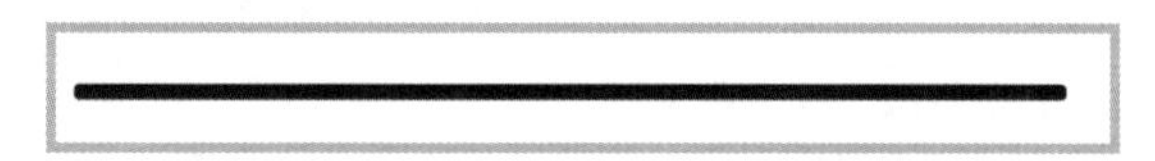

图 4–110

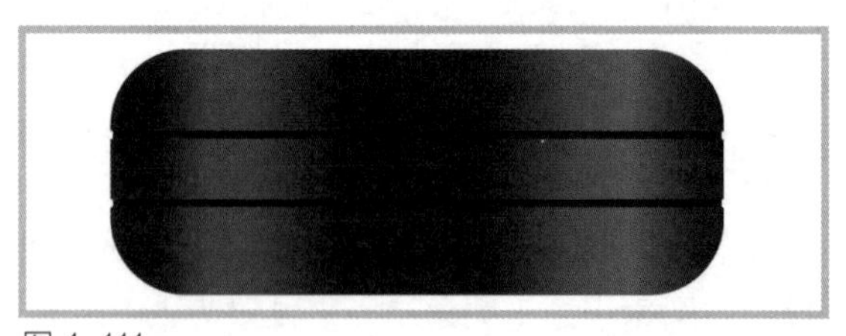

图 4–111

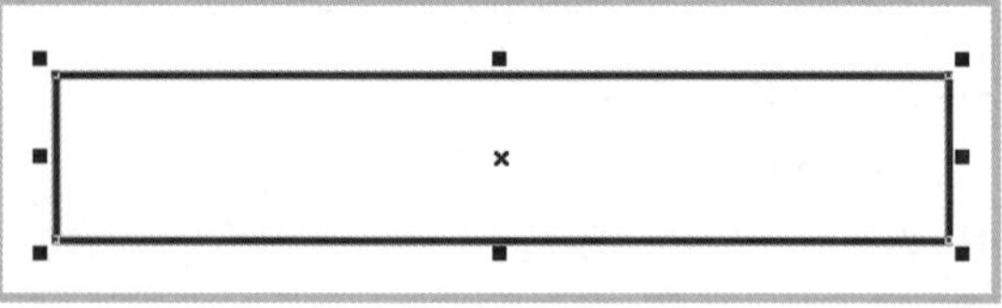

图 4–112

10. 选择【工具箱】中的【矩形工具】，在矩形的上下两端各绘制一个矩形，在【属性栏】将【宽度】、【高度】分别设置为【9.5】和【0.138】，将其分别填充上【白色】和【黑色】，效果如图 4-115 所示。

11. 将上下两个矩形分别与渐变矩形的上下边缘贴齐，效果如图 4-116 所示。框选三个矩形进行群组，然后将其移至瓶盖上半部分，效果如图 4-117 所示。

12. 绘制瓶盖瓶身连接处。选择【工具箱】中的【矩形工具】，在工作区绘制一个矩形，在【属性栏】将【宽度】、【高度】分别设置为【32.107】和【7.427】，效果如图 4-118 所示。

13. 在工作区，绘制一个细长的矩形。将其填充为黑色，效果如图 4-119 所示。

14. 将绘制好的细长矩形再复制一个，填充渐变色，按下【F11】键弹出【编辑填充】对话框后，设置如图 4-120 所示参数，效果如图 4-121 所示。

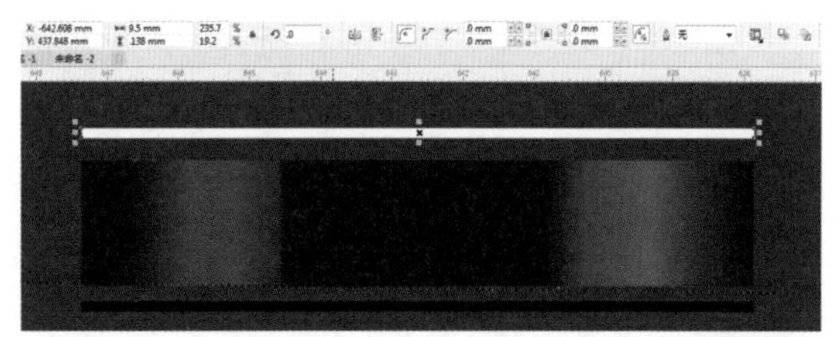

图 4-115

图 4-116

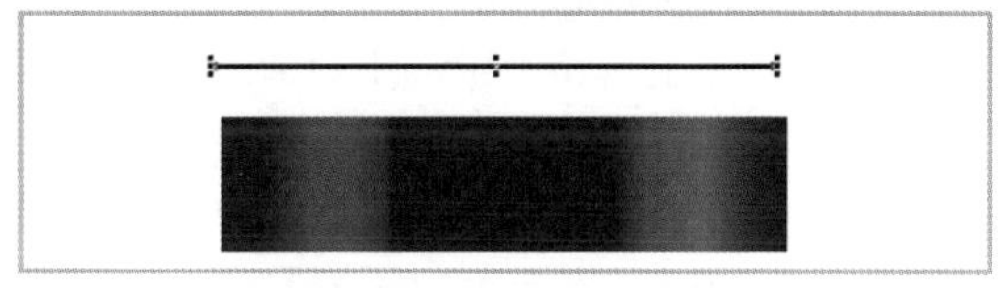

图 4-119

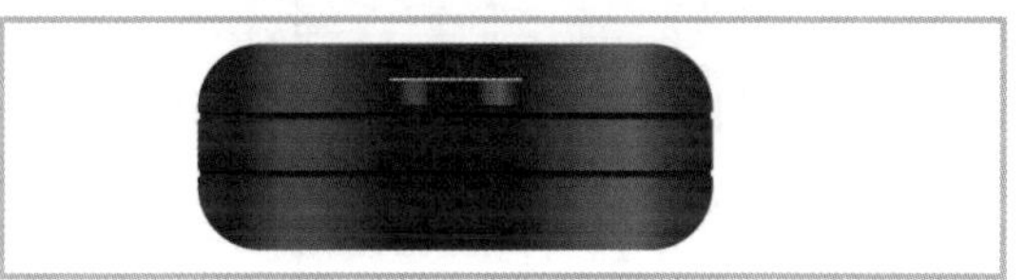

图 4-117

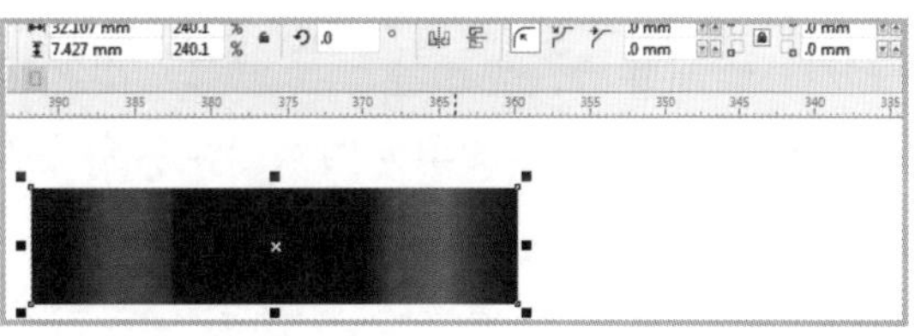

图 4-118

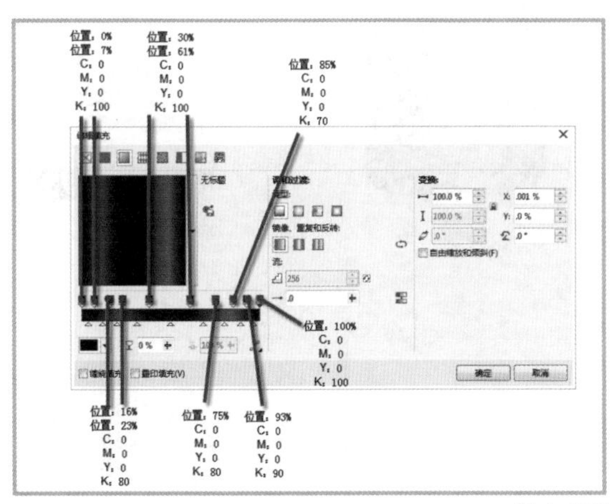

图 4-113

图 4-114

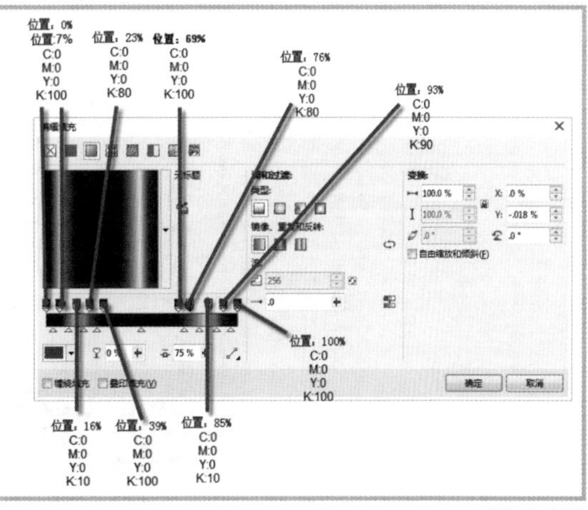

图 4-120

图 4-121

15. 将步骤 12—步骤 14 绘制好的 3 个矩形依次排列，效果如图 4-122 所示。框选后，选择【属性栏】中的【组合对象】命令。

16. 将组合好的对象移动到瓶盖下方，效果如图 4-123 所示。再对步骤 13 绘制的矩形进行复制，放置到连接处，做成阴影效果，效果如图 4-124 所示。框选瓶盖的所有元素，选择【属性栏】中的【组合对象】命令。

17. 将瓶盖移动到瓶身上方，效果如图 4-125 所示。

步骤五：绘制瓶贴

1. 选择【工具箱】中的【矩形工具】，在瓶身处绘制一个适合瓶贴大小的矩形，效果如图 4-126 所示。

2. 绘制完成后，配合【Shift】键选择绘制好的矩形和瓶身。选择【属性栏】中的【相交】命令，得到如图 4-127 所示的白色矩形部分。

3. 将执行【相交】命令得到的矩形，再进行缩小复制，缩小的时候注意矩形的宽度不变，如图 4-128 所示。

4. 绘制好后，先填充大的矩形，按照图 4-129 所示来设置渐变填充的参数，填充后效果如图 4-130 所示。

5. 然后再填充小的矩形，按照图 4-131 来设置渐变填充的参数，填充后效果如图 4-132 所示。

图 4-122

图 4-123

图 4-124

图 4-125

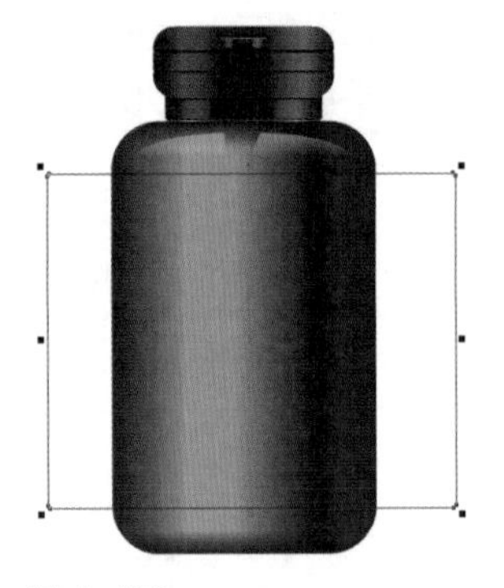

图 4-126

图 4-127

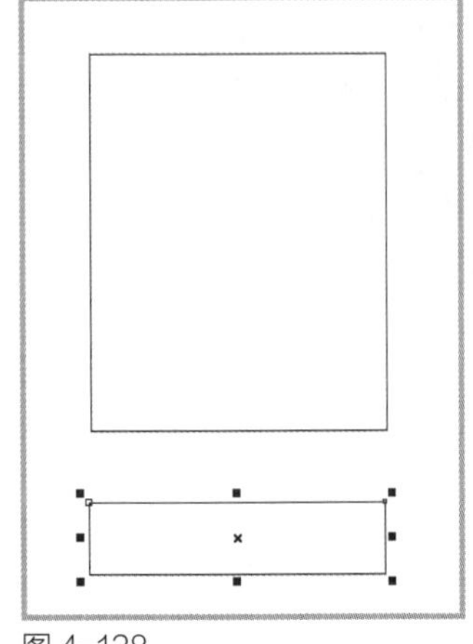

图 4-128

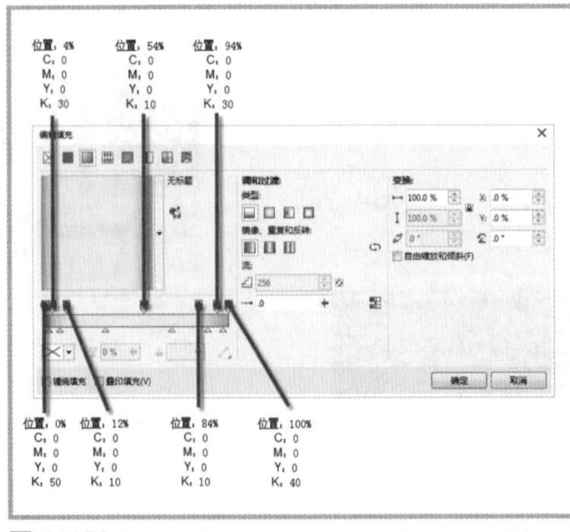

图 4-129

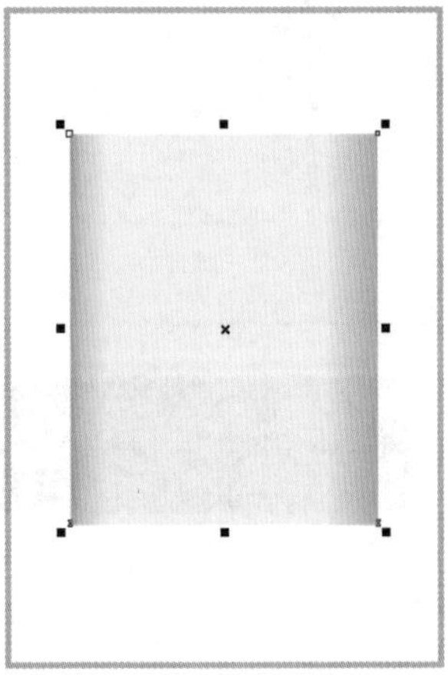

图 4-130

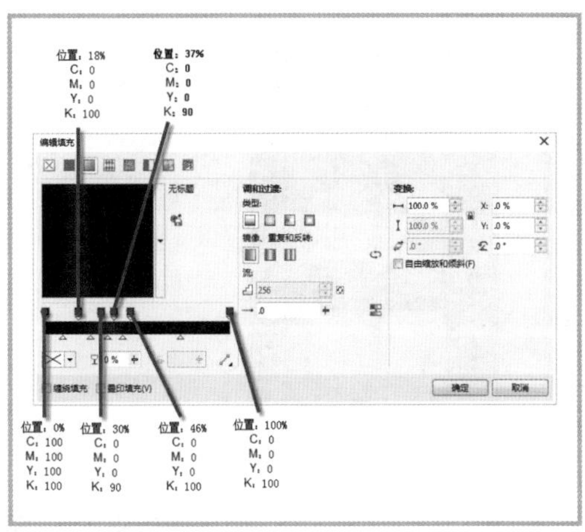

图 4-131

图 4-132

图 4-133

6. 瓶贴绘制好以后，将其放置到瓶身上，效果如图 4-133。

步骤六：绘制装饰

1. 选择【工具箱】中的【椭圆工具】，在工作区绘制如图 4-134 所示的椭圆。

2. 绘制好后，将其填充颜色，颜色色值设置为 C：20，M：80，Y：20，K：20。填充好后，选择【工具箱】中的【透明度工具】，在【属性栏】中选择【均匀透明度】。将【透明度】设置为【50%】，如图 4-135 所示。

3. 选择【对象】菜单栏中的【变换—旋转】命令，弹出【变换】泊坞窗，在该泊坞窗中设置如图 4-136 所示参数，得到如图 4-136 所示的旋转小花。

4. 按照上述说法再制作几个不同颜色的小花，如图 4-137 所示。将这些小花移至瓶贴上，效果如图 4-138 所示。

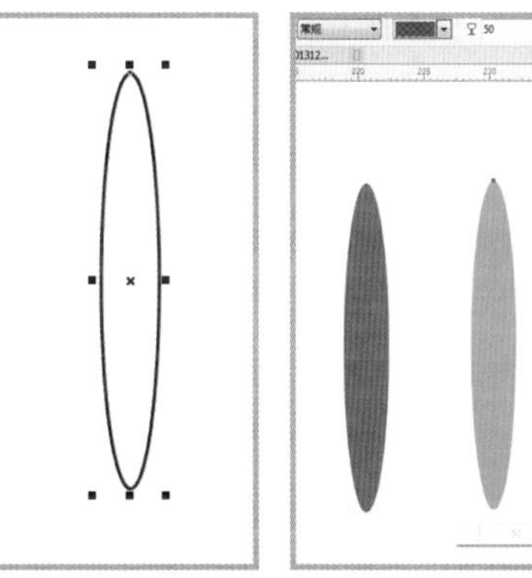
图 4-134　图 4-135

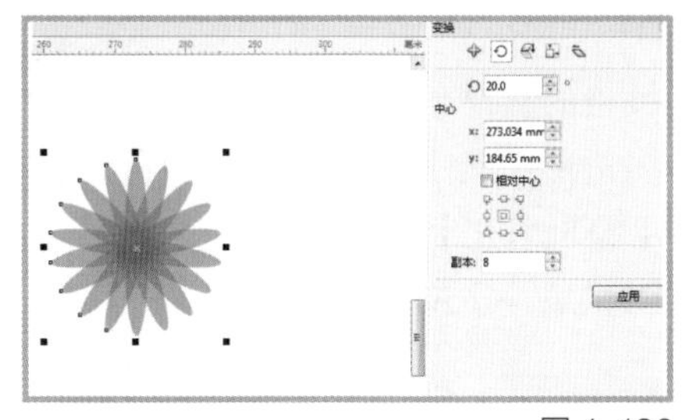
图 4-136

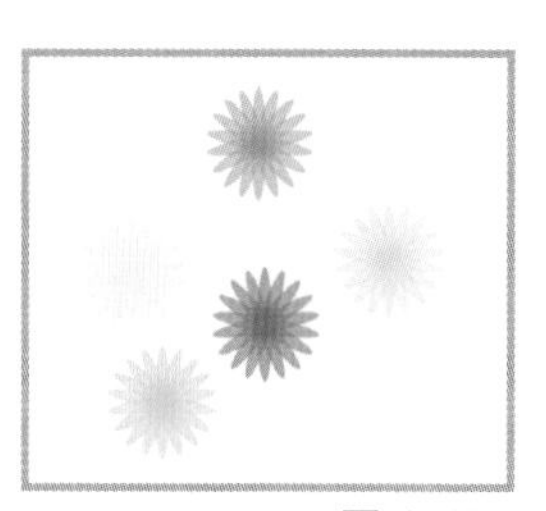
图 4-137

图 4-138

步骤七：调整画面

1. 对绘制好的药瓶进行复制，将它们放置到画面中，如图 4-139 所示。

2. 选择【工具箱】中的【选择工具】，选中两个药瓶，选择【对象】菜单栏中的【变换—缩放与镜像】命令，弹出【变换】泊坞窗，设置如图 4-140 所示参数，得到如图 4-140 所示的镜像效果。

3. 选中镜像后倒置的两个药瓶，选择【工具箱】中的【透明度工具】，设置如图 4-141 所示参数。

4. 这样一款药品的包装就制作完成了，最终效果如图 4-142 所示。

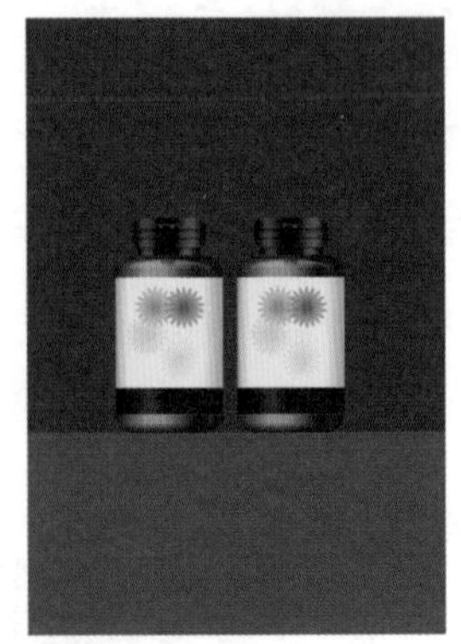

图 4-139

图 4-140

图 4-141

图 4-142

第四节 绘制复古风格的食品包装

本小节主要学习运用 CorelDRAW X7 来制作如图 4-143 所示的复古风格的食品包装，主要用到【矩形工具】、【多边形工具】、【调和工具】、【轮廓工具】和【编辑填充】命令等。

图 4-143

步骤一：新建 CorelDRAW X7 文档——复古包装设计

打开 CorelDRAW X7，选择【标准工具栏】中的【新建】按钮，或者按【Ctrl+N】组合键，弹出【创建新文档】对话框，从中设置文档的尺寸以及各项参数，如图 4-144 所示，点击【确定】按钮，即可创建新文档。

步骤二：绘制调味罐罐口

1. 选择【工具箱】中的【矩形工具】，在工作区绘制一个矩形，在【属性栏】将【宽度】、【高度】分别设置为【41】和【2】，效果如图 4-145

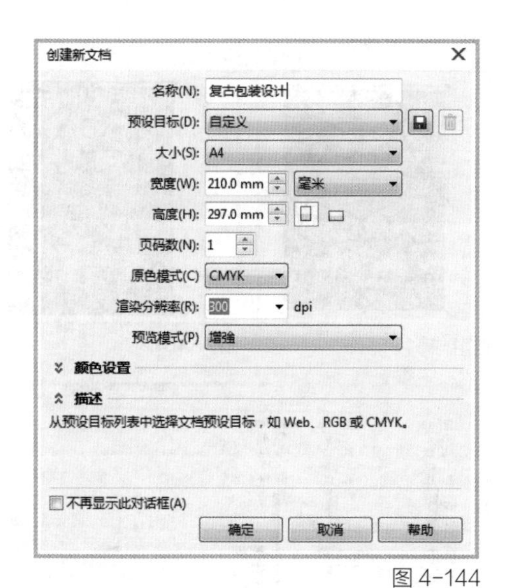

图 4-144

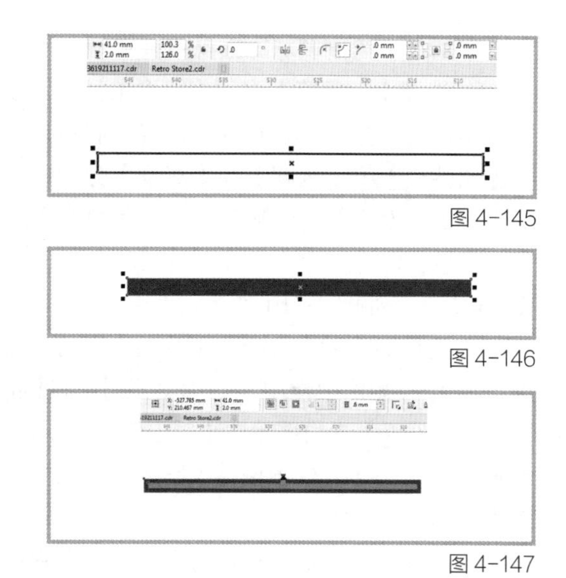

图 4-145

图 4-146

图 4-147

图 4-148

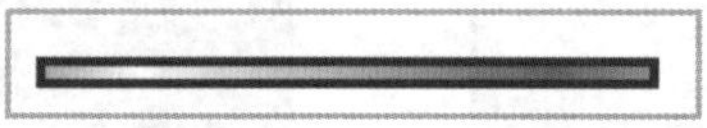

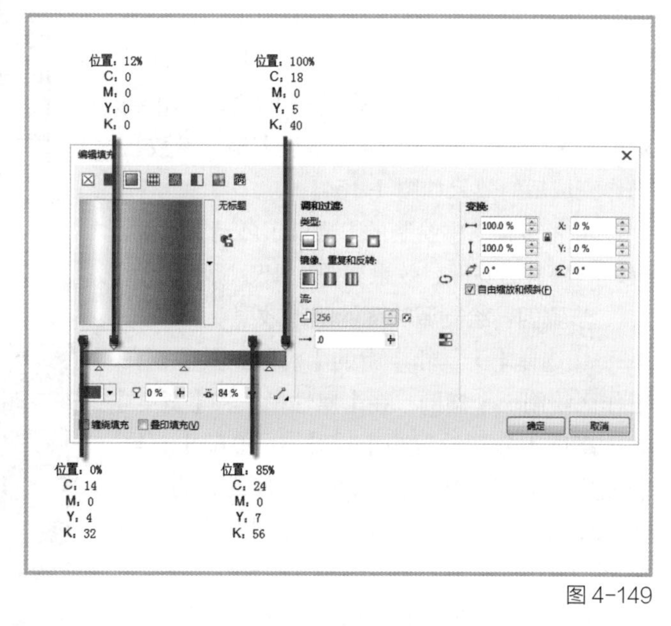

图 4-149

图 4-150

所示。绘制完成后将其填充上颜色，颜色色值设置为 C：35，M：0，Y：10，K：80，效果如图 4-146 所示。

2. 选择【工具箱】中的【轮廓工具】，在矩形中拖动，在【属性栏】中将【轮廓样式】设置为【内部轮廓】,【轮廓图步长】设置为【1】,【轮廓图偏移】设置为【0.6】，效果如图 4-147 所示。

3. 操作完成以后，单击鼠标右键，在弹出菜单栏中执行【拆分轮廓图群组】命令，如图 4-148 所示。

4. 选择【工具箱】中的【选择工具】，选择内部轮廓出来的小矩形，按下【F11】键，弹出【编辑填充】对话框，按照图 4-149 设置渐变参数。操作完成后效果如图 4-150。

步骤三：绘制调味罐罐身和罐底

1. 选择【工具箱】中的【矩形工具】，在罐口矩形的下方，垂直对齐的位置绘制矩形，在【属性栏】将【宽度】和【高度】分别设置为【39】、【52】。绘制完成后将其填充上颜色，颜色色值设置为 C：40，M：50，Y：80，K：55，效果如图 4-151 所示。

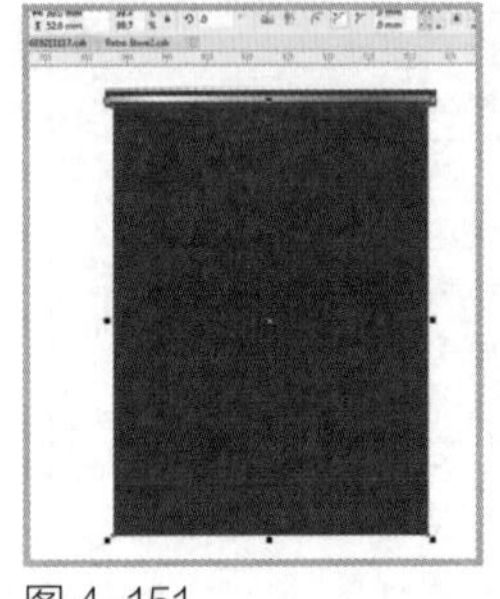

图 4-151

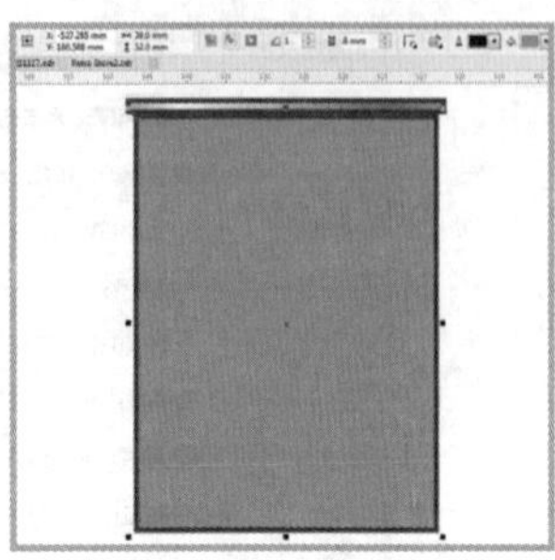

图 4-152

2. 选中矩形后，选择【工具箱】中的【轮廓工具】，在矩形中拖动，在【属性栏】中将【轮廓样式】设置为【内部轮廓】，【轮廓图步长】设置为【1】，【轮廓图偏移】设置为【0.6】，效果如图 4-152 所示。

3. 操作完成以后，单击鼠标右键，在弹出的菜单栏中选择【拆分轮廓图群组】。拆分完成后选择【工具箱】中的【选择工具】，选择内部轮廓出来的小矩形，按下【F11】键，弹出【编辑填充】对话框，按照图 4-153 设置渐变参数，操作完成后的效果如图 4-154。

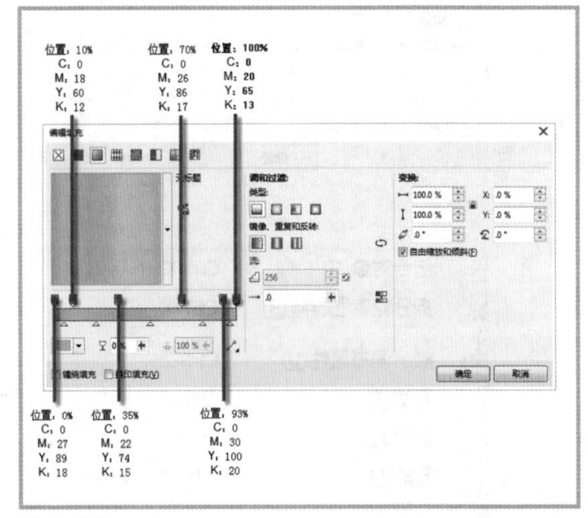

图 4-153

4. 将步骤二中绘制的【罐口】再复制一份，移动到罐身的底部，效果如图 4-155 所示。

步骤四：绘制调味罐的明暗效果

1. 选择【工具箱】中的【椭圆工具】，在工作区绘制一个椭圆，在【属性栏】将【宽度】和【高度】分别设置为【1.8】、【0.55】。绘制完成后对其填充颜色，颜色色值设置为 C：40，M：50， Y：80，K：55，效果如图 4-156 所示。

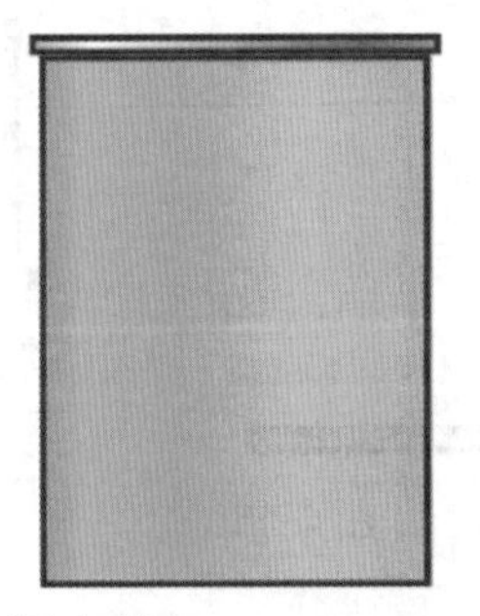

图 4-154

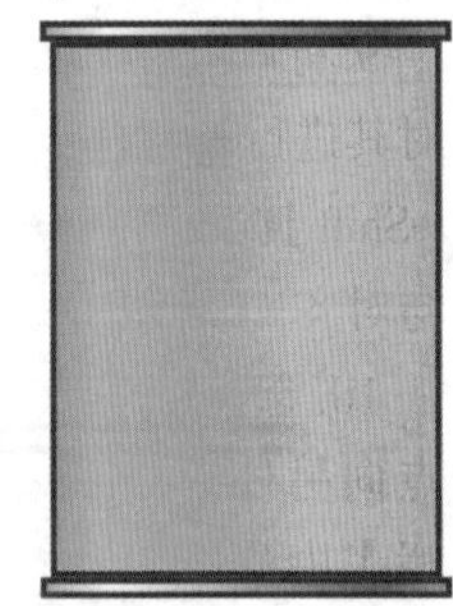

图 4-155

2. 选择【属性栏】中的【转换为曲线】命令，然后选择【工具箱】中的【修改工具】，将椭圆修改成图 4-157 所示图形。

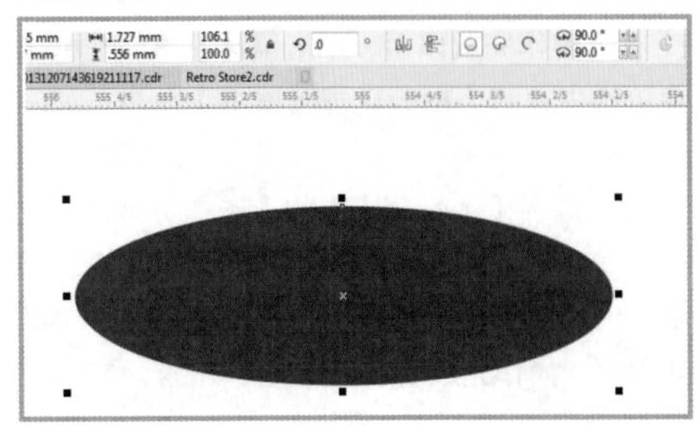

图 4-156

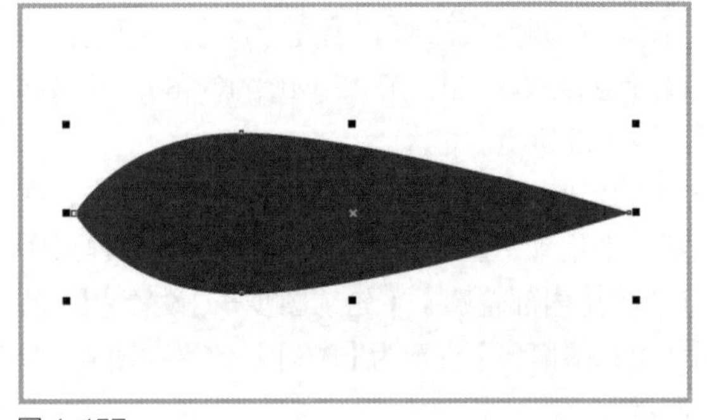

图 4-157

3.将修改好的图形放置到图4-158所示位置，再对其进行复制放在左下角。放置好后，【鼠标左键+Shift】选中上下两个点，选择【属性栏】中的【分布与对齐—水平居中对齐】命令。

4.选择【工具箱】中的【调和工具】，选中一个点向另外一个点拖动，进行调和操作。在【属性栏】中的【调和对象】设置为【56】，完成后效果如图4-159所示。

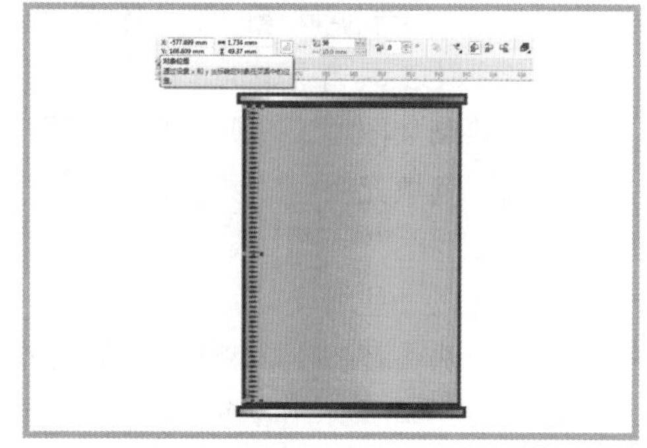

图4-159

5.复制其中一个小点，对它进行修改，修改成如图4-160所示图形，并将其填充为【白色】。

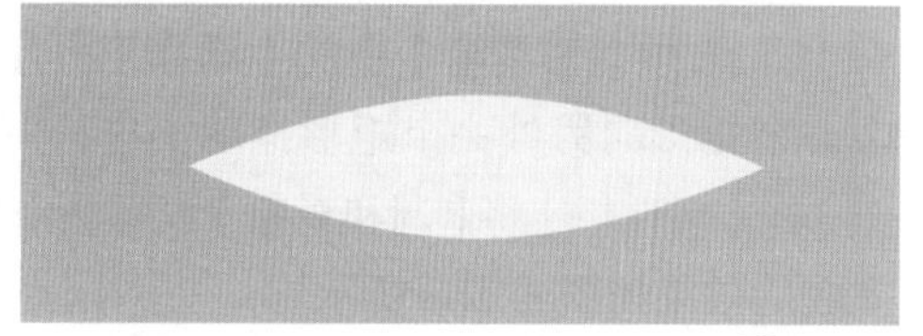

图4-160

6.将修改好的图形放置到图4-161所示位置，再对其进行复制放在左下角。放置好后，【鼠标左键+Shift】选中上下两个点，选择【属性栏】中的【分布与对齐—水平居中对齐】命令。

7.选择【工具箱】中的【调和工具】，选中一个点向另外一个点拖动，进行调和操作。在【属性栏】中将【调和对象】设置为【56】，完成后效果如图4-162所示。

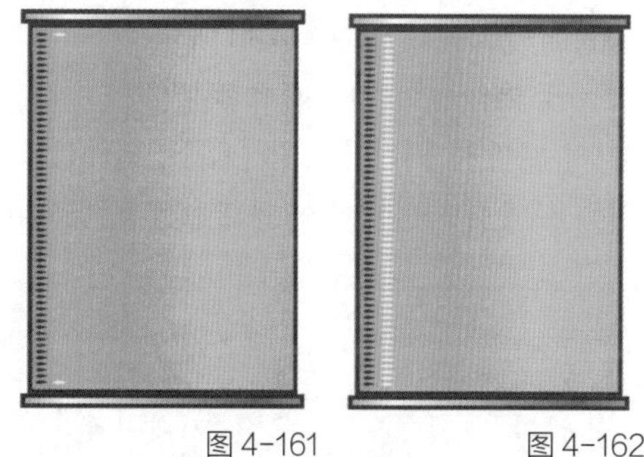

图4-161　图4-162

8.再复制其中一个小点，对其进行修改，修改成如图4-163所示图形。对其填充颜色，填充颜色色值设置为C：40，M：50，Y：80，K：55。

图4-163

9.将修改好的图形放置到图4-164所示位置，再对其进行复制放在右下角。放置好后，【鼠标右键+Shift】选中上下两个点，选择【属性栏】中的【分布与对齐—水平居中对齐】命令。

10.选择【工具箱】中【调和工具】，选中一个点向另外一个点拖动，进行调和操作。在【属性栏】中将【调和对象】设置为【56】，完成后效果如图4-165所示。

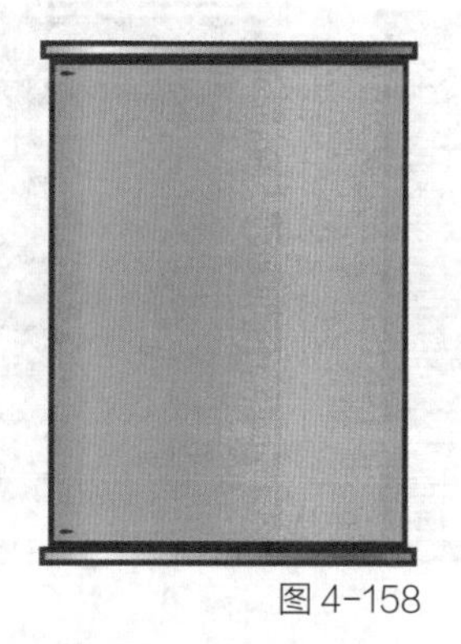

图4-158

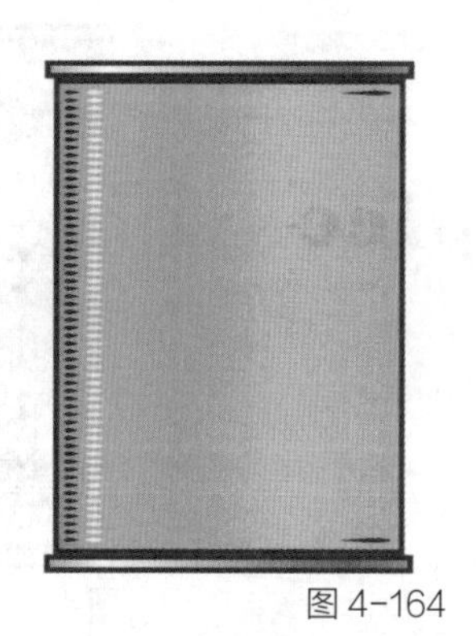

图4-164

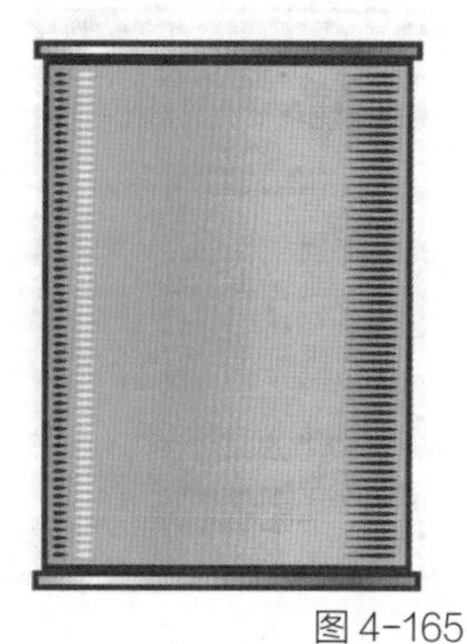

图4-165

步骤五：绘制调味罐的图案及文字

1. 选择【工具箱】中的【贝塞尔工具】，在工作区绘制如图 4-166 所示的飘带图形。绘制完成后对其填充颜色，填充颜色色值设置为 C：40，M：50，Y：80，K：55。

2. 这里的一些细节文字，就不再一一输入，我们用小方块代替。在飘带图形的下面绘制两个小矩形，两个矩形水平位置对齐，在飘带中间，用【贝塞尔工具】工具绘制一根曲线，效果如图 4-167 所示。

3. 选择【工具箱】中的【调和工具】，选中一个矩形向另外一个矩形拖动，进行调和操作。在【属性栏】将【调和对象】设置为【10】，完成后效果如图 4-168 所示。

4. 选择【属性栏】中的【路径属性—新路径】命令，弹出黑色折线箭头后，单击绘制的飘带内的曲线，效果如图 4-169 所示。

5. 将绘制好的矩形和飘带图形一起选中，选择【属性栏】中的【合并】命令，制作镂空飘带。制作完成后，将镂空的飘带移至罐身的上部，然后选择【对象】菜单栏中的【变换—缩放与镜像】命令，弹出对话框后，设置为【垂直镜像】，【镜像轴点】设置为【下中】，【副本】设置为【1】。镜像完成后将其移至罐身的下部，效果如图 4-170 所示。

6. 在两根飘带的中间绘制一些小方块，作为包装细节文字的说明，效果如图 4-171 所示。

7. 选择【工具箱】中的【文字工具】，在工作区输入调味罐罐身的文字【Spice】，将文字填充的颜色色值设置为 C：0，M：100，Y：100，K：55，效果如图 4-172 所示。

8. 将输入的文字旋转一定的角度，移至罐身，效果如图 4-173 所示。

9. 选择【工具箱】中的【矩形工具】，在工作区绘制一个细长的矩形，对其填充颜色，色值设置为 C：0，M：100，Y：100，K：55。将其旋转至跟文字的角度一致，然后选择【工具箱】中的【橡皮擦工具】，将矩形与字母【P】重合的部分擦除。这样一个复古风格的调味罐包装就绘制完成了，效果如图 4-174 所示。

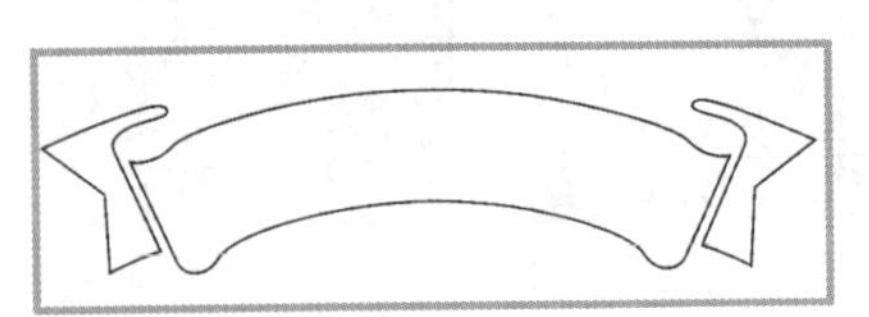
图 4-166

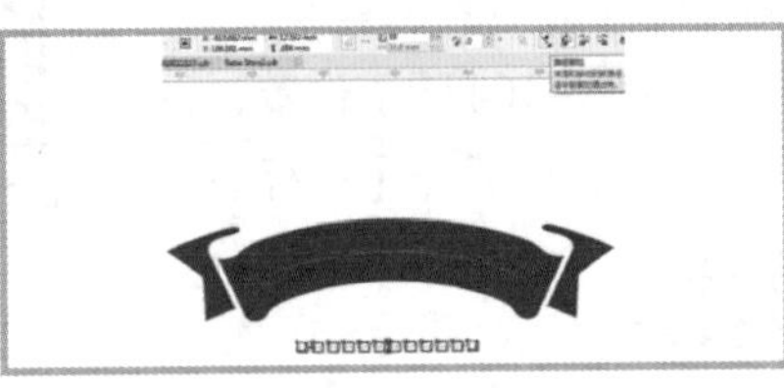
图 4-168

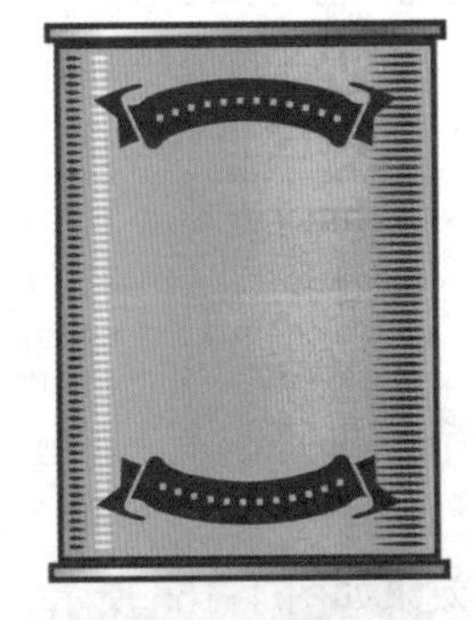
图 4-170

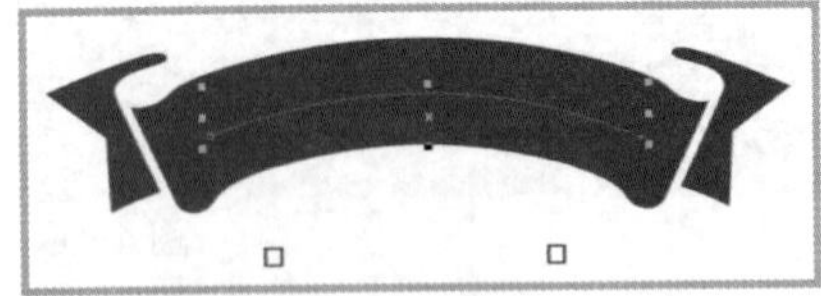
图 4-167

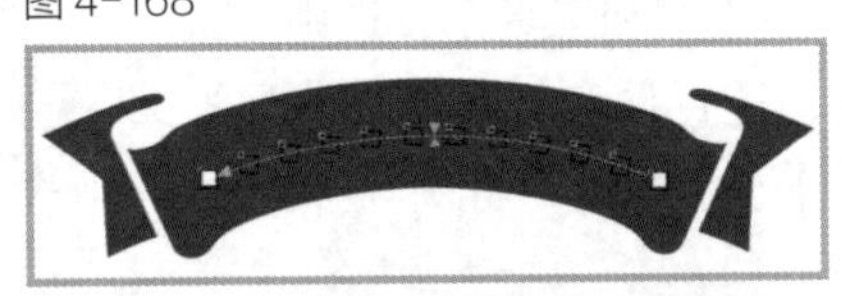
图 4-169

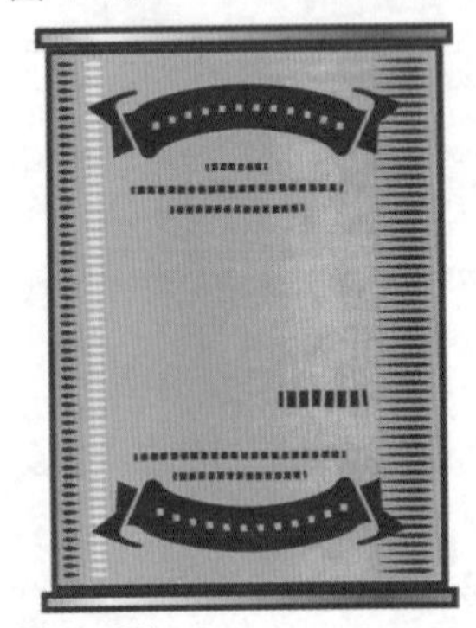
图 4-171

图 4-172

图 4-173

图 4-174

步骤六：绘制橄榄油罐的罐体

1. 在刚刚绘制的调味品罐的基础上，稍作调整，绘制一个橄榄油罐。

2. 将步骤二和步骤三中绘制的罐口和罐底复制一份，在罐口和罐底之间绘制矩形，矩形【高度】和【宽度】分别设置为【42】、【46】。绘制好后对其填充颜色，填充颜色设置为C：0，M：0，Y：45，K：77，效果如图4-175所示。

3. 选中矩形后，选择【工具箱】中的【轮廓工具】，在矩形中拖动，在【属性栏】中将【轮廓样式】设置为【内部轮廓】，【轮廓图步长】设置为【1】，【轮廓图偏移】设置为【0.6】，效果如图4-176所示。

4. 操作完成以后，单击鼠标右键，在弹出菜单栏中执行【拆分轮廓图群组】命令。拆分完成后选择【工具箱】中的【选择工具】，选择内部轮廓出来的小矩形，按下【F11】键弹出【编辑填充】对话框，按照图4-177设置渐变参数。操作完成后效果如图4-178。

步骤七：绘制橄榄油罐的装饰图案

1. 选择【工具箱】中的【矩形工具】，在工作区绘制如图4-179所示的矩形。

2. 选择【工具箱】中的【选择工具】，同时按住【Shift】键，选中罐身和刚绘制的矩形，选择【属性栏】中的【相交】命令，得到如图4-180所示图形。

3. 将绘制好的矩形填充上颜色，颜色色值设置为C：31，M：24，Y：70，K：42。

4. 选择【工具箱】中的【椭圆工具】，将鼠标移至矩形中心，捕捉到中点后按下鼠标左键，配合【Ctrl】和【Shift】键从中心向外扩张绘制正圆，绘制好的效果如图4-181所示。

5. 选择【工具箱】中的【选择工具】框选相交得到的矩形和正圆，选择【属性栏】中的【修剪】命令，得到如图4-182所示图形。

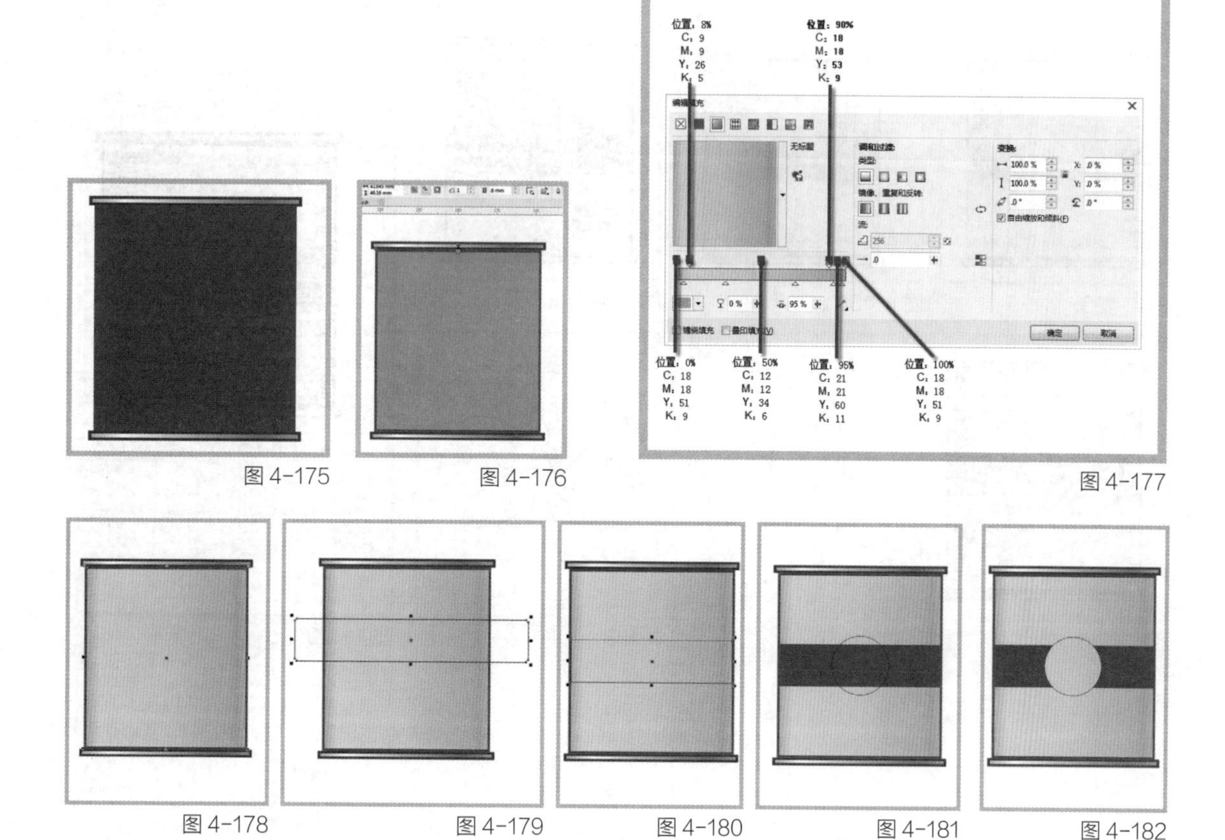

图4-175　图4-176　图4-177

图4-178　图4-179　图4-180　图4-181　图4-182

6. 选择【工具箱】中的【选择工具】，单击中心的正圆，按住【Shift】键，拖动控制点进行中心缩放，得到如图 4–183 所示图形。

7. 单击修剪后的矩形，选择【工具箱】中的【轮廓图工具】，在矩形中拖动，在【属性栏】中将【轮廓样式】设置为【内部轮廓】，【轮廓图步长】设置为【2】，【轮廓图偏移】设置为【0.6】，效果如图 4–184 所示。

8. 操作完成以后，单击鼠标右键，在弹出的菜单栏中执行【拆分轮廓图群组】命令。拆分完成后选择【工具箱】中的【选择工具】，选择内部轮廓，将其填充颜色，填充颜色色值设置为 C：31，M：24，Y：70，K：42。将被轮廓出来的中央矩形进行填充，颜色色值设置为 C：16，M：16，Y：47，K：8，填充后效果如图 4–185 所示。

9. 参照步骤四的做法，绘制罐身的阴影效果，如图 4–186 所示。

10. 选择【工具箱】中的【椭圆工具】，在工作区绘制如图 4–187 所示的椭圆，绘制好后，再次单击鼠标左键，调出旋转控制点，把中心的旋转轴拖动到椭圆形的最下方，效果如图 4–187 所示。

11. 选择【对象】菜单栏中的【变换—旋转】命令，弹出【变换】泊坞窗，在该泊坞窗中将【旋转角度】设置为【30】。【副本】设置为【11】。点击【应用】按钮后，得到如图 4–188 图形。

12. 框选旋转出来的图案，选择【属性栏】中的【合并】命令，操作完成后，将其填充颜色，填充颜色色值设置为 C：16，M：16，Y：47，K：8，填充完成后，将其移至中心正圆内，效果如图 4–189 所示。

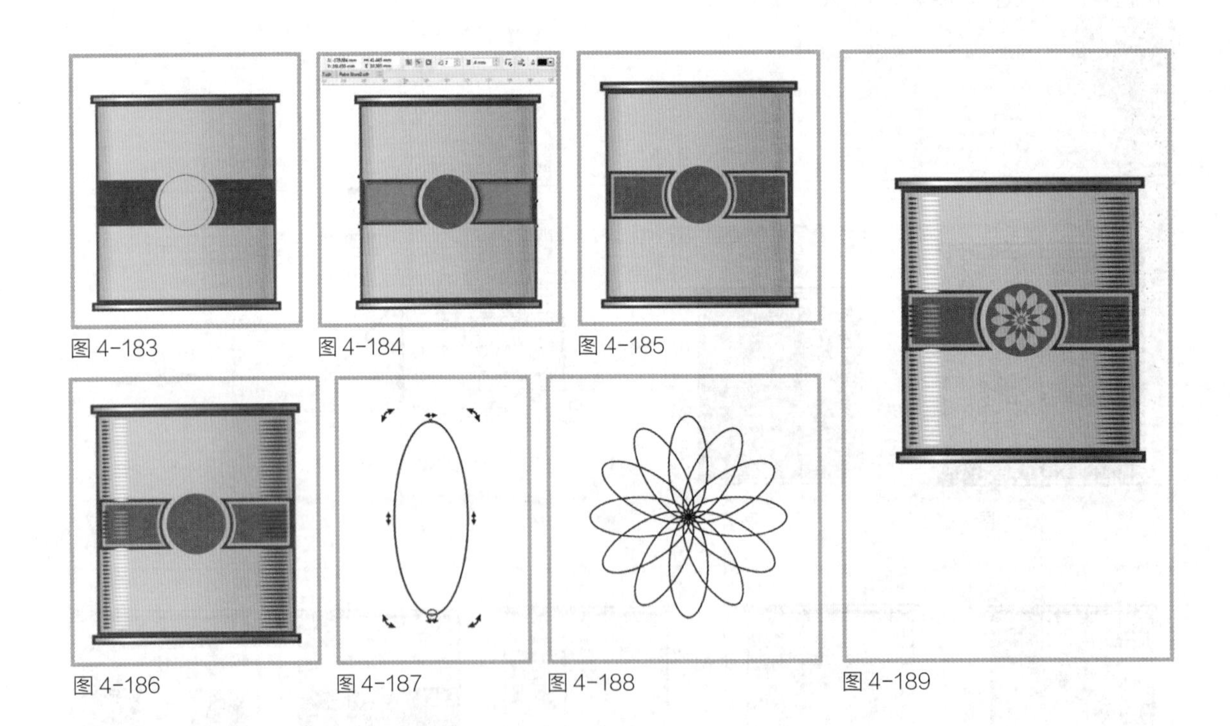

图 4–183　图 4–184　图 4–185　图 4–186　图 4–187　图 4–188　图 4–189

步骤八：绘制橄榄油罐的文字

1. 罐体的说明文字，我们不再一一输入，在这里就用一些不规则的矩形示意，效果如图 4-190 所示。

2. 在罐身的最上部输入文字【Olive Oil】，效果如图 4-191 所示。

步骤九：绘制橄榄油罐的油嘴部分

1. 在罐身的上方绘制一个小的圆角矩形，如图 4-192 所示。

2. 根据上述方法，尝试绘制出油嘴的立体效果和阴影部分，制作效果参照图 4-193。

这样，两个复古风格的包装就绘制完了，效果如图 4-194 所示。

可参照上述的方法，尝试设计如图 4-195 所示复古风格的瓶瓶罐罐。

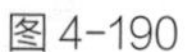

图 4-190

图 4-191

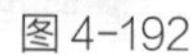

图 4-192

图 4-193

图 4-194

图 4-195

第五章 CorelDRAW X7 中的海报设计

本章导读

海报是平面广告艺术设计中的一种大众化信息传播媒介，又名“招贴”或“宣传画”，一般都张贴在公共场所。由于海报具有尺寸大、远视强、艺术性高等特点，因此，海报在视觉传达媒介中占有很重要的位置。本章以几则不同类型的海报制作，讲解海报的设计方法和制作技巧。

学习目标

- 了解海报作品的构成
- 了解如何利用文字平衡画面效果
- 掌握常用基本图形工具
- 掌握曲线图形工具
- 熟练掌握图形外观修改工具
- 熟练掌握对象的填充
- 掌握常用图形的特效
- 能够应用所学知识制作海报

第一节 关于海报设计

一、海报的概念

海报的原名为（Poster），是从 post（柱子）转化而来的，即贴于柱上的东西。至于我国为何使用“海报”一词，虽无典故可循，不过从字面上来看，“海是四海、报是通报”，有向四面八方告示传达的意义。若以海报在现代社会发展的情况来看，海报可说是张贴于公共场所的一种平面表现形式的宣传媒体，如图 5-1、图 5-2。

图 5-1

图 5-2

二、海报的分类

（一）公共海报（非营利性）

1. 政治海报

政党、社会团体对某种观念的宣传与活动，政府部门制定的政策与方针的宣传，以及重大的政治活动，如经济建设、征兵工作等。（图 5-3、5-4）

2. 公益海报

国家或各类基金会，为了统一教导民众行为或以社会及百姓利益为中心而设计的海报，我们称之为公益性海报，或是国家宣传海报。它起源于第一次世界大战期间，有战争宣传海报、竞选活动海报，后逐步扩大到禁烟、反毒、献血、环保等方面。（图 5-5 ~图 5-7）

3. 活动海报

活动海报包括各种节日以及集会、民族活动，如妇女节、儿童节、教师节、国庆节、圣诞节、狂欢节、泼水节和风筝节等。（图 5-8 ~图 5-10）

图 5-3

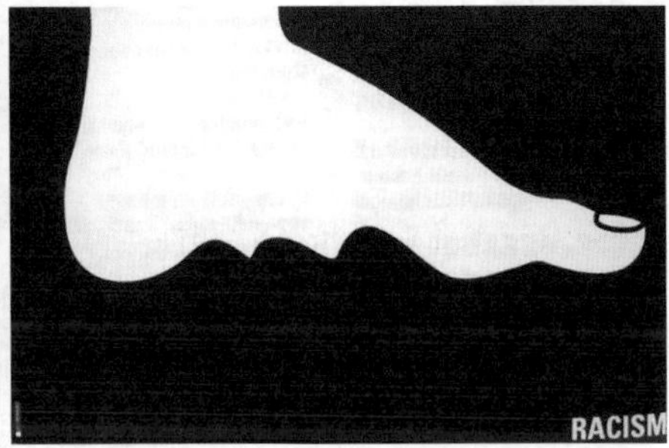

图 5-4

图 5-5

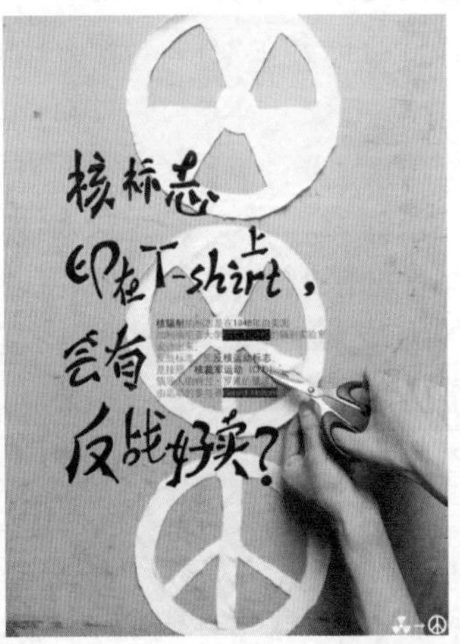
图 5-6

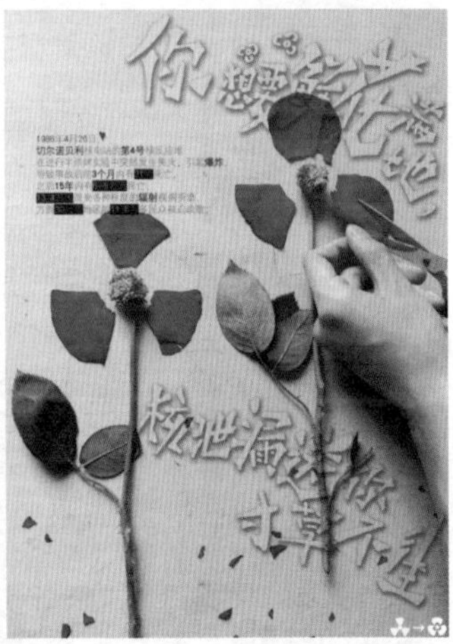
图 5-7

图 5-8 清明节海报

图 5-9 端午节海报

图 5-10 儿童节海报

图 5-11

图 5-12

图 5-13

图 5-14

图 5-15

（二）商业海报（营利性）

商业海报：又称广告海报，在这里海报所扮演的角色乃是广告的媒体，以传达商业讯息，以促销为目的，其商业诉求远超过文化特性。商业海报有两种类型，一种目的在于销售其特定的产品，另一种目的在于宣传与提升企业形象。（图 5-11 ~图 5-13）

（三）艺术海报

艺术海报：包括各类绘画展、设计展、摄影展等。艺术海报不受任何条件的限制，注重主观意识、个人风格和情感的表达，注重作品的绘画性和艺术性。艺术海报最早出现于 1967 年的美国，它是一种描述艺术物品中纯美术展览的海报名称。艺术海报是一种术语，它是艺术作品，表达设计者个人的意念与感受。在艺术海报的创作过程中，设计者完全不受限制，因为没有赞助人，所以他可以设计任何他想要表达的内容。设计者还可以经常试验新风格与表达方式，或是应用新的印刷技巧。如同创新的绘画技法或版画，我们称这样的艺术海报为：为设计师所设计的也是设计师所共享的海报。（图 5-14、图 5-15）

三、海报创意的含义

“创意”（Idea）是指富有创造性的主意，它能使广告达到预期的宣传目的。对海报创作而言，创意是指表现海报主题的独创性的意念或新颖的构想。

海报创意实质上并不是一个单纯追求视觉形式的过程。海报有其自身的创意形态及其创作方法。它以市场营销策略与广告策略为依据，针对产品、市场、目标消费者等情况来确定广告的诉求主题与创意。它对“商品、消费者以及人性的种种事项”进行创造性的组合，它采用相应的表现形式和手段，通过科学的广告诉求、视觉表现与传播来引发目标消费者的注意和情感共鸣，从而促成他们购买产品的行为，最终使海报达到预期的广告目的。

设计者应具有敏锐的观察力，在思维上要打破习惯印象的恒常心理模式，善于从人们习以为常的事物中发现它们之间的关联性，并从中挖掘出新的含义，使其海报的创意出其不意、出奇制胜。

卓越的创意有赖于设计者对人类以及对社会政治、经济、文化等方面做深入的了解和剖析，更有赖于设计者创造性思维的拓展，以及富于独创性的意念和新颖的表现形式的形成。创意是海报创作的核心，创意已成为海报作品获得成功的最关键的因素。

第二节 绘制公益海报

图 5-16

本小节主要学习运用 CorelDRAW X7 来绘制一组公益海报，都是用到非常基础的工具和命令。主要用到【贝塞尔工具】、【钢笔工具】、【多边形工具】、【颜料桶工具】。

步骤一：新建 CorelDRAW X7 文档——公益海报

打开 CorelDRAW X7，选择【标准工具栏】中的【新建】按钮，或者按下【Ctrl+N】组合键，弹出【创建新文档】对话框，从中设置文档的尺寸以及各项参数，如图 5-17 所示，点击【确定】按钮，即可创建新文档。

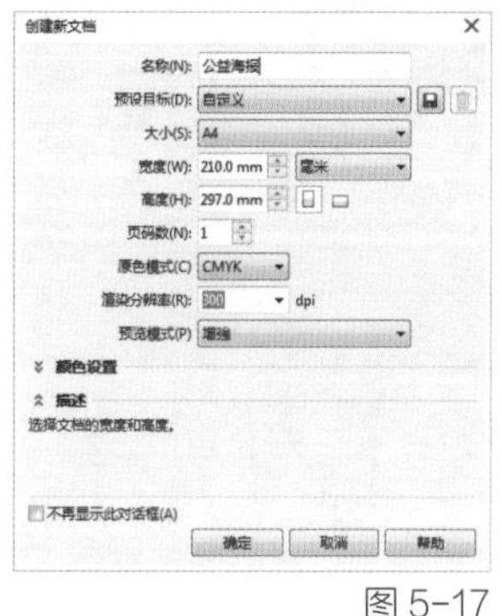

图 5-17

图 5-18

步骤二：绘制空气污染公益海报

1. 选择【工具箱】中的【矩形工具】，在工作区绘制一个跟页面等大的矩形，在【属性栏】将矩形的【宽度】、【高度】分别设置为【210】和【297】，如图 5-18 所示，并将其填充为【深绿色】，色值设置为 C：92，M：72，Y：100，K：67，绘制好效果如图 5-19 所示。

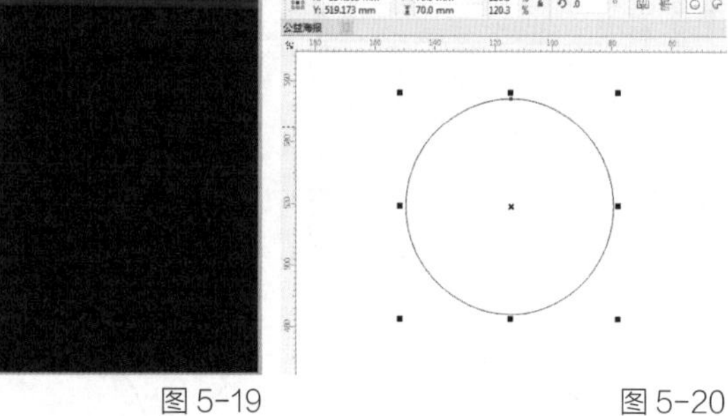

图 5-19　　图 5-20

2. 选择【工具箱】中的【椭圆工具】，在工作区绘制一个正圆，在【属性栏】将圆的【宽度】、【高度】均设置为【70】，如图 5-20。

3. 选择【工具箱】中的【选择工具】，单击绘制好的圆，再次单击调出【旋转控制点】。将圆的【旋转轴点】由中心移至圆外，效果如图 5-21 所示。

4. 选择【对象】菜单栏中的【变换—旋转】命令。在工作区的右侧弹出【变换】泊坞窗，

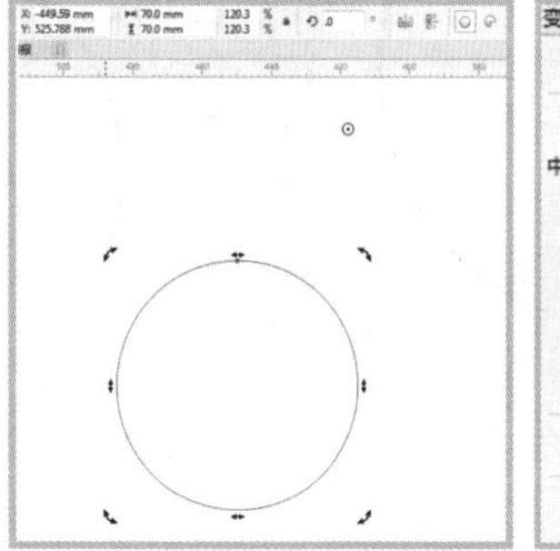

图 5-21

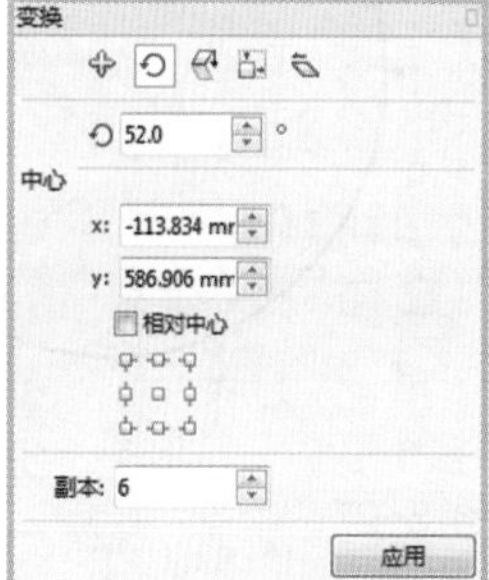

图 5-22

在该泊坞窗中设置如图5-22所示的参数，将【旋转角度】设置为【52】，【副本】设置为【6】，旋转后效果如图 5-23 所示。

5. 选择【工具箱】中的【选择工具】，框选绘制好的七个正圆。选择【属性栏】中的【合并】命令，操作完后效果如图 5-24 所示。

6. 选择【工具箱】中的【修改工具】，将外圈的节点全部删除，留下内圈的节点，效果如图5-25所示。绘制完成后将其移动至画面中，并将其填充颜色，填充的颜色色值设置为 C：9，M：6，Y：95，K：0，【轮廓色】设置为【无】，效果如图 5-26 所示。

7. 选择【工具箱】中的【椭圆工具】，在工作区绘制一个正圆作为小鸟的身体，在【属性栏】将圆的【宽度】和【高度】均设置为【25】，如图 5-27 所示。

8. 选择【工具箱】中的【椭圆工具】，在工作区绘制一个圆作为小鸟的头，在【属性栏】将圆的【宽度】和【高度】均设置为【13】，如图 5-28。

9. 选择【工具箱】中的【椭圆工具】，在工作区绘制一个圆作为小鸟的眼睛，在【属性栏】将圆的【宽度】和【高度】均设置为【8】，如图 5-29。

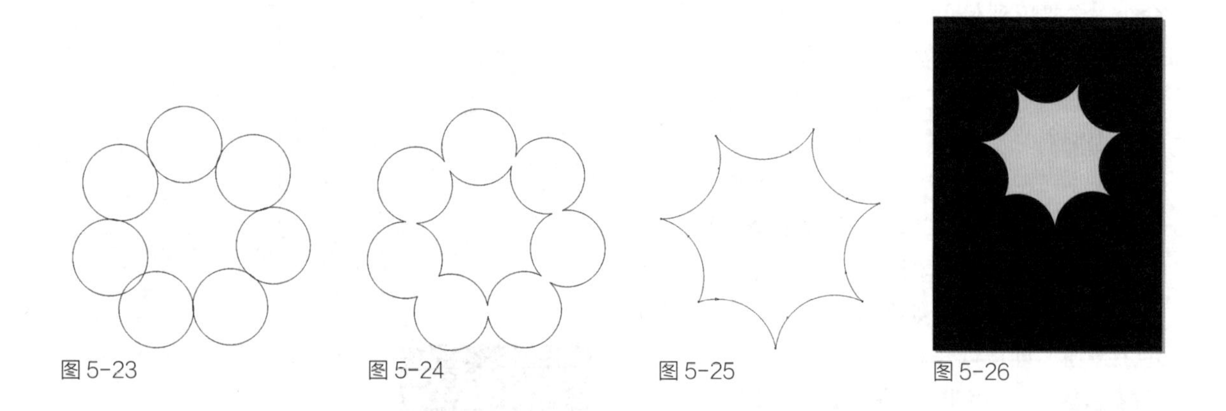

图 5-23　图 5-24　图 5-25　图 5-26

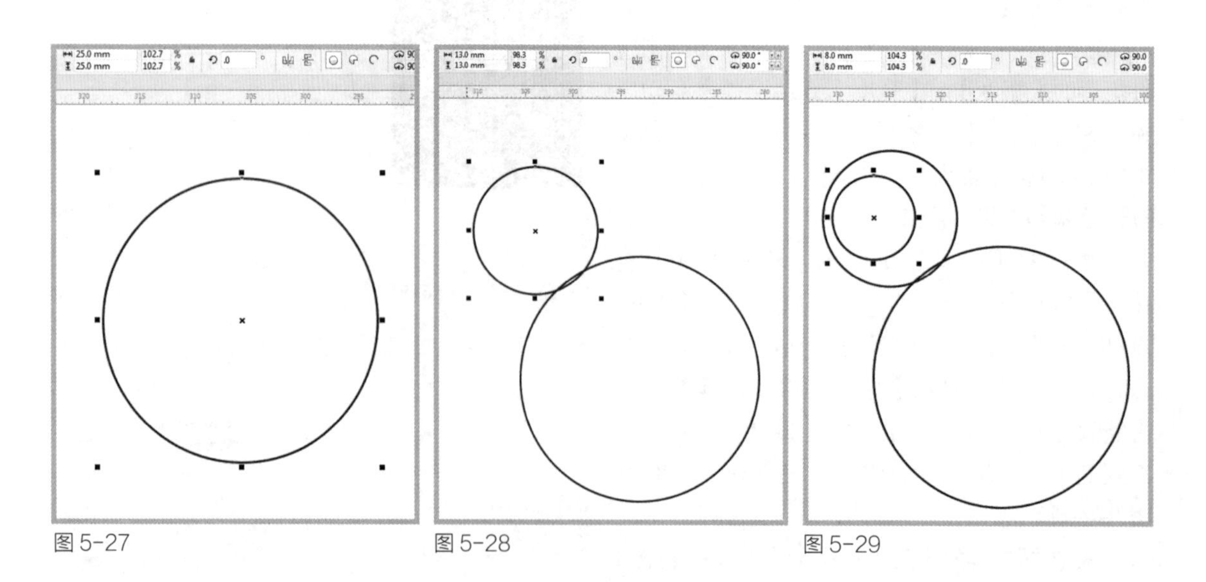

图 5-27　图 5-28　图 5-29

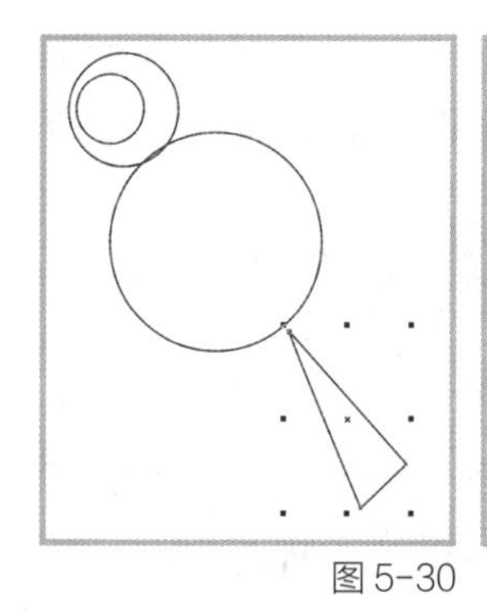
图 5-30

图 5-31

图 5-32

图 5-33

10. 选择【工具箱】中的【钢笔工具】，在小鸟身体的右下方绘制一个三角形，效果如图 5-30 所示。

11. 选择【工具箱】中的【椭圆工具】，在工作区绘制小鸟的翅膀，在【属性栏】将圆的【宽度】和【高度】均设置为【20】，【样式】设置为【饼图】，【起点】角度设置为【170】，【终点】角度设置为【350】，如图 5-31 所示。

12. 选择【工具箱】中的【椭圆工具】，在工作区绘制小鸟的另一只翅膀，在【属性栏】将圆的【宽度】和【高度】均设置为【38】，【样式】设置为【饼图】，【起点】角度设置为【243】，【终点】角度设置为【63】，如图 5-32 所示。

13. 选择【工具箱】中的【椭圆工具】，在工作区绘制小鸟的嘴巴，将圆的【宽度】和【高度】均设置为【13】，【样式】设置为【饼图】，【起点】角度设置为【315】，【终点】角度设置为【135】，如图 5-33 所示。

14. 将绘制好的小鸟各部分填充颜色。眼睛、身体色值设置为 C：92，M：72，Y：100，K：67；右上翅膀的色值设置为 C：52，M：33，Y：59，K：0；左下翅膀的色值设置为 C：0，M：0，Y：0，K：0；尾巴的色值设置为 C：84，M：45，Y：63，K：3；头部的色值设置为 C：53，M：4，Y：40，K：0；嘴巴的色值设置为 C：56，M：69，Y：100，K：22。填充后效果如图 5-34 所示。

15. 调整各图形的顺序。选择【工具箱】中的【选择工具】，选中小鸟右上方的翅膀，右击鼠标，在弹出的对话框执行【顺序—置于此对象后】命令，如图 5-35 所示，在弹出黑色箭头后单击小鸟的身体。

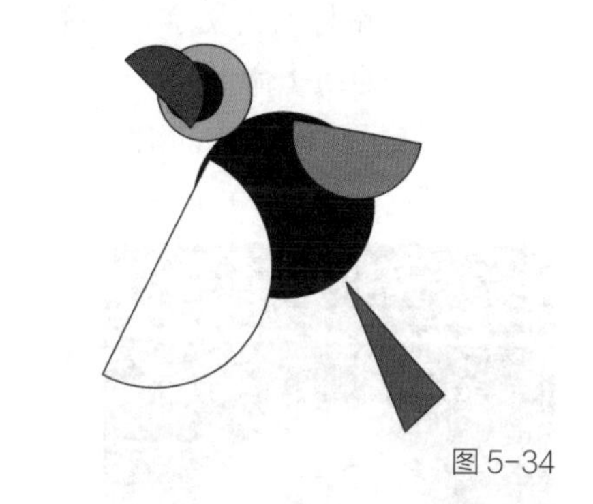
图 5-34

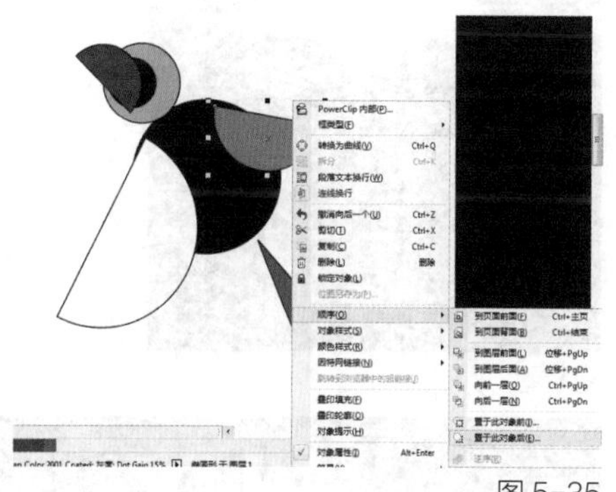
图 5-35

图 5-36

16. 根据上述方法，调整小鸟的各部分顺序，调整后的效果如图 5-36 所示。

17. 选择【工具箱】中的【选择工具】，框选小鸟的各部位，选择【属性栏】中的【组合对象】命令，群组好以后将其移动至画面中，效果如图 5-37 所示。

18. 选择【工具箱】中的【文字工具】，在工作区输入英文【WHY】，参照图 5-38 设置文字的参数，将其色值设置为 C：9，M：6，Y：95，K：0。鼠标右击文字，在弹出的菜单中选择【转化为曲线】命令。

19. 在字母【H】中间绘制两个细长的矩形，如图 5-39 所示。

20. 框选文字和两个矩形，选择【属性栏】中的【修剪】命令，修剪完后得到如图 5-40 所示图形。

21. 将刚才绘制的矩形旋转一定的角度，效果如图 5-41 所示。

22. 框选文字和三个矩形，选择【属性栏】中的【修剪】命令，修剪完后得到如图 5-42 所示图形。将其移动至画面的上部，如图 5-43 所示。

23. 最后，选择【工具箱】中的【文字工具】，在海报的中下方输入英文【I SHOULD GO TOWARD WHICH FIY ？ AIR POLLUTION】，效果如图 5-44 所示。

图 5-37

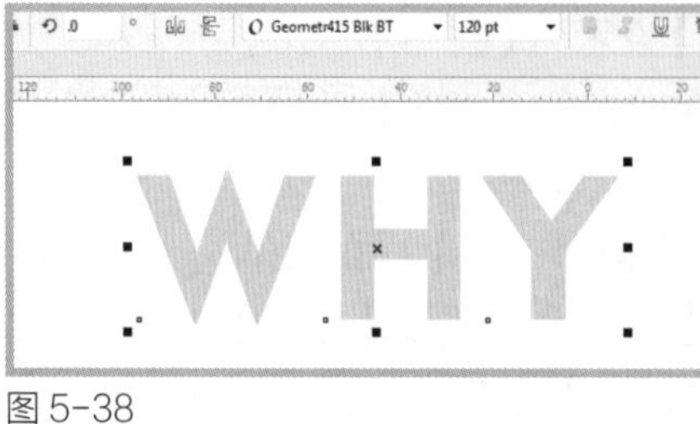

图 5-38

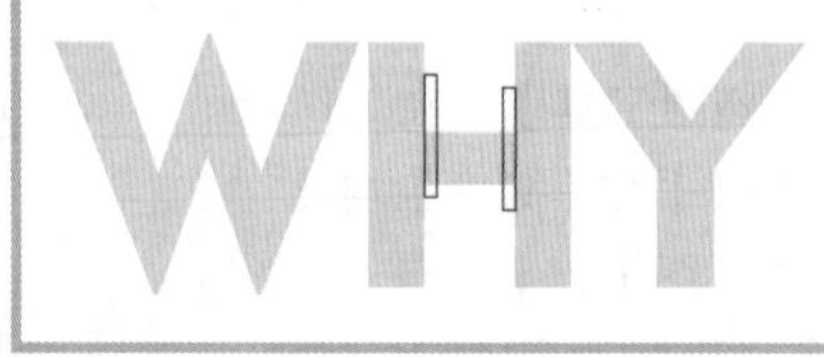
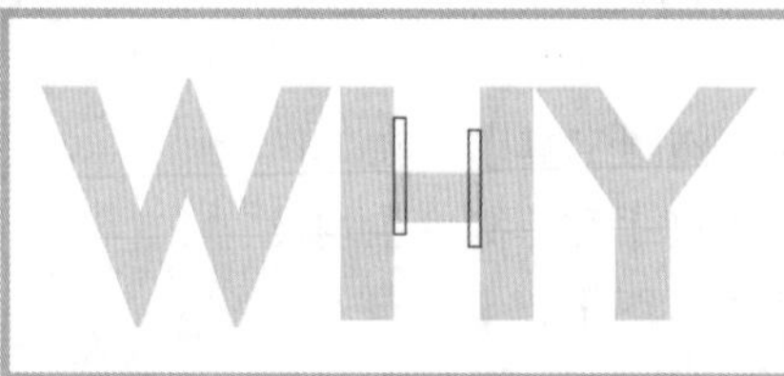

图 5-39

图 5-40

图 5-41

图 5-42

图 5-43

图 5-44

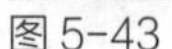

步骤三：绘制砍伐森林公益海报

1. 选择【工具箱】中的【矩形工具】，在工作区绘制一个跟页面等大的矩形，在【属性栏】将矩形的【宽度】、【高度】分别设置为【210】和【297】，如图 5-45 所示，并将其填充颜色，色值设置为 C：9，M：6，Y：95，K：0，绘制好效果如图 5-46 所示。

2. 选择【工具箱】中的【矩形工具】，在工作区绘制一个矩形，在【属性栏】将矩形的【宽度】、【高度】分别设置为【210】和【85】，将其放置在海报底部，并填充为深绿色，色值设置为 C：92，M：72，Y：100，K：67，绘制好效果如图 5-47 所示。

3. 选择【工具箱】中的【椭圆工具】，在矩形上方绘制一个椭圆，在【属性栏】中将椭圆的【宽度】和【高度】分别设置为【128】和【36】，效果如图 5-48 所示。

4. 选择【工具箱】中的【椭圆工具】，在椭圆内部绘制一个小椭圆，在【属性栏】将椭圆的【宽度】和【高度】分别设置为【26】和【6】，效果如图 5-49 所示。将两个椭圆的【轮廓色】设置为 C：92，M：72，Y：100，K：67，【轮廓宽】设置为【1】。

5. 选择【工具箱】中的【调和工具】，单击鼠标左键从内部的椭圆向外部椭圆拖动进行调和操作，在【属性栏】将【步数】设置为【4】，效果如图 5-50 所示。

6. 单击调和后最外面的椭圆，复制一个到工作区，如图 5-51 所示。

7. 选择【工具箱】中的【矩形工具】，在工作区绘制一个矩形，在【属性栏】将矩形的【宽度】、【高度】分别设置为【128】和【50】，绘制完成后将其移动至椭圆的中心，如图 5-52 所示。

8. 选择【工具箱】中的【选择工具】，单击选择椭圆，再配合【Shift】键选择矩形。选择【属性栏】中的【修剪工具】，得到如图 5-53 所示图形。

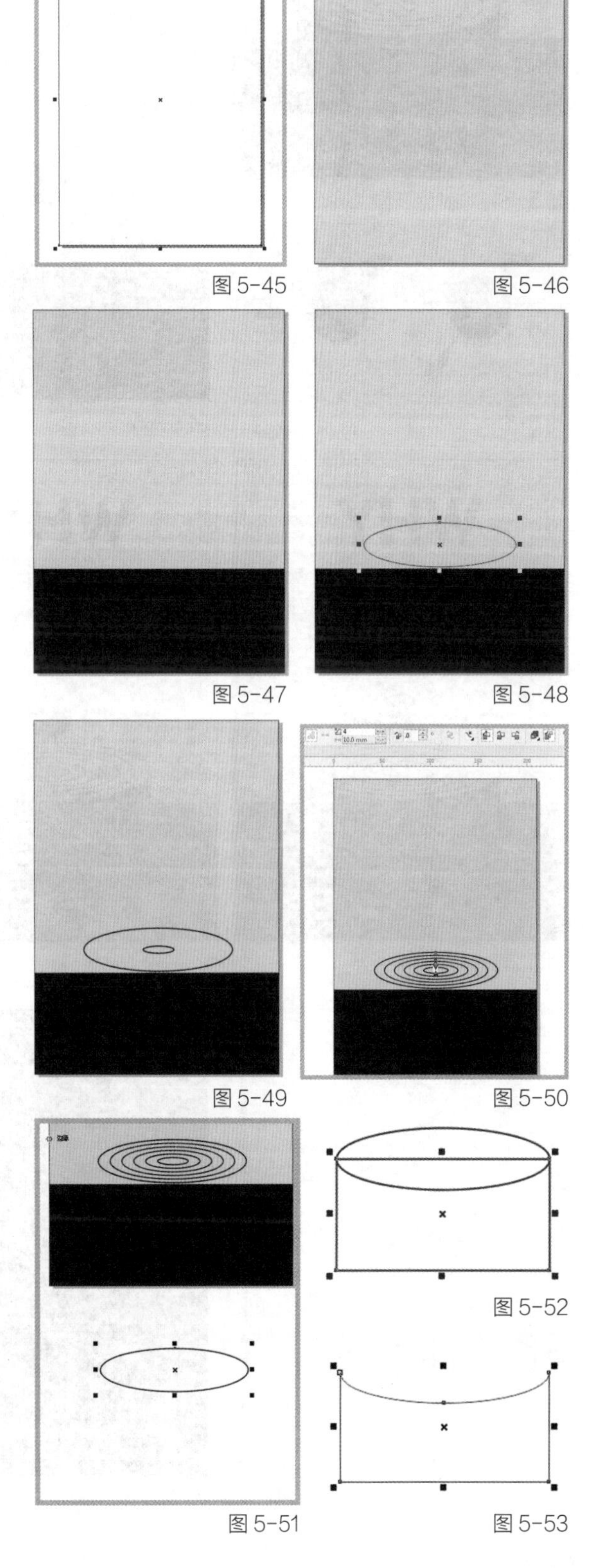

图 5-45 图 5-46 图 5-47 图 5-48 图 5-49 图 5-50 图 5-51 图 5-52 图 5-53

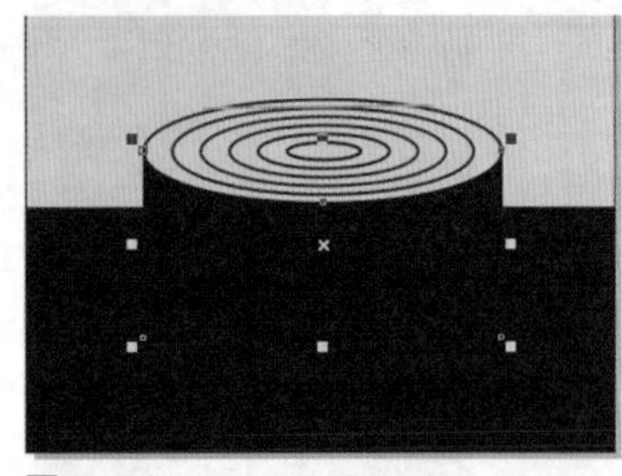
图 5-54

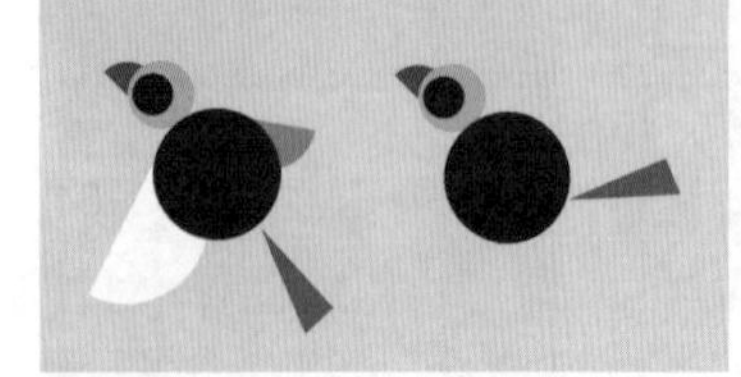
图 5-55

图 5-56

图 5-57

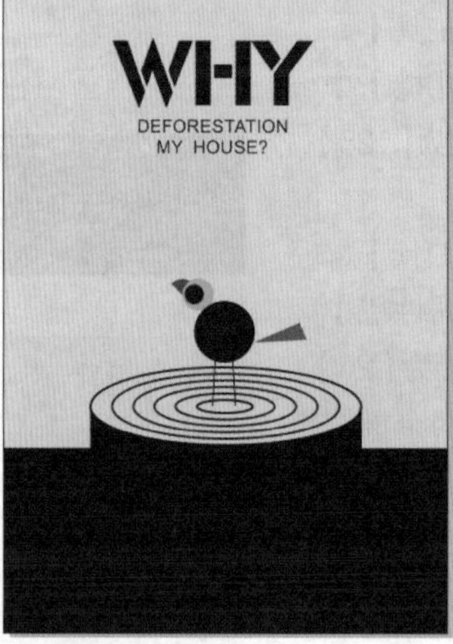

图 5-58

图 5-59

图 5-60

9. 将图 5-53 填充上深绿色，颜色设置为 C：92，M：72，Y：100，K：67，效果如图 5-54 所示。

10. 将步骤二中绘制的小鸟复制到海报中，步骤二中的小鸟是飞行的状态，而现在需要绘制站立状态的小鸟，所以，我们将步骤二中小鸟的两只翅膀删除，将尾巴逆时针方向旋转一定的角度，效果如图 5-55 所示。

11. 选择【工具箱】中的【手绘工具】，在小鸟的身体下方绘制两个直线作为小鸟的腿。绘制完成后框选小鸟身体各部分进行群组。群组以后将其移动至海报的树桩上，效果如图 5-56 所示。

12. 将步骤二中的【WHY】复制到海报中，调整色值为 C：92，M：72，Y：100，K：67，效果如图 5-57 所示。

13. 最后，选择【工具箱】中的【文字工具】，在【WHY】下方输入英文【DEFORESTATION MY HOUSE？】，颜色设置为 C：92，M：72，Y：100，K：67，效果如图 5-58 所示。

步骤四：绘制水质污染公益海报

1. 选择【工具箱】中的【矩形工具】，在工作区绘制一个跟页面等大的矩形，在【属性栏】将矩形的【宽度】、【高度】分别设置为【210】和【297】，如图 5-59，并将其填充为【深绿色】，色值设置为 C：100，M：78，Y：76，K：59，绘制好的效果如图 5-60 所示。

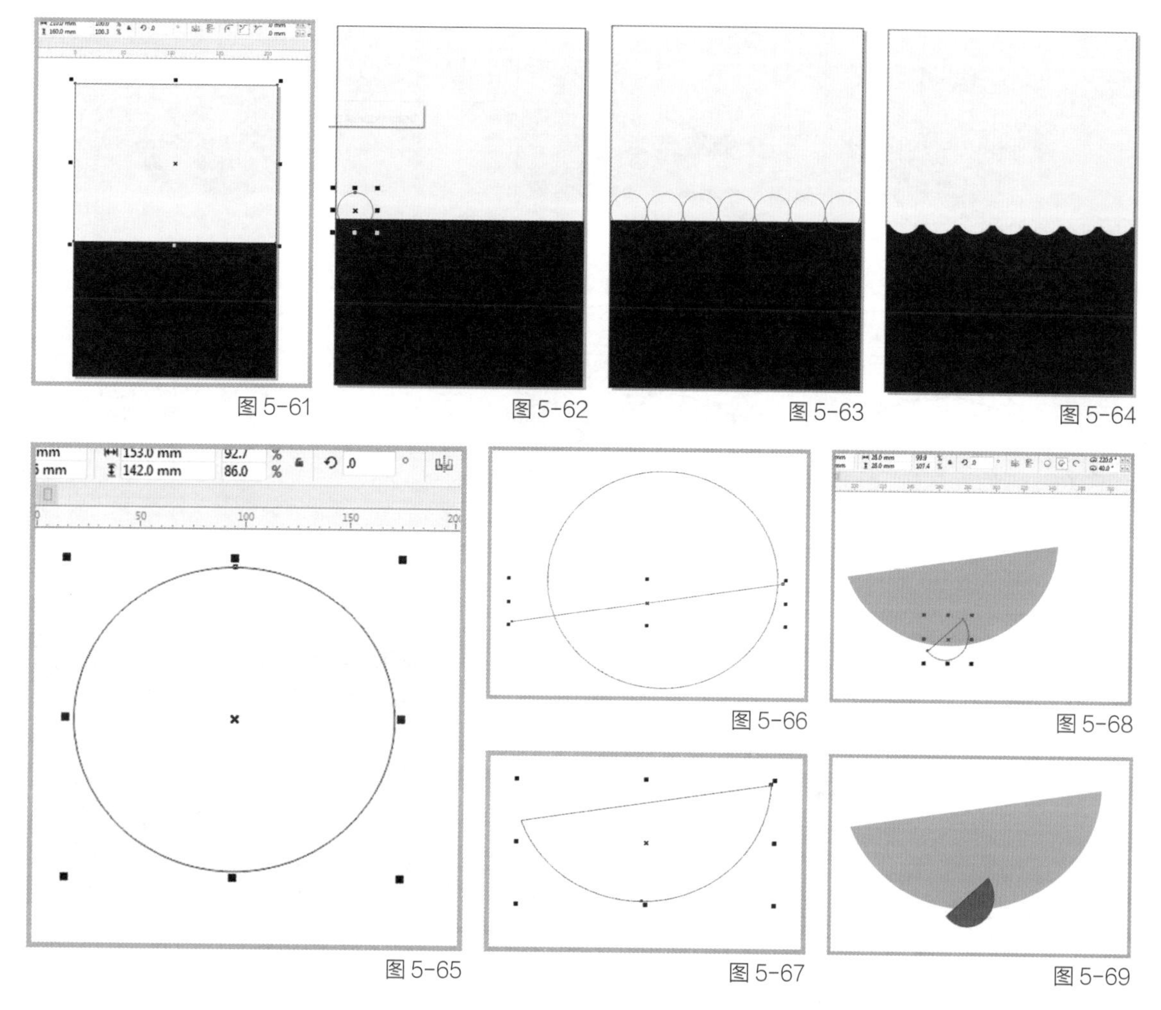

图 5-61　图 5-62　图 5-63　图 5-64

图 5-65　图 5-66　图 5-67　图 5-68　图 5-69

2. 选择【工具箱】中的【矩形工具】，在工作区绘制一个跟页面等宽的矩形，在【属性栏】将矩形的【宽度】、【高度】分别设置为【210】和【160】，并将其填充为【乳白色】，色值设置为 C：2，M：2，Y：11，K：0，绘制好效果如图 5-61 所示。

3. 选择【工具箱】中的【椭圆工具】，配合【Ctrl】键在工作区绘制正圆，在【属性栏】将矩形的【宽度】和【高度】均设置为【30】，如图 5-62 所示。

4. 绘制完成后，选择【工具箱】中的【选择工具】，选中正圆后，按住鼠标左键不放将圆拖动到合适位置时，按下鼠标右键（鼠标左键不放），实现移动复制。然后按下【Ctrl+R】组合键重复复制 5 次，得到如图 5-63 所示图形。

5. 将复制得到的一排正圆填充上【乳白色】，色值设置为 C：2，M：2，Y：11，K：0。【轮廓色】设置为【无】，效果如图 5-64 所示。

6. 选择【工具箱】中的【椭圆工具】，在工作区绘制一个椭圆，在【属性栏】将矩形的【宽度】、【高度】分别设置为【153】和【142】，如图 5-65 所示。

7. 选择【工具箱】中的【手绘工具】，在如图 5-66 所示位置绘制一条直线。

8. 选择【工具箱】中的【选择工具】，框选圆和直线，选择【属性栏】中的【修剪】命令，修剪完成后，删除直线。选中圆，选择【属性栏】中的【拆分】命令，拆分完成后，删掉圆的上半部分，得到如图 5-67 所示图形。

9. 将鲨鱼的身体填充上颜色，色值设置为

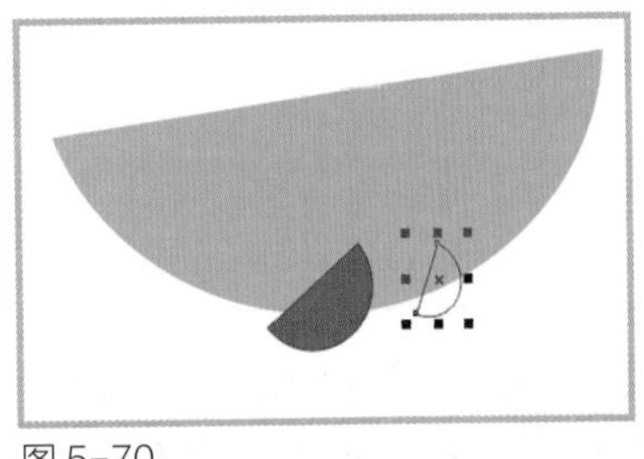
图 5-70

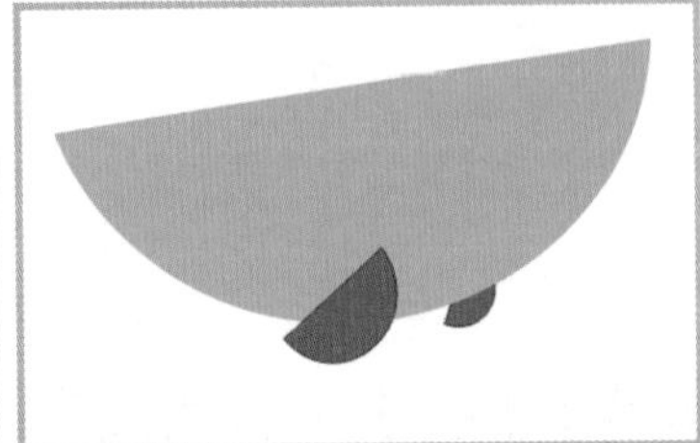
图 5-71

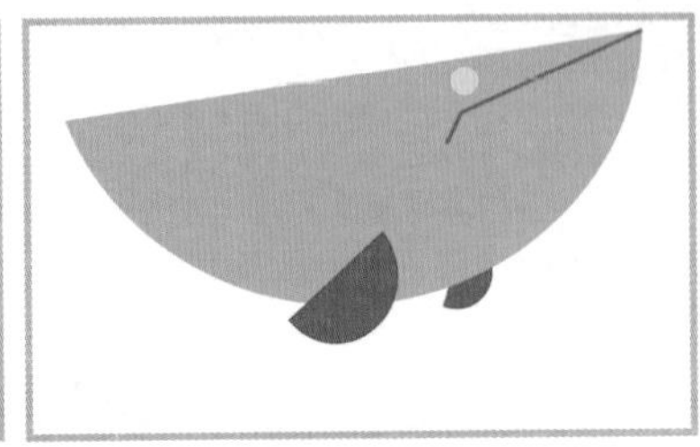
图 5-72

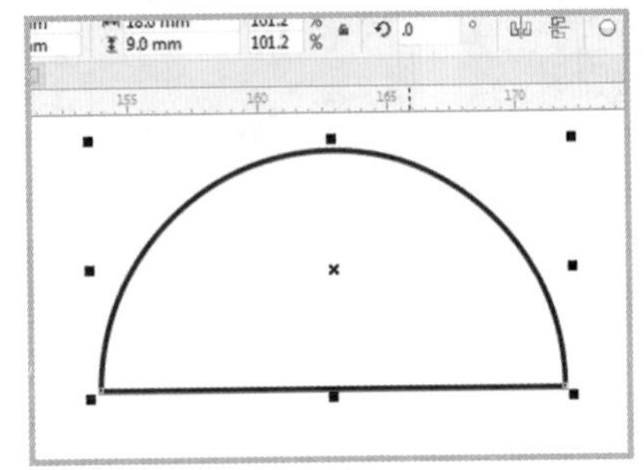
图 5-73

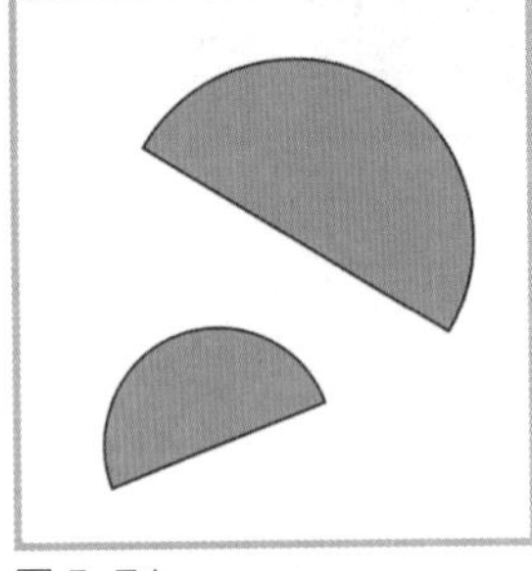
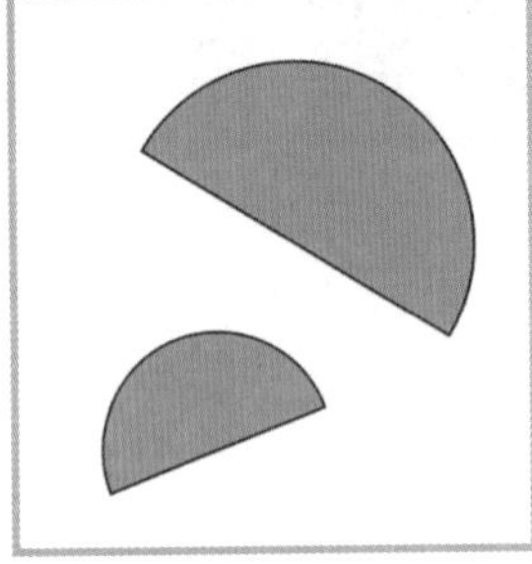
图 5-74

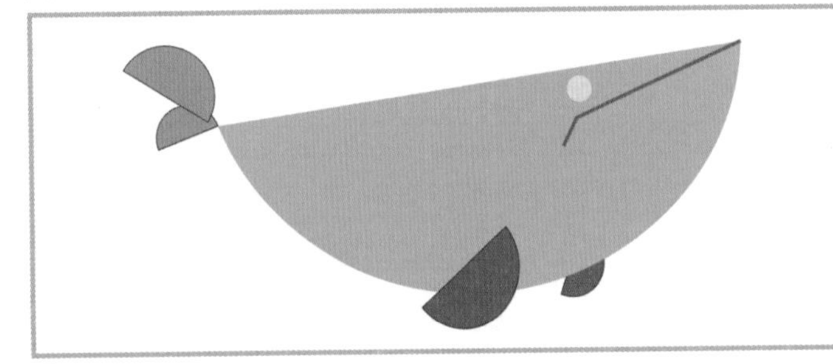
图 5-75

图 5-76

C：52，M：10，Y：31，K：0。

10. 选择【工具箱】中的【椭圆工具】，在工作区绘制一个椭圆，在【属性栏】将矩形的【宽度】和【高度】均设置为【28】。将【起点】角度设置为【220】，【终点】角度设置为【40】，如图 5-68 所示。将其填充颜色，色值设置为 C：85，M：51，Y：51，K：2，效果如图 5-69 所示。

11. 对绘制好的鱼鳍进行缩小复制，放置到刚才绘制的鱼鳍前方，适当的调整角度，效果如图 5-70 所示。放置好后，将其填充色值设置为 C：86，M：51，Y：51，K：2，然后单击鼠标右键，在弹出菜单栏里选择【顺序—置于此对象后】，效果如图 5-71 所示。

12. 接下来用【椭圆工具】在如图 5-72 所示位置绘制鲨鱼的眼睛，将填充色设置为 C：9，M：6，Y：95，K：0。用【钢笔工具】绘制鲨鱼嘴部，将轮廓色设置为 C：85，M：51，Y：51，K：2，效果如图 5-72 所示。

13. 选择【工具箱】中的【椭圆工具】，配合【Ctrl】键在工作区绘制正圆，在【属性栏】将矩形的【宽度】和【高度】均设置为【18】；【样式】设置为【饼图】，【起点】角度和【终点】角度分别设置为【0】和【180】，效果如图 5-73 所示。

14. 将绘制好的半圆填充为 C：62，M：23，Y：32，K：0，再将其中一个放大，适当旋转两个半圆，效果如图 5-74。将绘制好的半圆放置到鲨鱼的身体后部作为尾鳍，效果如图 5-75 所示。

15. 将绘制好的鲨鱼除了嘴巴以外的部分设置为无轮廓线。框选鲨鱼的所有部分，选择【属性栏】中的【组合对象】命令，将其群组。群组后将鲨鱼移动到海报的下部，如图 5-76 所示。

16. 将步骤二中的【WHY】复制到海报中，颜色调整为 C：100，M：78，Y：76，K：59，效果如图 5-77 所示。

17. 最后，选择【工具箱】中的【文字工具】，在【WHY】上方输入英文【WATER POLLUTION】，颜色调整为 C：100，M：78，Y：76，K：59，效果如图 5-77 所示。这样水污染的海报就绘制完成了。

图 5-77

步骤五：绘制全球变暖公益海报

1. 将步骤四第 5 步绘制的图形复制到页面，如图 5-78 所示。

2. 将背景矩形的颜色设置为 C：93，M：54，Y：57，K：6，效果如图 5-79 所示。

3. 选择【工具箱】中的【选择工具】，框选填充为乳白色的部分，将其向下移动，效果如图 5-80 所示。

4. 选择【工具箱】中的【选择工具】，选择乳白色的矩形，将上方中间的控制点向上拖动扩大矩形，使得矩形的上边缘与页面重合。然后框选乳白色的矩形和一排正圆，将其填充色调整为 C：9，M：6，Y：95，K：0，如图 5-81 所示。

5. 选择【工具箱】中的【椭圆工具】，在如图 5-81 位置绘制一个椭圆，然后垂直向下拖动并复制该椭圆，效果如图 5-82 所示。

6. 对上面的椭圆填充颜色，填充色值设置为 C：12，M：3，Y：22，K：0，效果如图 5-83 所示。

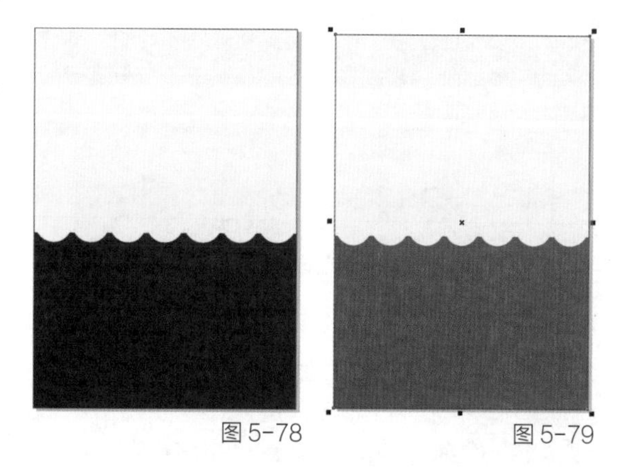
图 5-78　　图 5-79

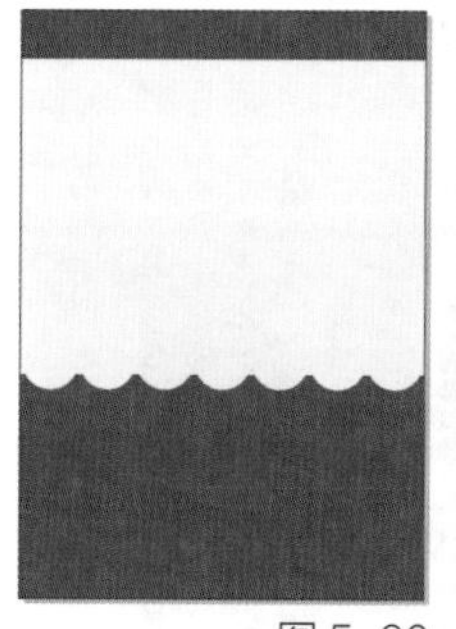
图 5-80

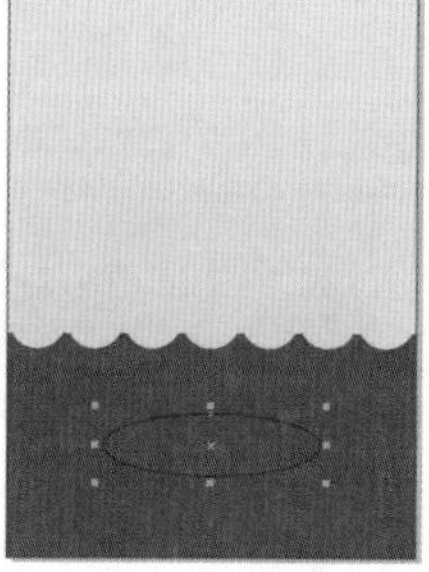

图 5-81

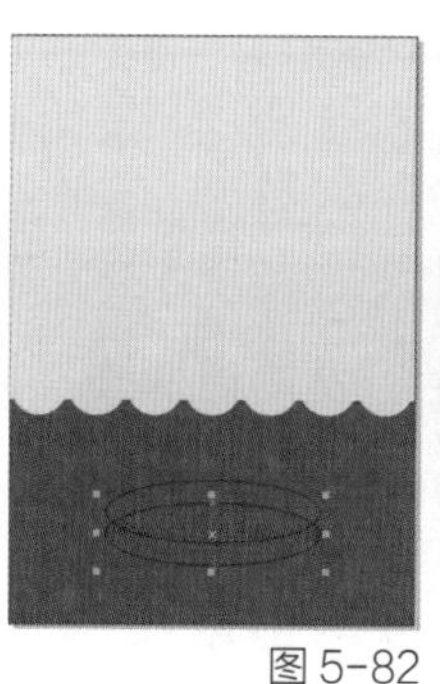
图 5-82

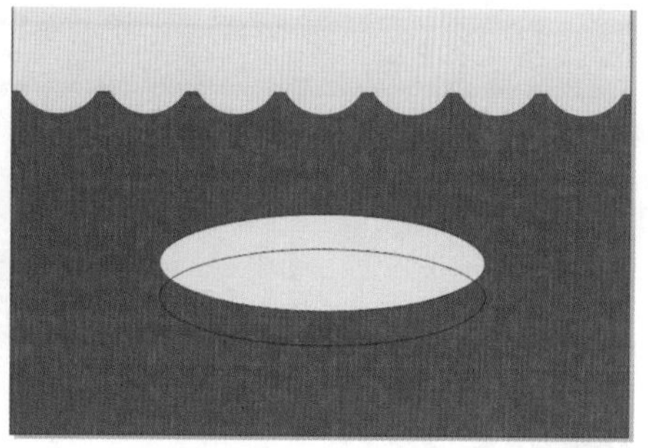
图 5-83

7. 选择【工具箱】中的【矩形工具】，分别捕捉两个椭圆的四个象限点绘制矩形，效果如图 5-84 所示。

8. 框选矩形和下方的椭圆，选择【属性栏】中的【合并】命令，得到如图 5-85 所示图形。绘制完成后将其填充颜色，色值设置为 C：51，M：36，Y：52，K：0。填充完成后，单击鼠标右键，在弹出的对话框中执行【顺序—置于此对象后】命令，弹出黑色箭头后单击上面的椭圆，效果如图 5-86 所示。

9. 选择【工具箱】中的【贝塞尔工具】，在海报中绘制北极熊的外轮廓，如图 5-87 所示。

10. 在北极熊的头部绘制一条如图 5-88 所示的直线。框选直线和北极熊的外轮廓，单击【属性栏】中的【修剪】命令。修剪后删除直线，选中北极熊的外轮廓，选择【属性栏】中的【拆分】命令，效果如图 5-89 所示。

11. 将北极熊的头部颜色填充为 C：11，M：6，Y：17，K：0，身体颜色填充为【白色】，效果如图 5-90 所示。

12. 选择【工具箱】中的【椭圆工具】，在北极熊的头部绘制一个小椭圆。将其颜色填充为 C：47，M：38，Y：49，K：0，然后将椭圆旋转适当的角度，如图 5-91 所示，单击鼠标右键，在弹出的对话框中执行【顺序—置于此对象后】命令，弹出黑色箭头后单击熊的身体，效果如图 5-92 所示。

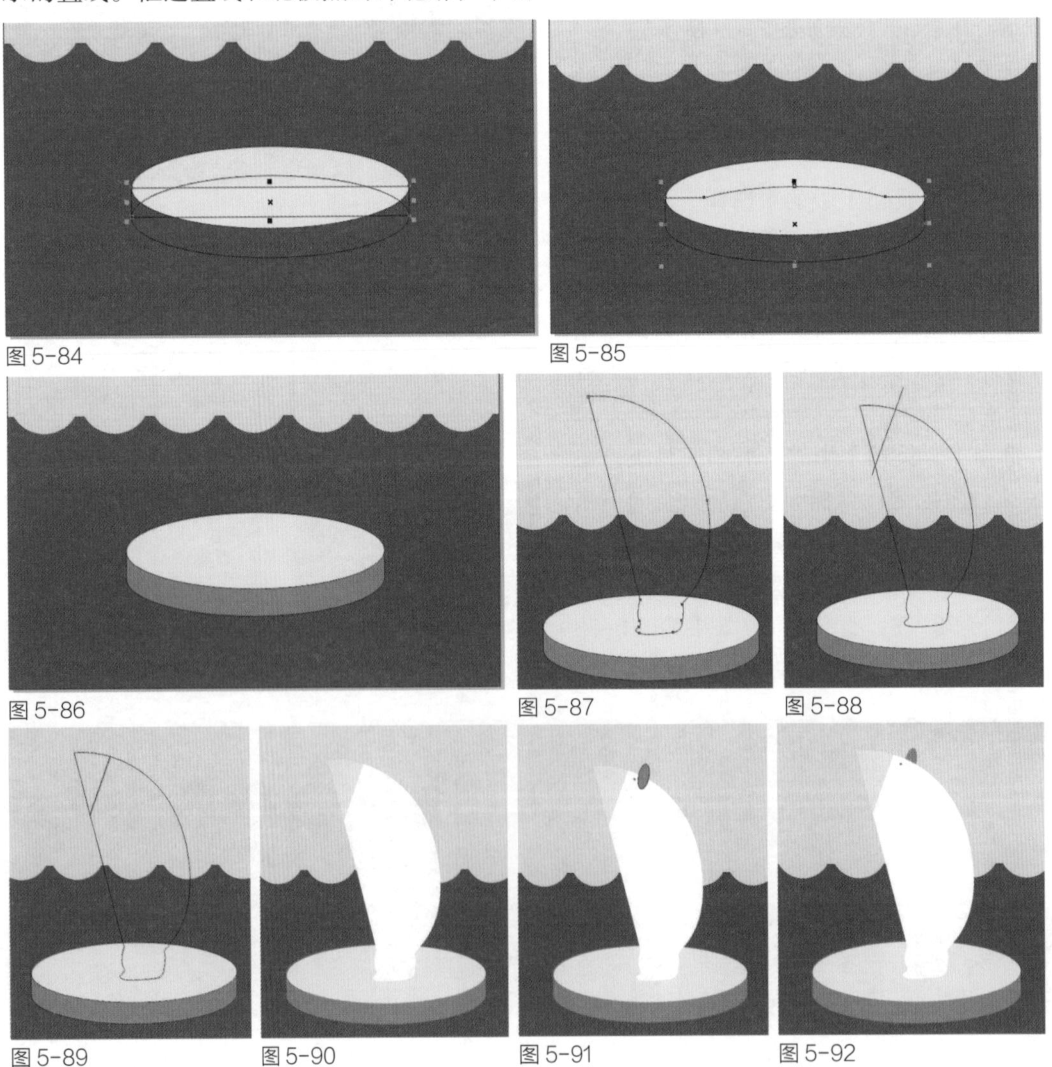

图 5-84　图 5-85

图 5-86　图 5-87　图 5-88

图 5-89　图 5-90　图 5-91　图 5-92

13. 选择【工具箱】中的【椭圆工具】，在如图 5-93 所示位置绘制一个椭圆作为北极熊的鼻子，将颜色填充为 C：47，M：38，Y：49，K：0，填充好以后，选择【对象】菜单栏中的【图框精确剪裁—置于图文框内部】命令，弹出黑色箭头后单击北极熊的熊嘴部位，效果如图 5-94 所示。

14. 选择【工具箱】中的【贝塞尔工具】，绘制如图 5-95 所示的曲线作为熊的胳膊。将轮廓线大小设置为【0.5】，【轮廓色】设置为 C：47，M：38，Y：49，K：0。

15. 将步骤二中的【WHY】复制到海报中，将颜色调整为 C：93，M：54，Y：57，K：6，效果如图 5-96 所示。

16. 最后，选择【工具箱】中的【文字工具】，在【WHY】正下方输入英文【GLOBAL WARMING ——ICE IN WHERE？】，颜色调整为 C：93，M：54，Y：57，K：6，效果如图 5-97 所示。这样全球变暖的海报就绘制完成了，如图 5-98 所示。

图 5-93

图 5-94

图 5-95

图 5-96

图 5-97

图 5-98

第三节 “舌尖上的 80 后”海报设计方案

一、“舌尖上的 80 后——‘娃娃头’”海报设计方案

步骤一：新建文件“舌尖上的 80 后——娃娃头”

打开 CorelDRAW X7，选择【标准工具栏】中的【新建】按钮，或者按【Ctrl+N】组合键，在弹出的【创建新文档】对话框中设置文档的尺寸以及各项参数，如图 5-100 所示，点击【确定】按钮，即可创建新文档。

步骤二：绘制海报背景

1. 选择【工具箱】中的【矩形工具】，在工作区绘制一个跟页面等大的矩形，在【属性栏】中将矩形的【宽度】、【高度】分别设置为【210】和【297】，并将其填充为【黑色】色值设置为 C：93，M：88，Y：89，K：80，绘制好后效果如图 5-101 所示。

步骤三：绘制“娃娃头”的帽子

1. 选择【工具箱】中的【矩形工具】，在工作区绘制一个圆角矩形，在【属性栏】将矩形的【宽度】、【高度】分别设置为【117】和【30】，【顶点样式】设置为【圆角】，【圆角半径】设置为【9】，绘制好的效果如图 5-102 所示。

2. 选择【工具箱】中的【矩形工具】，再在工作区绘制一个圆角矩形，在【属性栏】将矩形的【宽度】、【高度】分别设置为【90】和【36】，【顶点样式】设置为【圆角】，将【同时编辑所有角】按钮关闭，将上面两个角的【圆角半径】设置为【12】，下面两个角的【圆角半径】设置为【0】，绘制好后将上面矩形的下边缘的中点对准下面矩形的上边缘中点，效果如图 5-103 所示。

3. 选择【属性栏】中的【转换为曲线】命令，将矩形【转化为曲线】后进一步对其进行编辑，选中矩形上方的 4 个控制圆角的节点，选中后选择【属性栏】中的【延展和缩放节点】命令，按住【Shift】键向内缩小两个圆角，完成后的效果如图 5-104 所示。

4. 选择【工具箱】中的【选择工具】，框选绘制好的两个圆角矩形，选择【属性栏】中

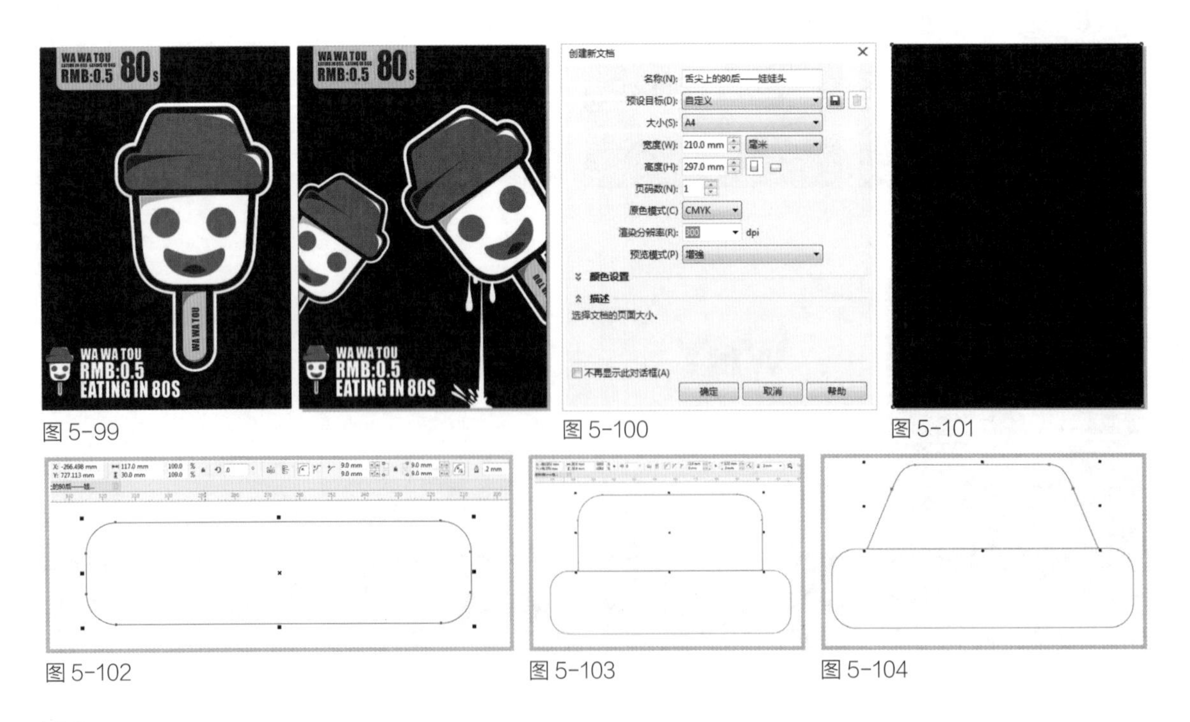

图 5-99　图 5-100　图 5-101
图 5-102　图 5-103　图 5-104

的【合并】命令，将两个矩形相加，效果如图5-105，绘制好以后对其填充颜色，填充颜色色值设置为C：57，M：69，Y：68，K：13，效果如图5-106所示。

5. 选择填充好的帽子轮廓，选择【工具箱】中的【轮廓工具】，向外拖动绘制帽子的轮廓，在【属性栏】中将【轮廓样式】设置为【向外轮廓】，【轮廓图步长】设置为【1】，【轮廓图偏移】设置为【5.5】，将最后一个【颜色挑选器】颜色设置为C：85，M：88，Y：91，K：77，效果如图5-107所示。

6. 选择【工具箱】中的【贝塞尔工具】，绘制如图5-108所示图形作为帽子的阴影部分，绘制完成后对其填充颜色，填充色值设置为C：69，M：86，Y：93，K：63，效果如图5-109所示。

7. 选择【工具箱】中的【选择工具】，绘制如图5-110所示图形作为帽子的高光部分，绘制完成后将其填充为【白色】，效果如图5-111。

步骤四：绘制娃娃头的脸

1. 选择【工具箱】中的【矩形工具】，再在工作区绘制一个圆角矩形，在【属性栏】将矩形的【宽度】和【高度】均设置为【87】，【顶点样式】设置为【圆角】，将【同时编辑所有角】按钮关闭，将上面两个角的【圆角半径】设置为【0】，下面两个角的【圆角半径】设置为【30】，将其填充为【白色】，效果如图5-112所示。

2. 选择【属性栏】中的【转换为曲线】，将矩形【转化为曲线】后进一步对其进行编辑，选中矩形上方的2个节点，选择【属性栏】中

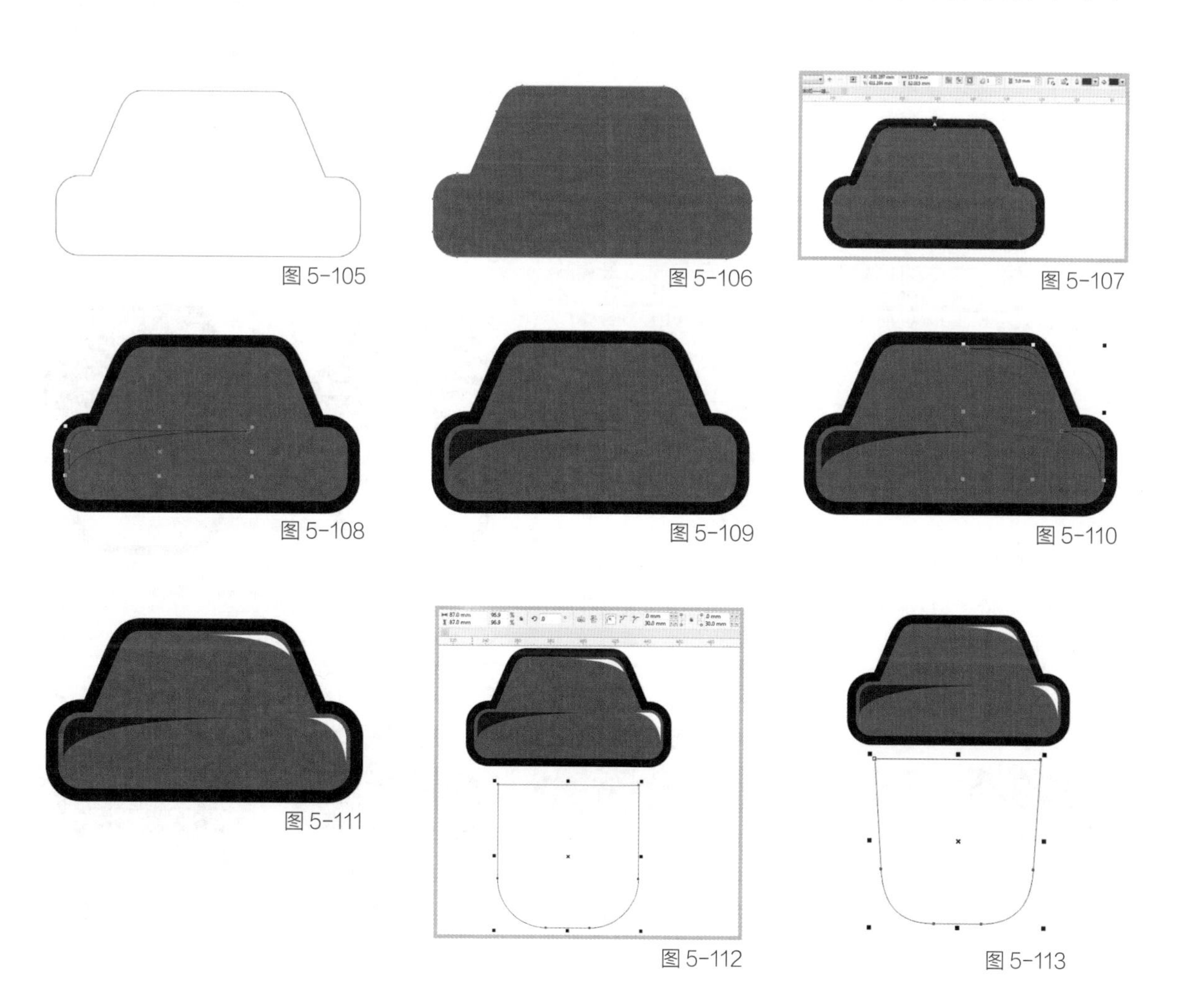

图5-105 图5-106 图5-107

图5-108 图5-109 图5-110

图5-111 图5-112 图5-113

的【延展和缩放节点】命令，按住【Shift】键向外扩展两个节点的距离，完成后效果如图 5-113 所示。

3. 选择脸的外轮廓，选择【工具箱】中的【轮廓工具】，向外拖动绘制脸部的轮廓，在【属性栏】中将【轮廓样式】设置为【向外轮廓】，【轮廓图步长】设置为【1】，【轮廓图偏移】设置为【5.5】，将最后一个【颜色挑选器】颜色设为 C：85，M：88，Y：91，K：77，效果如图 5-114 所示。

4. 将绘制好的脸的外轮廓与帽子中心对齐，将脸放置到帽子的后面，向上移动到合适的位置，效果如图 5-115 所示。

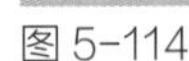

图 5-114

图 5-115

5. 选择【工具箱】中的【贝塞尔工具】，绘制如图 5-116 所示图形作为脸的阴影部分，绘制完成后对其填充颜色，填充色值设置为 C：31，M：24，Y：24，K：0，效果如图 5-117 所示。

6. 选择【工具箱】中的【椭圆工具】，在脸部上方绘制两个等大的正圆作为眼睛，将其颜色填充为 C：57，M：69，Y：68，K：13，效果如图 5-118 所示。

图 5-116

图 5-117

7. 选择【工具箱】中的【贝塞尔工具】，绘制如图 5-119 所示图形，绘制完成后，选择【对象】菜单栏中的【变换—缩放与镜像】命令，弹出【变换】泊坞窗，在该泊坞窗将【水平镜像】的镜像轴点设置为【右中】，【副本】设置为【1】，如图 5-120 所示。

8. 绘制完成后，选择【工具箱】中的【选择工具】，框选镜像和被镜像的图形，选择【属性栏】中的【合并】命令，将两个图形相加，做出嘴巴的形状。

9. 绘制完成后为嘴巴填充颜色，填充的色值设置为 C：57，M：69，Y：68，K：13，效果如图 5-121 所示。

图 5-118

图 5-119

图 5-120

图 5-121

图 5-122

图 5-123

10. 选择【工具箱】中的【贝塞尔工具】，绘制如图 5-122 所示图形作为舌头，绘制完成后，将其填充颜色，填充色值设置为 C：69，M：86，Y：93，K：63，效果如图 5-123 所示。

步骤五：绘制娃娃头的雪糕棒

1. 选择【工具箱】中的【矩形工具】，在工作区绘制一个矩形，在【属性栏】将矩形的【宽度】、【高度】分别设置为【20】和【52】，如图 5-124 所示。

2. 选择【工具箱】中的【椭圆工具】，将鼠标移至刚绘制的矩形下边缘的中点处，当捕捉到中点时，按下鼠标左键，配合【Ctrl】和【Shift】键从中点绘制正圆，捕捉到矩形右下角的节点时松开鼠标，如图 5-125 所示。框选矩形和圆，选择【属性栏】中的【合并】命令，得到图 5-126 所示图形。

3. 对绘制好的雪糕棒进行填充，填充色值设置为 C：2，M：27，Y：55，K：0，如图 5-127 所示。

4. 选择雪糕棒，选择【工具箱】中的【轮廓工具】，向外拖动绘制雪糕棒的轮廓，在【属性栏】中将【轮廓样式】设置为【向外轮廓】，【轮廓图步长】设置为【1】，【轮廓图偏移】设置为【5.5】，将最后一个【颜色挑选器】颜色设置为 C：85，M：88，Y：91，K：77，效果如图 5-128 所示。

5. 选择【工具箱】中的【轮廓工具】，绘制雪糕棒的阴影部分，如图 5-129 所示。

6. 将绘制好的雪糕棒阴影填充颜色，色值设置为 C：51，M：59，Y：89，K：6，效果如图 5-130 所示。

7. 输入拼音【WA WA TOU】并将其移动至雪糕棒的中间，效果如图 5-131 所示。

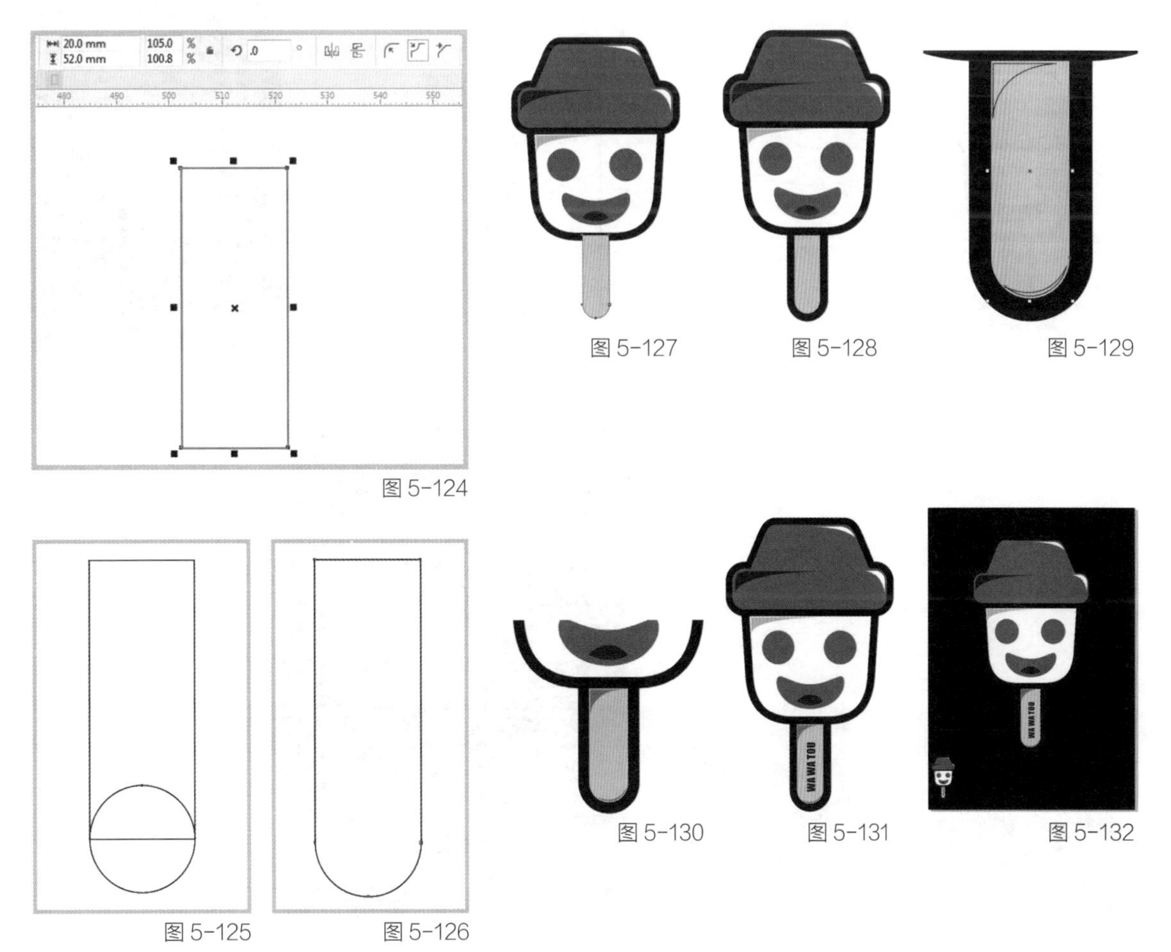

图 5-124　图 5-125　图 5-126　图 5-127　图 5-128　图 5-129　图 5-130　图 5-131　图 5-132

8. 这样，雪糕的大致形状就绘制完成了，将图 5-131 复制一个并缩小，放置在页面的左下角，如图 5-132 所示。

步骤六：绘制“娃娃头”的外轮廓

1. 现在无法区分开图 5-132 中“娃娃头”雪糕与深色的背景，接下来为“娃娃头”雪糕绘制一个总的轮廓。将“娃娃头”雪糕复制一个到空白页面处，如图 5-133 所示。

2. 框选复制出来的雪糕，选择【属性栏】中的【创建边界】命令，完成后得到如图 5-134 所示图形。

3. 为了方便观看，随便对其填充一个颜色，在这里将其填充为 70% 的【灰色】。选择【工具箱】中的【轮廓工具】，向外拖动绘制雪糕的轮廓，在【属性栏】中将【轮廓样式】设置为【向外轮廓】，【轮廓图步长】设置为【1】，【轮廓图偏移】设置为【3】，将最后一个【颜色挑选器】颜色设置为【白色】，效果如图 5-135。

4. 将图 5-135 移动到海报中，并且中心对齐，效果如图 5-136 所示。

步骤七：制作海报的文字

1. 选择【工具箱】中的【矩形工具】，再在工作区绘制一个圆角矩形，在【属性栏】将矩形的【宽度】、【高度】分别设置为【87】和【35】，【顶点样式】设置为【圆角】，将【同时编辑所有角】按钮关闭，上面两个角的【圆角半径】设置为【0】，下面两个角的【圆角半径】设置为【6】，如图 5-137 所示。

2. 绘制好后与海报上边缘对齐，并将其填充为【黄色】，颜色色值为 C：0，M：27，Y：96，K：0，并输入文字，效果如图 5-138。

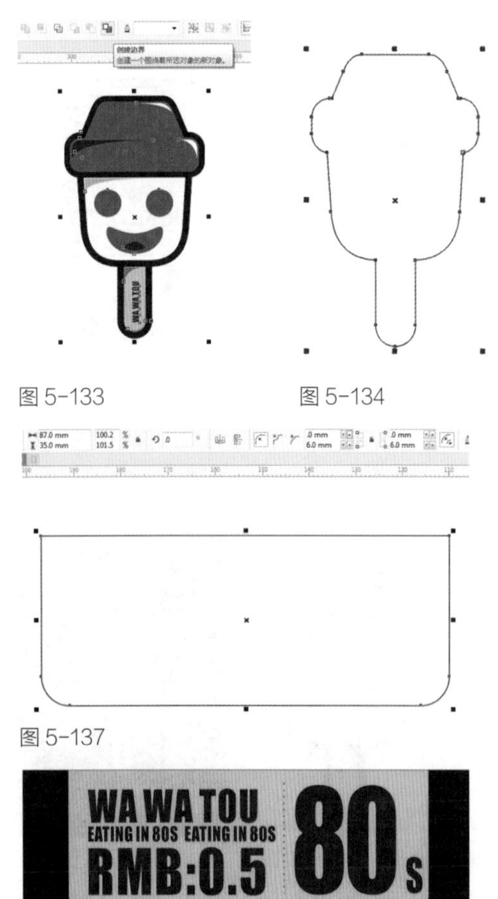

图 5-133　图 5-134

图 5-137

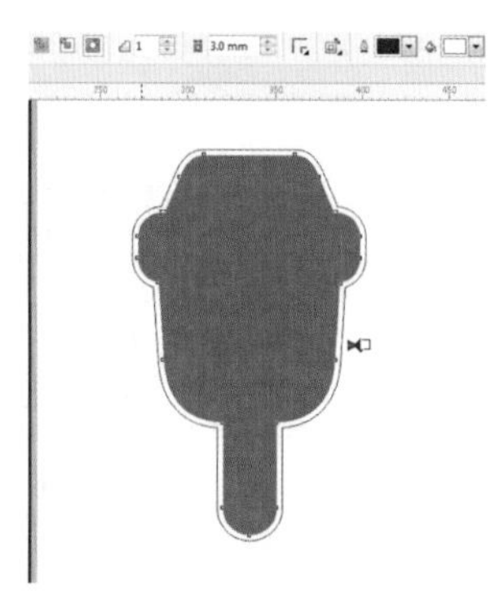

图 5-135

图 5-136

图 5-138

图 5-139

图 5-140

图 5-141

图 5-142

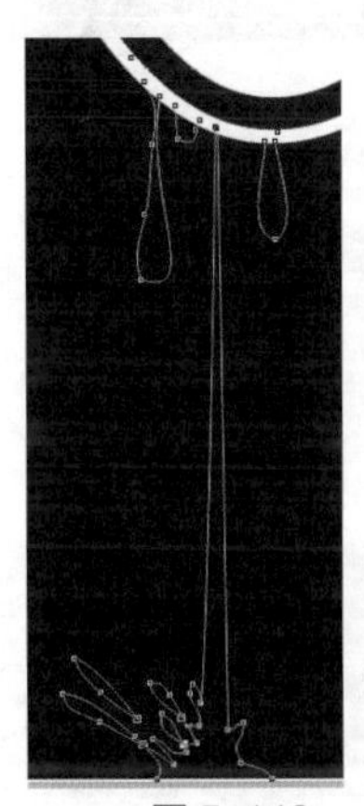

图 5-143

图 5-144

图 5-145

3. 在左下角的“娃娃头”雪糕旁边输入如图 5-139 所示的文字，这样【舌尖上的 80 后——“娃娃头”】就绘制完成了。

步骤八：另一个“娃娃头”海报方案

1. 下面再制作一个“娃娃头”雪糕的海报方案，对刚才绘制好的海报进行复制，将中间的雪糕移出海报，效果如图 5-140 所示。

2. 将移走的雪糕旋转一定角度放置到海报右侧，另外再对其进行复制缩小放置于海报另一侧，效果如图 5-141 所示，将这两个雪糕组合在一起。

3. 选择【工具箱】中的【选择工具】，选中组合好的两支雪糕，选择【对象】菜单栏中的【图框精确剪裁—置于图文框内部】命令，弹出黑色箭头后单击黑色海报背景，得到如图 5-142 所示效果。

4. 选择【工具箱】中的【贝塞尔工具】，在右边雪糕的下方绘制如图 5-143 所示的图形，绘制完成后将其填充为【白色】，效果如图 5-144。这样另一张海报也制作完成了。

5. 两张【舌尖上的 80 后——“娃娃头”】的海报就制作完成了，效果如图 5-145。

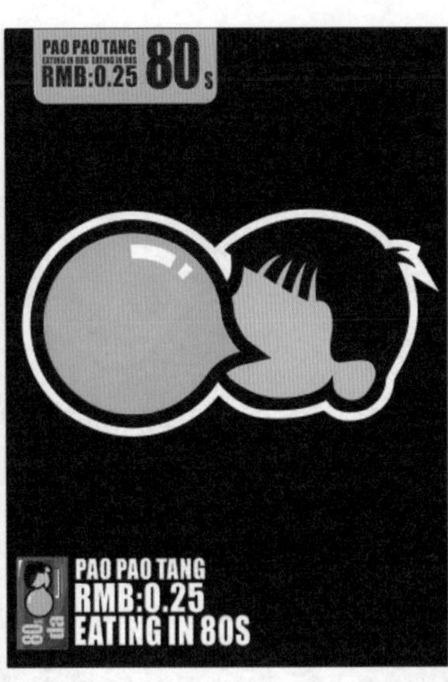

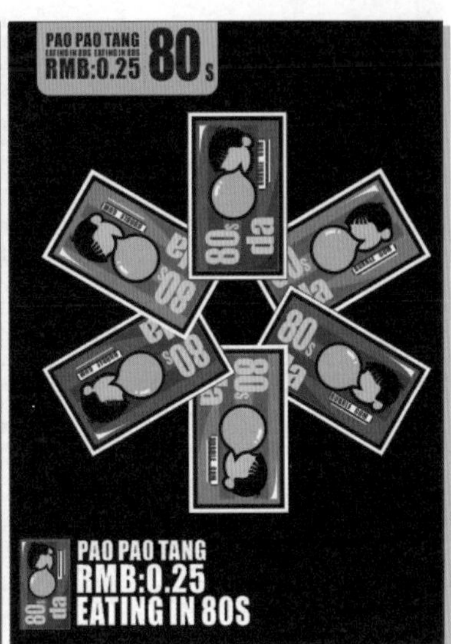

图 5-146

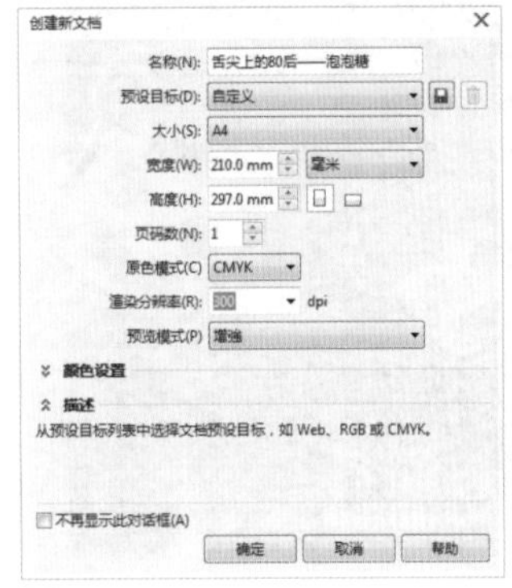

图 5-147

图 5-148

图 5-149

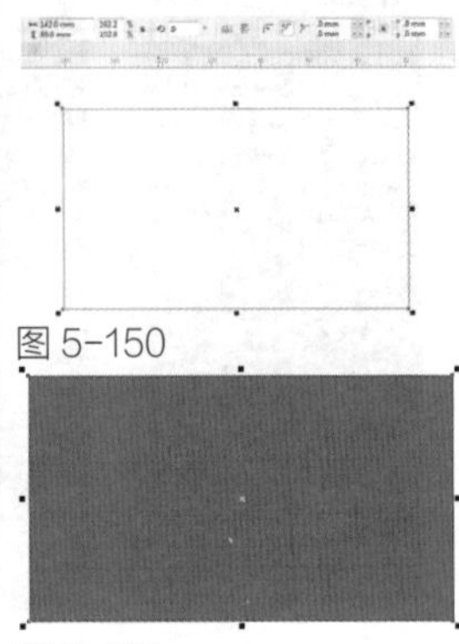

图 5-150

图 5-151

二、“舌尖上的 80 后——泡泡糖”海报设计方案

步骤一：新建文件“舌尖上的 80 后——泡泡糖”

1. 打开 CorelDRAW X7，选择【标准工具栏】中的【新建】按钮，或者按【Ctrl+N】组合键，弹出【创建新文档】对话框，从中设置文档的尺寸以及各项参数，如图 5-147 所示，点击【确定】按钮，即可创建新文档。

步骤二：修改背景

1. 为了保证整套海报风格的一致性，泡泡糖的海报方案仍然沿用娃娃头雪糕的背景。但是要在原来的背景上稍作修改，修改之处如图 5-148、图 5-149 所示，主要做文字方面的修改。

步骤三：绘制泡泡糖包装纸的底纹

1. 选择【工具箱】中的【矩形工具】，在工作区绘制一个矩形，在【属性栏】将矩形的【宽度】、【高度】分别设置为【142】和【80】，如图 5-150 所示。

2. 绘制完成后，对其填充颜色，填充色值设置为 C：0，M：100，Y：100，K：0，效果如图 5-151 所示 。

3. 选择【工具箱】中的【矩形工具】，在工作区绘制一个细长矩形，矩形的宽度比刚才绘制的矩形稍窄，如图 5-152 所示，绘制完后对其进行填充，填充色值设置为 C：40，M：100，Y：100，K：10。绘制完成后再垂直复制一个放置于正下方，效果如图 5-153 所示。

4. 选择【工具箱】中的【贝塞尔工具】，在工作区绘制如图 5-154 所示的图形制作泡泡糖的暗部，绘制好后将填充色值设置为 C：40，M：100，Y：100，K：10，【轮廓色】设置为【无】，效果如图 5-155 所示。

5. 选择【工具箱】中的【贝塞尔工具】，在工作区绘制如图 5-156 所示的图形制作泡泡糖的暗部第二层，绘制好后将填充色值设置为 C：50，M：100，Y：100，K：35，【轮廓色】设置为【无】，效果如图 5-157。

6. 选择【工具箱】中的【贝塞尔工具】，在工作区绘制如图 5-158 所示的图形制作泡泡糖包装的高光，绘制好后将其填充为【白色】，【轮廓色】设置为【无】，效果如图 5-159。

图 5-152

图 5-153

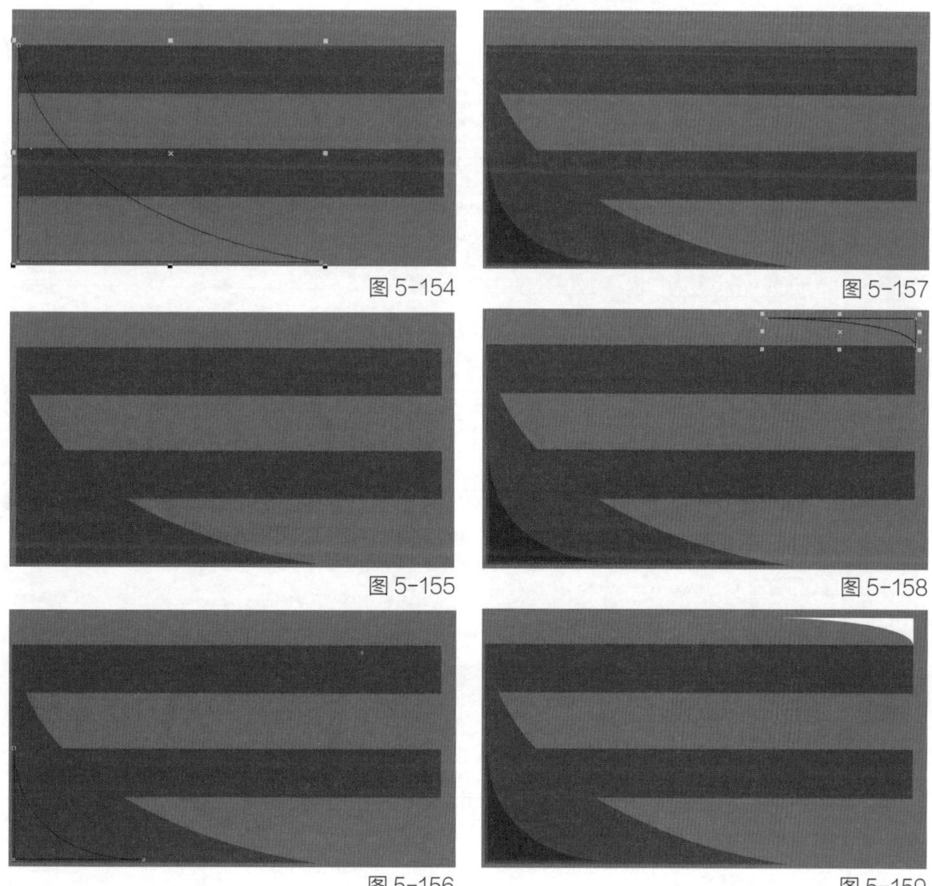

图 5-154

图 5-157

图 5-155

图 5-158

图 5-156

图 5-159

步骤四：绘制标志图形

1. 选择【工具箱】中的【椭圆工具】，配合【Ctrl】键在工作区绘制一个正圆，在【属性栏】中将【宽度】和【高度】均设置为【41】，如图 5-160。

2. 选择【属性栏】中的【转换为曲线】命令。选择【工具箱】中的【修改工具】，在图 5-161 的【3】、【4】两点的位置添加节点。

3. 选择【工具箱】中的【修改工具】，调整节点将图 5-161 中的节点【3】向右下方移动，并将其调整为【尖突点】，调整完的形状如图 5-162 所示，将其颜色填充为 C：0，M：40，Y：0，K：0。

4. 选择【工具箱】中的【轮廓工具】，向外拖动，绘制轮廓，在【属性栏】中将【轮廓样式】设置为【向外轮廓】，【轮廓图步长】设置为【1】，【轮廓图偏移】设置为【3】，将最后一个【颜色挑选器】颜色设为 C：85，M：88，Y：91，K：77，效果如图 5-163 所示。

5. 选择【工具箱】中的【椭圆工具】，在绘制好的泡泡里面绘制一个扇形，效果如图 5-164 所示。绘制完成后，选择【工具箱】中的【选择工具】选中该扇形，按住右上角的控制点向下缩小，缩到合适大小时，同时按下鼠标右键（左键不放），实现缩小复制，效果如图 5-165 所示。

6. 选择【工具箱】中的【选择工具】，框选两个扇形，选择【属性栏】中的【修剪】命令，修剪后将其颜色填充为【白色】，效果如图 5-166 所示。

7. 在白色的环形条中间绘制一个如图 5-167 所示的四边形，绘制完成后对其进行填充，色值设置为 C：0，M：40，Y：0，K：0，【轮廓色】设置为【无】，效果如图 5-168 所示。

8. 选择【工具箱】中的【贝塞尔工具】绘制如图 5-169 所示图形作头部的外轮廓。

9. 选择【工具箱】中的【贝塞尔工具】绘制如图 5-170 所示图形作为脸部和头发的外轮廓。将绘制好的图形填充颜色，头部的图形填

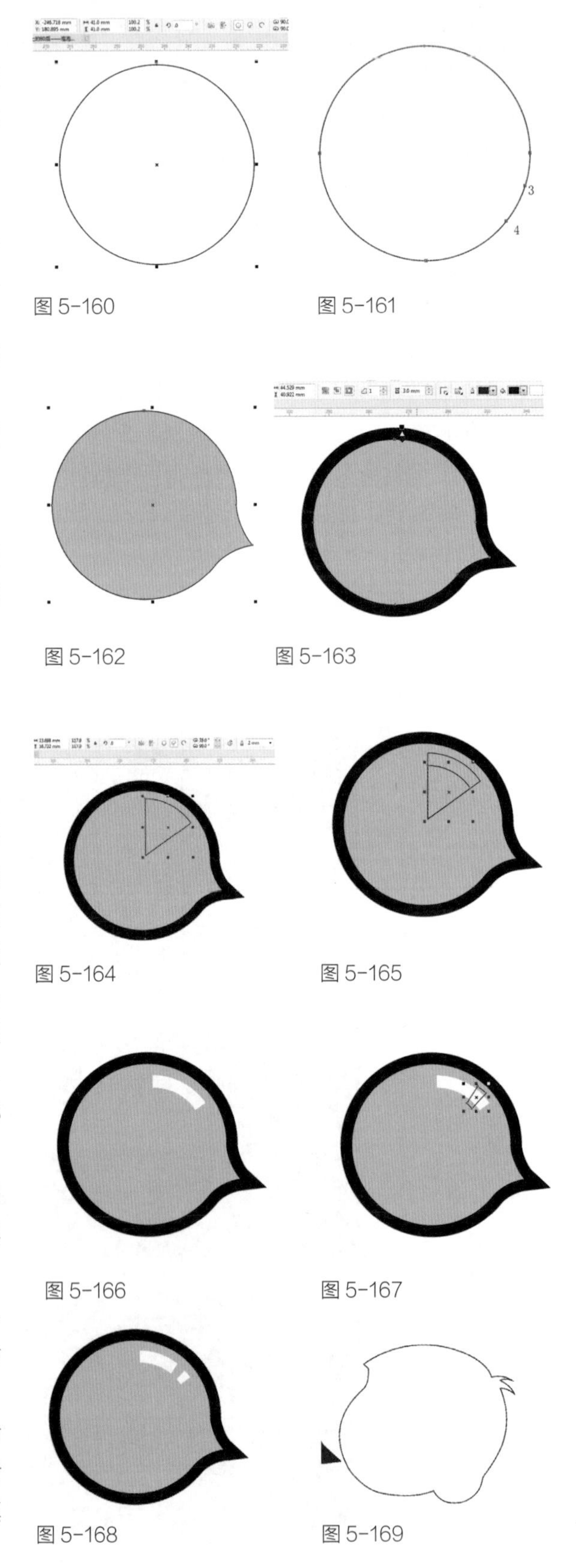

图 5-160　图 5-161

图 5-162　图 5-163

图 5-164　图 5-165

图 5-166　图 5-167

图 5-168　图 5-169

图 5-170　　图 5-171　　图 5-172

图 5-173

充色值为 C：85，M：88，Y：91，K：77；脸部的颜色色值为 C：3，M：23，Y：49，K：0。效果如图 5-171 所示。

10. 将绘制好的泡泡和头部组合在一起，调整顺序，将泡泡放置在头部的上方，效果如图 5-172 所示。

11. 选择【工具箱】中的【选择工具】，框选泡泡和头部图形，然后选择【属性栏】中的【组合对象】命令，将其群组。群组后将它移动至泡泡糖包装的底纹上，效果如图 5-173 所示。

图 5-174

步骤五：制作文字

1. 选择【工具箱】中的【文字工具】，在泡泡糖底纹上输入文字【80s】、【da】等文字，并选择适当字体、字号，对其进行填充，色值设置为 C：1，M：8，Y：93，K：0，效果如图 5-174 所示。

图 5-175

2. 选择【工具箱】中的【矩形工具】，在下面绘制一个圆角矩形，绘制好后将其填充为【白色】，效果如图 5-175 所示。

3. 选择【工具箱】中的【轮廓工具】，向外拖动绘制轮廓，在【属性栏】中将【轮廓样式】设置为【向外轮廓】，【轮廓图步长】设置为【1】，【轮廓图偏移】设置为【1.5】，将最后一个【颜色挑选器】颜色设为 C：85，M：88，Y：91，K：77。选择【工具箱】中的【文字工具】，在白色的圆角矩形内输入文字【BUBBLE GUM】，颜色设置为 C：85，M：88，Y：91，K：77，效果如图 5-176 所示。

图 5-176

4. 选择【工具箱】中的【文字工具】，在白色的圆角矩形下方输入文字【STRAWBERRY FLAVOR】，颜色设置为【白色】，效果如图 5-177 所示。这样泡泡糖的基本形态就制作出来了。

图 5-177

步骤六：细节调整及排版

1. 选择【工具箱】中的【选择工具】，选中最下方的大矩形，然后选择【工具箱】中的【轮廓工具】，向外拖动绘制轮廓，在【属性栏】中将【轮廓样式】设置为【向外轮廓】，【轮廓图步长】设置为【2】,【轮廓图偏移】设置为【4】,最后一个【颜色挑选器】颜色设为 C：85，M：88，Y：91，K：77，效果如图 5-178 所示。

图 5-178

2. 选中轮廓好的图形，单击鼠标右键，在弹出的菜单栏里选择【拆分轮廓图群组】命令，将轮廓出来的每一层分开,将最后一层填充为【白色】，将上一层填充为深色，色值为 C：85，M：88，Y：91，K：77，然后框选整个泡泡糖图形，将其移动到海报中，效果如图 5-179 所示。

3. 复制一个泡泡糖，将其缩小，移动到左下角的文字前面，去掉最外框的白色轮廓，效果如图 5-180 所示。

4. 将中间的泡泡糖顺时针旋转一定的角度，效果如图 5-181 所示。

5. 按照上述方法再制作一个西瓜味的绿色泡泡糖方案,将其放置在草莓味的上面,这样【舌尖上的 80 后——泡泡糖】的第一个方案就制作完成了，效果如图 5-182 所示。

图 5-179

图 5-180

步骤七：舌尖上的 80 后——泡泡糖（方案二）

1. 下面在方案一的基础上制作第二个设计方案。复制图 5-182，然后将中间的两个主要图形移出，效果如图 5-183 所示。

2. 将刚刚移开的泡泡糖图形进行元素删除，删除背景底纹和文字，将头部和泡泡留下，如图 5-184 所示。

3. 将留下的部分选中，选择【属性栏】中的【取消组合所有对象】命令将其解组。然后选择【工具箱】中的【选择工具】，框选所有图形，选择【属性栏】中的【创建边界】命令，如图 5-185 所示。得到该图形的边界轮廓如图 5-186 所示。

4. 为了方便观察，将其填充一个颜色，这里我们将其填充为 70% 的【灰色】。选择【工具箱】中的【轮廓工具】，向外拖动绘制吉祥

图 5-181

图 5-182

图 5-183

图 5-184

图 5-185

物的轮廓，在【属性栏】中将【轮廓样式】设置为【向外轮廓】,【轮廓图步长】设置为【1】,【轮廓图偏移】设置为【1.5】，将最后一个【颜色挑选器】颜色设置为【白色】，效果如图 5-187。

5. 绘制完成后，将其移动到海报中和原来的图形中心对齐，效果如图 5-188 所示。这样【舌尖上的 80 后——泡泡糖】方案二就绘制完成了。

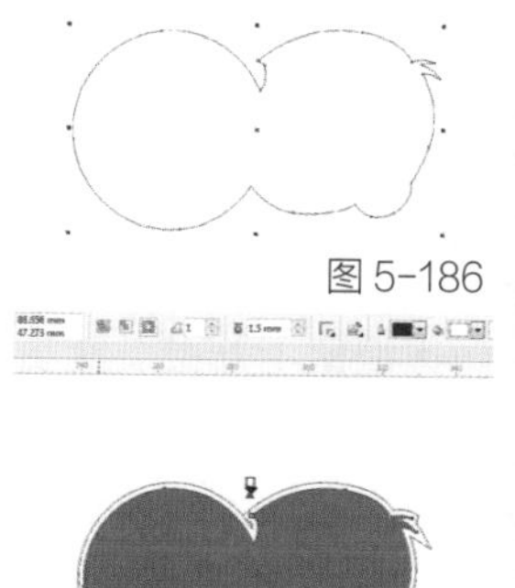

图 5-186

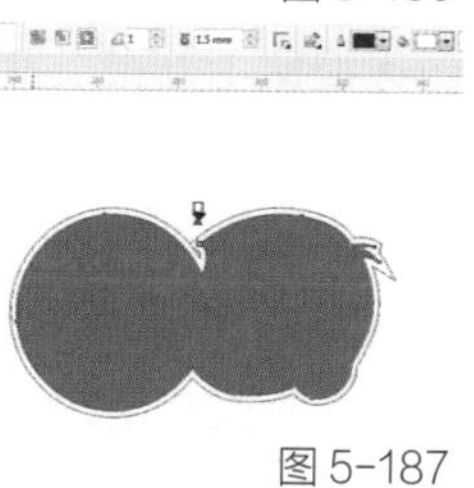

图 5-187

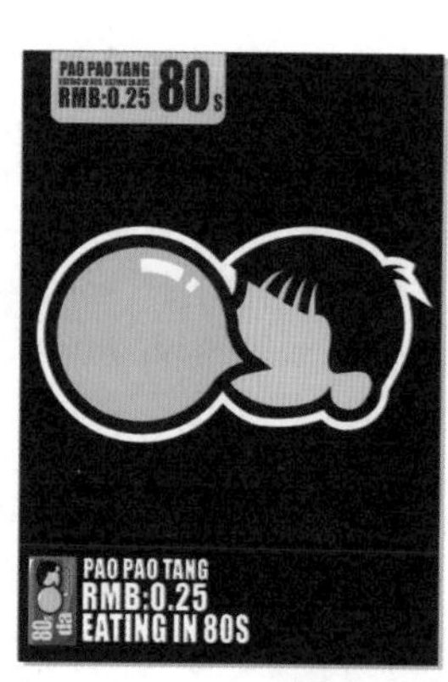

图 5-188

步骤八：舌尖上的 80 后——泡泡糖（方案三）

1. 下面在方案一的基础上制作第三个方案。再次复制图 5-182，然后将中间的两个主要图形移出，效果如图 5-189 所示。

2. 将红色草莓味的泡泡糖移动到海报里，然后将其逆时针方向旋转至垂直状态，如图 5-190 所示。再次单击泡泡糖，弹出旋转控制点，将旋转的轴点调整到泡泡糖的正下方，在旋转轴点的位置拖出横向、纵向两根参考线，参考线的交点跟旋转轴点重合，如图 5-191 所示。

3. 选择【对象】菜单栏中的【变换—旋转】命令，弹出【变换】泊坞窗，在该泊坞窗中将【旋转角度】设置为【120】,【副本】设置为【2】,如图 5-192 所示。操作完成后，效果如图 5-193 所示。

4. 将绿色西瓜味的泡泡糖移动到海报里，然后将其旋转到垂直状态，缩放至跟红色一样大小，使之重合，如图 5-194 所示。

5. 再次单击泡泡糖，弹出旋转控制点，将旋转的轴点调整到泡泡糖的正下方，参考线的交点，选择【对象】菜单栏中的【变换—旋转】命令，弹出【变换】泊坞窗，在该泊坞窗将【旋转角度】设置为【-60】,【副本】设置为【0】,如图 5-195 所示。操作完成后，效果如图 5-196 所示。

图 5-189

图 5-190

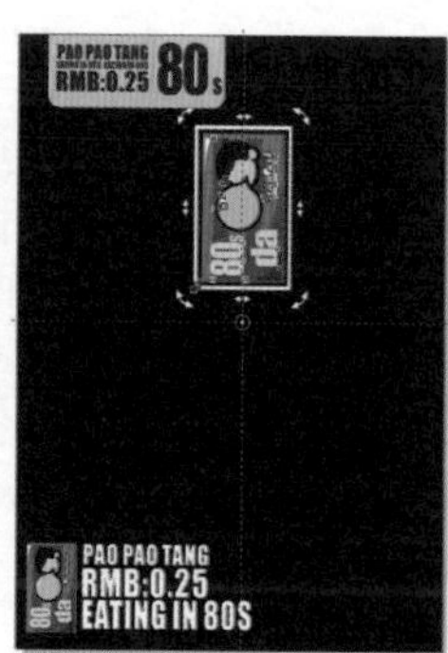

图 5-191

图 5-192

图 5-193

图 5-194

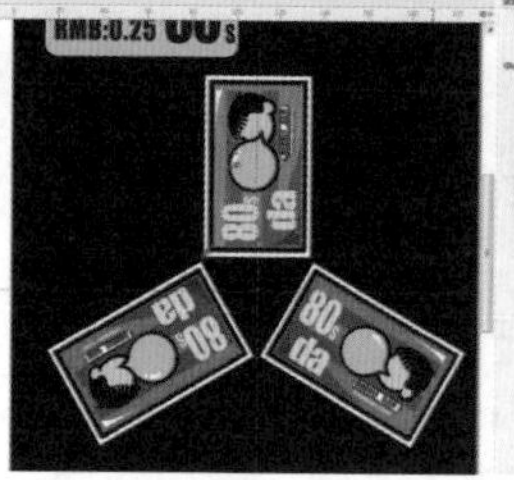

图 5-195

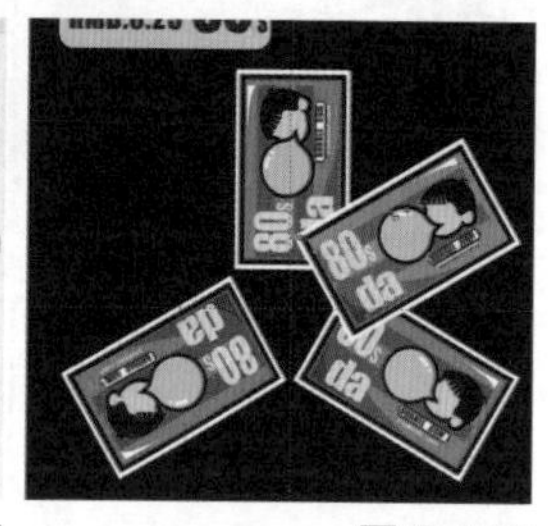

图 5-196

6. 在【变换】泊坞窗中再将【旋转角度】设置为【120】,【副本】设置为【2】，如图 5-197 所示。操作完成后，效果如图 5-198。

7. 调整各图形的顺序，如图 5-199 所示。这样【舌尖上的 80 后——泡泡糖】方案三就制作完成了。

8.【舌尖上的 80 后——泡泡糖】的三个方案就都制作完成了，效果如图 5-200 所示。同学们还可以根据自己的想法，变换文字图形元素来做出不同的海报。

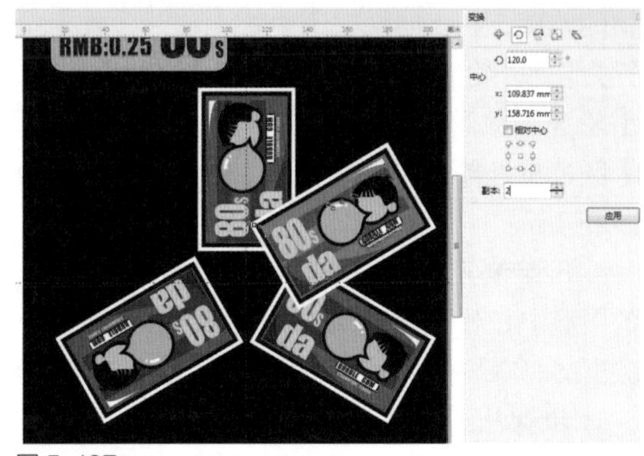

图 5-197

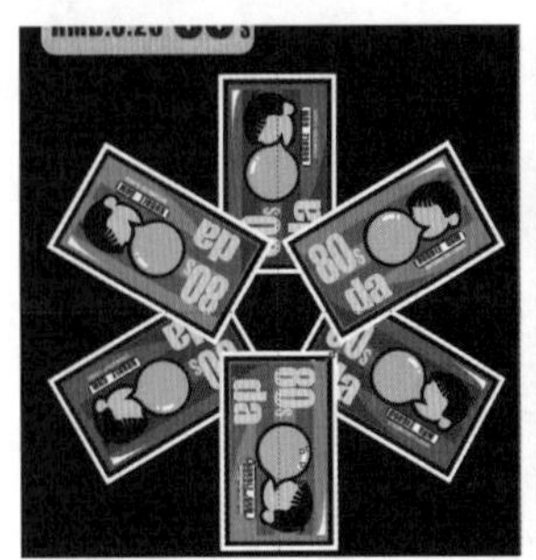
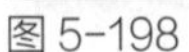
图 5-198

图 5-199

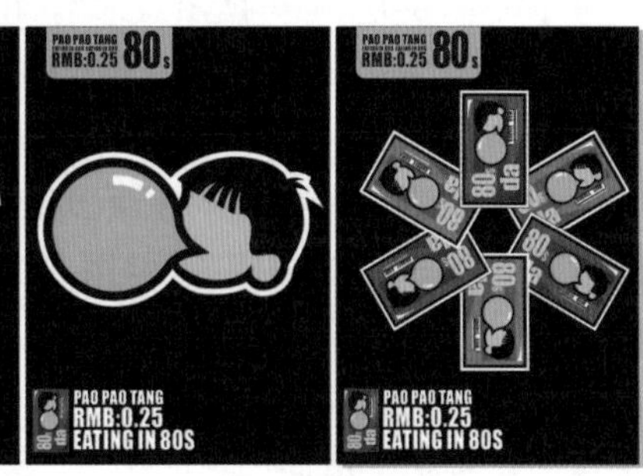

图 5-200

第四节 绘制房地产广告

步骤一：新建文档——房地产广告

打开 CorelDRAW X7，选择【标准工具栏】中的【新建】按钮，或者按【Ctrl+N】组合键，在弹出的【创建新文档】对话框中设置文档的尺寸以及各项参数，如图 5-202 所示，点击【确定】按钮，即可创建新文档。

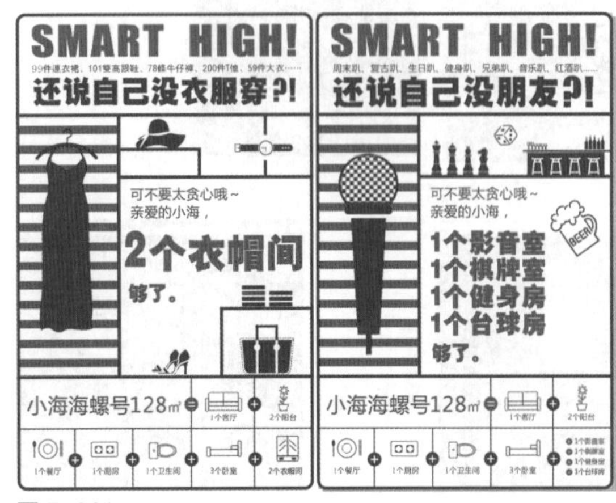

图 5-201

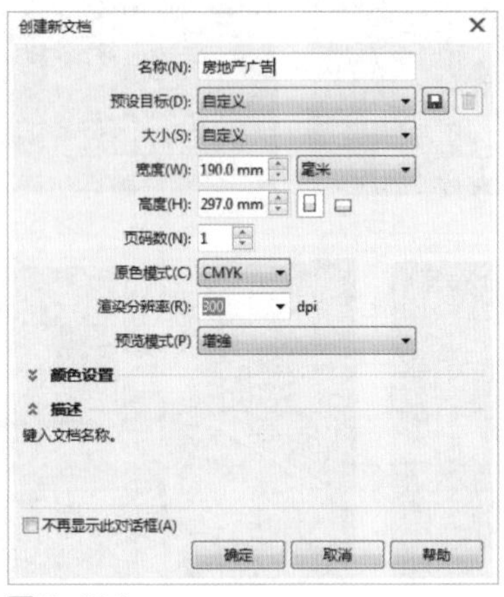

图 5-202

步骤二：绘制海报背景

1. 选择【工具箱】中的【矩形工具】，在工作区绘制一个跟页面等宽的矩形，在【属性栏】中将矩形的【宽度】、【高度】分别设置为【190】和【63】，【顶点样式】设置为【圆角】，将【同时编辑所有角】的锁打开。将上面两个角的【圆角半径】设置为【5】，下面两个角的【圆角半径】设置为【0】，将【轮廓色】设置为【蓝色】，色值设置为 C：100，M：75，Y：7，K：0，【轮廓宽】设置为【2】。绘制好后将其移动到页面的顶部，效果如图 5-203 所示。

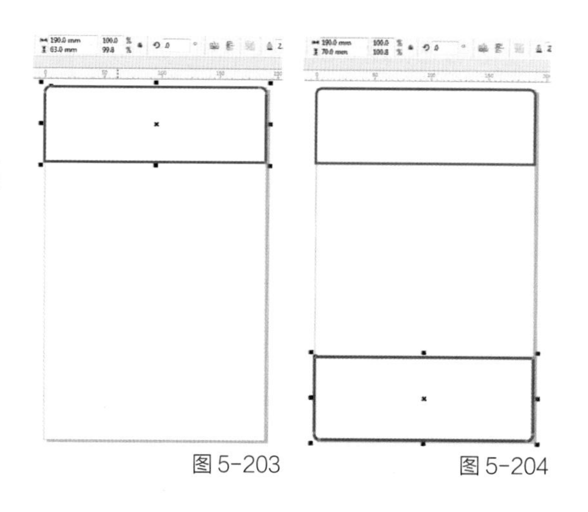

图 5-203　　图 5-204

2. 选择【工具箱】中的【矩形工具】，在工作区绘制一个跟页面等宽的矩形，在【属性栏】将矩形的【宽度】、【高度】分别设置为【190】和【70】，【顶点样式】设置为【圆角】，将【同时编辑所有角】的锁打开。将上面两个角的【圆角半径】设置为【0】，下面两个角的【圆角半径】设置为【5】，将其【轮廓色】设置为【蓝色】，色值设置为 C：100，M：75，Y：7，K：0，【轮廓宽】设置为【2】。绘制好将其移动到页面的底部，效果如图 5-204 所示。

3. 选择【工具箱】中的【矩形工具】，在工作区绘制一个矩形，在【属性栏】将矩形的【宽度】、【高度】分别设置为【65】和【164】，将其【轮廓色】设置为【蓝色】，色值设置为 C：100，M：75，Y：7，K：0，【轮廓宽】设置为【2】。绘制好后将其移动到页面的左边，效果如图 5-205 所示。

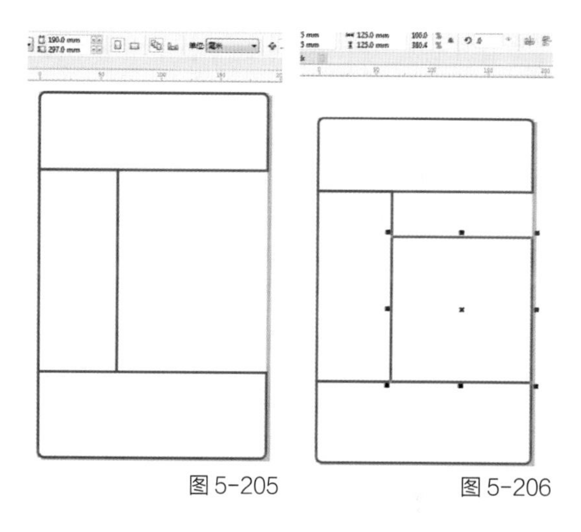

图 5-205　　图 5-206

4. 选择【工具箱】中的【矩形工具】，在工作区绘制一个正方形，在【属性栏】将矩形的【宽度】和【高度】均设置为【125】，将其【轮廓色】设置为【蓝色】，色值设置为 C：100，M：75，Y：7，K：0，【轮廓宽】设置为【2】。绘制好将其移动到页面的右部，效果如图 5-206 所示。

5. 选择【工具箱】中的【矩形工具】，在页面空白处补上一个矩形，将其【轮廓色】设置为【蓝色】，色值设置为 C：100，M：75，Y：7，K：0，【轮廓宽】设置为【2】。绘制好后将其移动到页面的右部。这样海报的背景就绘制完成了，海报被分成了五个区域，依次绘制五个区域里的内容，五个区域分布如图 5-207。

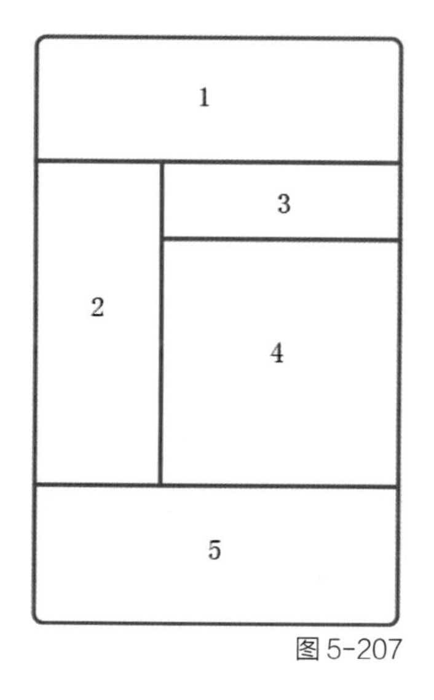

图 5-207

步骤三：绘制区域一

1. 区域一为海报的标题区域，起着吸引受众注意力的重要作用，所以海报的标题必须要简短有力，能激起受众的共鸣。

2. 在区域一输入 3 排文字，选择【工具箱】中的【文字工具】，在区域一内部上方输入【SMART HIGH！】，【字体】设置为【Impact】，【字号】设置为【72】。将其填充为【红色】，色值设置为 C：0，M：100，Y：100，K：0。

3. 选择【工具箱】中的【文字工具】，在区域一内部中部输入【99 件连衣裙、101 双高跟鞋、78 条牛仔裤、200 件 T 恤、59 件大衣……】，【字体】设置为【微软雅黑】，【字号】设置为【16】。将其填充为【蓝色】，色值设置为 C：100，M：75，Y：7，K：0。

4. 选择【工具箱】中的【文字工具】，在区域一内部上方输入【还说自己没衣服穿？！】，【字体】设置为【经典特黑简】，【字号】设置为【52】。将其填充为【蓝色】，色值设置为 C：100，M：75，Y：7，K：0，效果如图 5-208 所示。

图 5-208

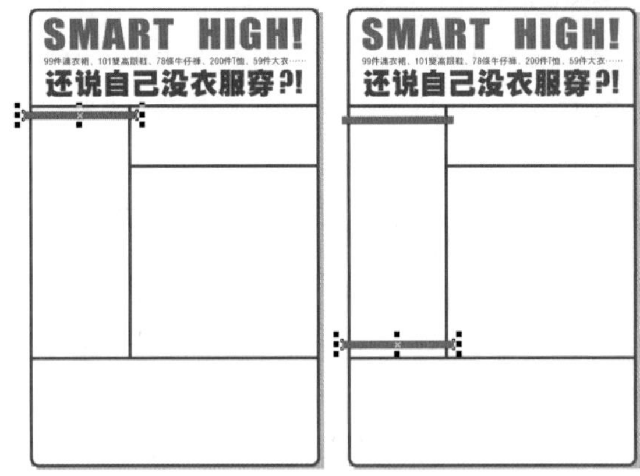

图 5-209　图 5-210

步骤四：绘制区域二

1. 下面开始绘制区域二的内容，首先制作区域二的背景，选择【工具箱】中的【矩形工具】，在区域二绘制矩形，矩形的【宽度】超出区域二左右边线即可，【高度】设置为【5】，将其填充为【红色】，色值设置为 C：0，M：100，Y：100，K：0，效果如图 5-209 所示。

2. 对刚才绘制好的红色矩形进行复制，放置到区域二的下方，效果如图 5-210 所示。

3. 选择【工具箱】中的【调和工具】，鼠标移动至上面的矩形后，按住鼠标左键向下面的矩形拖动，进行调和操作。操作完成后，将【调和对象】设置为【11】，效果如图 5-211 所示。

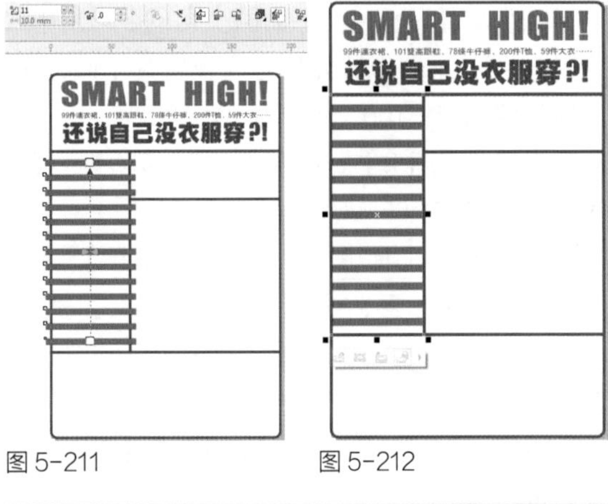

图 5-211　图 5-212

4. 选中经调和后的图形，选择【对象】菜单栏中的【图框精确剪裁—置于图文框内部】命令，弹出黑色箭头后单击区域二，将其置入到矩形中，效果如图 5-212 所示。这样区域二的背景就绘制完成了。

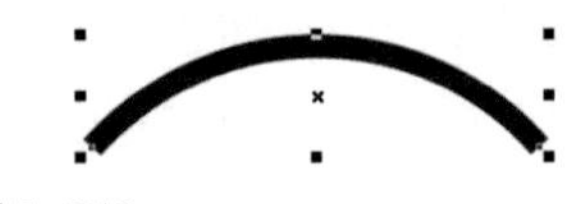
图 5-213

5. 选择【工具箱】中的【椭圆工具】，在工作区绘制如图 5-213 所示的圆弧，将【样式】设置为【圆弧】，将圆弧的【起点】角度和【终点】角度分别设置为【42】、【138】，【轮廓宽】设置为【2】。

6. 按下【F12】键，弹出【轮廓笔】对话框，在该对话框内将【轮廓色】设置为【蓝色】，色值设置为 C：100，M：75，Y：7，K：0，将【线条端头】设置为【圆形】，如图 5-214 所示，绘制完成后效果如图 5-215 所示。

7. 选择【工具箱】中的【椭圆工具】，在工作区绘制如图 5-216 所示的圆弧，将【样式】设置为【圆弧】，将圆弧的【起点】、【终点】角度分别设置为【270】和【180】，【轮廓宽】设置为【0.75】。

8. 在圆弧的下方绘制垂直的直线，将两个圆弧连接起来，做出衣架的形状，将其【轮廓色】设置为【蓝色】，色值设置为 C：100，M：75，Y：7，K：0，效果如图 5-217 所示。

9. 选择【工具箱】中的【贝塞尔工具】，在衣架下方绘制如图5-218所示的连衣裙图形，将其填充为【蓝色】，色值设置为 C：100，M：75，Y：7，K：0，绘制完后，框选衣架和衣服，将其群组并移动到区域二中，如图 5-219 所示。这样区域二就绘制完成了。

步骤五：绘制区域三

1. 接下来绘制区域三中的图形，选择【工具箱】中的【矩形工具】，在区域三的左下方绘制一个矩形，如图 5-220 所示。

2. 选择【工具箱】中的【贝塞尔工具】，绘制如图 5-221 所示的帽子图形，绘制完成后将其填充为【蓝色】，色值设置为 C：100，M：75，Y：7，K：0，然后将其移动到刚绘制好的矩形上方，如图 5-222 所示。

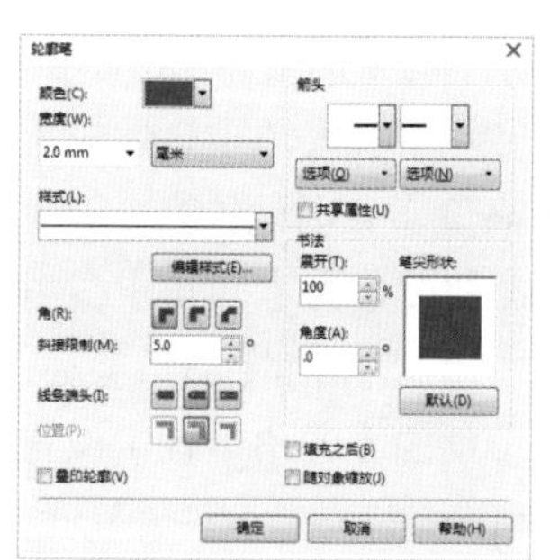

图 5-214

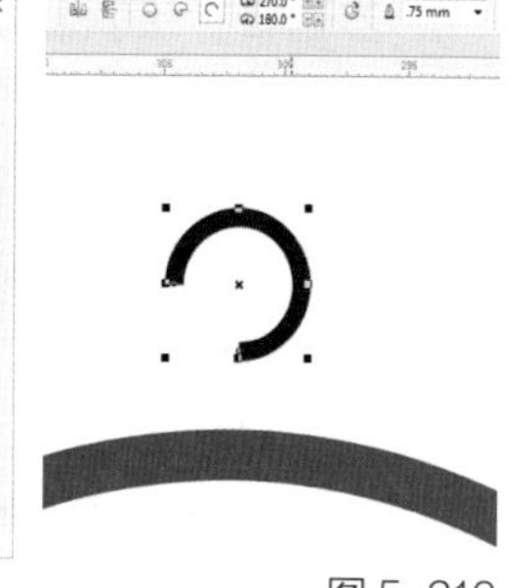

图 5-216

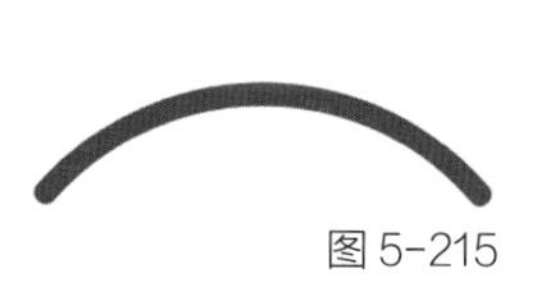

图 5-215

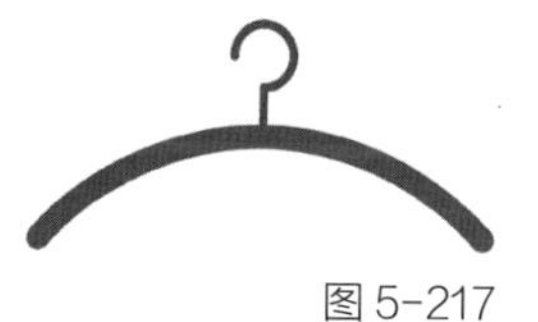

图 5-217

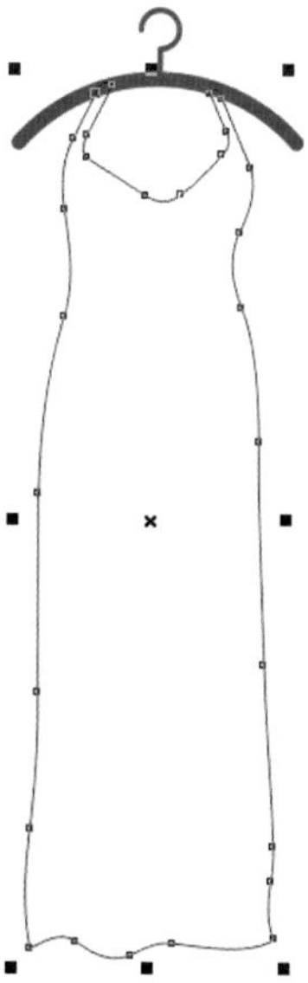

图 5-218

图 5-219

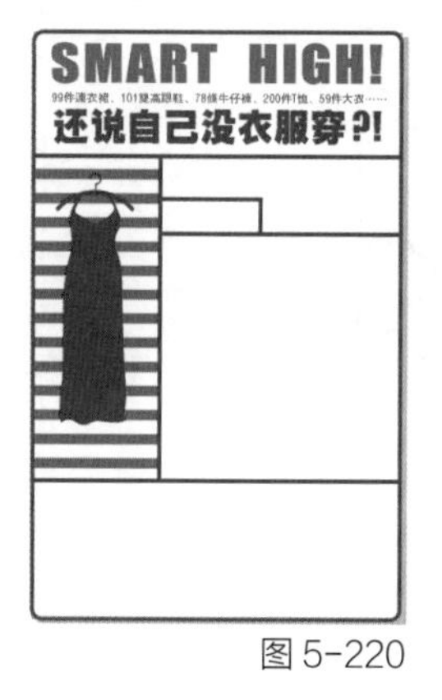

图 5-220

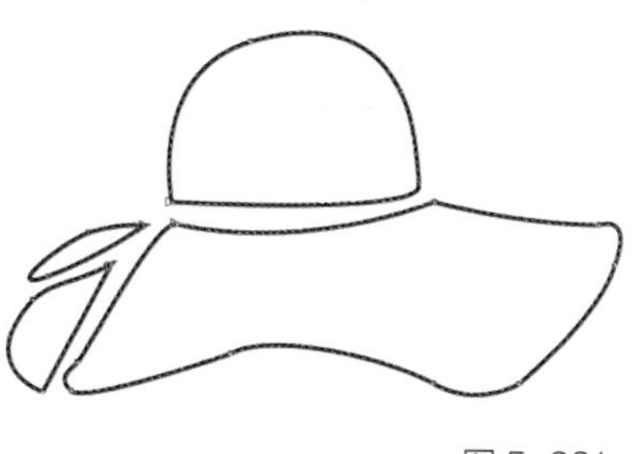

图 5-221

图 5-222

3. 选择【工具箱】中的【矩形工具】，在工作区绘制一个矩形作为手表带，在【属性栏】将矩形的【宽度】、【高度】分别设置为【34】和【4.5】，【顶点样式】设置为【圆角】，解锁同时编辑所有角。将左边两个角的【圆角半径】设置为【0】，右边两个角的【圆角半径】设置为【2】，如图 5-223 所示。

4. 绘制完后将其填充为【蓝色】，色值设置为 C：100，M：75，Y：7，K：0。在手表带图形的右侧绘制 3 个小矩形，将其填充【白色】，效果如图 5-224 所示。

5. 在手表带的中间绘制一个正圆，【轮廓宽】设置为【0.5】，【轮廓色】设置为 C：100，M：75，Y：7，K：0，如图 5-225 所示。

6. 选择【工具箱】中的【轮廓工具】，按住鼠标左键向外拖动得到表盘的轮廓图，在【属性栏】中将【步长】设置为【1】，【轮廓图位移】设置为【0.5】，效果如图 5-226 所示。

7. 单击鼠标右键，在弹出的菜单栏中选择【拆分轮廓图群组】命令，拆分后将轮廓图外圈的黑色轮廓去掉，效果如图 5-227 所示。

8. 运用【工具箱】中的【椭圆工具】、【矩形工具】绘制分针、时针和转轴，效果如图 5-228 所示。

9. 运用【工具箱】中的【矩形工具】、【手绘工具】绘制表扣，效果如图 5-229 所示。

10. 选择【工具箱】中的【选择工具】，框选手表的全部元素，选择【属性栏】中的【组合对象】命令。操作完后将其移入区域三内，如图 5-230 所示。

11. 在手表的上方和下方各绘制一根垂直的短线，短线的，【轮廓宽】设置为【2】，【轮廓色】设置为 C：100，M：75，Y：7，K：0，效果如图 5-231 所示。

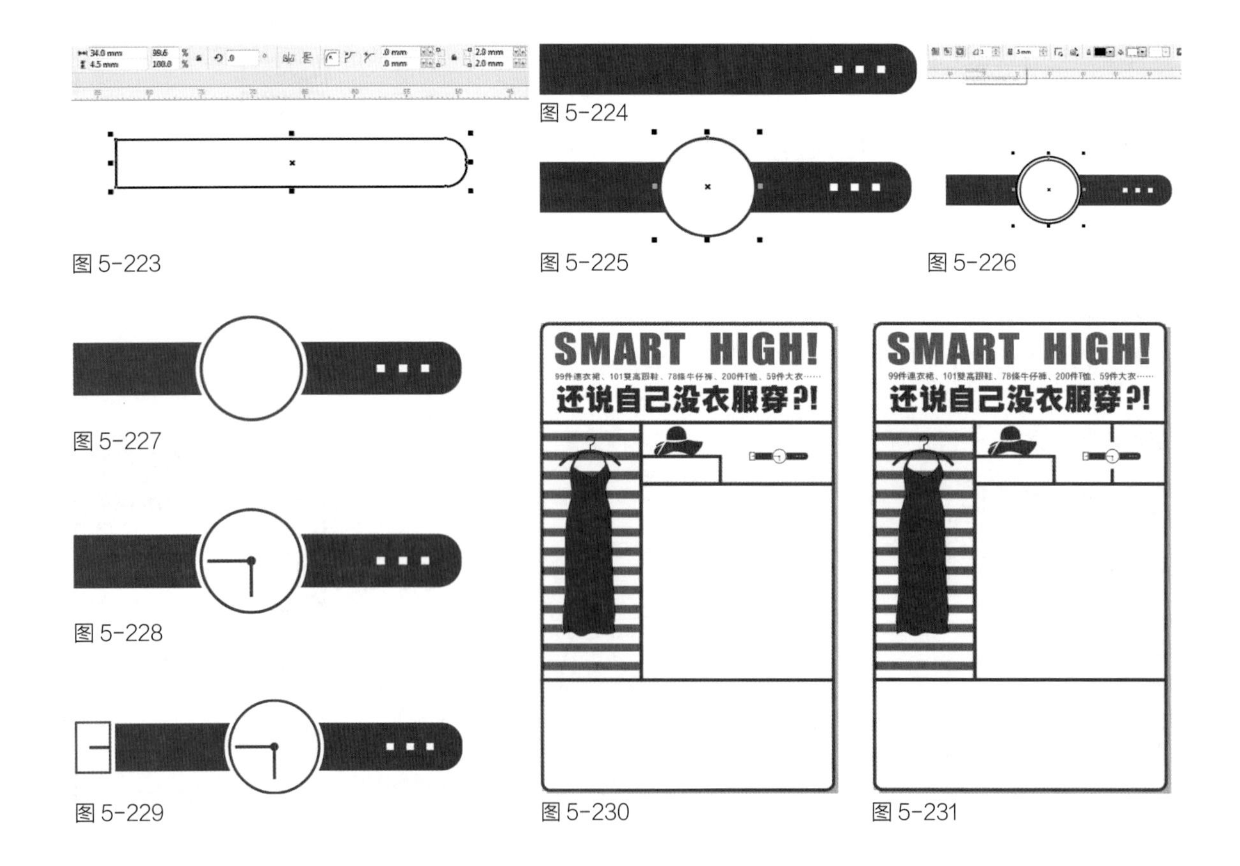

图 5-223　图 5-224　图 5-225　图 5-226　图 5-227　图 5-228　图 5-229　图 5-230　图 5-231

步骤六：绘制区域四

1. 下面开始绘制区域四中的图形，选择【工具箱】中的【矩形工具】，在区域三的右下方绘制一个矩形作为包格，如图 5-232 所示。

2. 选择【工具箱】中的【矩形工具】，在工作区绘制一个矩形，在【属性栏】将矩形的【宽度】、【高度】分别设置为【30】和【21】，【顶点样式】设置为【圆角】，解锁【同时编辑所有角】。将上面两个角的【圆角半径】设置为【0】，下面两个角的【圆角半径】设置为【3】，如图 5-233 所示。

3. 选中绘制的矩形，选择【属性栏】中的【转换为曲线】命令，然后使用【修改工具】选择上方两个节点，选择【属性栏】中的【延展或缩放节点】命令，按住【Shift】键向外扩大两节点的距离，效果如图 5-234 所示。

4. 选择【工具箱】中的【轮廓工具】，按住鼠标左键向外拖动得到包包的轮廓图，在【属性栏】将【步长】设置为【1】，【轮廓图位移】设置为【1.143】，效果如图 5-235 所示。

5. 单击鼠标右键，在弹出的菜单栏中选择【拆分轮廓图群组】命令，拆分后将轮廓出来的外圈线形设置为【虚线】，得到效果如图 5-236 所示。

6. 绘制完成后，将外圈虚线的【轮廓色】设置为【蓝色】，色值为 C：100，M：75，Y：7，K：0。将内部的圆角梯形填充为【蓝色】，色值为 C：100，M：75，Y：7，K：0，效果如图 5-237 所示。

7. 运用【工具箱】中的【矩形工具】、【椭圆工具】绘制包包的装饰带和包带，具体过程如图 5-238、图 5-239 所示。这里就不再赘述。

8. 选择【工具箱】中的【选择工具】，框选包包的各元素，将其群组然后移至区域四的矩形内，效果如图 5-241 所示。

9. 选择【工具箱】中的【矩形工具】，在工作区绘制一个矩形，在【属性栏】将矩形的【宽度】、【高度】分别设置为【15】和【2.5】，【顶点样式】设置为【圆角】，将【圆角半径】设置为【0.5】，如图 5-242 所示。

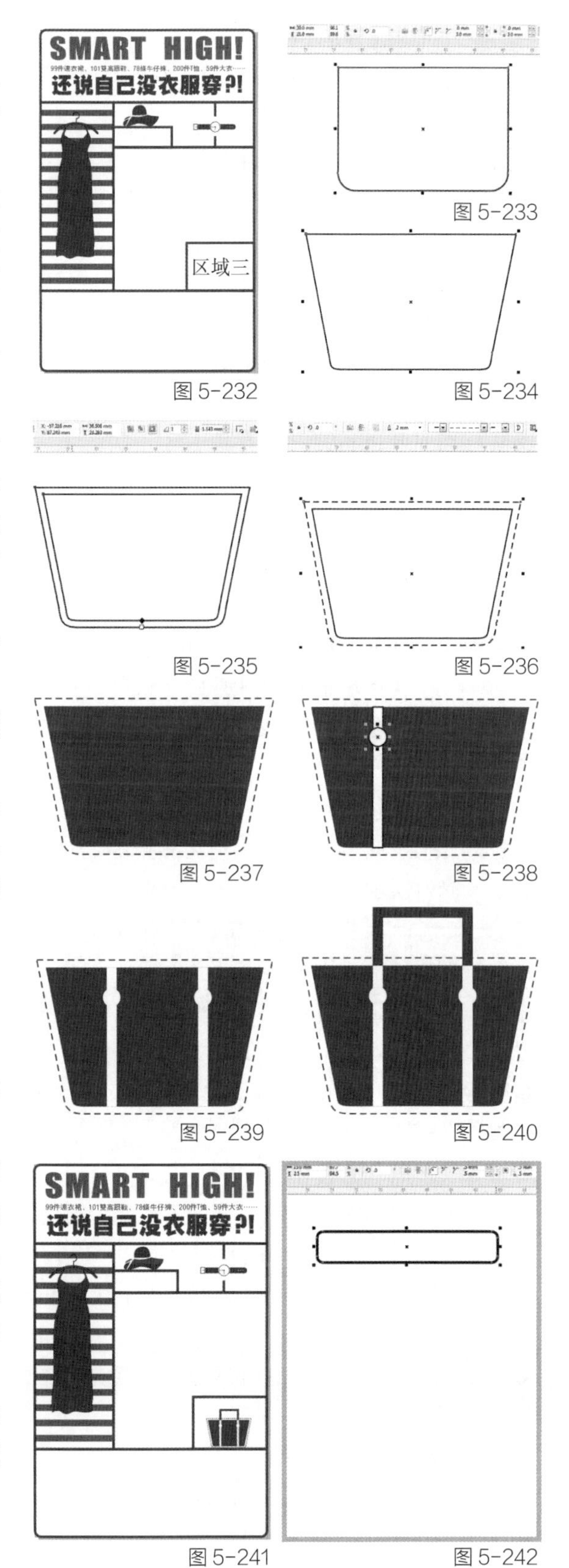

图 5-232　图 5-233　图 5-234　图 5-235　图 5-236　图 5-237　图 5-238　图 5-239　图 5-240　图 5-241　图 5-242

10. 将绘制好的矩形再复制 6 个，排列成如图 5-243 所示图形，将其分别填充为【红色】和【蓝色】，红色色值设置为 C：0，M：100，Y：100，K：0；蓝色的色值设置为 C：100，M：75，Y：7，K：0，绘制好效果如图 5-243 所示。

11. 框选绘制好的 7 个矩形，选择【属性栏】中的【组合对象】命令，将其群组后移动至区域四矩形的上方，效果如图 5-244 所示。

12. 选择【工具箱】中的【贝塞尔工具】，在工作区绘制如图 5-245 所示的高跟鞋图形。绘制好后对其进行复制，并填充为【蓝色】，色值设置为 C：100，M：75，Y：7，K：0，填充好后缩小，如图 5-246 所示。

13. 将靠下的一支鞋添加轮廓线，【轮廓宽】设置为【0.2】，如图 5-247 所示。将其【轮廓色】设置为【白色】，效果如图 5-248 所示。

14. 选中上方缩小后的那只高跟鞋，选择【工具箱】中的【橡皮擦工具】，对两只鞋靠近的部分进行擦除，擦除后效果如图 5-249 所示。

15. 选择【工具箱】中的【选择工具】，框选高跟鞋，将其群组后放置到海报中，效果如图 5-250 所示。

16. 选择【工具箱】中的【文字工具】，在区域四内部输入【可不要太贪心哦~ 亲爱的小海，】，将【字体】设置为【微软雅黑】，【字号】设置为【24】。并将其填充为【蓝色】，色值设置为 C：100，M：75，Y：7，K：0，效果如图 5-251 所示。

17. 选择【工具箱】中的【文字工具】，在区域四内部输入【2 个衣帽间，够了。】，将【字体】设置为【经典特黑简】，【字号】分别设置为【90】和【36】。并将其填充为【红色】，色值设置为 C：0，M：100，Y：100，K：0，效果如图 5-251 所示。这样区域四的图形就绘制完成了。

步骤七：绘制区域五

1. 接下来绘制区域五的内容，选择【工具箱】中的【手绘工具】，在区域内绘制垂直和水平的直线，如图 5-252 所示。

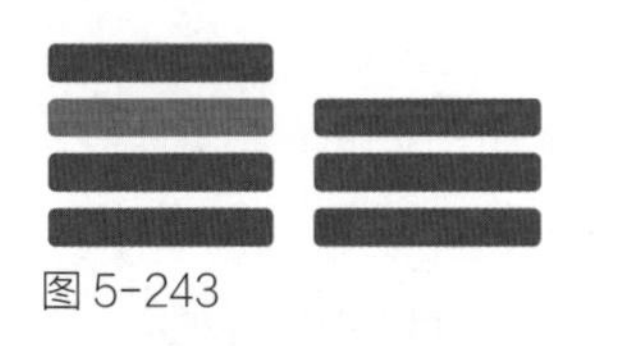
图 5-243

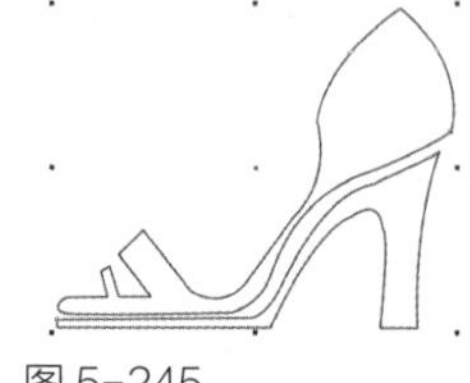
图 5-245

图 5-244

图 5-246

图 5-247

图 5-248

图 5-249

图 5-250

图 5-251

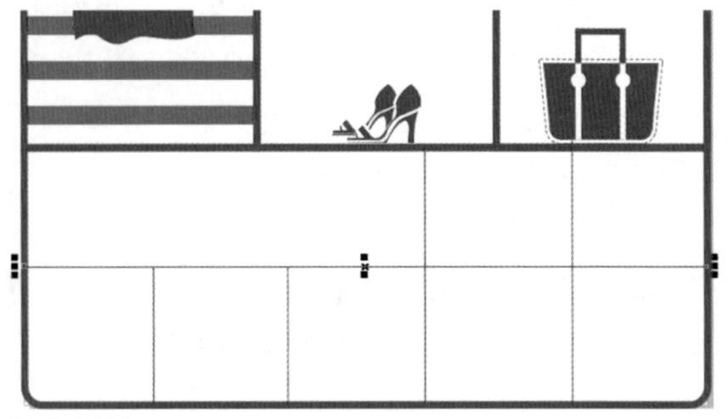
图 5-252

2. 选择【工具箱】中的【选择工具】，框选所有区域内的直线段，将它们的【轮廓宽】设置为【0.75】，【轮廓色】设置为【蓝色】，颜色设置为C：100，M：75，Y：7，K：0。效果如图5-253所示。

3. 选择【工具箱】中的【文字工具】，在区域五内部左上格输入【小海海螺号128m^2】，将【字体】设置为【微软雅黑】，【字号】设置为【32】。并将其填充为【蓝色】和【红色】，色值设置为C：100，M：75，Y：7，K：0；C：0，M：100，Y：100，K：0，效果如图5-254所示。

4. 运用【工具箱】中的【椭圆工具】、【矩形工具】，在工作区绘制如图5-255所示的图形。绘制完后，对其填充颜色，将【=】号下方的圆填充为【红色】，色值为C：0，M：100，Y：100，K：0；将【+】号下方的圆填充为【蓝色】，色值为C：100，M：75，Y：7，K：0。绘制完成后如图5-256所示，将其放置到各分隔线上。

5. 运用【工具箱】中的【矩形工具】，在工作区绘制如图5-257所示的图形当作沙发，将沙发各矩形的【轮廓宽】设置为【0.25】，【轮廓色】设置为【蓝色】，色值设置为C：100，M：75，Y：7，K：0。

6. 绘制完后，将沙发各元素群组并移动至区域五上中格，如图5-258所示，在沙发下面输入文字【1个客厅】，在【属性栏】中将【字体】设置为【微软雅黑】，【字号】设置为【14】，效果如图5-258所示。

7. 运用【工具箱】中的【矩形工具】、【椭圆工具】，在工作区绘制如图5-259所示的图形当作盆景，盆景各元素的【轮廓宽】设置为【0.25】，【轮廓色】设置为【蓝色】，色值设置为C：100，M：75，Y：7，K：0。

8. 绘制完后，将盆景各元素群组并移动至区域五右上格，如图5-260所示。在盆景下面输入文字【2个阳台】，在【属性栏】中将【字体】设置为【微软雅黑】，【字号】设置为【14】，效果如图5-260所示。

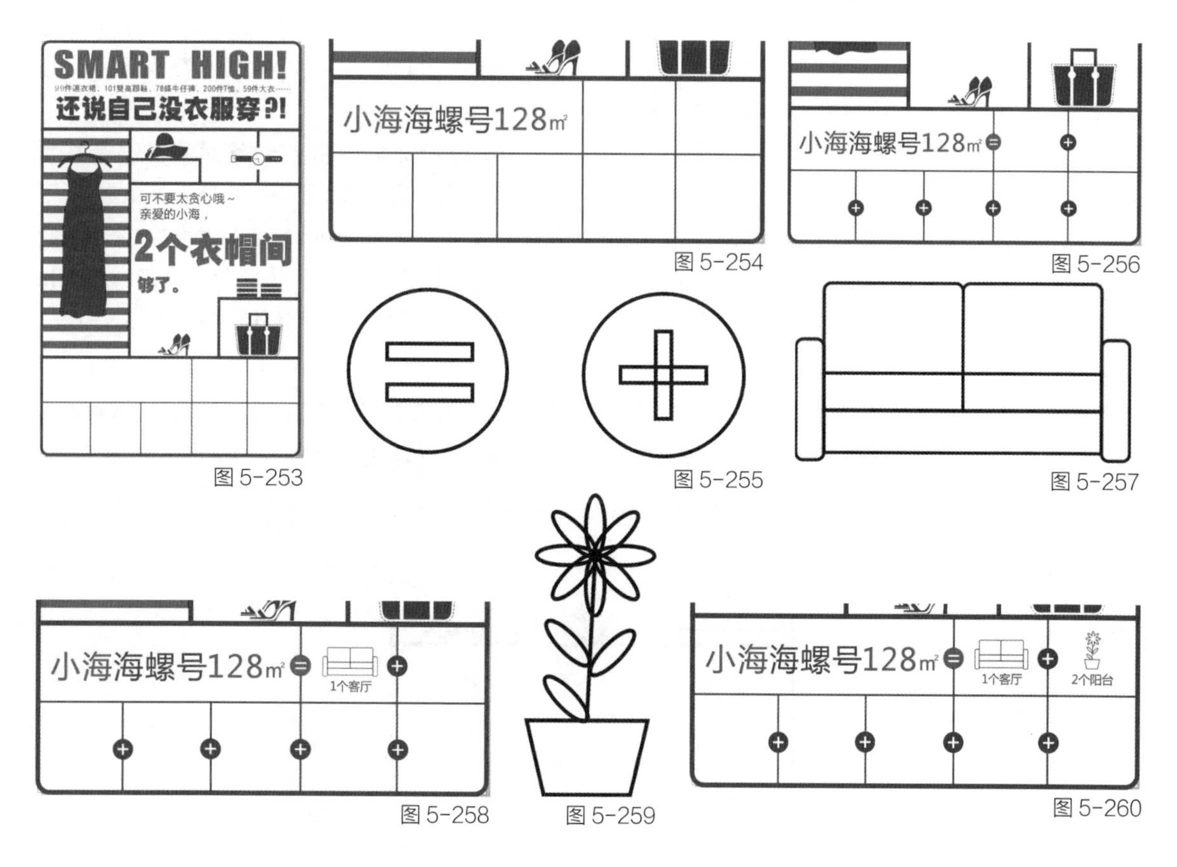

图5-253 图5-254 图5-255 图5-256 图5-257 图5-258 图5-259 图5-260

9. 运用【工具箱】中的【矩形工具】、【椭圆工具】，在工作区绘制如图 5-261 所示的餐盘图形，将餐盘各元素的【轮廓宽】设置为【0.25】，【轮廓色】设置为【蓝色】，色值设置为 C：100，M：75，Y：7，K：0。

10. 绘制完后，将勺子和筷子填充为【蓝色】，色值设置为 C：100，M：75，Y：7，K：0，将餐盘各元素群组并移动至区域五左下格，如图 5-262 所示。在餐盘图形下面输入文字【1 个餐厅】，在【属性栏】中将【字体】设置为【微软雅黑】，【字号】设置为【14】，效果如图 5-262 所示。

11. 运用【工具箱】中的【矩形工具】，在工作区绘制如图 5-263 所示的灶台图形，将灶台各元素的【轮廓宽】设置为【0.25】，【轮廓色】设置为【蓝色】，色值设置为 C：100，M：75，Y：7，K：0。

12. 绘制完后，将灶头四个角上的矩形填充为【蓝色】，色值设置为 C：100，M：75，Y：7，K：0，然后将灶台各元素群组并移动至区域五下左二格，如图 5-264 所示。在灶台图形下面输入文字【1 个厨房】，在【属性栏】中将【字体】设置为【微软雅黑】，【字号】设置为【14】，效果如图 5-264 所示。

13. 运用【工具箱】中的【矩形工具】、【椭圆工具】，在工作区绘制如图 5-265 所示的抽水马桶图形，抽水马桶各元素的【轮廓宽】设置为【0.25】，【轮廓色】设置为【蓝色】，色值设置为 C：100，M：75，Y：7，K：0。

14. 绘制完后，将抽水马桶各元素群组并移动至区域五下左三格，如图 5-266 所示。在图形下面输入文字【1 个卫生间】，在【属性栏】中将【字体】设置为【微软雅黑】，【字号】设置为【14】，效果如图 5-266 所示。

15. 运用【工具箱】中的【矩形工具】，在工作区绘制如图 5-267 所示的床，将各元素的【轮廓宽】设置为【0.25】，【轮廓色】设置为【蓝色】，色值设置为 C：100，M：75，Y：7，K：0。

16. 绘制完后，将床各元素群组并移动至区域五下左四格，如图 5-268 所示。在图形下面输入文字【3 个卧室】，在【属性栏】中将【字体】设置为【微软雅黑】，【字号】设置为【14】，效果如图 5-268 所示。

17. 运用【工具箱】中的【矩形工具】，在工作区绘制如图 5-269 所示的衣橱的图形，将各元素的【轮廓宽】设置为【0.25】，【轮廓色】设置为【蓝色】，色值设置为 C：100，M：75，Y：7，K：0。

18. 绘制完后，将衣橱各元素群组并移动至区域五右下格，如图 5-270 所示。在图形下面输入文字【2 个衣帽间】，在【属性栏】中将【字体】设置为【微软雅黑】，【字号】设置为【14】，效果如图 5-266 所示。至此，这则房地产广告

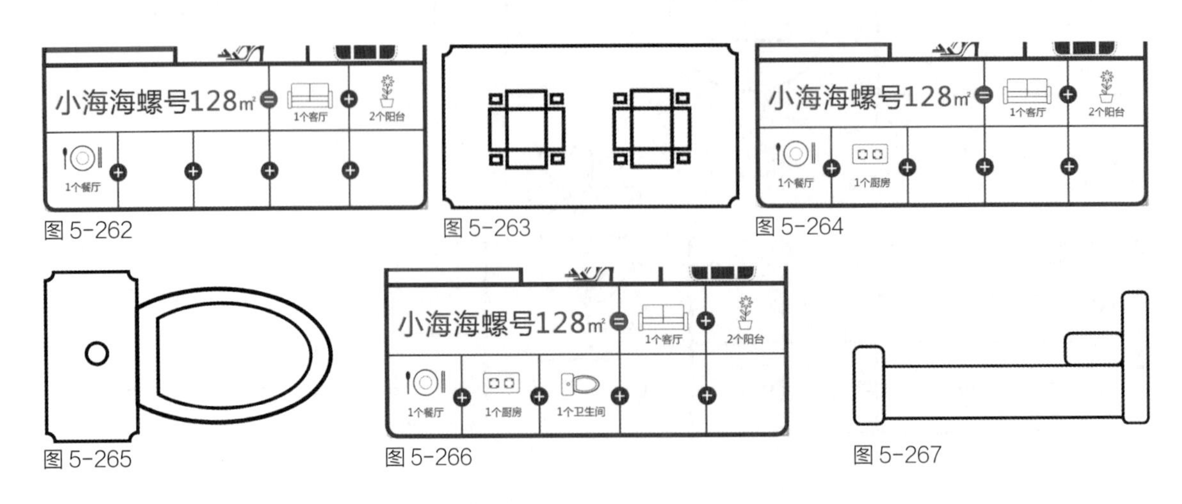

图 5-262　图 5-263　图 5-264

图 5-265　图 5-266　图 5-267

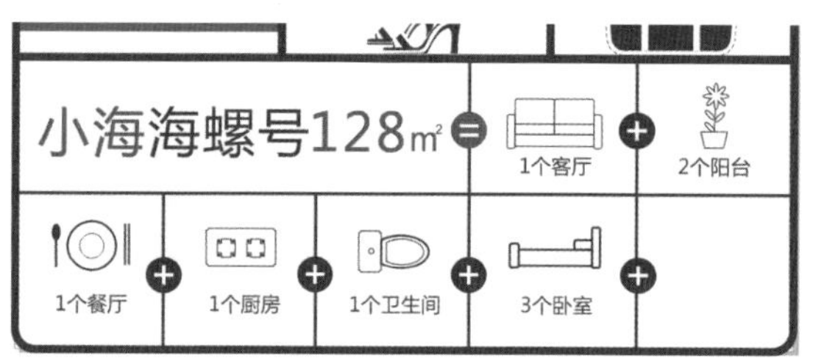

图 5-268

图 5-269

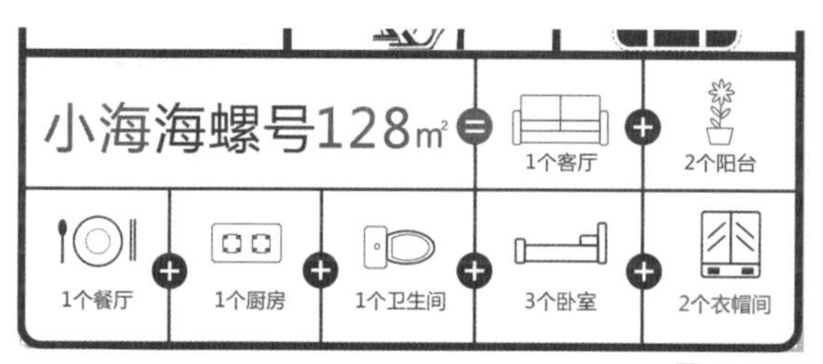

图 5-270

图 5-271

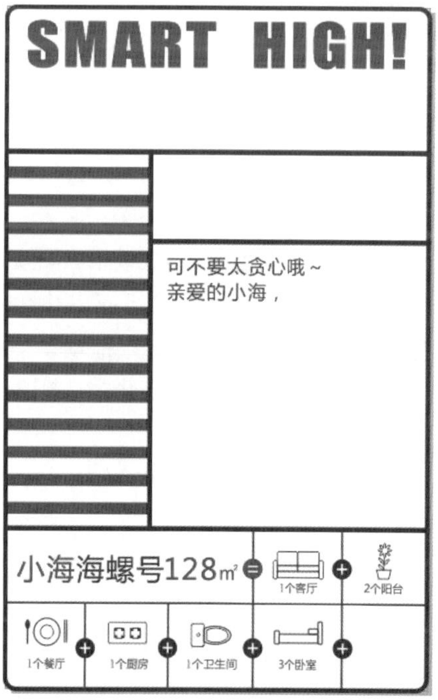

图 5-272

图 5-273

海报就制作完成了，效果如图 5-271 所示。

步骤八：绘制房地产广告（方案二）

下面来制作第二个房地产广告方案，对前面绘制好的海报进行复制，将其中的一些元素删除，如图 5-272 所示。

步骤九：修改区域一

1. 选择【工具箱】中的【文字工具】，在区域一内部中部输入【周末趴、复古趴、生日趴、健身趴、兄弟趴、音乐趴、红酒趴……】，将【字体】设置为【微软雅黑】，【字号】设置为【16】。将其填充为【蓝色】，色值设置为 C：100，M：75，Y：7，K：0。

2. 选择【工具箱】中的【文字工具】，在区域一内部上方输入【还说自己没朋友？！】，将【字体】设置为【经典特黑简】，【字号】设置为【52】。将其填充为【蓝色】，色值设置为 C：100，M：75，Y：7，K：0，效果如图 5-273 所示。

步骤十：修改区域二

1. 选择【工具箱】中的【椭圆工具】，在工作区配合【Ctrl】键绘制一个正圆。在【属性栏】将【宽度】和【高度】均设置为【36】，【轮廓宽】设置为【1.5】。绘制完成后将其填充为【白色】，【轮廓色】填充为【蓝色】，颜色色值设置为 C：100，M：75，Y：7，K：0，效果如图 5-274 所示。

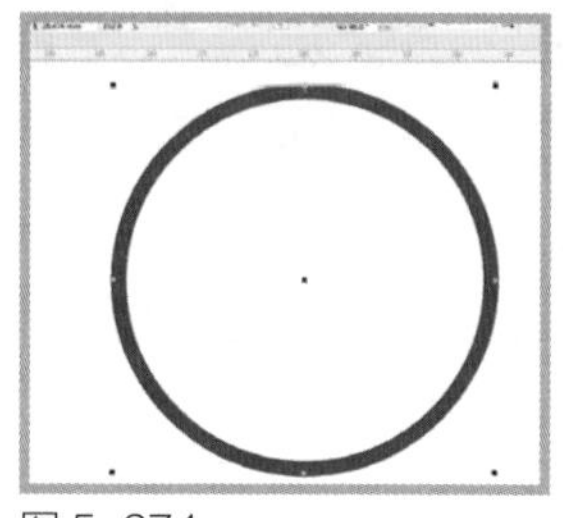

图 5-274

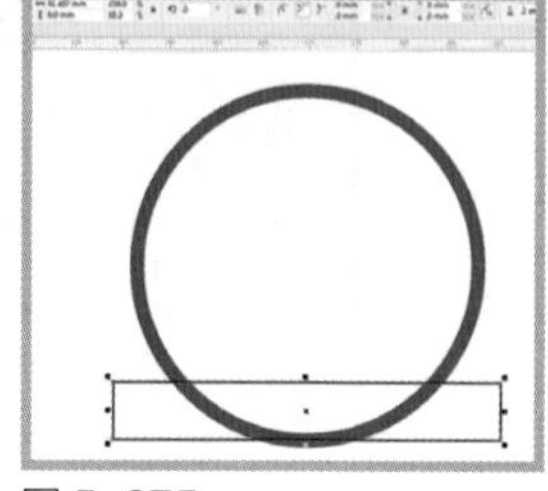

图 5-275

2. 选择【工具箱】中的【矩形工具】，在椭圆正中靠下的位置绘制一个矩形。在【属性栏】将【高度】设置为【6】，绘制完成后将其与正圆底端节点重合，效果如图 5-275 所示。

3. 选择【工具箱】中的【选择工具】，框选正圆和矩形，选择【属性栏】中的【相交】命令，得到相交的图形后，将其填充为【蓝色】，颜色色值设置为 C：100，M：75，Y：7，K：0，效果如图 5-276 所示。

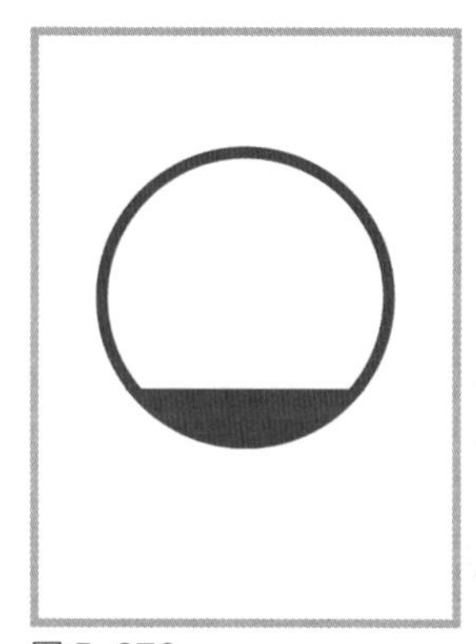

图 5-276

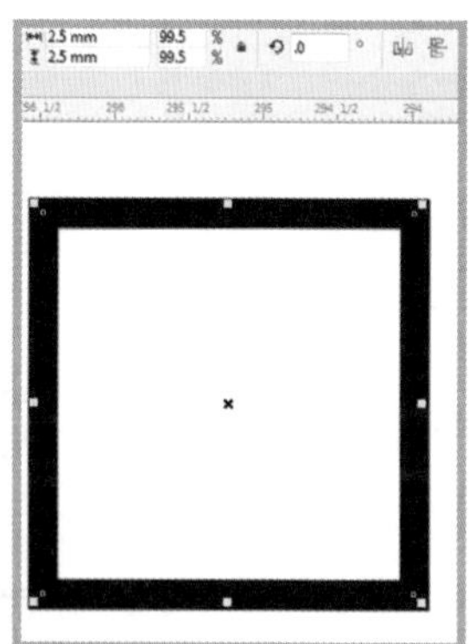

图 5-277

4. 选择【工具箱】中的【矩形工具】，在工作区配合【Ctrl】键绘制一个正方形。在【属性栏】将其【宽度】和【高度】均设置为【2.5】，如图 5-277 所示。绘制完成后将其填充为【蓝色】，颜色色值设置为 C：100，M：75，Y：7，K：0，【轮廓色】设置为【无】，效果如图 5-278 所示。

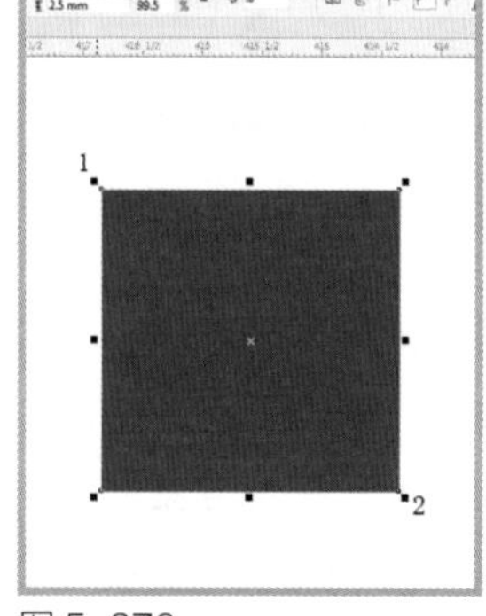

图 5-278

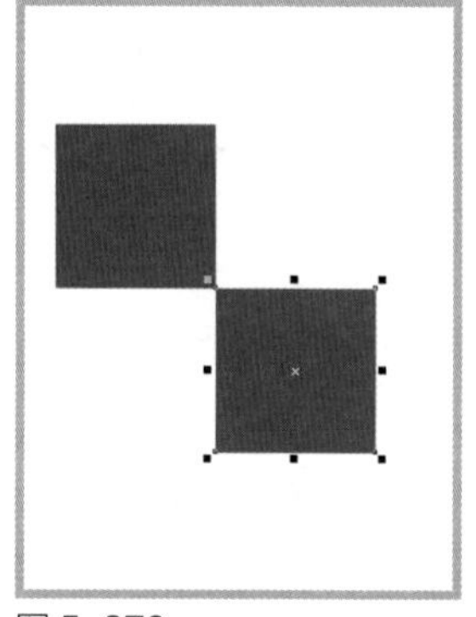

图 5-279

5. 将鼠标移动至图 5-278 中的【1】点，按下鼠标左键，向【2】点拖动，捕捉到【2】点后按下【鼠标右键 + 鼠标左键】完成移动复制，效果如图 5-279 所示。

6. 按下【Ctrl+R】组合键重复该复制操作，效果如图 5-280 所示。

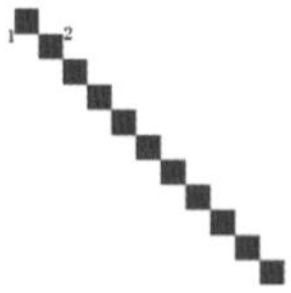

7. 将图 5-281 所示图形群组。将鼠标移动至图 5-280 中的【1】点，按下【鼠标左键】，向【2】点拖动，捕捉到【2】点后按下【鼠标右键 + 鼠标左键】完成移动复制。按【Ctrl+R】组合键重复该复制操作，效果如图 5-281 所示。

8. 将绘制好的图形移动到正圆的上方，如图 5-282 所示。选择【对象】菜单栏中的【图框精确剪裁—置于图文框内部】命令，弹出黑色箭头后，单击正圆实现置入，完成后效果如图 5-283 所示。

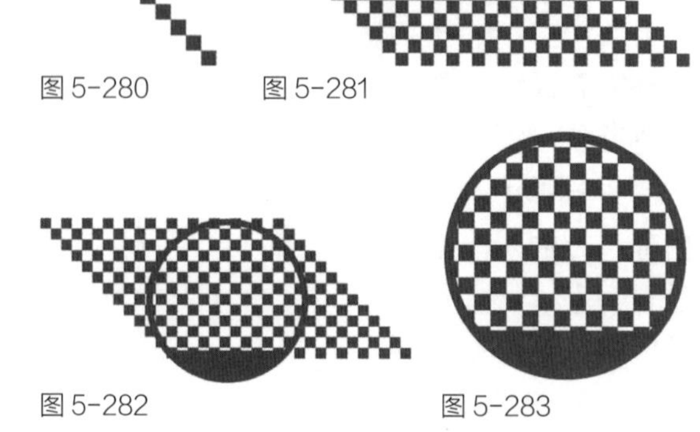

图 5-280　图 5-281

图 5-282　图 5-283

9. 选择【工具箱】中的【矩形工具】，在工作区绘制一个矩形。在【属性栏】将【宽度】、【高度】分别设置为【30】和【4.7】，【顶点样式】设置为【圆角】,【圆角半径】设置为【2】，如图 5-284 所示。

10. 绘制完成后将其填充为【蓝色】，颜色色值设置为 C：100，M：75，Y：7，K：0，【轮廓色】设置为【无】，效果如图 5-285 所示。

11. 选择【工具箱】中的【矩形工具】，在工作区绘制一个矩形。在【属性栏】将【宽度】、【高度】分别设置为【22】和【72】，如图 5-286 所示。

12. 绘制完成后，选择【属性栏】中的【转换为曲线】命令，选择【工具箱】中的【修改工具】，框选下面两个节点，在【属性栏】中选择【延展和缩放节点】命令，配合【Shift】键，缩小下方两个节点的距离，效果如图 5-287 所示。

13. 选择【工具箱】中的【矩形工具】，在工作区绘制一个矩形。在【属性栏】将【宽度】、【高度】分别设置为【3.5】和【12.5】，如图 5-288 所示。

14. 绘制好后，将其移动到梯形下方，效果如图 5-289 所示。然后，将这两个图形填充为【蓝色】，色值设置为 C：100，M：75，Y：7，K：0，【轮廓色】设置为【无】，效果如图 5-290 所示。

15. 填充好以后，将其移动至刚才绘制的圆形下方，这样话筒就制作完成了，效果如图 5-291 所示。

16. 将绘制好的话筒，平移至区域二的背景上，效果如图 5-292 所示。

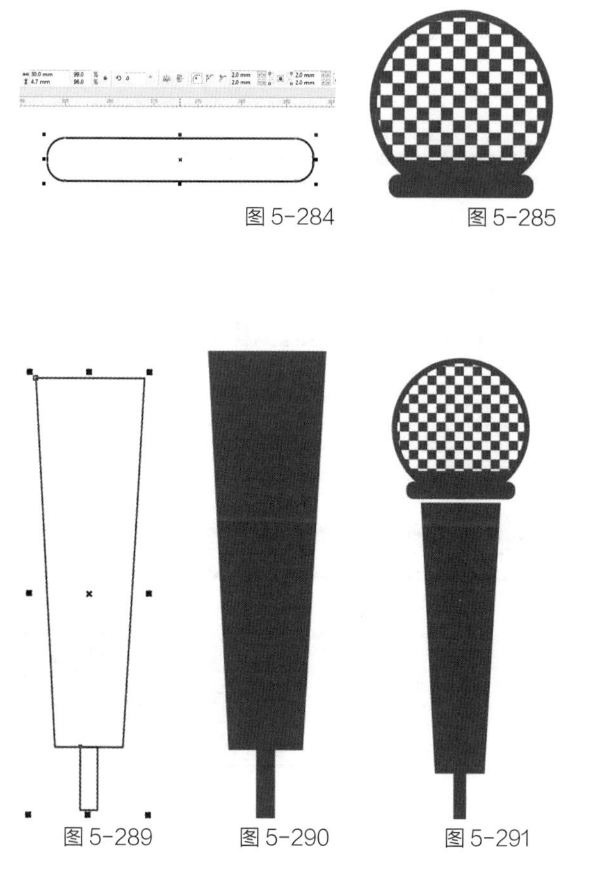

图 5-284　图 5-285

图 5-289　图 5-290　图 5-291

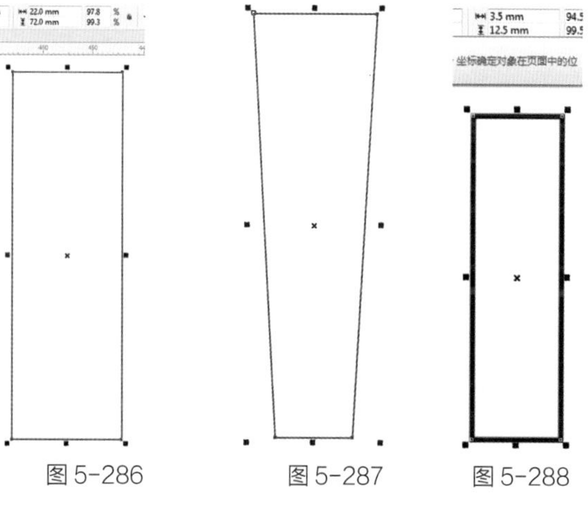

图 5-286　图 5-287　图 5-288

图 5-292

步骤十一：修改区域三

1. 选择【工具箱】中的【贝塞尔工具】，在工作区绘制国际象棋图形，如图 5-293 所示。

2. 绘制完成后，将其填充为【蓝色】，颜色色值设置为 C：100，M：75，Y：7，K：0，绘制完成后选择【属性栏】中的【组合对象】命令，将其群组后移动至区域三中，完成后效果如图 5-294 所示。

3. 选择【工具箱】中的【贝塞尔工具】，在工作区绘制吧台图形，如图 5-295 所示。

4. 绘制完成后，将其填充为【蓝色】，颜色色值设置为 C：100，M：75，Y：7，K：0，绘制完成后选择【属性栏】中的【组合对象】命令，将其群组后移动至区域三中，完成后效果如图 5-296 所示。

5. 选择【工具箱】中的【贝塞尔工具】，在工作区绘制骰子图形，如图 5-297 所示。

6. 绘制完成后，将其填充为【蓝色】，颜色色值设置为 C：100，M：75，Y：7，K：0，绘制完成后选择【属性栏】中的【组合对象】命令，将其群组后移动至区域三中，完成后效果如图 5-298 所示。

图 5-293

图 5-294

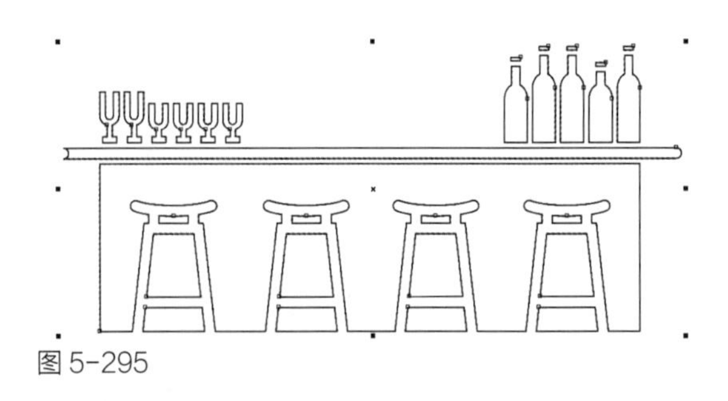
图 5-295

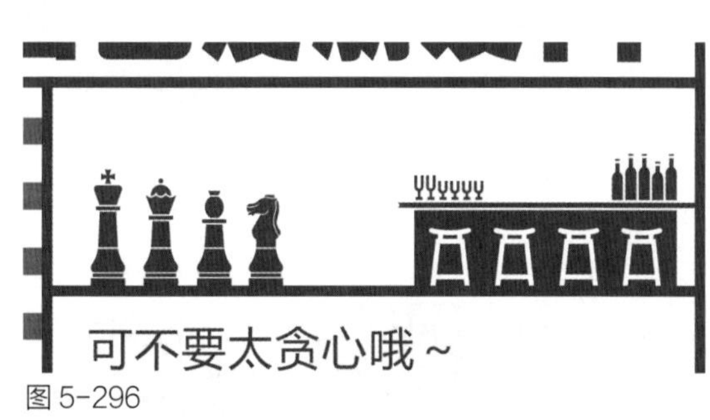

图 5-296

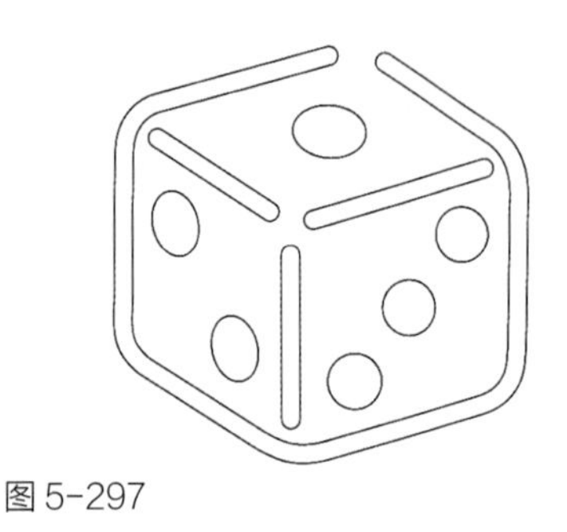
图 5-297

图 5-298

步骤十二：修改区域四

1. 选择【工具箱】中的【文字工具】，在区域四内部中部输入文字【1 个影音室 1 个棋牌室 1 个健身房 1 个台球房 够了。】，将【字体】设置为【汉仪超粗黑简】，【字号】分别设置为【48】和【36】。将其填充为【红色】，色值设置为 C：0，M：100，Y：100，K：0，效果如图 5-299 所示。

2. 选择【工具箱】中的【贝塞尔工具】，在工作区绘制啤酒杯图形，如图 5-300 所示。

3. 绘制完成后，将其填充为【蓝色】，颜色色值设置为 C：100，M：75，Y：7，K：0，绘制完成后选择【属性栏】中的【组合对象】命令，将其群组后移动至区域四中，完成后效果如图 5-301 所示。

步骤十三：修改区域五

1. 对区域五种的蓝色【+】号图形进行复制，将其填充色改成【红色】，效果如图 5-302 所示。

2. 将其移动到区域 5 右下角的格子中，并且输入如图 5-303 所示的文字。

3. 这样第二个房地产海报就制作完成了，效果如图 5-304 所示。

4. 两个方案的最终效果如图 5-305 所示。

图 5-299

图 5-300

图 5-301

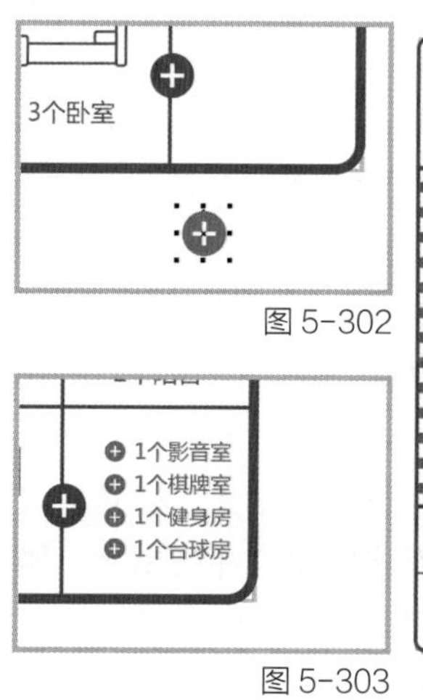

图 5-302

图 5-303

图 5-304

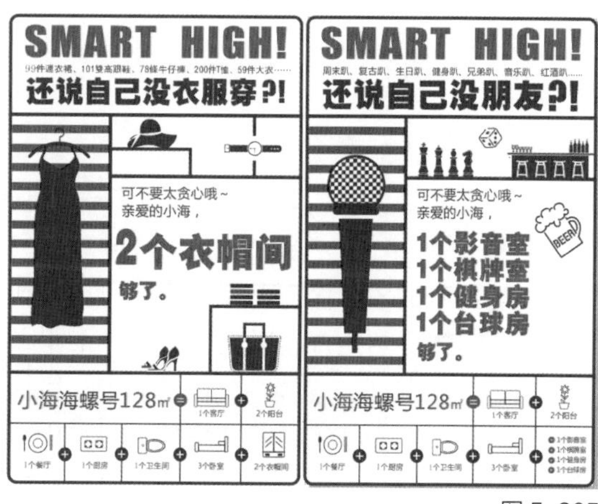

图 5-305

第六章 CorelDRAW X7 中的标志设计

本章导读

标志作为企业形象识别系统 CIS（Corporate Identity System）战略最主要的部分，在企业形象传播过程中，是应用最广泛、出现频率最高，同时也是最关键的元素。企业强大的整体实力、完善的管理机制、优质的产品和服务，都被涵盖于企业标志中，通过不断地刺激和反复刻画，深深地留在受众心中。本章将详细的讲解 CorelDRAW X7 在标志设计中的运用方法与使用技巧。

学习目标

- 通过任务演示了解运用 CorelDRAW X7 制作标志设计的一般设计思路和方法
- 通过任务演示和操作掌握 CorelDRAW X7 制作标志所用的绘图工具以及图形、图像处理、滤镜、光影表现等命令的操作技能和具体制作过程
- 明确学习任务，培养学生学习兴趣和科学研究态度
- 引导学生提升自主学习的能力，养成严谨细致的设计制作习惯

第一节 关于标志设计

一、关于标志

（一）标志的概念

标志是代表特定内容的标准识别符号。它将具体的事物、事件、场景和抽象的精神、理念、方向通过特殊的图形固定下来，使人们在看到标志的同时，自然地产生联想，从而对企业产生认同。标志（Logo）与企业的经营紧密相关，标志是企业日常经营活动、广告宣传、文化建设、对外交流必不可少的元素，随着企业的成长，其价值也不断增长。曾有人断言：“即使一把火把可口可乐的所有资产烧光，可口可乐凭着其商标，就能重新起来”。因此，具有长远眼光的企业都十分重视标志设计，同时了解标志的作用。在企业建立初期，好的标志或设计无疑是日后无形资产积累的重要载体，如果没有客观反映企业精神、产业特点和造型科学优美的标志；抑或是等企业发展起来，再做变化调整，将对企业造成不必要的浪费和损失。

（二）标志的三要素

1. 标志的图案

各国名称、国旗、国徽、军旗、勋章，或与其相同或相似者，不能用作商标的图案。国际国内规定的一些专用标志，如红十字、民航标志、铁路路徽等，也不能用作商标图案。此外，取动物形象作为商标图案时，应注意不同民族、不同国家对各种动物的喜爱与忌讳。

2. 标志的色彩

色彩是形态三个基本要素（形、色、质）之一。标志常用的颜色为三原色（红、黄、蓝），这三种颜色纯度比较高，比较的亮丽，更容易吸引人的眼球。

3. 标志的名称

一个出色、完美的商标，除了要有优美、鲜明的图案，还要有与众不同的、响亮动听的名称。名称不仅影响今后商品在市场上的流通和传播，还决定商标的整个设计流程和效果。

二、标志的特点

（一）功用性

标志的本质在于它的功用性。经过艺术设计的标志虽然具有观赏价值，但标志主要不是为了供人观赏，而是为了突出实用性。标志是人们进行生产活动、社会活动必不可少的直观工具。标志有为人类共用的，如公共场所标志（图 6-1）、交通标志、安全标志、操作标志等；有为国家、地区、城市、民族、家族专用的旗徽等标志；有为社会团体、企业、仁义、活动专用的，如会徽、会标、厂标、社标等；有为某种商品产品专用的商标；还有为集体或个人所属物品专用的，如图章、签名、花押、落款、烙印等，都各自具有不可替代的功能。

（二）识别性

标志最突出的特点是各具独特面貌，易于识别，显示事物自身特征（图 6-2），标示事物间不同的意义、区别与归属是标志的主要功能。各种标志直接关系到国家、集团乃至个人的根本利益，决不能相互雷同、混淆，以免造成错觉。因此标志必须特征鲜明，令人一眼即可识别，并过目不忘。

（三）显著性

显著性是标志的又一重要特点，除隐形标志外，绝大多数标志的设置就是要引起人们的注意。因此，色彩强烈醒目、图形简练清晰是标志通常具有的特征。

（四）多样性

标志种类繁多、用途广泛，无论从其应用形式、构成形式，还是表现手段来看，都有着极其丰富的多样性。其应用形式，不仅有平面的（几乎可利用任何物质的平面），还有立体的（如浮雕、圆雕、任意形状立体物或利用包装、容器等的特殊式样做标志等）；其构成形式，有直接利用物象的，有以文字符号构成的，有以具象、意象或抽象图形构成的，有以色彩构成的，多数标志是由几种基本形式组合构成的。就表现手段来看，其丰富性和多样性几乎难以概述，而且随着科技、文化、艺术的发展，一直在不断创新（图 6-3 ~ 图 6-5）。

（五）艺术性

凡经过设计的非自然标志都具有某种程度的艺术性。既符合实用要求，又符合美学原则，给人以美感，是对其艺术性的基本要求。一般来说，艺术性强的标志更能吸引和感染人，给人以强烈和深刻的印象。标志的高度艺术化是时代和文明进步的需要，是人们越来越高的文化素养的体现和审美心理的需要。

（六）准确性

标志无论要说明什么还是指示什么，无论是寓意还是象征，其含义必须准确（图 6-8 ~ 图 6-10）。首先要易懂，符合人们认识心理和认识能力。其次要准确，避免意料之外的多解或误解，尤应注意禁忌。让人在极短时间内一目了然、准确领会，这正是标志优于语言、快于语言的长处。

（七）持久性

标志与广告或其他宣传品不同，一般都具有长期使用价值，不可轻易改动。

三、标志设计流程及设计原则

（一）标志设计的流程

1. 调研分析

标志不仅仅是一个图形或文字的组合，它是依据企业的构成结构、行业类别、经营理念，

图 6-1

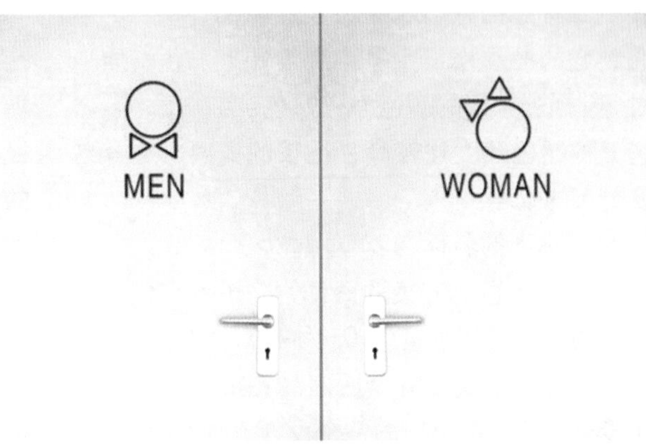

图 6-2

图 6-3

图 6-4

图 6-5

图 6-6

图 6-7

图 6-8

图 6-9

图 6-10

并充分考虑标志接触的对象和应用环境，为企业制定的标准视觉符号。在设计之前，首先要对企业作全面深入的了解，包括经营战略、市场分析，以及企业最高领导人员的基本意愿，这些都是标志设计开发的重要依据。对竞争对手的了解也是非常重要，标志的重要作用即识别性，就是建立在对竞争环境的充分掌握上。

2. 要素挖掘

要素挖掘是为设计开发工作做进一步的准备。依据调查结果，提炼出标志的结构类型、色彩取向，列出标志所要体现的精神和特点，挖掘相关的图形元素，找出标志设计的方向，使设计工作有的放矢，而不是对文字图形的无目的组合。

3. 设计开发

有了对企业的全面了解和对设计要素的充分掌握，就可以从不同的角度和方向进行设计开发工作。设计师通过对标志的理解，充分发挥想象，用不同的表现方式，将设计要素融入设计中，标志必须要含义深刻、特征明显、造型大气、结构稳重、色彩搭配能适合企业，避免流于俗套或大众化。不同的标志所反映的侧重或表象会有区别，经过讨论分析或修改，找出适合企业的标志。

4. 标志修正

提案阶段确定的标志，可能在细节上还不太完善，经过对标志的标准制图、大小修正、黑白应用、线条应用等不同表现形式的修正，使标志使用更加规范，同时标志的特点、结构在不同环境下使用时，也不会丧失，实现统一、有序、规范的传播。

（二）标志的设计原则

标志设计不仅是实用物的设计，也是一种图形艺术设计。它与其他图形艺术表现手段既有相同之处，又有自己的艺术规律。它必须体现前述的特点，才能更好地发挥其功能。

由于对要求十分苛刻，即要简练、概括、完美，要成功到几乎找不到更好的替代方案的程度，其难度比之其他任何图形艺术设计都要大得多。在进行标志设计时应遵循以下原则。

1. 设计应在详尽明了设计对象的使用目的、适用范畴及有关法规和深刻领会其功能性要求等情况的前提下进行。

2. 设计须充分考虑其实现的可行性，针对其应用形式、材料和制作条件采取相应的设计手段。同时还要顾及应用于其他视觉传播方式（如印刷、广告、映像等）或放大、缩小时的视觉效果。

3. 设计要符合作用对象的直观接受能力、审美意识、社会心理和禁忌。

4. 构思须慎重推敲，力求深刻、巧妙、新颖、独特，表意准确，能经受住时间的考验。

5. 构图要凝练、美观、适形（适应其应用物的形态）。

6. 图形、符号既要简练、概括，又要讲究艺术性。

7. 色彩要单纯、强烈、醒目。

8. 遵循标志艺术规律，创造性地探求适合的艺术表现形式和手法，锤炼出精炼的艺术语言使设计的标志具有高度整体美感、获得最佳视觉效果，是标志设计艺术追求的准则。

第二节 绘制巴塞罗那足球俱乐部队徽

巴塞罗那足球俱乐部的会徽从最早的钻石型徽章开始经历了几个阶段的变化，但它的精髓始终被保持了下来，这包括加泰罗尼亚的红黄两色区旗，四个黄条与巴尔德斯与三冠王。四个红条是加泰罗尼亚的民族旗帜，还有“FCB”的字母。队徽上有一个红十字，那是加泰罗尼亚守护神 Sant Jordi（Santa Jordi 是加泰罗尼亚语“圣乔治”的拼法，传说 Sant Jordi 帮人们搞定了恶龙，拯救了他们，使得他们都信基督教了。于是加泰罗尼亚国王就请 Sant Jordi 前来帮忙作战）的十字架。队徽上著名的“红和蓝”一说是创始人甘珀先生借用家乡巴塞尔队的颜色，传言是受到瑞士人用的红蓝双色铅笔的灵感。那个球是向 Merchant Tay loR 致敬的，他在 1899 年时协助球队建立英格兰公校的橄榄球队。当年甘伯先生从瑞士抵达巴塞罗那之后，苦于无处踢球，就在报纸上登了一条招募志同道合者一起踢球的广告。于是，巴塞罗那俱乐部便诞生了，也就产生了这个闻名于世的队徽。

这一小节主要学习运用 CorelDRAW X7 来绘制巴塞罗那足球俱乐部队徽，主要用到【贝塞尔工具】、【修改工具】、【轮廓图工具】、【颜料桶工具】和【图框精确剪裁】命令等。

图 6-11

步骤一：新建 CorelDRAW X7 文档——巴萨标志

打开 CorelDRAW X7，选择【标准工具栏】中的【新建】按钮，或者按【Ctrl+N】组合键，弹出【创建新文档】对话框，从中设置文档的尺寸以及各项参数，如图 6-12 所示。点击【确定】按钮，即可创建新文档。

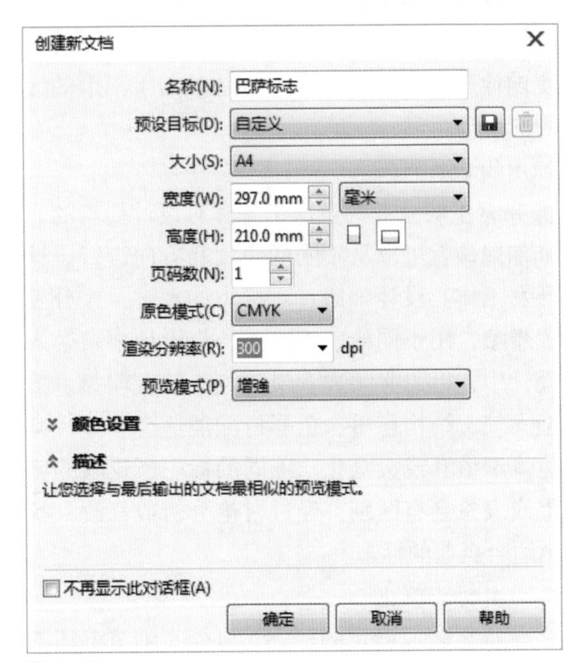

图 6-12

步骤二：绘制标志轮廓

1. 选择【工具箱】中的【贝塞尔工具】，在工作区绘制队徽的基本轮廓，如图 6-13 所示。绘制完成后，选择【工具箱】中的【修改工具】，将绘制好的图形修改成图 6-14 所示样式。

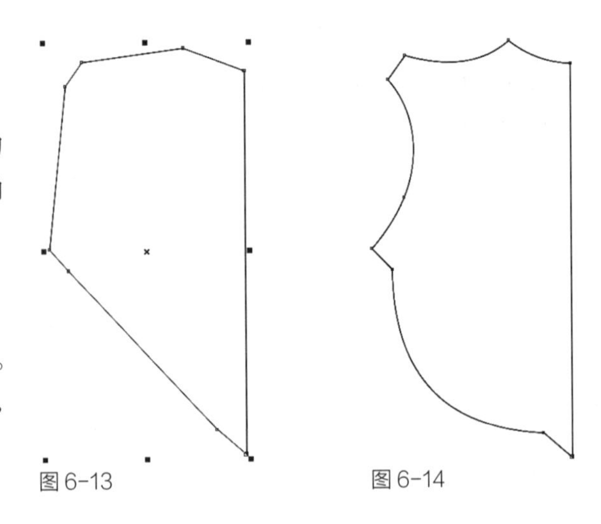
图 6-13　　图 6-14

2. 选择【工具箱】中的【选择工具】，选中修改好的图形。选择【对象】菜单栏中的【缩放与镜像】命令，弹出【变换】泊坞窗，将【样式】设置为【水平镜像】，【副本】设置为【1】，如图 6-15 所示。

3. 镜像完成后，框选镜像和被镜像的两个图形，选择【属性栏】中的【合并】命令，得到如图 6-16 所示图形。

4. 选中合并好的图形，选择【工具箱】中的【轮廓图工具】，对图 6-15 进行轮廓图操作，然后在【属性栏】中将【轮廓样式】设置为【向内轮廓】，【轮廓图步长】设置为【1】，【轮廓图偏移】设置为【2.25】，效果如图 6-17 所示。

5. 选中轮廓好的图形，单击鼠标右键，在弹出的菜单栏中选择【拆分轮廓图群组】命令，拆分完成后，分别给两个图形填充上颜色，大的图形填充为【黑色】，颜色色值设置为 C：0，M：0，Y：0，K：100；小的图形填充为【黄色】，颜色色值设置为 C：3，M：44，Y：100，K：0，效果如图 6-18 所示。

步骤三：分割内部区域

1. 选中填充为黄色的图形，再次进行轮廓图操作。选择【工具箱】中的【轮廓图工具】，对该图形进行轮廓图操作，然后在【属性栏】中将【轮廓样式】设置为【向内轮廓】，【轮廓图步长】设置为【1】，【轮廓图偏移】设置为【3.65】，效果如图 6-19 所示。

2. 选中轮廓好的图形，单击鼠标右键，在弹出的菜单栏中选择【拆分轮廓图群组】命令，拆分完成后，将其填充为【白色】，颜色色值设置为 C：0，M：0，Y：0，K：0。然后，选择【工具箱】中的【修改工具】，将新轮廓出来的图形进行修改，选中最下面的节点，将其删除，完成效果如图 6-20 所示。

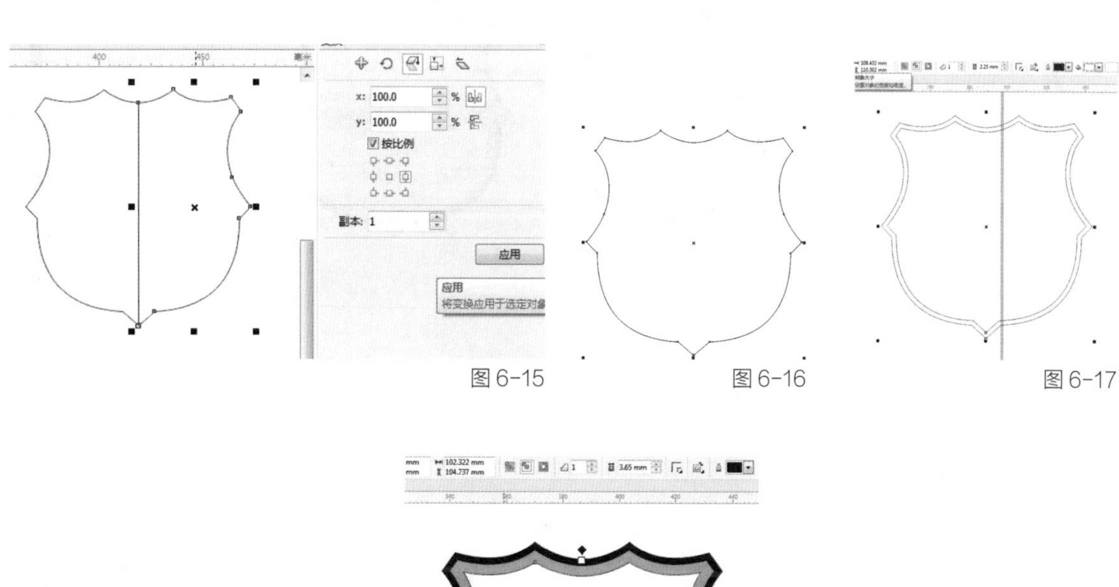

图 6-15　　图 6-16　　图 6-17

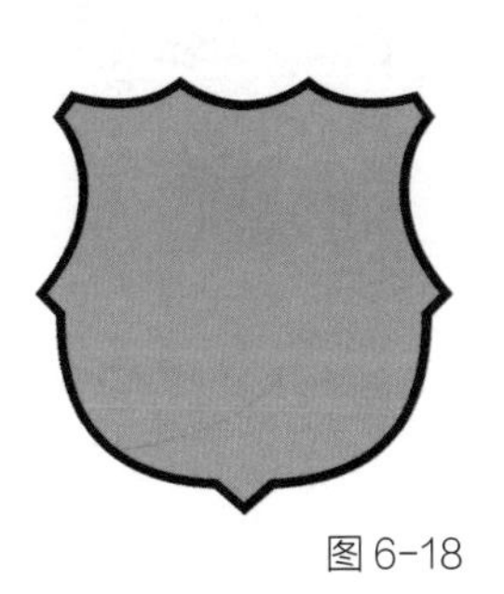

图 6-18

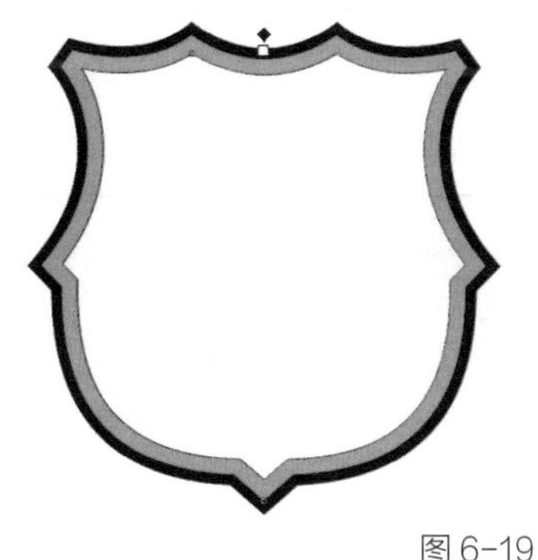

图 6-19

图 6-20

3. 选择【工具箱】中的【矩形工具】，在队徽外轮廓中间部分绘制一个矩形，如图 6-21 所示。在【属性栏】中设置矩形，将【高度】设置为【15.5】，宽度不限，超过外轮廓即可。

4. 绘制完成后，同时选择矩形和下面的白色图形，选择【属性栏】中的【修剪】命令，得到如图 6-22 所示图形。

5. 选中修剪好的图形，将其【轮廓宽】设置为【1】，如图 6-23 所示，选择【属性栏】中的【拆分】命令，将上下两部分拆分。

6. 选择【工具箱】中的【矩形工具】，在队徽右上角绘制一个矩形，如图 6-24 所示。绘制完成后，将矩形的左边边线帖齐白色图形的竖直中线，如图 6-24 所示。

7. 同时选择矩形和上半部分白色图形，选择【属性栏】中的【相交】命令，得到矩形和白色图形相交的部分，如图 6-25 所示。这样队徽的 3 个区域就切分出来了。

步骤三：制作各区域内图形

1. 选择【工具箱】中的【矩形工具】，在工作区绘制一个矩形，如图 6-26 所示。在【属性栏】将矩形的【宽度】设置为【45】；【高度】设置为【12】。

2. 绘制完成后，再垂直复制一个，并将其填充为【红色】，颜色色值设置为 C：9， M：100， Y：100，K：0，效果如图 6-27 所示。

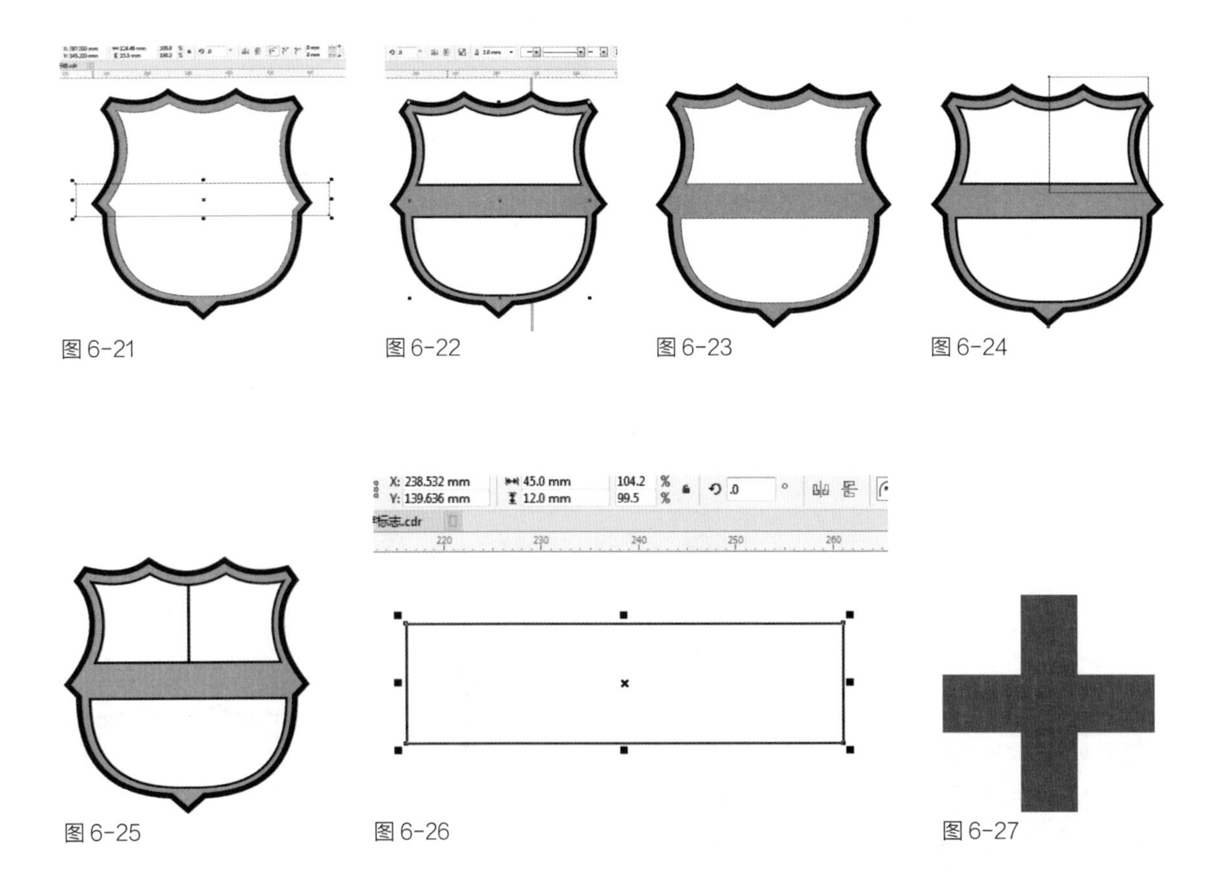

图 6-21　图 6-22　图 6-23　图 6-24

图 6-25　图 6-26　图 6-27

3. 将绘制好的【十】字图形放置在如图 6-28 所示的位置，然后选择【对象】菜单栏中的【图框精确剪裁—置于图文框内部】命令，弹出黑色箭头后，单击左上的白色区域，得到效果如图 6-29 所示。

4. 选择【工具箱】中的【矩形工具】，在工作区绘制一个矩形，如图 6-30 所示。在【属性栏】将矩形的【宽度】设置为【4.5】，【高度】设置为【40】。

5. 再复制一个图形放置于旁边，使他们的临边贴齐。分别将其填充为【黄色】和【红色】，黄色的颜色色值为 C：5，M：0，Y：91，K：0；红色的色值为 C：9，M：100，Y：100，K：0，效果如图 6-31 所示。

6. 框选红黄两色条，对其进行复制。效果如图 6-32 所示，复制完成后将其群组。

7. 将群组好的图形放置在如图 6-33 所示位置，然后选择【对象】菜单栏中的【图框精确剪裁—置于图文框内部】命令，弹出黑色箭头后，单击右上的白色区域，得到效果如图 6-34 所示。

8. 选择【工具箱】中的【矩形工具】，在工作区绘制一个矩形，如图 6-35 所示。在【属性栏】将矩形的【宽度】设置为【12】；【高度】设置为【45】。

9. 再复制一个图形放置于旁边，使它们的临边贴齐。分别将其填充为【蓝色】和【红色】，蓝色的色值为 C：100，M：97，Y：42，K：3；红色的色值为 C：9，M：100，Y：100，K：0，效果如图 6-36 所示。

10. 框选红蓝两根色条，对其进行复制，复制完成后将其群组。将群组好的图形放置在如图 6-37 所示位置，然后选择【对象】菜单栏中的【图框精确剪裁—置于图文框内部】命令，弹出黑色箭头后，单击下面的白色区域，得到效果如图 6-38 所示。

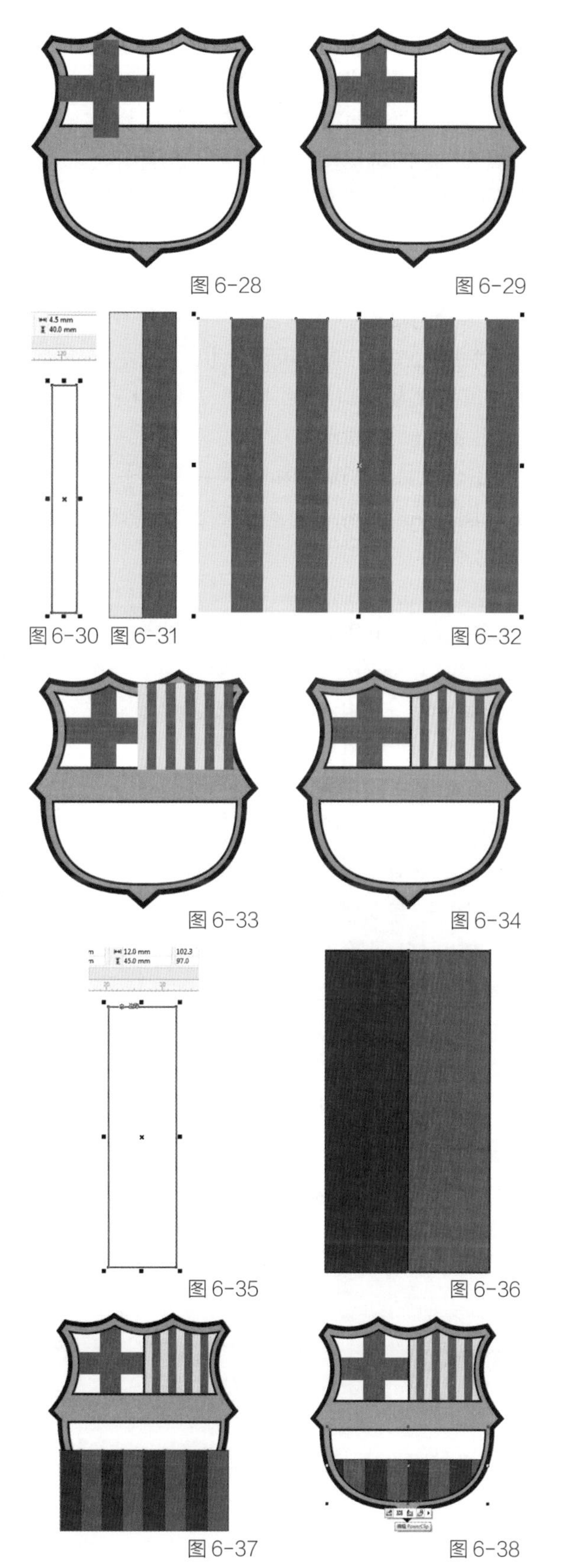

图 6-28 图 6-29
图 6-30 图 6-31 图 6-32
图 6-33 图 6-34
图 6-35 图 6-36
图 6-37 图 6-38

11. 置入后，图形的位置有些偏差，再对其进行调整，选择【对象】菜单栏中的【图框精确剪裁—编辑 PowerClip】命令，调整填充内容的位置，调整好以后，选择【对象】菜单栏中的【图框精确剪裁—结束编辑】命令，效果如图 6-39 所示。

12. 选择【工具箱】中的【贝塞尔工具】，在工作区绘制足球的基本轮廓，如图 6-40 所示。绘制完成后，将其填充为【黄色】，颜色色值设置为 C：3，M：44，Y：100，K：0，效果如图 6-41 所示。

13. 选择【工具箱】中的【椭圆工具】，在足球图案的外圈绘制一个正圆，效果如图 6-42 所示。

14. 将绘制好的正圆填充为【黑色】，将它调整到足球图形后层。选中正圆和足球图形，打开【分布与对齐】泊坞窗，设置【垂直方向上居中对齐】、【水平方向上居中对齐】，效果如图 6-43 所示。

15. 框选足球图案和正圆，选择【属性栏】中的【组合对象】命令，群组后将其移动到队徽中，效果如图 6-44 所示。

步骤四：字体及背景制作

1. 选择【工具箱】中的【贝塞尔工具】，在中间的黄色区域部分输入文字【FCB】，效果如图 6-45 所示。这样队徽的制作就完成了，效果如图 6-46 所示。

2. 选择【工具箱】中的【矩形工具】，捕捉到页面的左上角后按下鼠标左键进行拖动，捕捉页面底边的中点，松开左键，将绘制好的矩形填充为【红色】，色值设置为 C：1，M：100，Y：61，K：0，如图 6-46 所示。在页面剩余的部分再绘制一个矩形，将其填充为【蓝色】，颜色色值设置为 C：100，M：97，Y：42，K：3，效果如图 6-47 所示。

3. 将绘制好的队徽放置到页面中，效果如图 6-48 所示。

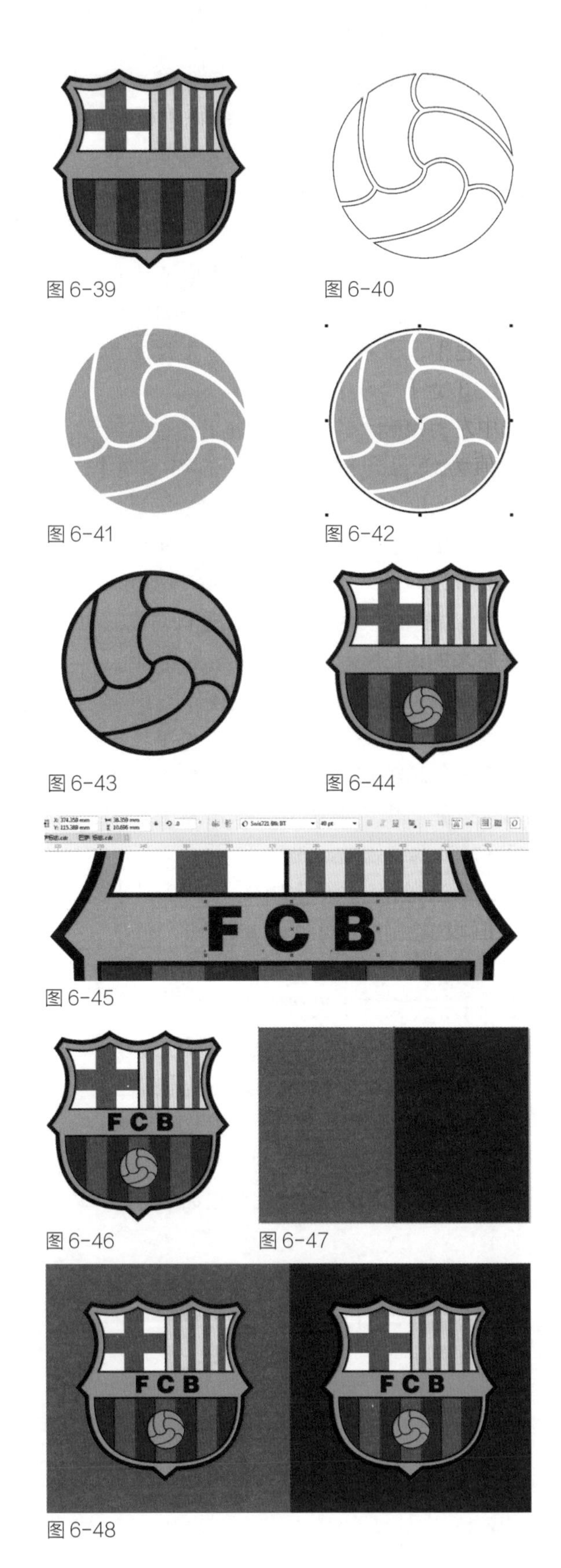

图 6-39 图 6-40 图 6-41 图 6-42 图 6-43 图 6-44 图 6-45 图 6-46 图 6-47 图 6-48

步骤五：改变套色

1. 将放置在红色背景的标志进行颜色的替换。将最外圈的【黑色】轮廓改成【白色】，效果如图 6-49 所示。然后将原来【黄色】轮廓改成【红色】，颜色色值为 C：1，M：100，Y：61， K：0，效果如图 6-50 所示。

2. 然后将内圈区域的【黑色】轮廓线改成【白色】，效果如图 6-51 所示。

3. 选择【工具箱】中的【选择工具】，选中左上角的区域，将其填充色改成【红色】，色值为 C：1，M：100，Y：61，K：0。然后修改置入的【十】字图形，将其改成【白色】，这样左上角区域的颜色就替换完成了，效果如图 6-52 所示。

4. 用同样的方法修改右上角区域的颜色，将原来的【红黄条】改成【红白条】，具体方法这里就不再赘述，修改完成后效果如图 6-53 所示。再将文字修改成【白色】，效果如图 6-54 所示。

5. 然后修改下面区域的颜色，将原来的【红蓝条】修改成【红白条】，效果如图 6-55 所示。

6. 将足球图案的颜色改成【红色】，颜色色值设置为 C：1，M：100，Y：61，K：0，将原来【黑色】轮廓改成【白色】，修改后效果如图 6-56 所示。

7. 至此，巴塞罗那足球俱乐部的队徽就制作完成了，最终效果如图 6-57 所示。

图 6-49

图 6-50

图 6-51

图 6-52

图 6-53

图 6-54

图 6-55

图 6-56

图 6-57

第三节 绘制层次丰富的绚丽花朵标志

步骤一：新建文件——层次丰富的绚丽花朵标志

打开 CorelDRAW X7，选择【标准工具栏】中的【新建】按钮，或者按【Ctrl+N】组合键，在弹出【创建新文档】对话框中设置文档的尺寸以及各项参数，如图 6-59 所示，点击【确定】按钮，即可创建新文档。

步骤二：绘制基本外形

1. 选择【工具箱】中的【椭圆工具】，在工作区绘制一个椭圆，在【属性栏】将椭圆的【宽度】设置为【30】，【高度】设置为【160】，效果如图 6-60 所示。

2. 选择【对象】菜单栏中的【变换—旋转】命令，在工作区的右侧弹出【变换】泊坞窗，在该泊坞窗中将【旋转角度】设置为【20】，【副本】设置为【8】，如图 6-61 所示，点击【应用】按钮，得到如图 6-62 所示的旋转图形。

3. 选择【工具箱】中的【智能填充工具】，这个工具能帮助我们创建出重叠区域的对象，然后填充。选中的【智能填充工具】后，依次单击最外层的花瓣，使这些图形被创建出来，效果如图 6-63 所示。然后用同样的方法依次单击内圈图形，使得这些区域重新被创建出来，效果如图 6-64 所示。

4. 选择【工具箱】中的【选择工具】，删除最开始绘制好的旋转椭圆，留下【智能填充工具】创建的图形，如图 6-65 所示。

图 6-58　图 6-59

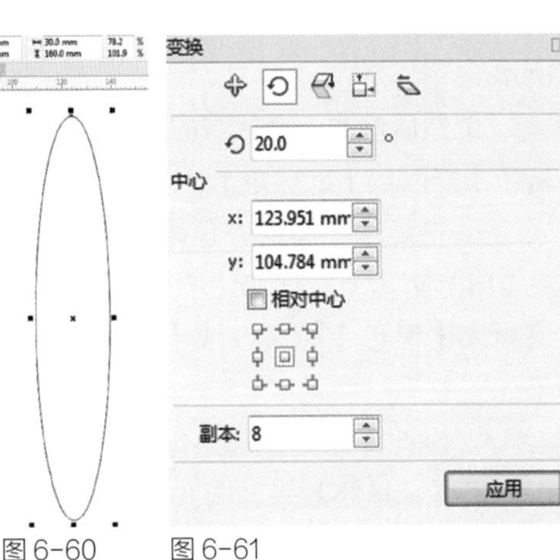

图 6-60　图 6-61

图 6-62

图 6-63

图 6-64

图 6-65

步骤三：填充颜色

1. 选择【工具箱】中的【选择工具】，选择上方中间的花瓣，按下【F11】键弹出【编辑填充】对话框，参数设置参照图 6-66，填充后效果如图 6-67。

2. 为了让花朵的最终效果有层次感，我们要调整渐变的方向，使渐变的深色部分朝中心位置，浅色朝外。选择【工具箱】中的【交互式填充工具】，使深色部分朝向中心，浅色朝外，调整完成后效果如图 6-68 所示。

3. 选择【工具箱】中的【属性滴灌工具】，在【属性栏】中设置滴灌吸取【填充】，如图 6-69 所示，点击【确定】按钮后，用滴灌吸取刚填充好的颜色，将其倒在如图 6-70 所示的图形区域内。

4. 选择【工具箱】中的【交互式填充工具】，使深色部分朝向中心位置，浅色朝外，如图 6-71 所示，调整完成后效果如图 6-72 所示。

5. 选择【工具箱】中的【选择工具】，选择刚填充好的右边一片花瓣，按下【F11】键弹出【编辑填充】对话框，对话框参数设置参照图 6-73，填充后效果如图 6-74 所示。

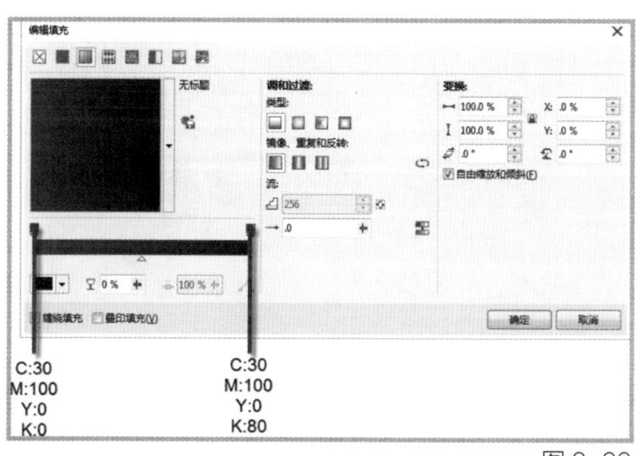

图 6-66

图 6-67

图 6-68

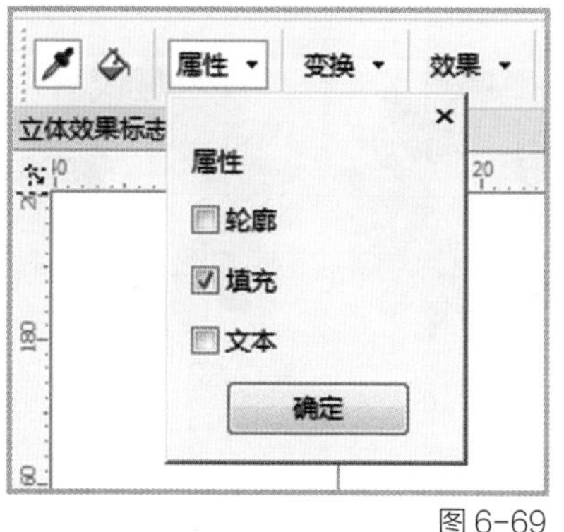

图 6-69

图 6-70

图 6-71

图 6-72

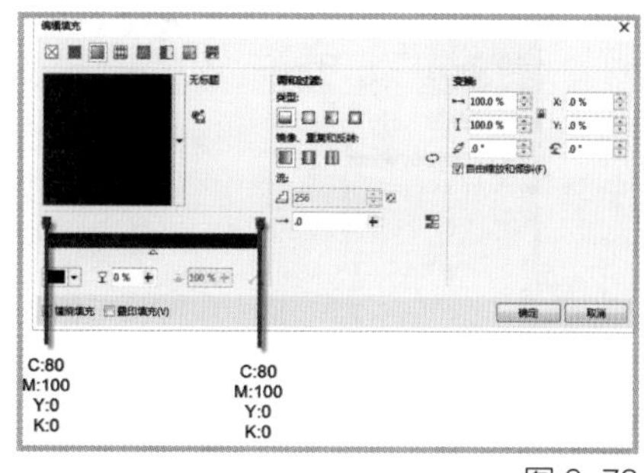

图 6-73

图 6-74

6. 选择【工具箱】中的【属性滴灌工具】，在【属性栏】中设置滴灌吸取【填充】，如图 6-75 所示，点击【确定】按钮后，用滴灌吸取刚填充好的颜色，将其倒在如图 6-76 所示的图形区域内。

7. 选择【工具箱】中的【交互式填充工具】，使深色部分朝向中心位置，浅色朝外，调整完成后效果如图 6-77 所示。

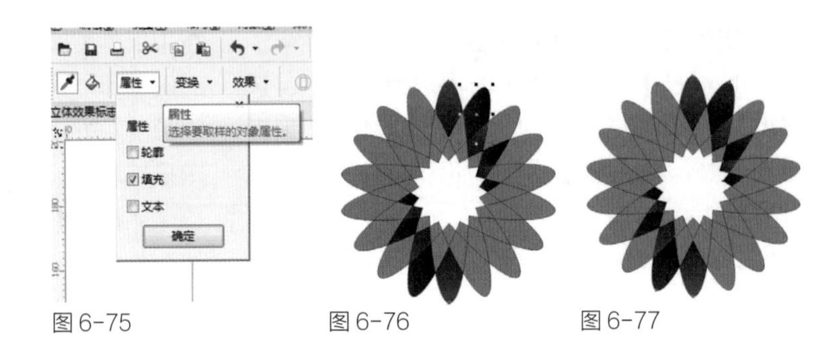

图 6-75　图 6-76　图 6-77

8. 选择【工具箱】中的【选择工具】，选择刚填充好的右边一片花瓣，按下【F11】键弹出【编辑填充】对话框，对话框参数设置参照图 6-78，填充后效果如图 6-79。

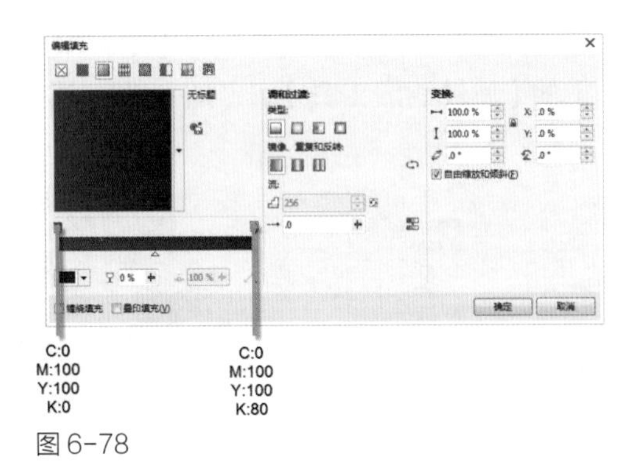

图 6-78

图 6-79

9. 选择【工具箱】中的【属性滴灌工具】，在【属性栏】中设置滴灌吸取【填充】，如图 6-80 所示，点击【确定】按钮后，用滴灌吸取刚填充好的颜色，将其倒在如图 6-81 所示的图形区域内。

10. 选择【工具箱】中的【交互式填充工具】，使深色部分朝向中心位置，浅色朝外，调整完成后效果如图 6-82 所示。

图 6-80　图 6-81　图 6-82

11. 选择【工具箱】中的【选择工具】，选择刚填充好的右边一片花瓣，按下【F11】键弹出【编辑填充】对话框，对话框参数设置参照图 6-83，填充后效果如图 6-84。

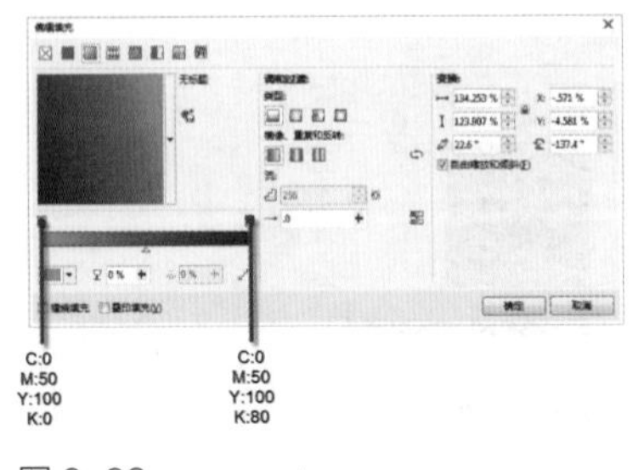

图 6-83

图 6-84

12. 选择【工具箱】中的【属性滴灌工具】，在【属性栏】中设置滴灌吸取【填充】，如图 6-85 所示，点击【确定】按钮后，用滴灌吸取刚填充好的颜色，将其倒在如图 6-86 所示的图形区域内。

图 6-85

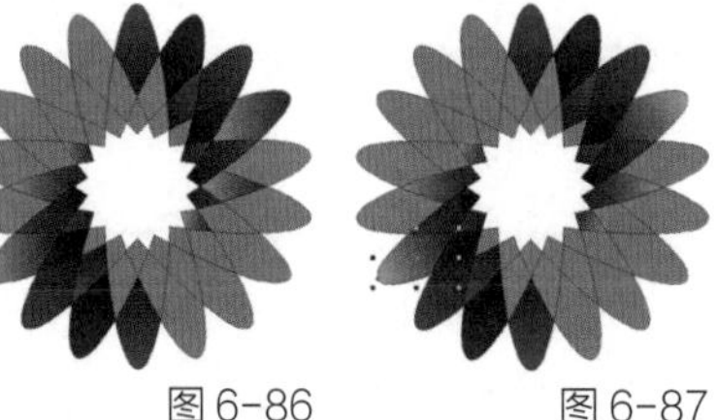
图 6-86　图 6-87

13. 选择【工具箱】中的【交互式填充工具】，使深色部分朝向中心位置，浅色朝外，调整完成后效果如图 6-87 所示。

14. 选择【工具箱】中的【选择工具】，选择刚填充好的旁边一片花瓣，按下【F11】键弹出【编辑填充】对话框，对话框参数设置参照图 6-88，将其填充 。

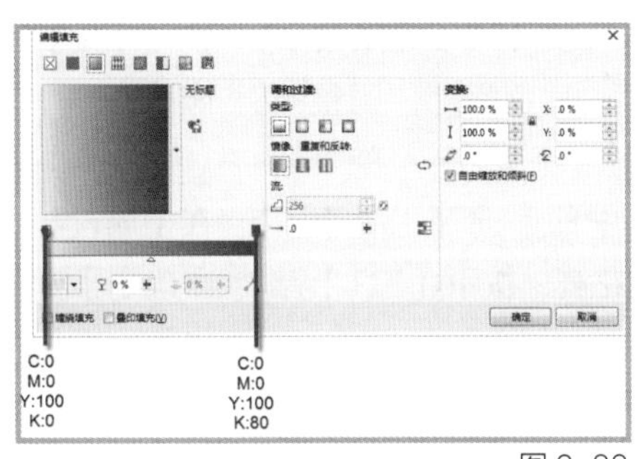

图 6-88

图 6-89

15. 选择【工具箱】中的【属性滴灌工具】，在【属性栏】中设置滴灌吸取【填充】，选择【确定】按钮后，用滴灌吸取刚填充好的颜色，将其倒在如图 6-89 所示的图形区域内。

16. 选择【工具箱】中的【交互式填充工具】，调整深色部分朝中心位置，浅色朝外，调整完成后效果如图 6-89 所示。

17. 选择【工具箱】中的【选择工具】，选择刚填充好的旁边一片花瓣，按下【F11】键弹出【编辑填充】对话框，对话框参数设置参照图 6-90，将其填充，填充后如图 6-91 所示。

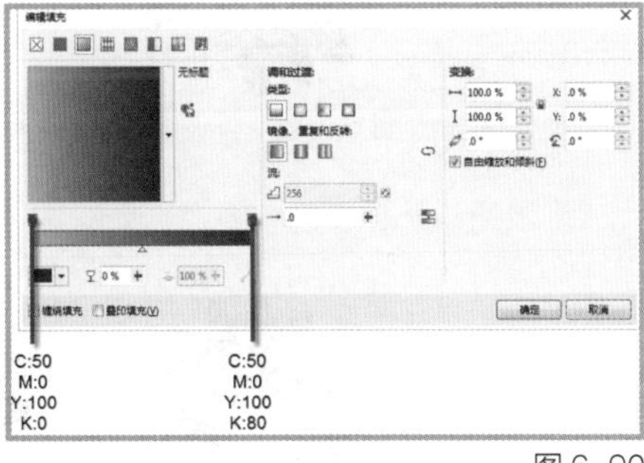

图 6-90

图 6-91

18. 选择【工具箱】中的【属性滴灌工具】，在【属性栏】中设置滴灌吸取【填充】，点击【确定】按钮后，用滴灌吸取刚填充好的颜色，将其倒在如图 6-92 所示的图形区域内。

图 6-92

19. 选择【工具箱】中的【交互式填充工具】，使深色部分朝向中心位置，浅色朝外，调整完成后效果如图 6-92 所示。

20. 选择【工具箱】中的【选择工具】，选择刚填充好的旁边一片花瓣，按下【F11】键弹出【编辑填充】对话框，对话框参数设置参照图 6-93，填充后如图 6-94 所示。

21. 选择【工具箱】中的【属性滴灌工具】，在【属性栏】中设置滴灌吸取【填充】，单击【确定】按钮后，用滴灌吸取刚填充好的颜色，将其倒在如图 6-95 所示的图形区域内。

22. 选择【工具箱】中的【交互式填充工具】，使深色部分朝向中心位置，浅色朝外，调整完成后效果如图 6-95 所示。

23. 选择【工具箱】中的【选择工具】，选择刚填充好的旁边一片花瓣，按下【F11】键弹出【编辑填充】对话框，对话框参数设置参照图 6-96，填充后如图 6-97 所示。

24. 选择【工具箱】中的【属性滴灌工具】，在【属性栏】中设置滴灌吸取【填充】，单击【确定】按钮后，用滴灌吸取刚填充好的颜色，将其倒在如图 6-98 所示的图形区域内。

25. 选择【工具箱】中的【交互式填充工具】，调整深色部分朝中心位置，浅色朝外，调整完成后效果如图 6-98 所示。

26. 选择【工具箱】中的【选择工具】，选择刚填充好的旁边一片花瓣，按下【F11】键弹出【编辑填充】对话框，对话框参数设置参照图 6-99，填充完成后效果如图 6-100 所示。

27. 选择【工具箱】中的【属性滴灌工具】，在【属性栏】中设置滴灌吸取【填充】，单击【确定】按钮后，用滴灌吸取刚填充好的颜色，将其倒在如图 6-101 所示的图形区域内。

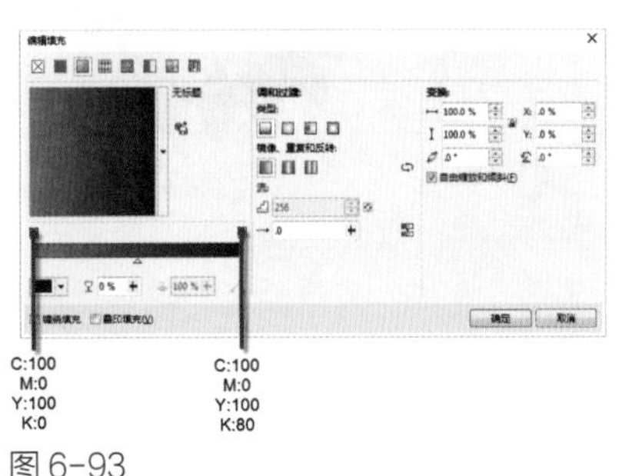

图 6-93

图 6-94

图 6-95

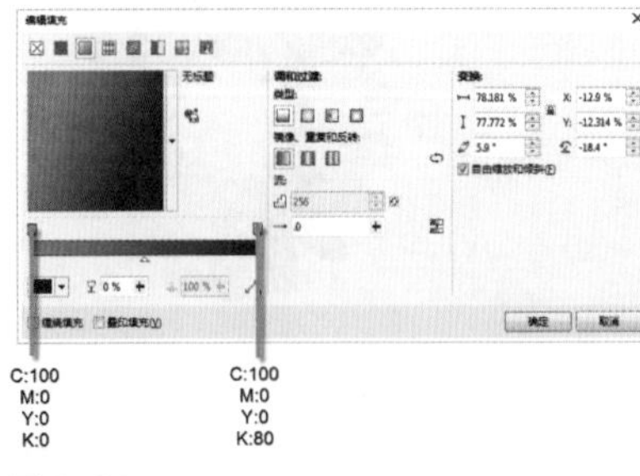

图 6-96

图 6-97

图 6-98

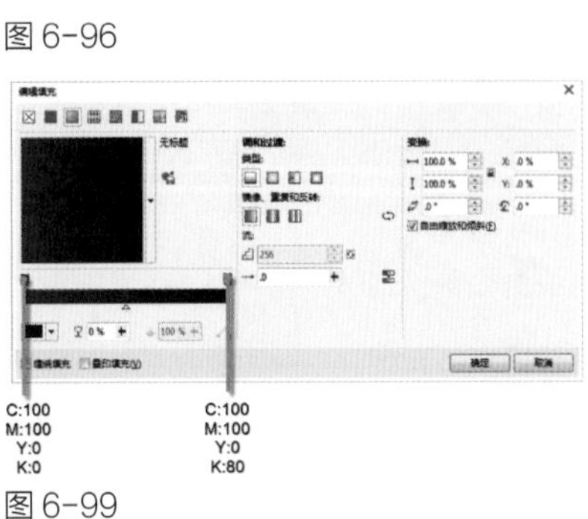

图 6-99

图 6-100

图 6-101

28. 选择【工具箱】中的【交互式填充工具】，使深色部分朝向中心位置，浅色朝外，调整完成后效果如图 6-101 所示。

29. 填充完成后，去掉所有图形的轮廓线，效果如图 6-102 所示。

步骤四：添加文字

1. 选择【工具箱】中的【文字工具】，在工作区输入文字【FLOWER EFFECT】，如图 6-103 所示。

2. 按下【F11】键弹出【编辑填充】对话框，依参照图 6-104 设置参数，最终文字效果如图 6-105 所示。

步骤五：调整画面

1. 将文字放在填充好的花朵图形下面，如图 6-106 所示。

2. 为了使效果更佳明显，我们可以加上一个背景颜色，在标志的后面绘制一个矩形，将其填充为 20% 的【灰色】，这样一个绚丽、富有层次的花朵标志就绘制完成了，效果如图 6-107 所示。

图 6-102

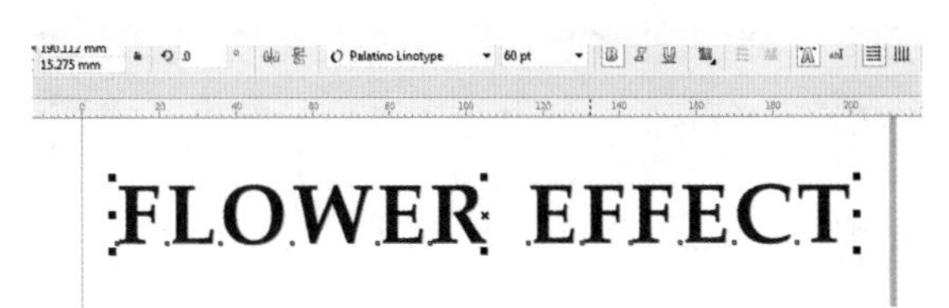

图 6-103

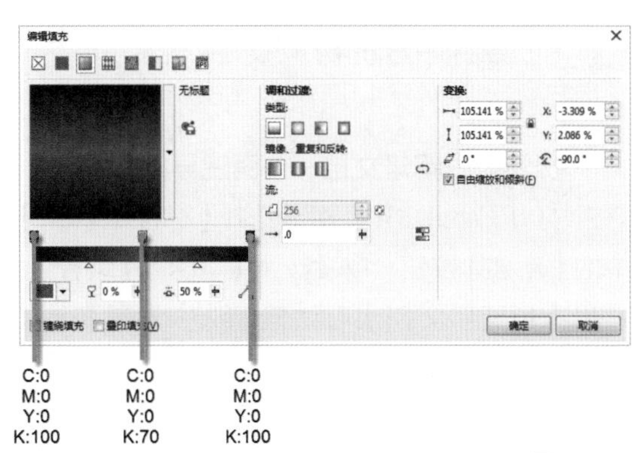

图 6-104

FLOWER EFFECT

图 6-105

FLOWER EFFECT

图 6-106

图 6-107

第四节 绘制医院导向标志

步骤一：新建文档——医院导向标志

打开 CorelDRAW X7，选择【标准工具栏】中的【新建】按钮，或者按下【Ctrl+N】组合键，弹出【创建新文档】对话框，从中设置文档的尺寸以及各项参数，如图 6-109 所示，点击【确定】按钮，即可创建新文档。

步骤二：绘制背景

1. 选择【工具箱】中的【矩形工具】，在工作区创建一个矩形，如图 6-110 所示。在【属性栏】中将矩形的【高度】和【宽度】均设置为【340】。绘制完后将其填充颜色，填充颜色色值设置为 C：95，M：82，Y：58，K：31，填充好效果如图 6-111 所示。

2. 选择【工具箱】中的【矩形工具】，在工作区创建一个矩形。在【属性栏】中将矩形的【高度】和【宽度】均设置为【60】，将【顶点样式】设置为【圆角】，【圆角半径】设置为【5】，如图 6-112 所示。绘制完后将其填充颜色，填充颜色色值设置为 C：1，M：87，Y：77，K：0，填充好后，将其移动到背景的左上角，让矩形的两个边缘帖齐背景左上角，如图 6-113。

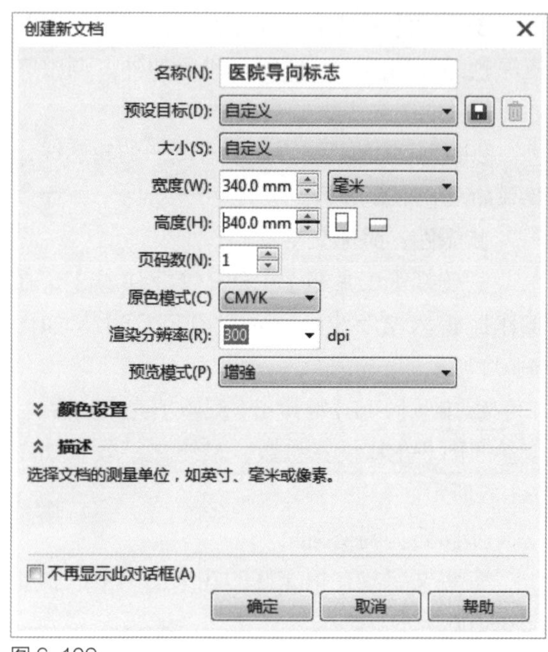

图 6-109

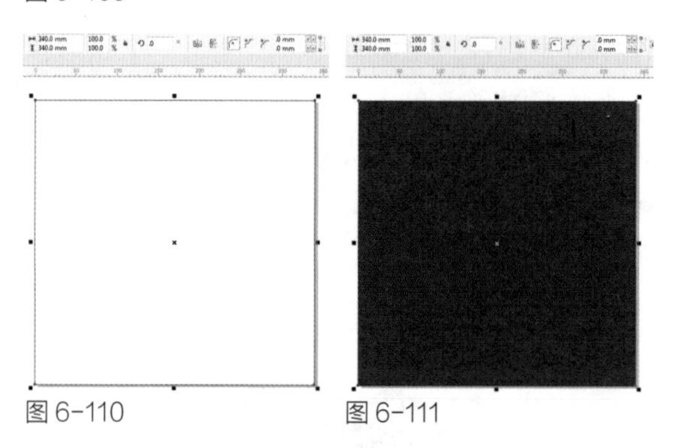
图 6-110　　图 6-111

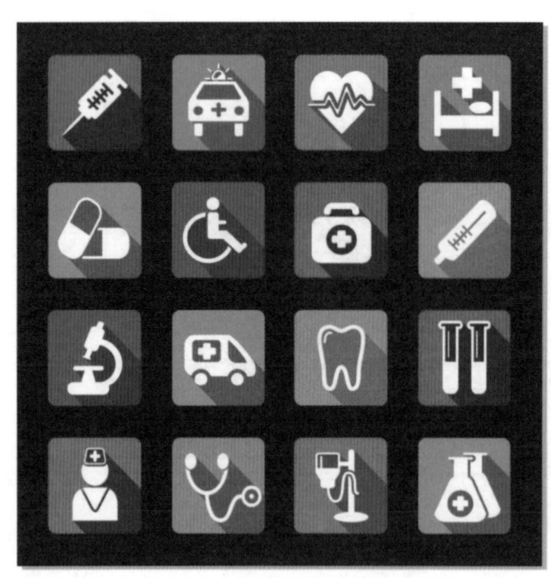
图 6-108

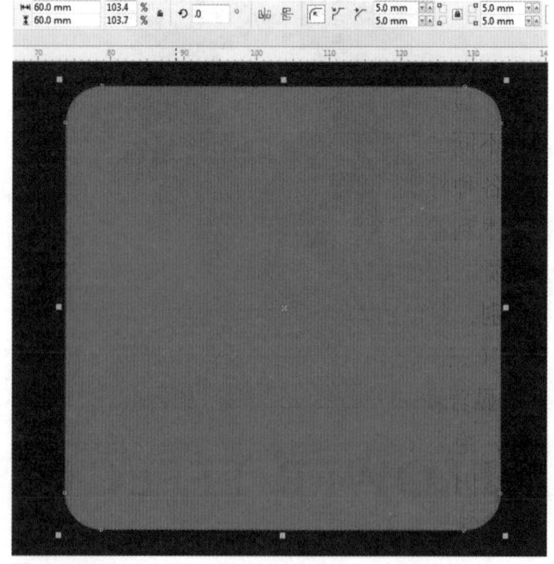
图 6-112

图 6-113

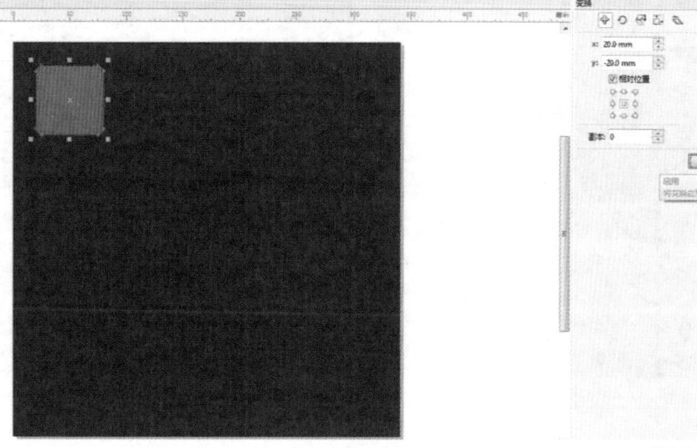
图 6-114

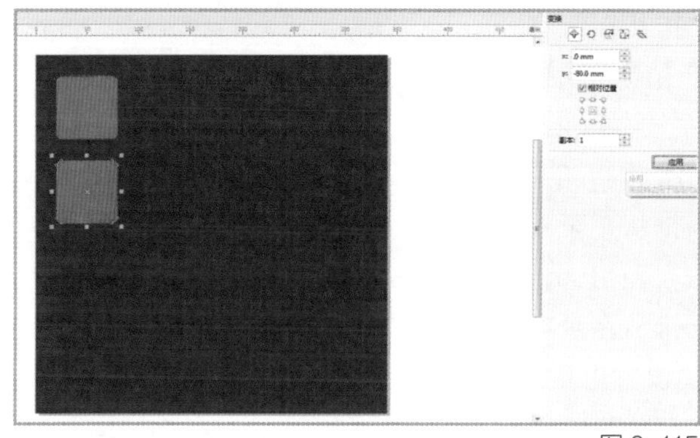
图 6-115

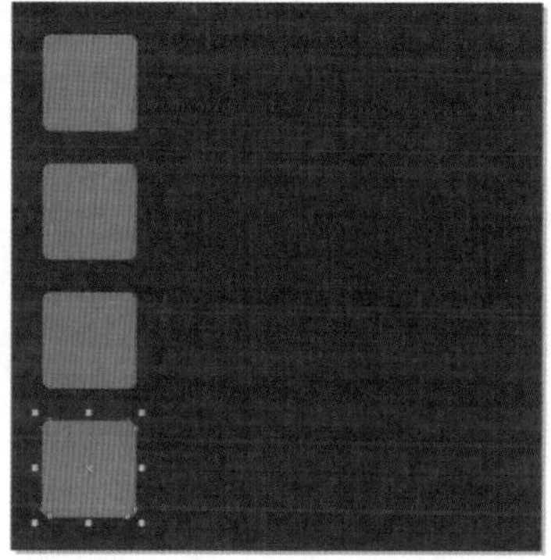
图 6-116

3. 选中绘制好的矩形，选择【对象】菜单栏中的【变换—位置】命令，在工作区的右侧弹出【变换】泊坞窗，在该泊坞窗中设置如图 6-114 所示参数，将矩形沿【X】轴方向移动【20】，向【Y】轴方向移动【-20】，【副本】设置为【0】，点击【应用】后，得到效果如图 6-114 所示。

4. 修改【变换】泊坞窗参数，设置参数如图 6-115 所示，将矩形沿【X】轴方向移动【0】，向【Y】轴方向移动【-80】，【副本】设置为【1】，点击【应用】后，得到效果如图 6-115 所示。

不改变参数，再次点击【变换】泊坞窗上的【应用】按钮两次，得到效果如图 6-116。

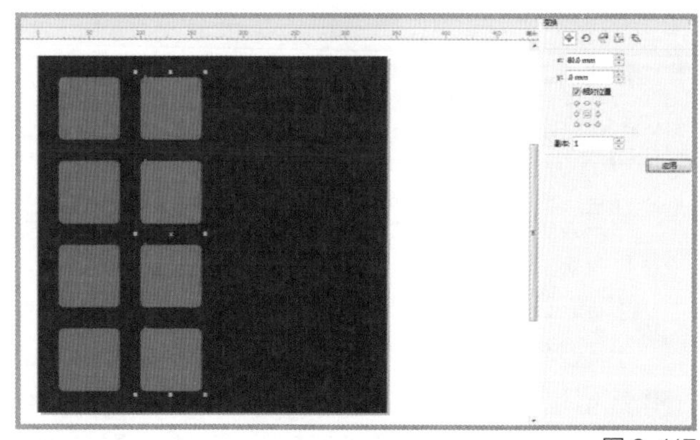
图 6-117

5. 选择【工具箱】中的【选择工具】，框选图 6-116 中的 4 个红色矩形，在【变换】泊坞窗中设置参数，如图 6-117 所示，将矩行在【X】轴方向移动【80】，向【Y】轴方向移动【0】。【副本】设置为【1】，点击【应用】按钮，得到效果如图 6-117 所示。不改变参数，再次点击【变换】泊坞窗上的【应用】按钮两次。得到效果如图 6-118。

图 6-118

图 6-119

6. 小方块绘制完成后，我们来修改方块的颜色。第一排从左至右数 1，第二排从左至右数 3，第三排从左至右数 4 的颜色色值为 C：1，M：87，Y：77，K：0；第一排从左至右数 2，左 4 颜色色值设置为 C：76，M：5，Y：36，K：0；第一排从左至右数 3，第四排从左至右数 3 颜色色值设置为 C：0，M：72，Y：100，K：0；第二排从左至右数 1，第三排从左至右数 2，第四排从左至右数 4 颜色色值设置为 C：69，M：0，Y：51，K：0；第二排从左至右数 2，第三排从左至右数 1 颜色色值设置为 C：47，M：73，Y：0，K：0；第二排从左至右数 4，第三排从左至右数 3 颜色色值设置为 C：18，M：36，Y：100，K：0；第四排从左至右数 1 颜色色值设置为 C：5，M：76，Y：40，K：0；第四排从左至右数 2 颜色色值设置为 C：47，M：18，Y：76，K：0；填充后效果如图 6-119 所示。

步骤三：绘制第一排标志

1. 选择【工具箱】中的【矩形工具】，在工作区创建一个矩形。在【属性栏】中将矩形的【宽度】、【高度】分别设置为【16.5】和【25】，将【顶点样式】设置为【圆角】，【圆角半径】设置为【2】，如图 6-120 所示。

2. 选择【工具箱】中的【矩形工具】，再在工作区创建一个矩形。在【属性栏】中将矩形的【宽度】、【高度】分别设置为【16.5】和【3】，将【顶点样式】设置为【圆角】，【圆角半径】设置为【1.5】，如图 6-121 所示。

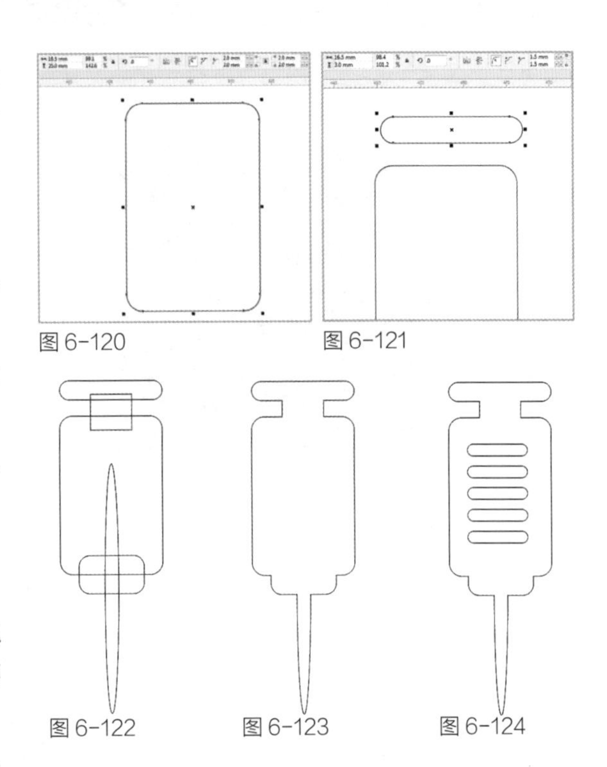
图 6-120　图 6-121

图 6-122　图 6-123　图 6-124

3. 按照同样的方法，运用【工具箱】中的【矩形工具】、【椭圆工具】，在工作区绘制图形，如图 6-122 所示。

4. 框选如图 6-119 所示的所有图形，选择【属性栏】中的【合并】命令，将这些图形合并，得到如图 6-123 所示图形。

5. 在合并好的图形内绘制如图 6-124 所示的五个圆角矩形。绘制好后，缩短第二和第四个矩形的宽度，缩短后效果如图 6-125 所示。然后再绘制一个纵向比较长的圆角矩形，如图

6-126 所示。绘制完成后，将图形中的 6 个圆角矩形合并。框选针筒的外形和里面刚合并好的刻度，选择【属性栏】中的【修剪】命令，效果如图 6-127 所示。

6. 将绘制好的针筒移至第一个矩形内，并将其填充为白色，效果如图 6-128 所示。

7. 选择【工具箱】中的【贝塞尔工具】，在页面中绘制针筒的投影，如图 6-129 所示。

8. 选择【工具箱】中的【选择工具】，选中红色的小矩形和刚才绘制好的投影，选择【属性栏】中的【相交】命令，得到如图 6-130 所示的投影图形，将其填充上颜色，颜色色值设置为 C：44，M：95，Y：100，K：13，效果如图 6-131 所示，这样，注射室的导向标志就制作完成了。

9. 选择【工具箱】中的【矩形工具】，在工作区绘制一个圆角矩形，如图 6-132 所示。绘制完后选择【属性栏】中的【转换为曲线】命令，然后对矩形进行修改，选择【工具箱】中的【修改工具】，在矩形的左右两条边上分别添加两个节点。然后选择上方的 4 个圆角节点，再选择【属性栏】中的【延展和缩放节点】命令，调整图形，调整好的图形如图 6-133 所示。

10. 同样的方法，我们在图 6-133 内部再绘制一个矩形，框选两个图形，选择【属性栏】中的【修剪】命令，如图 6-134 所示。

11. 如图 6-135 所示，在修改的矩形下部绘制出车灯和医院【十】字标志。如上面的步骤，对其进行修剪。运用【工具箱】中的【矩形工具】、【椭圆工具】，绘制出车的外形，效果如图 6-136 所示。

12. 将绘制好的救护车移至第二个矩形内，并将其填充为【白色】，效果如图 6-137 所示。

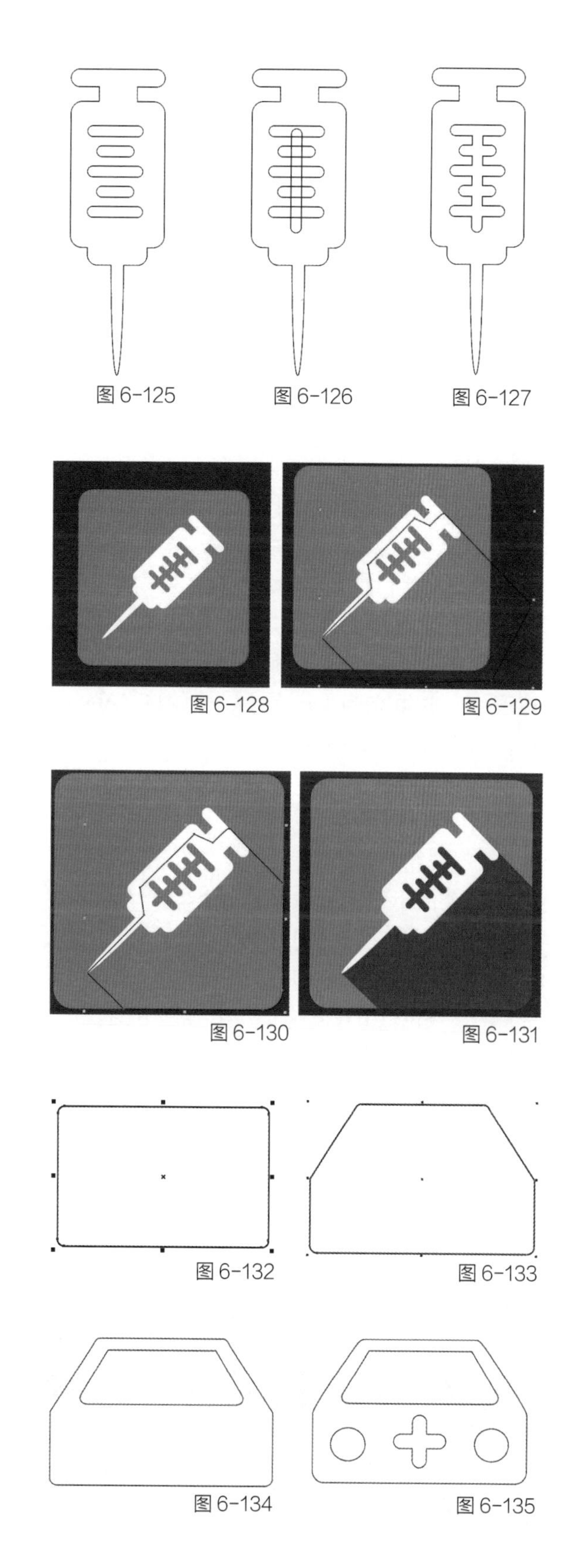

图 6-125　图 6-126　图 6-127

图 6-128　图 6-129

图 6-130　图 6-131

图 6-132　图 6-133

图 6-134　图 6-135

13. 选择【工具箱】中的【贝塞尔工具】，在页面中绘制救护车的投影，如图 6–138 所示。

14. 选择【工具箱】中的【选择工具】，选中蓝色的小矩形背景和刚才绘制好的投影，再选择【属性栏】中的【相交】命令，得到如图 6–139 所示的投影图形，对其填充颜色，颜色色值设置为 C：86，M：34，Y：56，K：0。

15. 单击鼠标右键，在弹出的菜单栏里选择【顺序—置于此对象前】命令，弹出黑色箭头后，单击蓝色的小背景，效果如图 6–140 所示。

16. 运用【工具箱】中的【基本形状工具】、【贝塞尔工具】绘制如图 6–141 所示的图形。绘制完成后将其移动到第三个矩形中，并填充为【白色】，【轮廓色】设置为【无】，如图 6–142 所示。

17. 选择【工具箱】中的【贝塞尔工具】，在页面中绘制出投影，如图 6–143 所示。

18. 选择【工具箱】中的【选择工具】，选中橙色的小矩形背景和刚才绘制好的投影图形，选择【属性栏】中的【相交】命令，得到如图 6–144 所示的投影图形，对其填充颜色，颜色色值设置为 C：29，M：79，Y：100，K：0，效果如图 6–145 所示。

19. 运用【工具箱】中的【矩形工具】、【贝塞尔工具】绘制如图 6–146 所示的病床图形。绘制完成后将其移动到第四个矩形中，并填充为【白色】，【轮廓色】设置为【无】，如图 6–147 所示。

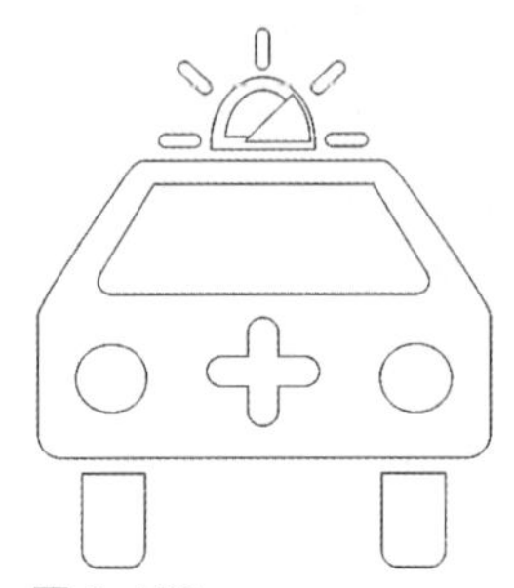
图 6–136

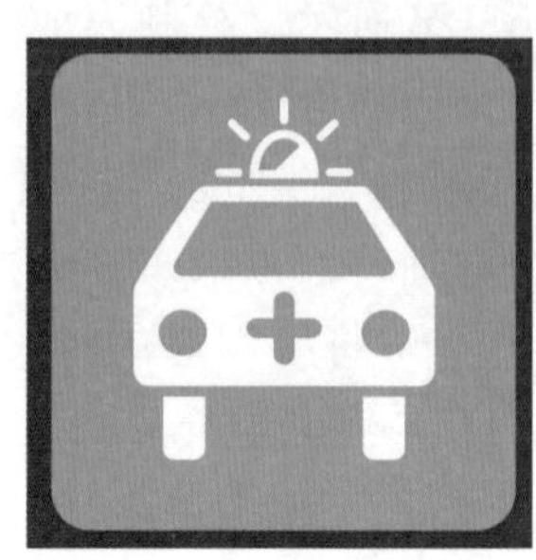
图 6–137

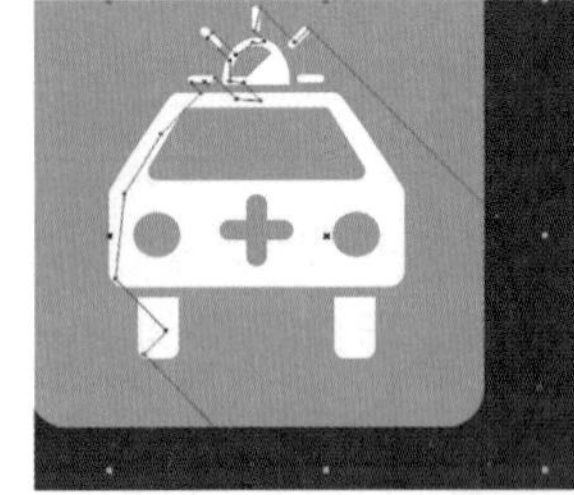
图 6–138

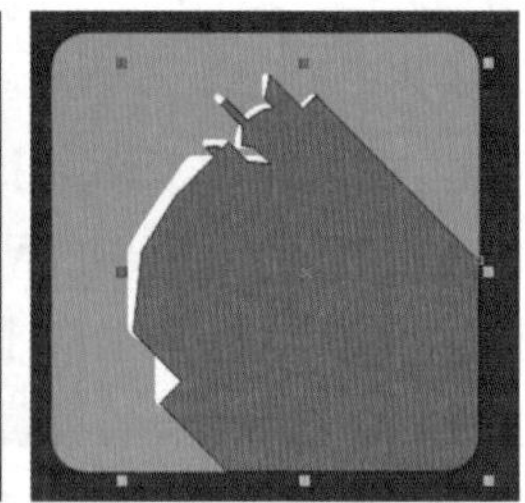
图 6–139

图 6–140

图 6–141

图 6–142

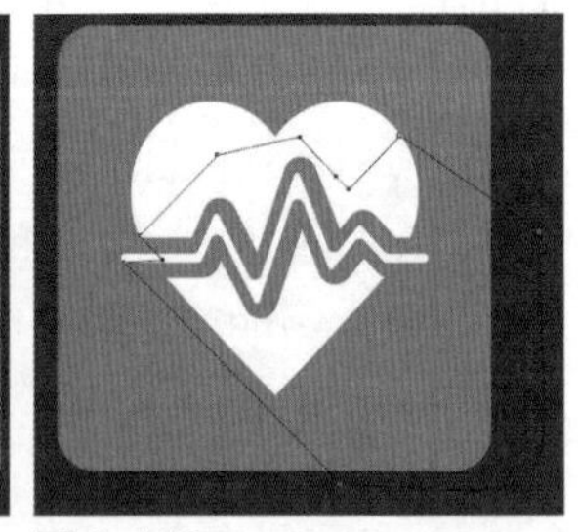
图 6–143

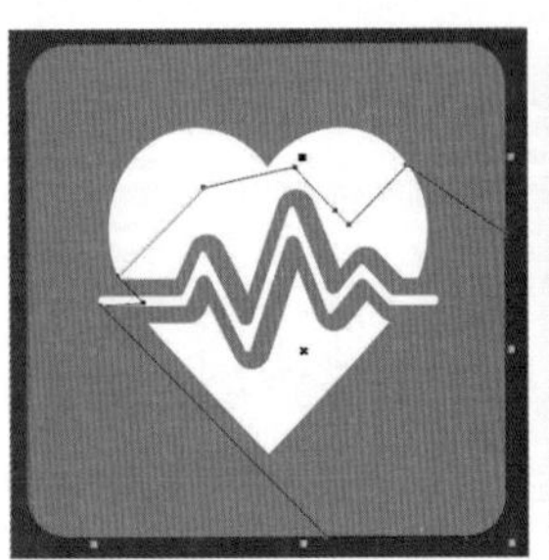
图 6–144

图 6–145

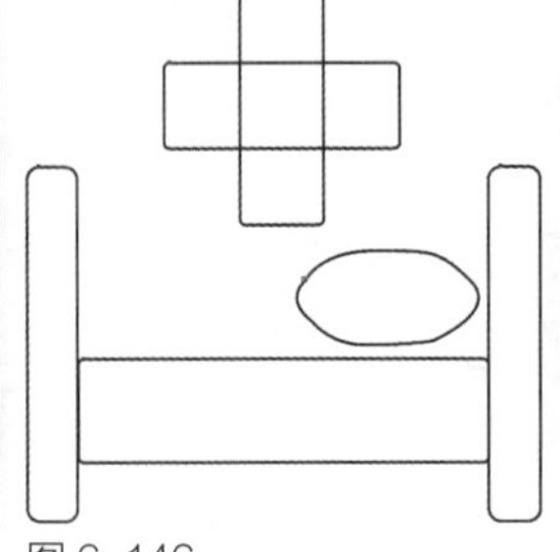
图 6–146

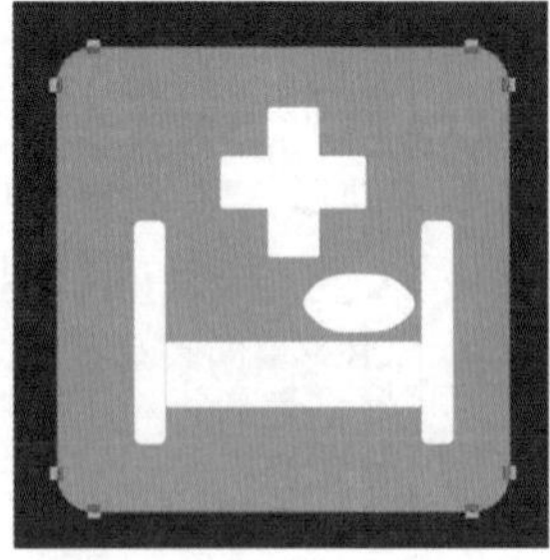
图 6–147

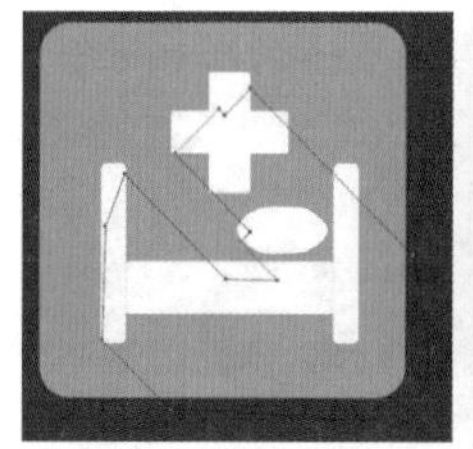

图 6-148

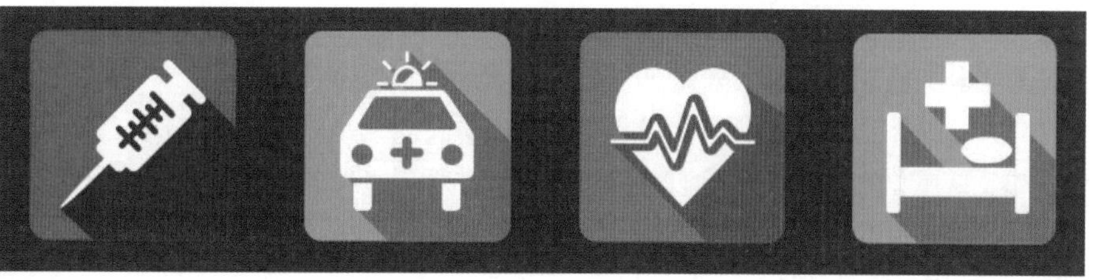

图 6-149

20. 选择【工具箱】中的【贝塞尔工具】，在页面中绘制出投影图形，如图 6-148 所示。

21. 选择【工具箱】中的【选择工具】，选中橙色的小矩形背景和刚才绘制好的投影图形，再选择【属性栏】中的【相交】命令，得到修剪好的投影图形，对其填充颜色，颜色色值设置为 C：86，M：34，Y：56，K：0，效果如图 6-149 所示。

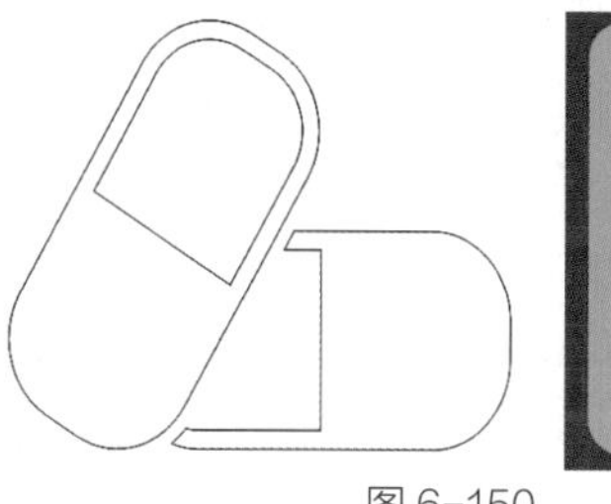

图 6-150

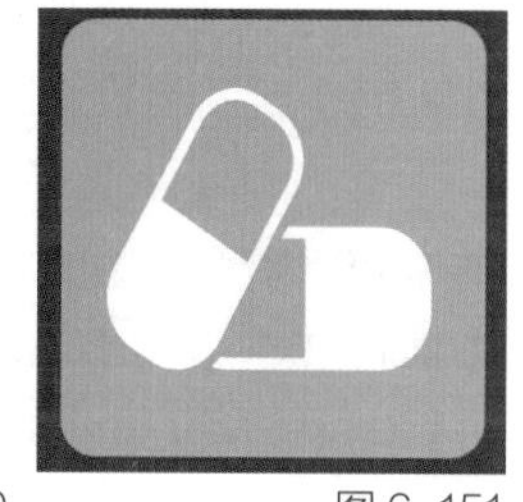

图 6-151

步骤四：绘制第二排标志

1. 运用【工具箱】中的【矩形工具】、【贝塞尔工具】绘制如图 6-150 所示的胶囊的图形。绘制完成后将其移动到第二排第一个矩形中，并填充为【白色】，【轮廓色】设置为【无】，如图 6-151 所示。

2. 选择【工具箱】中的【贝塞尔工具】，在页面中绘制出投影图形，如图 6-152 所示。

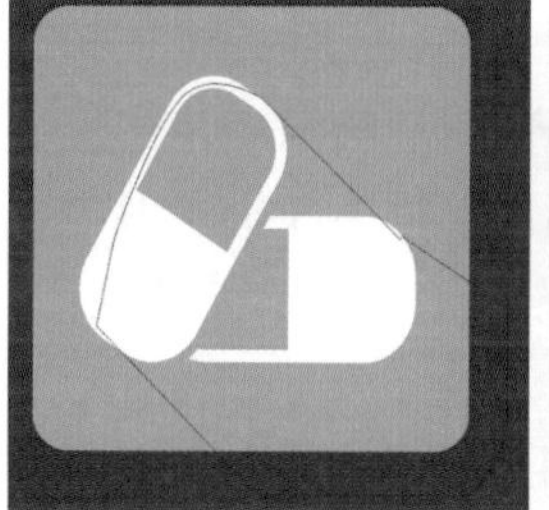

图 6-152

图 6-153

3. 选择【工具箱】中的【选择工具】，选中小矩形背景和刚才绘制好的投影图形，再选择【属性栏】中的【相交】命令，得到修剪好的投影图形，将其填充颜色，颜色色值设置为 C：81，M：31，Y：72，K：0，效果如图 6-153 所示。

4. 运用【工具箱】中的【矩形工具】、【椭圆工具】、【贝塞尔工具】绘制如图 6-154 所示的轮椅的图形。绘制完成后将其移动到第二排第二个矩形中，并填充为【白色】，【轮廓色】设置为【无】，如图 6-155 所示。

图 6-154

图 6-155

5. 选择【工具箱】中的【贝塞尔工具】，在页面中绘制出投影图形，如图 6-156 所示。

6. 选择【工具箱】中的【选择工具】，选中小矩形背景和刚才绘制好的投影图形，选择【属性栏】中的【相交】命令，得到修剪好的

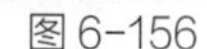

图 6-156

图 6-157

投影图形，对其进行填充，颜色色值设置为C：66，M：88，Y：5，K：0，效果如图6–157所示。

7.运用【工具箱】中的【矩形工具】、【椭圆工具】、【贝塞尔工具】绘制如图6–158所示的医用箱图形。绘制完成后将其移动到第二排第三个矩形中，并填充为【白色】，【轮廓色】设置为【无】，如图6–159所示。

图6–158

图6–159

8.选择【工具箱】中的【贝塞尔工具】，在页面中绘制出投影图形，如图6–160所示。

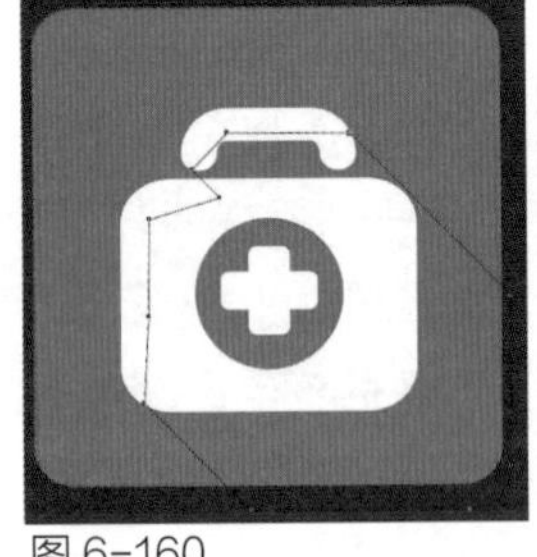
图6–160

图6–161

9.选择【工具箱】中的【选择工具】，选中小矩形背景和刚才绘制好的投影图形，选择【属性栏】中的【相交】命令，得到修剪好的投影图形，将其填充上颜色，颜色色值设置为C：44，M：95，Y：100，K：13，效果如图6–161所示。

10.运用【工具箱】中的【矩形工具】、【椭圆工具】绘制如图6–162所示的温度计图形。绘制完成后将其移动到第二排第四个矩形中，并填充为【白色】，【轮廓色】设置为【无】，如图6–163所示。

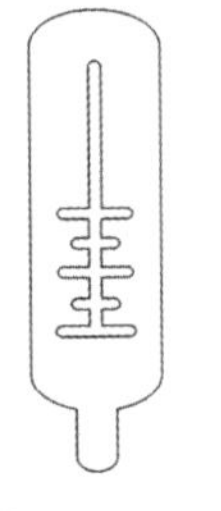
图6–162

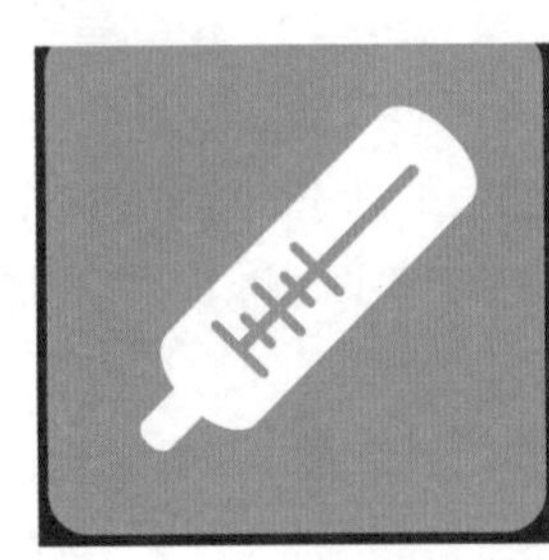
图6–163

11.选择【工具箱】中的【贝塞尔工具】，在页面中绘制出投影图形，如图6–164所示。

12.选择【工具箱】中的【选择工具】，选中小矩形背景和刚才绘制好的投影图形，选择【属性栏】中的【相交】命令，得到修剪好的投影图形，对其进行填充，颜色色值设置为C：22，M：58，Y：100，K：0，效果如图6–165所示。

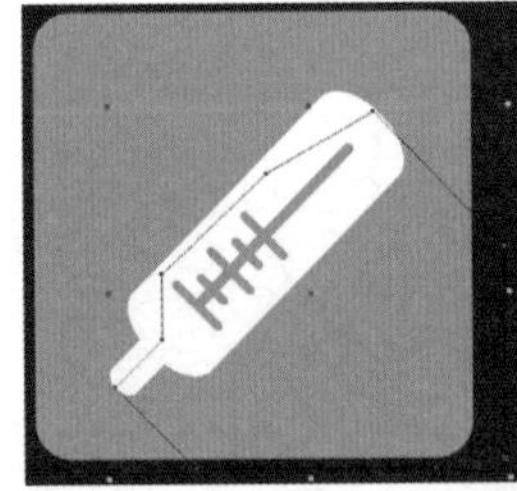
图6–164

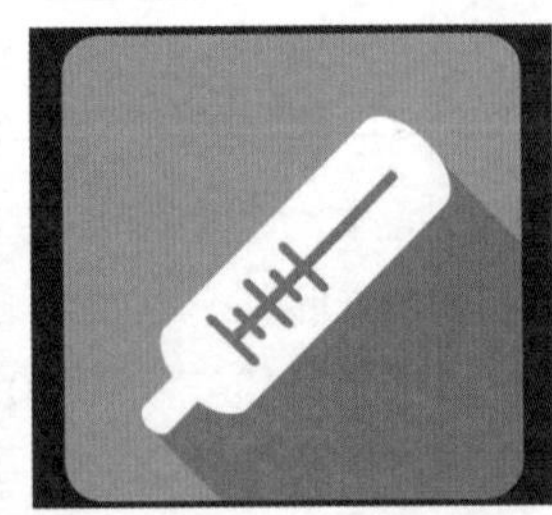
图6–165

步骤五：绘制第三排标志

1.运用【工具箱】中的【矩形工具】、【椭圆工具】绘制如图6–166所示的显微镜图形。绘制完成后将其移动到第三排第一个矩形中，并填充为【白色】，【轮廓色】设置为【无】，如图6–167所示。

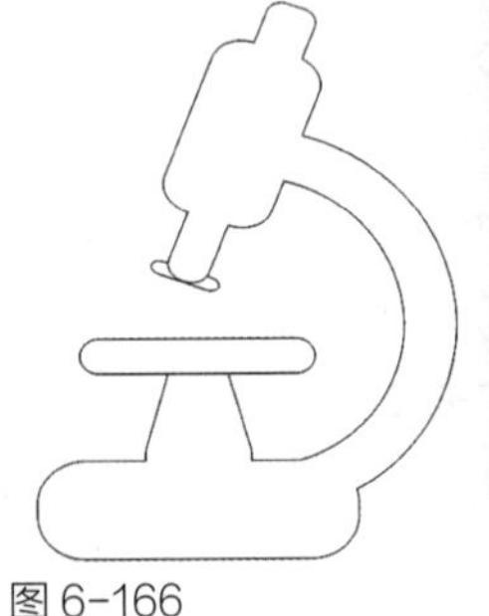
图6–166

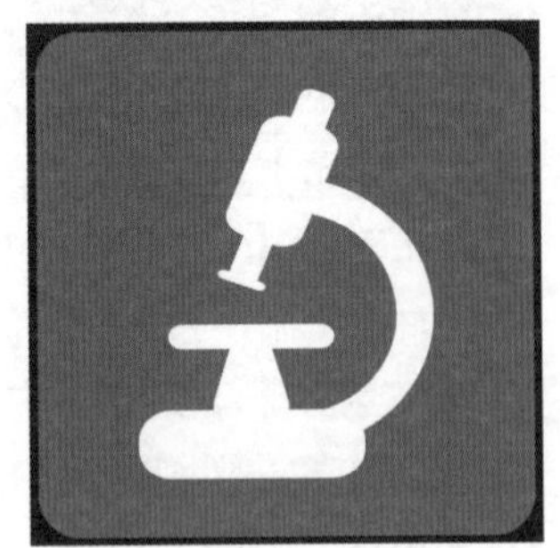
图6–167

2. 选择【工具箱】中的【贝塞尔工具】，在页面中绘制出投影图形，如图 6-168 所示。

3. 选择【工具箱】中的【选择工具】，选中小矩形背景和刚才绘制好的投影图形，选择【属性栏】中的【相交】命令，得到修剪好的投影图形，对其进行填充，颜色色值设置为 C：66，M：88，Y：5，K：0，效果如图 6-169 所示。

4. 运用【工具箱】中的【矩形工具】、【椭圆工具】、【修改工具】绘制如图 6-170 所示的救护车图形。绘制完成后将其移动到第三排第二个矩形中，并填充为【白色】，【轮廓色】设置为【无】，如图 6-171 所示。

5. 选择【工具箱】中的【贝塞尔工具】，在页面中绘制出投影图形，如图 6-172 所示。

6. 选择【工具箱】中的【选择工具】，选中小矩形背景和刚才绘制好的投影图形，选择【属性栏】中的【相交】命令，得到修剪好的投影图形，将其填充上颜色，颜色色值设置为 C：81，M：31，Y：72，K：0，效果如图 6-173 所示。

7. 运用【工具箱】中的【矩形工具】、【椭圆工具】绘制如图 6-174 所示的牙齿图形。绘制完成后将其移动到第三排第三个矩形中，并填充为【白色】，【轮廓色】设置为【无】，如图 6-175 所示。

8. 选择【工具箱】中的【贝塞尔工具】，在页面中绘制出投影图形，如图 6-176 所示。

9. 选择【工具箱】中的【选择工具】，选中小矩形背景和刚才绘制好的投影图形，选择【属性栏】中的【相交】命令，得到修剪好的投影图形，对其进行填充，颜色色值设置为 C：22，M：58，Y：100，K：0，效果如图 6-177 所示。

图 6-168

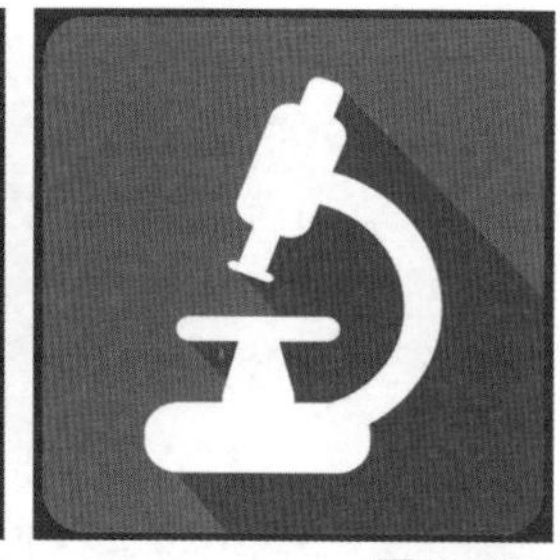
图 6-169

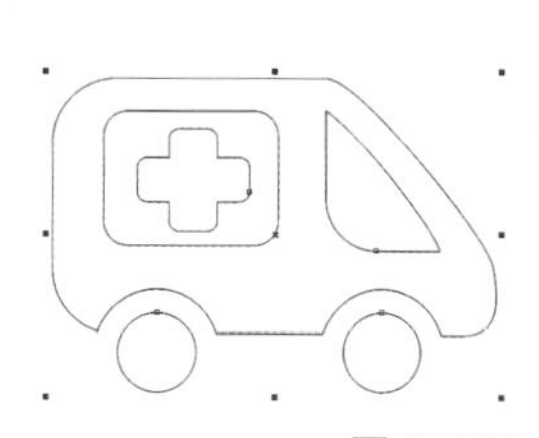
图 6-170

图 6-171

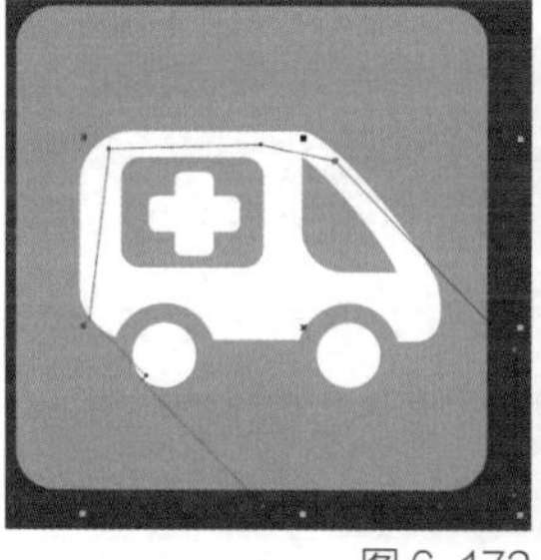
图 6-172

图 6-173

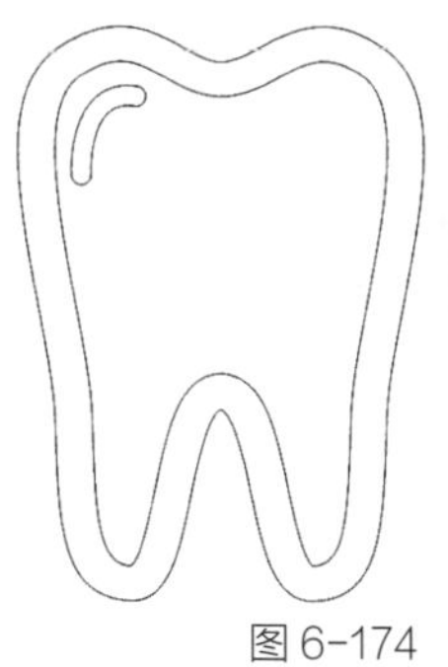
图 6-174

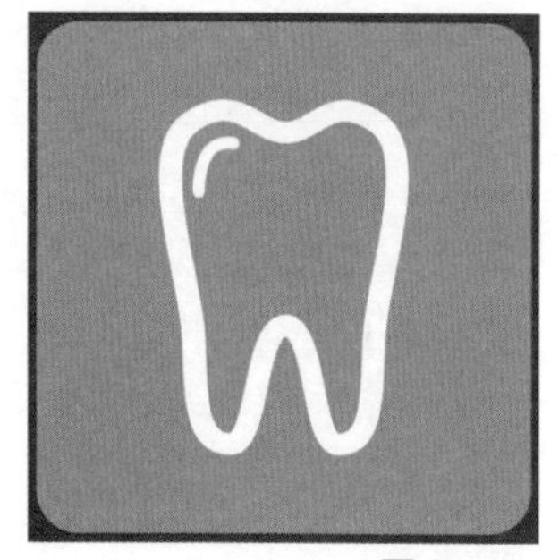
图 6-175

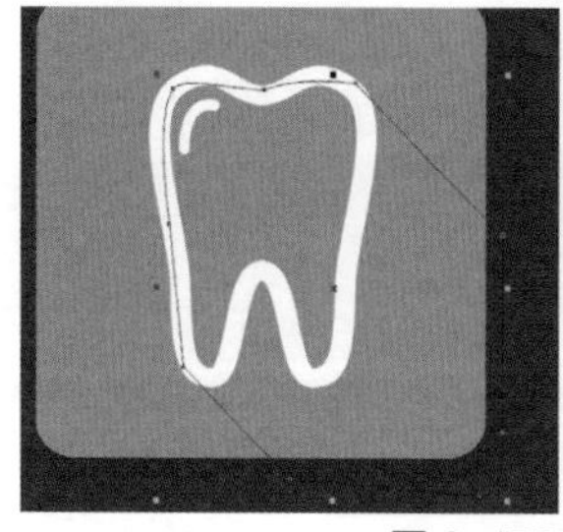
图 6-176

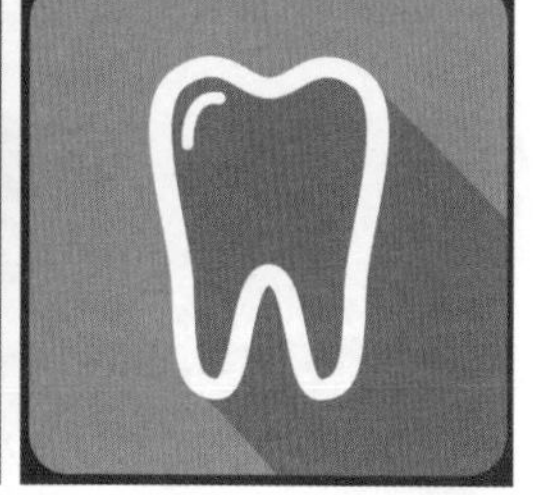
图 6-177

10. 运用【工具箱】中的【矩形工具】和【椭圆工具】，绘制如图 6-178 所示的试管图形。绘制完成后将其移动到第三排第四个矩形中，并填充为【白色】，【轮廓色】设置为【无】，如图 6-179 所示。

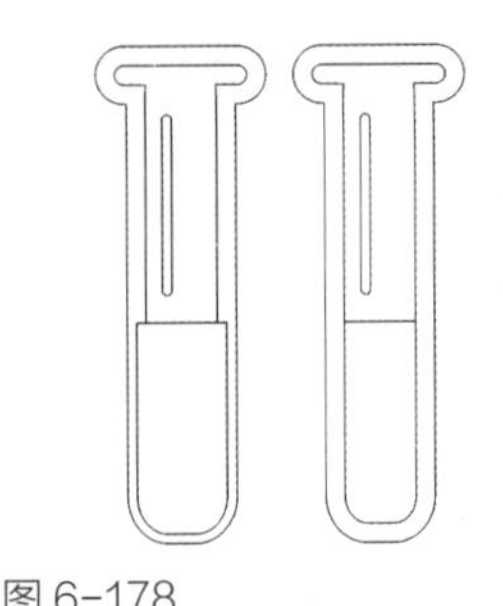

图 6-178

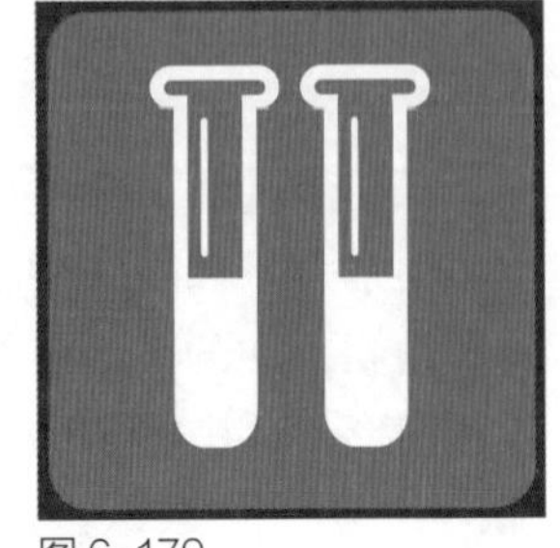

图 6-179

11. 选择【工具箱】中的【贝塞尔工具】，在页面中绘制出投影图形，如图 6-180 所示。

12. 选择【工具箱】中的【选择工具】，选中小矩形背景和刚才绘制好的投影图形，选择【属性栏】中的【相交】命令，得到修剪好的投影图形，对其进行填充，颜色色值设置为 C：44，M：95，Y：100，K：13，效果如图 6-181 所示。

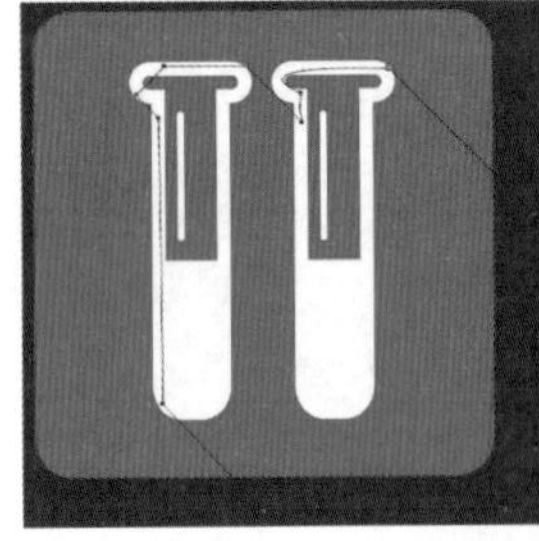

图 6-180

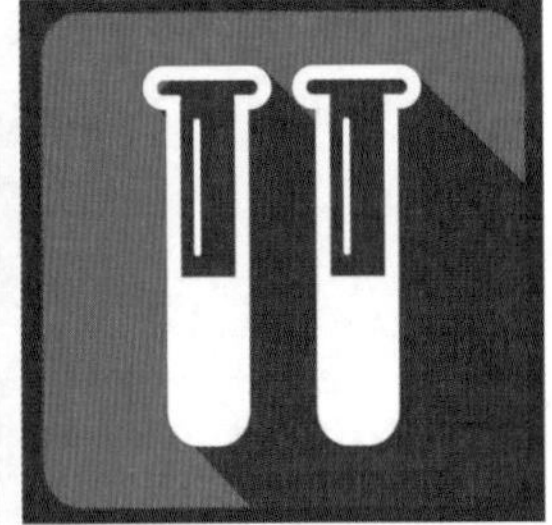

图 6-181

步骤六：绘制第四排标志

1. 运用【工具箱】中的【矩形工具】、【椭圆工具】绘制如图 6-182 所示的医生图形。绘制完成后将其移动到第四排第一个矩形中，并填充为【白色】，【轮廓色】设置为【无】，如图 6-183 所示。

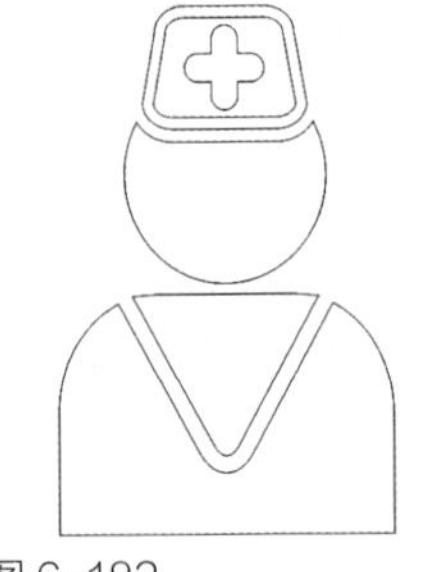

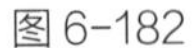

图 6-182

图 6-183

2. 选择【工具箱】中的【贝塞尔工具】，在页面中绘制出投影图形，如图 6-184 所示。

3. 选择【工具箱】中的【选择工具】，选中小矩形背景和刚才绘制好的投影图形，选择【属性栏】中的【相交】命令，得到修剪好的投影图形，对其进行填充，颜色色值设置为 C：42，M：98，Y：69，K：5，效果如图 6-185 所示。

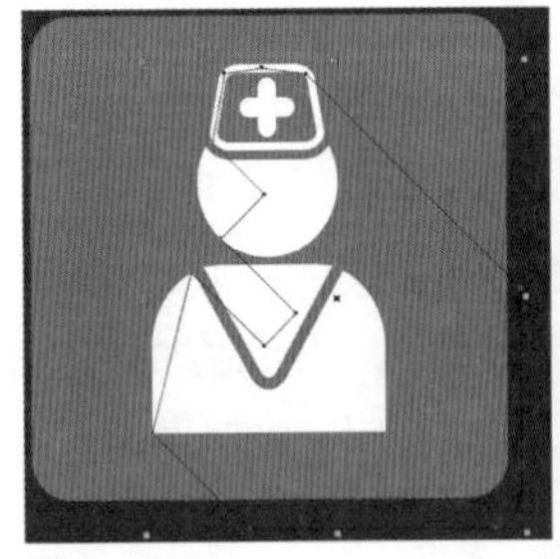

图 6-184

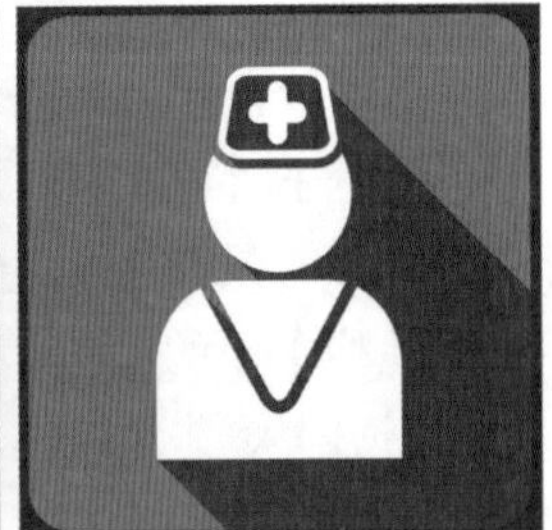

图 6-185

4. 运用【工具箱】中的【贝塞尔工具】、【椭圆工具】绘制如图 6-186 所示的听诊器图形。绘制完成后将其移动到第四排第二个矩形中，并填充为【白色】，【轮廓色】设置为【无】，如图 6-187 所示。

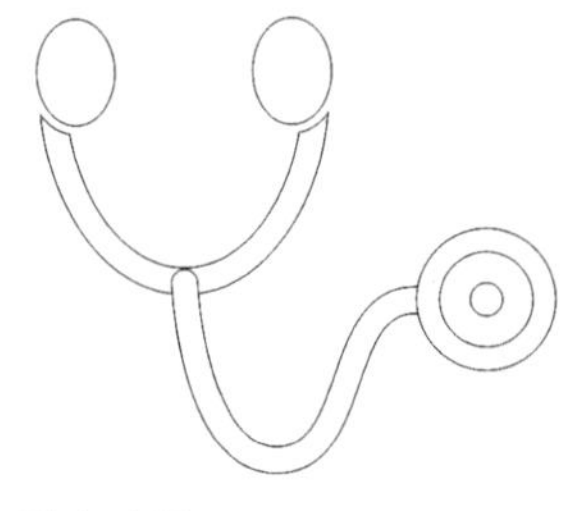

图 6-186

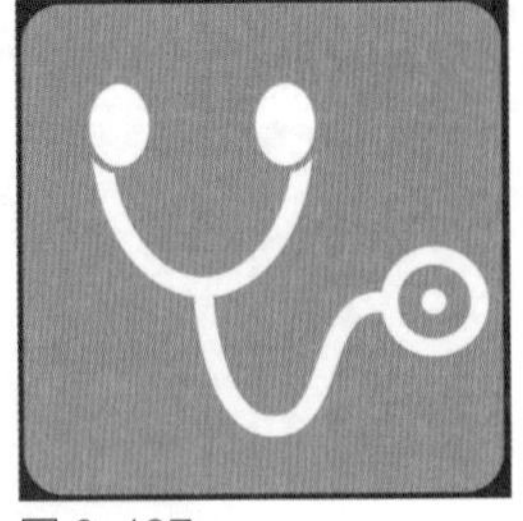

图 6-187

5. 选择【工具箱】中的【贝塞尔工具】，在页面中绘制出投影图形，如图 6-188 所示。

6. 选择【工具箱】中的【选择工具】，选中小矩形背景和刚才绘制好的投影图形，选择【属性栏】中的【相交】命令，得到修剪好的投影图形，对其进行填充，颜色色值设置为 C：64，M：41，Y：91，K：1，效果如图 6-189 所示。

7. 运用【工具箱】中的【矩形工具】、【椭圆工具】、【贝塞尔工具】、【修改工具】绘制如图 6-190 所示的注射架图形。绘制完成后将其移动到第四排第三个矩形中，并填充为【白色】，【轮廓色】设置为【无】，如图 6-191 所示。

8. 选择【工具箱】中的【贝塞尔工具】，在页面中绘制出投影图形，如图 6-192 所示。

9. 选择【工具箱】中的【选择工具】，选中小矩形背景和刚才绘制好的投影图形，选择【属性栏】中的【相交】命令，得到修剪好的投影图形，对其进行填充，颜色色值设置为 C：29，M：79，Y：100，K：0，效果如图 6-193 所示。

10. 运用【工具箱】中的【矩形工具】、【椭圆工具】绘制如图 6-194 所示的锥形瓶图形。绘制完成后将其移动到第四排第四个矩形中，并填充为【白色】，【轮廓色】设置为【无】，如图 6-195 所示。

11. 选择【工具箱】中的【贝塞尔工具】，在页面中绘制出投影图形，如图 6-196 所示。

12. 选择【工具箱】中的【选择工具】，选中小矩形背景和刚才绘制好的投影图形，选择【属性栏】中的【相交】命令，得到修剪好的投影图形，对其进行填充，颜色色值设置为 C：81，M：31，Y：72，K：0，效果如图 6-197 所示。

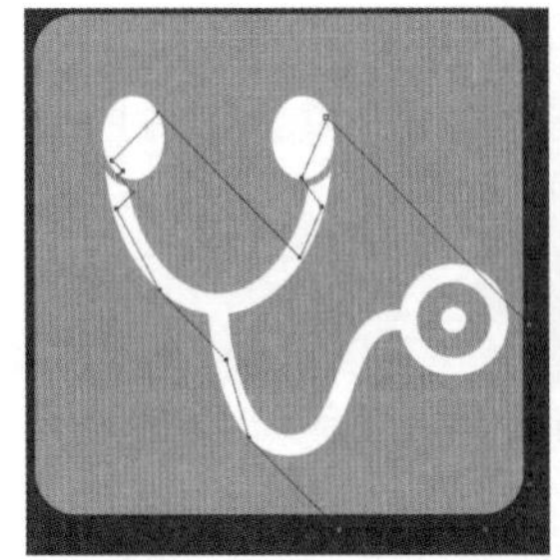
图 6-188

图 6-189

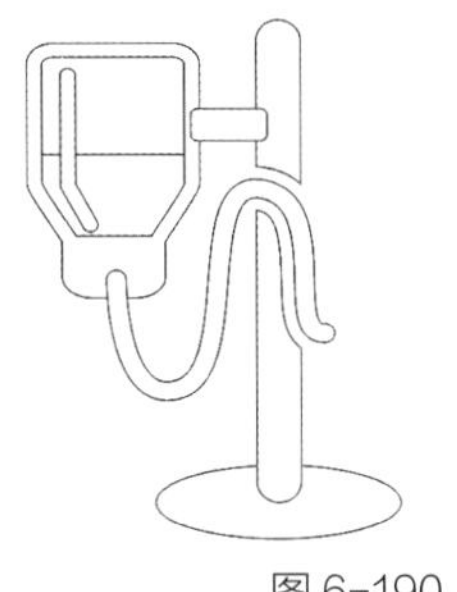
图 6-190

图 6-191

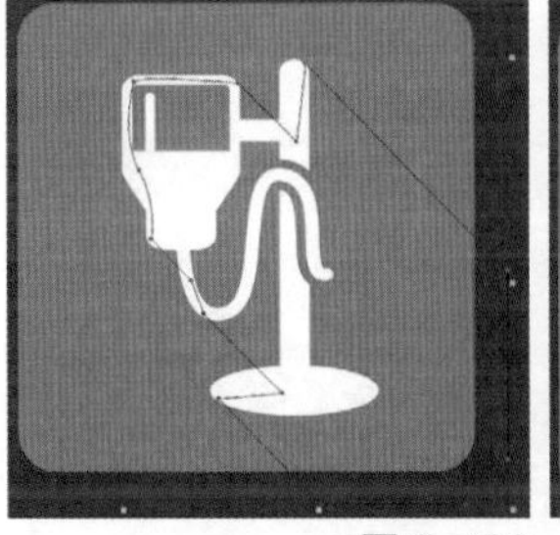
图 6-192

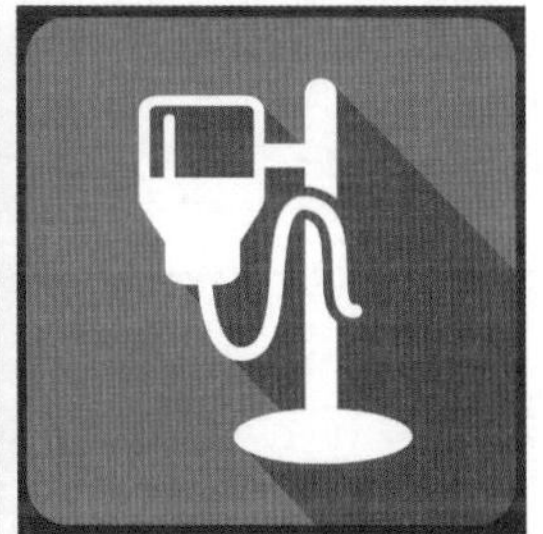
图 6-193

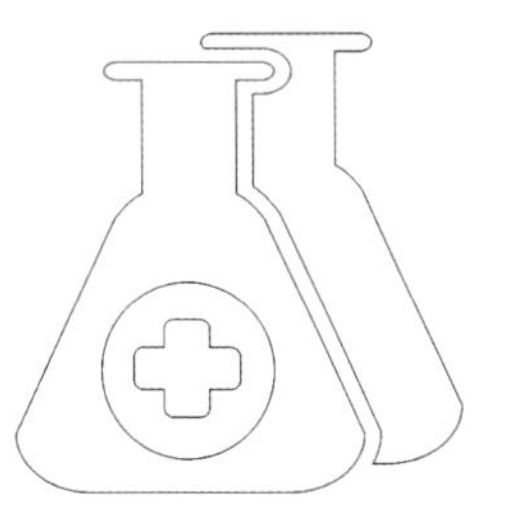
图 6-194

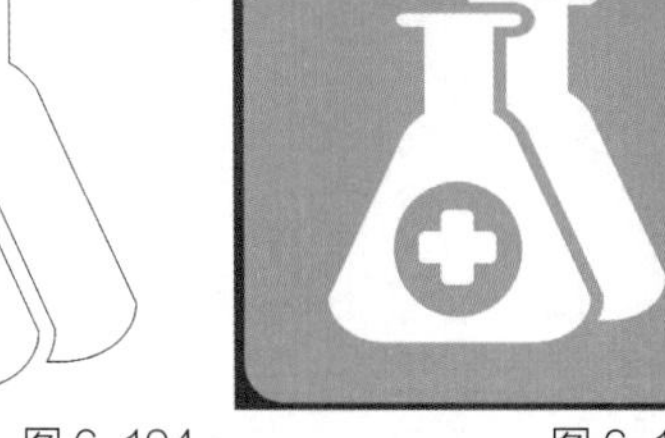
图 6-195

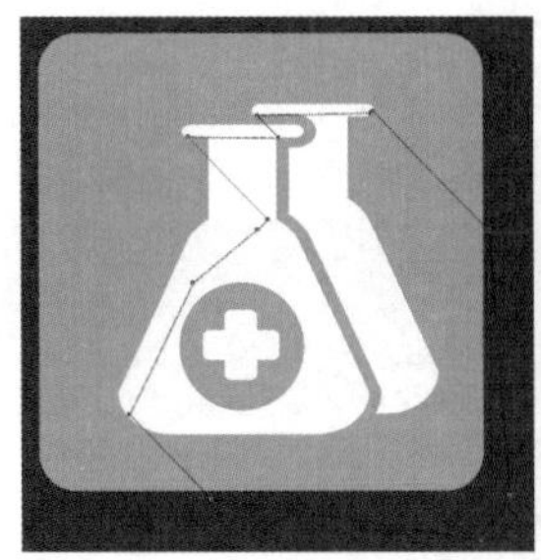
图 6-196

图 6-197

13. 至此，医院的导向标志就绘制完成了，效果如图 6-198 所示。大家还可以根据自己的想法制作出更多的方案。

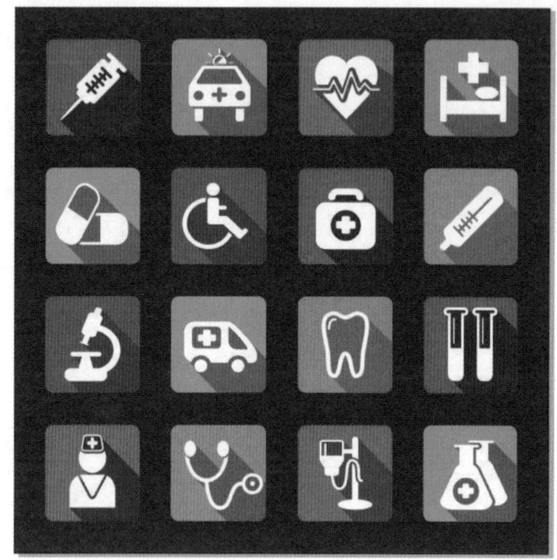

图 6-198

第七章 CorelDRAW X7 中的产品设计

本章导读

本章主要通过实例讲解如何运用 CorelDRAW 表现精美的产品效果，以培养学生绘制产品精描图的能力，进而能创作出富有创意的产品。CorelDRAW 被定位为插画与排版用的软件，并非针对产品设计而开发，若要将其运用于产品绘图，则需要学习和掌握许多的诀窍与方法。本章节以循序渐进的方式讲解学习程序与应注意之特点，并佐以案例说明。

学习目标

- 通过任务演示了解 CorelDRAW 产品设计的一般设计思路和方法
- 通过任务演示和操作掌握 CorelDRAW 产品设计所用的绘图工具以及图形、图像处理、滤镜、光影表现等命令的操作技能和具体制作过程
- 明确学习任务，培养学生学习兴趣和科学研究态度
- 引导学生提升自主学习能力，养成严谨细致的设计制作习惯

第一节 关于产品设计

一、关于产品

（一）产品的概念

产品是指能够提供给市场，被人们使用和消费，并能满足人们某种需求的东西，包括有形的物品，无形的服务、组织、观念或它们的组合（图 7-1）。产品一般可以分为三个层次，即核心产品、形式产品和延伸产品。核心产品是指整体产品提供给购买者的直接利益和效用；形式产品是指产品在市场上呈现的物质实体外形，包括产品的品质、特征、造型、商标和包装等；延伸产品是指整体产品提供给顾客的一

图 7-1

系列附加利益，包括运送、安装、维修、质保等在消费领域给予消费者的好处。

产品的狭义概念：被生产出的物品。

产品的广义概念：可以满足人们需求的载体。

（二）常见的四种产品类别

1. 服务

服务通常是无形的，是为满足顾客的需求，供方（提供产品的组织和个人）和顾客（接受产品的组织和个人）之间在接触时的活动以及供方内部活动所产生的结果，并且是在供方和顾客接触上至少需要完成一项活动的结果（图7-2），如医疗、运输、咨询、金融贸易、旅游、教育等。服务的提供可涉及：为顾客提供的有形产品（如维修的汽车）上所完成的活动；为顾客提供的无形产品（如为准备税款申报书所需的收益表）上所完成的活动；无形产品的交付（如知识传授方面的信息提供）；为顾客创造氛围（如宾馆和饭店）。服务特性包括：安全性、保密性、环境舒适性、信用、文明礼貌以及等待时间等。

2. 软件

软件由信息组成，是通过支持媒体表达的信息所构成的一种智力创作，通常是无形产品，并以方法、记录或程序的形式存在。如计算机程序、字典、信息记录等。

3. 硬件

硬件通常是有形产品，是不连续的具有特定形状的产品。如电视机、元器件、建筑物、机械零部件等，其量具有计数的特性，往往用计数特性描述。

4. 流程性材料

流程性材料通常是有形产品，是将原材料转化成某一特定状态的有形产品，其状态可能是流体、气体、粒状、带状。如润滑油、布匹，具有连续的特性，往往用计量特性描述。

一种产品可由两个或多个不同类别的产品构成，产品类别（服务、软件、硬件或流程性材料）的区分取决于其主导成分。例如：外供产品“汽车”是由硬件（如轮胎）、流程性材料（如燃料、冷却液）、软件（如发动机控制软件、驾驶员手册）和服务（如销售人员所做的操作说明）所组成。硬件和流程性材料经常被称之为货物。称为硬件还是服务主要取决于产品的主导成分。例如，客运航空公司主要为乘客提供空运服务，但在飞行中也提供点心、饮料等硬件。

二、产品造型的要素

产品造型设计是用创造性的构思，以艺术的形式和造型手段充分发挥和体现产品的功能特点及其科学性和先进性，是现代科学技术与艺术的有机结合，由它的基本特征可知，构成产品造型设计的基础要素是产品的功能、物质技术条件和美学艺术内容。

1. 功能基础

功能基础是指产品特定的技术功能，它是产品造型设计的主要目的，是产品最基本的使用要求。造型设计要充分体现功能的科学性、使用的合理性（图7-3、图7-4）、舒适性以及符合加工、维修方便等基本要求。对于一般产

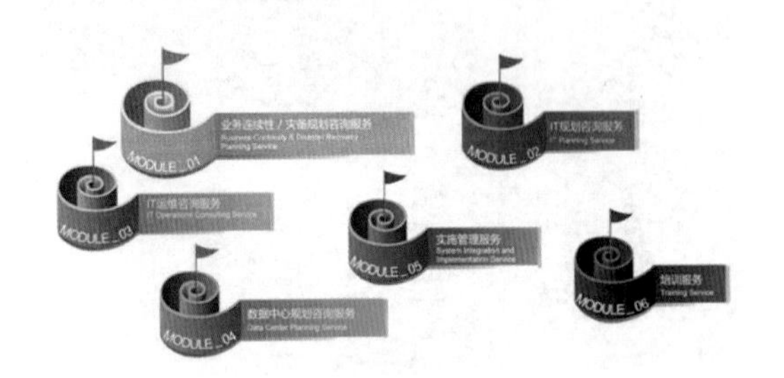

图7-2

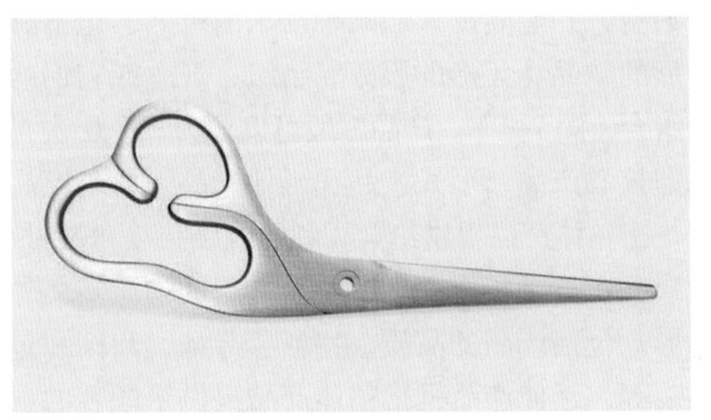

图7-3

图 7-4

图 7-5

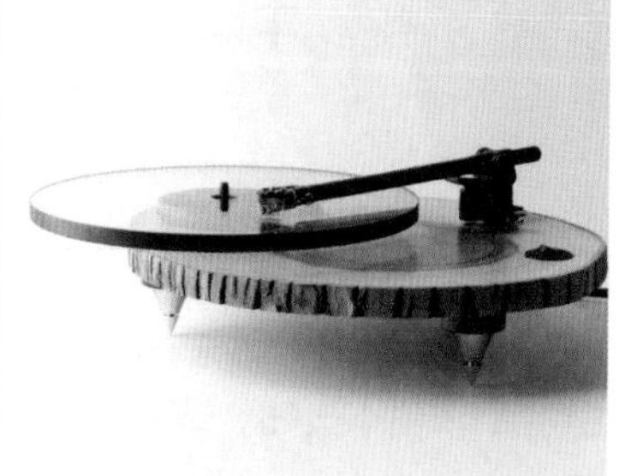
图 7-6

品而言，其功能要求主要包括：功能范围、工作精度、可靠性与有效度、舒适性等方面。

2. 物质技术基础

产品的功能是靠物质技术条件来具体实现的，产品的造型表现同样也必须依赖于物质技术条件来体现。实现产品造型的物质技术条件主要包括：结构、材料、工艺、新技术、经济性等（图 7-5、图 7-6）。

3. 美学基础

产品造型设计除了使产品充分的表现其功能特点、反映先进科学技术水平外，还要给人以美的感受。因此，产品造型设计必须在表现功能的前提下，在合理运用物质技术条件的同时，把美学艺术内容和处理手法充分地融合在整合造型设计之中，同时又充分利用材料、结构、工艺等条件体现造型的形体美、线型美、色彩美、材质美。美学基础的内容主要包括：美学原则、形体构成、色彩、装饰等方面。

组成产品造型的三个基础要素是互相影响、互相促进和互相制约的。其中功能基础是产品造型的主要因素。物质技术基础又是功能基础的保证条件，缺乏良好的物质技术条件，就不会体现出良好的功能。单独的物质技术条件又不可能形成特定的使用功能，只有在“使用功能”的具体要求引导下，物质技术条件才能充分发挥它的效能。所以说，产品造型中功能是决定造型的关键，物质技术基础是实现功能的条件。但是，单纯强调功能而忽视造型形象美的追求，又不能满足现代人对现代工业产品的时代审美要求。因此，产品的功能和形式美感必须紧密地结合在一起。它既包含着科学的时代成果，又体现时代美感的规律。

图 7-7

实用性与艺术性的结合，构成产品造型的精神功能。实用性与科学性的结合，构成产品造型的物质功能。科学性与艺术性的结合，构成产品造型的时代性。

第二节 绘制电脑无线键盘

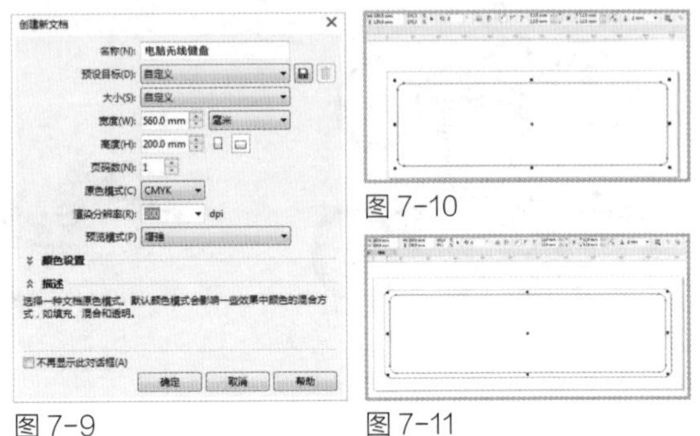

图 7-9

图 7-10

图 7-11

步骤一：新建文档——电脑无线链盘

打开 CorelDRAW X7，选择【标准工具栏】中的【新建】按钮，或者按【Ctrl+N】组合键，弹出【创建新文档】对话框，从中设置文档的尺寸以及各项参数，如图 7-9 所示，点击【确定】按钮，即可创建新文档。

步骤二：绘制键盘外轮廓

1. 选择【工具箱】中的【矩形工具】，在工作区绘制一个矩形，在【属性栏】将【宽度】、【高度】设置为【520】和【155】，【顶点样式】设置为【圆角】，【圆角半径】设置为【12】，效果如图 7-9 所示。

2. 选择【工具箱】中的【矩形工具】，在绘制好的矩形内部再绘制一个矩形，在【属性栏】将【宽度】、【高度】设置为【500】和【138】，【顶点样式】设置为【圆角】，【圆角半径】设置为【12】，效果如图 7-11 所示。

3. 将绘制好的两个矩形填充上颜色。将大的矩形填充为【黑色】，颜色色值设置为 C：0，M：0，Y：0，K：100。将小的矩形填充为【灰色】，颜色色值设置为 C：0，M：0，Y：0，K：80，效果如图 7-12 所示。

图 7-12

4. 选择【工具箱】中的【调和工具】，单击一个矩形，向另一个矩形拖动，进行调和操作，在【属性栏】设置参数，将【调和对象】设置为【10】，效果如图 7-13 所示。

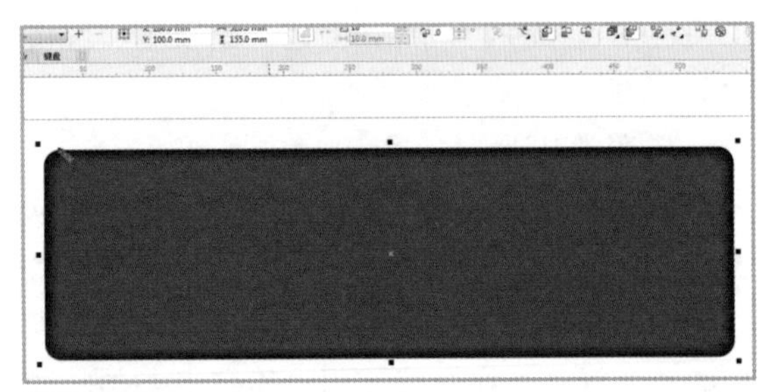

图 7-13

5. 复制第 2 步绘制好的矩形，将其放置在调和好的矩形下方，如图 7-14 所示。复制完后，选择【属性栏】中的【转换为曲线】命令，将

图 7-14

图 7-8

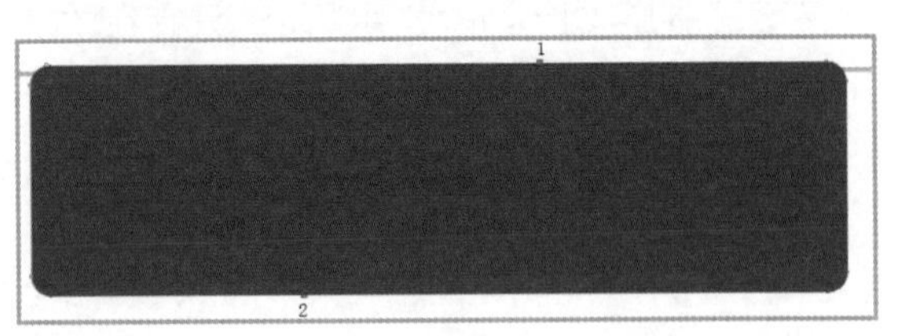

图 7-15

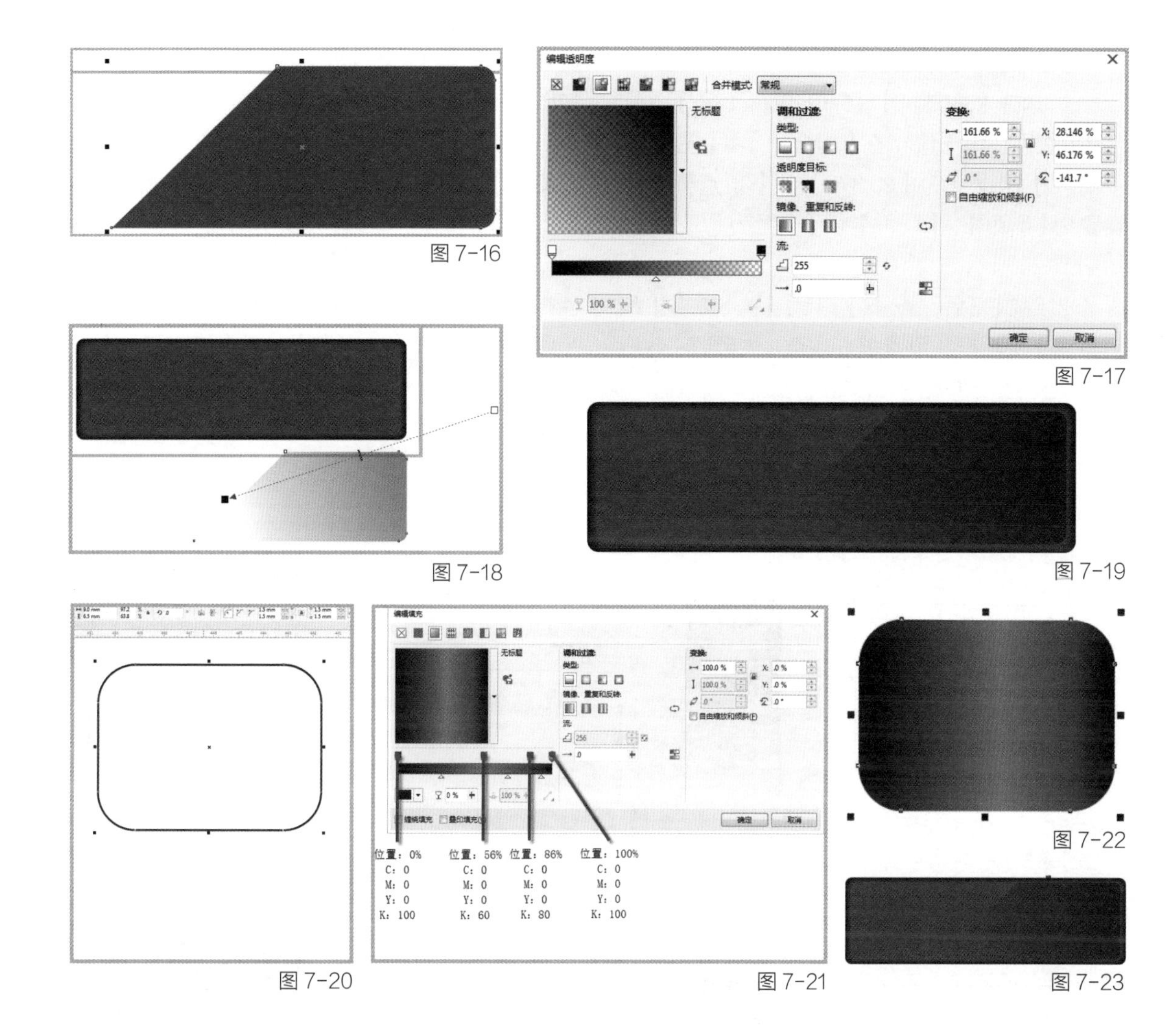

图 7-16　图 7-17　图 7-18　图 7-19　图 7-20　图 7-21　图 7-22　图 7-23

其转换为曲线，在图 7-15 中 1、2 两点的位置上添加节点。

6. 选择【工具箱】中的【修改工具】，将 1、2 两点左边的所有节点删除，得到如图 7-16 所示的图形。

7. 选择【工具箱】中的【透明度工具】，给修改好的图形添加透明效果，在【属性栏】选择【渐变透明度】，打开【编辑透明度】对话框，设置参数如图 7-17 所示。

8. 设置好透明度后的效果如图 7-18 所示。将其移动到刚才进行调和操作的图形上方，效果如图 7-19 所示。这样键盘的大致轮廓就绘制完成了。

步骤三：绘制键盘开关

1. 选择【工具箱】中的【矩形工具】，在工作区绘制一个矩形，在【属性栏】将【宽度】、【高度】设置为【9】和【6.5】，【顶点样式】设置为【圆角】，【圆角半径】设置为【1.5】，效果如图 7-20 所示。

2. 绘制完后，选择下【F11】键，弹出【编辑填充】对话框，设置填充参数，如图 7-21 所示。填充好后，效果如图 7-22 所示。

3. 将填充好的矩形放置到步骤二绘制好的键盘轮廓上方偏右的位置，然后调整其顺序，将其放置到尾部，效果如图 7-23 所示。

步骤四：绘制正方形按键

1. 选择【工具箱】中的【矩形工具】，在工作区绘制一个矩形，在【属性栏】将【宽度】、【高度】均设置为【20.375】，【顶点样式】设置为【圆角】，【圆角半径】设置为【6.252】，如图 7-24 所示。

2. 绘制完后，按下【F11】键，弹出【编辑填充】对话框，设置填充参数，如图 7-25 所示。填充后的效果如图 7-26 所示。

3. 选择【工具箱】中的【矩形工具】，在工作区绘制一个矩形，在【属性栏】将【宽度】、【高度】均设置为【13.899】，【顶点样式】设置为【圆角】，【圆角半径】设置为【6.252】，如图 7-27 所示。

4. 绘制完后，按下【F11】键，弹出【编辑填充】对话框，设置填充参数，如图 7-28 所示。填充后的效果如图 7-29 所示。

5. 对填充好的矩形进行复制，然后选择【属性栏】中的【转换为曲线】命令，将矩形转换为曲线后，选择【工具箱】中的【修改工具】，在图 7-30 中的 1、2 位置上添加节点。然后将 1、2 两节点上方的节点删掉，得到如图 7-31 所示的图形。

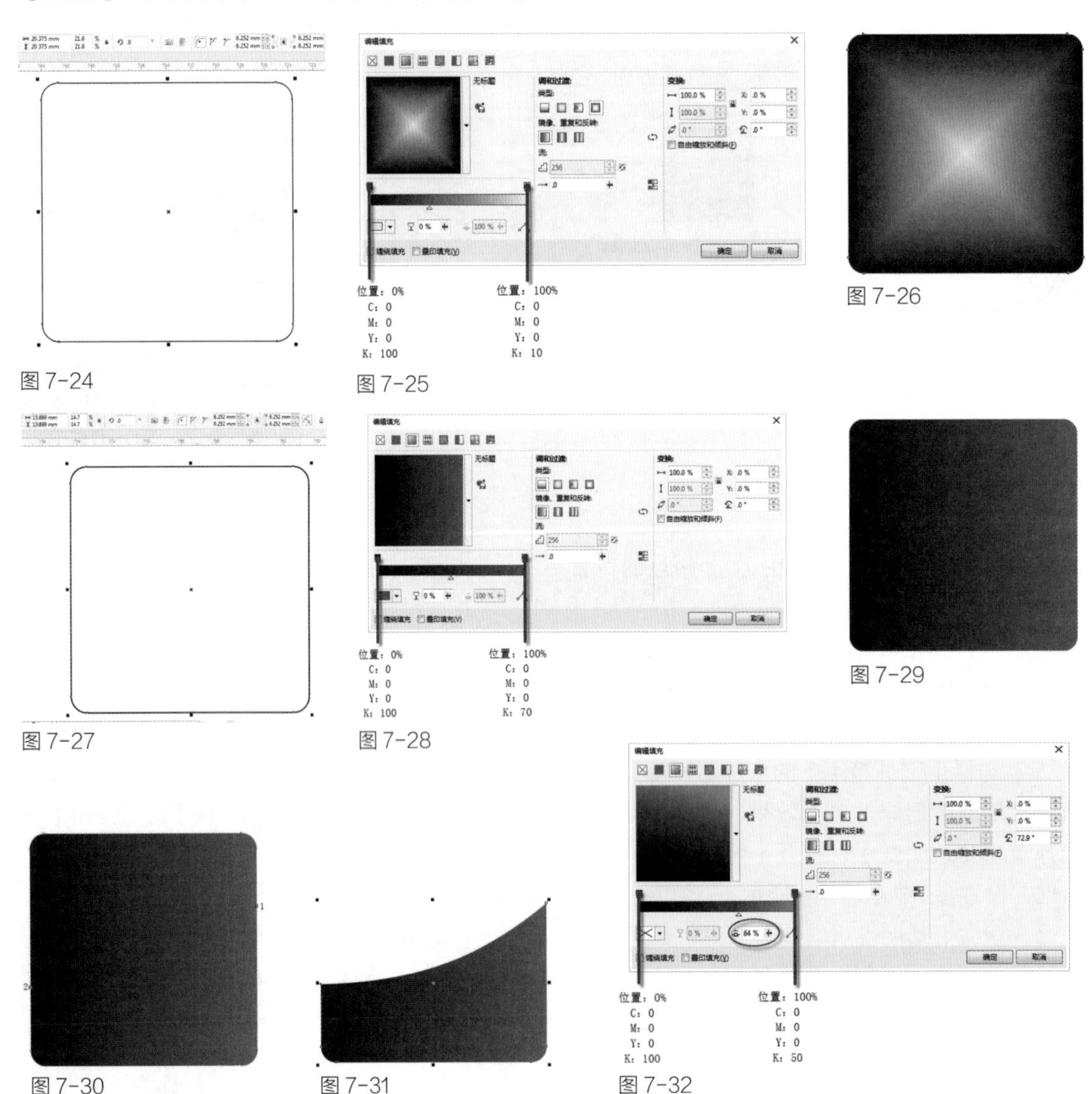

图 7-24

图 7-25

图 7-26

图 7-27

图 7-28

图 7-29

图 7-30

图 7-31

图 7-32

图 7-33

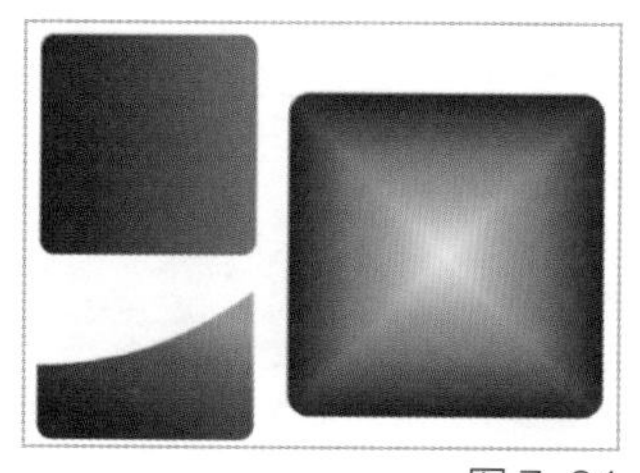

图 7-34

图 7-35

6. 绘制完后，按下【F11】键，弹出【编辑填充】对话框，设置填充参数，如图 7-32 所示。填充后效果如图 7-33 所示。

7. 这样方形按键的 3 个部分就都绘制好了，如图 7-34 所示。然后将他们对齐，效果如图 7-35 所示。框选方形按键，选择【属性栏】中的【组合对象】命令，将其【群组】。

8. 此时，选择群组好的方形按键，选择【对象】菜单栏中的【变换—位置】命令，弹出【变换】泊坞窗，泊坞窗参数设置如图 7-36 所示。单击【应用】按钮，得到如图 7-37 的图形。

9. 框选移动复制好的方形按键，再次设置【变换】泊坞窗，参数设置如图 7-38 所示。单击【应用】按钮，得到如图 7-39 的图形。

10. 删除第二、三、四排多余的按键，然后调整按键的位置，效果如图 7-40 所示。

11. 单击最右边的方形按键，在【变换】泊坞窗设置参数，对其进行移动复制，参数设置如图 7-41 所示。移动复制后的效果如图 7-42 所示。

12. 单击复制好的按键，再次设置泊坞窗内参数，如图 7-43 所示。单击【应用】按钮，效果如图 7-44 所示。

13. 框选移动复制好的 3 个方形按键，再次设置【变换】泊坞窗，参数设置如图 7-45 所示。单击【应用】按钮，得到如图 7-46 的图形。

14. 删掉第四排左右两个按键。效果如图 7-47 所示。按照同样的方法，移动复制出数字键盘，效果如图 7-48 所示。

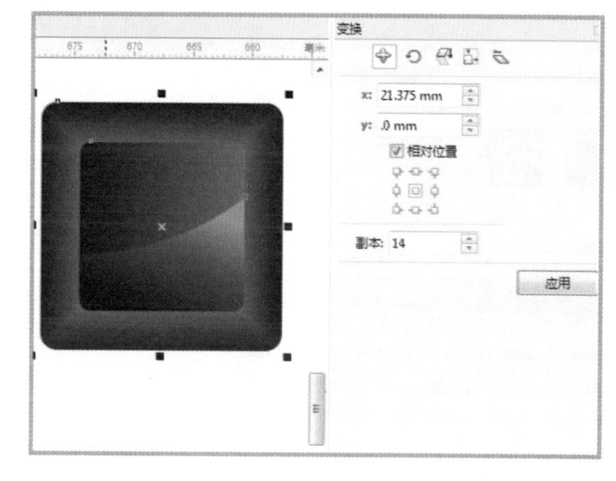

图 7-36

图 7-37

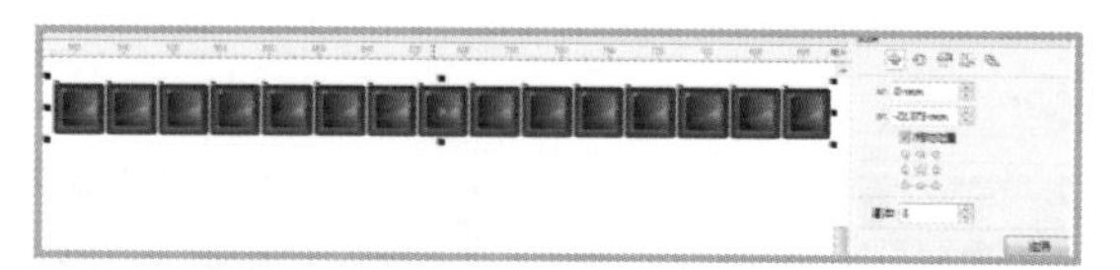

图 7-38

图 7-39

图 7-40

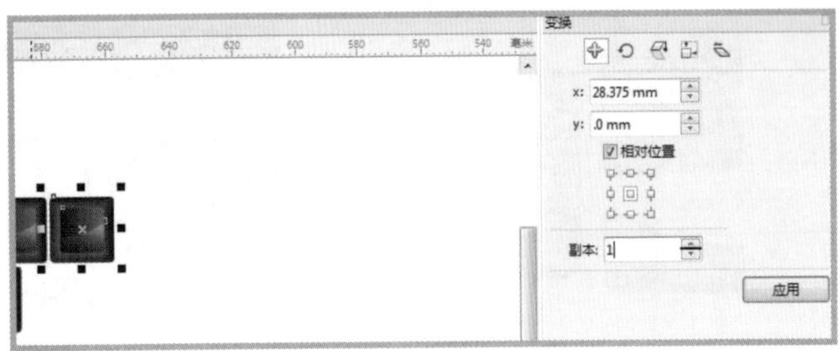

图 7-41

图 7-42

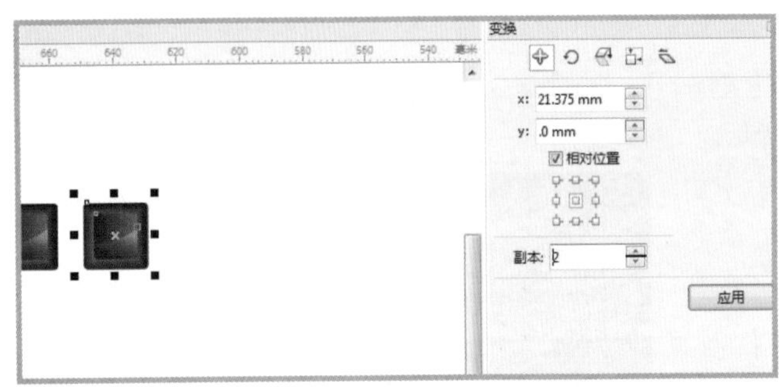

图 7-43

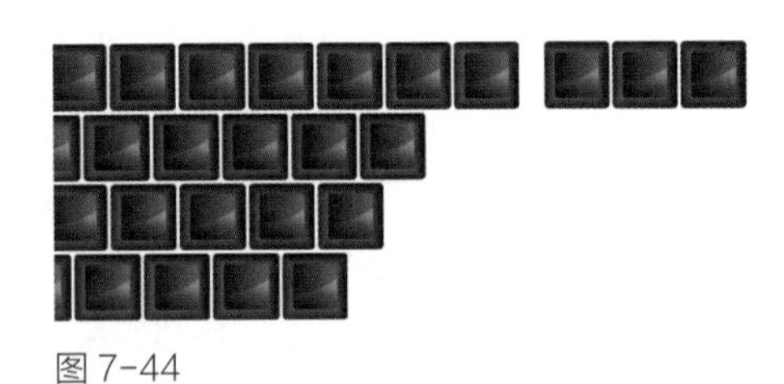
图 7-44

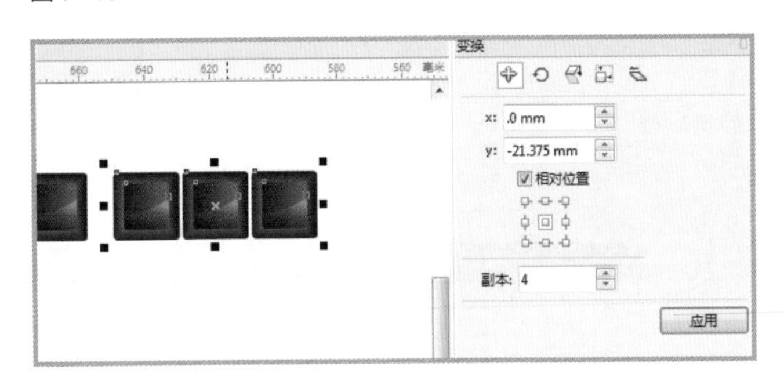

图 7-45

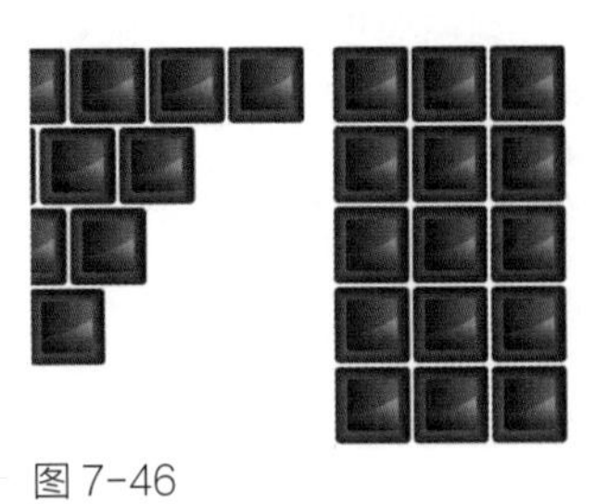
图 7-46

图 7-47

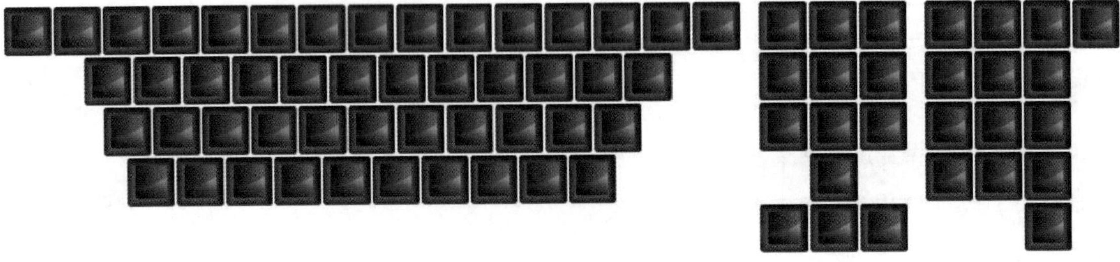
图 7-48

步骤五：绘制长方形按键

1. 选择【工具箱】中的【矩形工具】，在工作区绘制一个矩形，在【属性栏】将【宽度】、【高度】设置为【32】和【20.375】，【顶点样式】设置为【圆角】，【圆角半径】设置为【1】，如图 7-49 所示。

2. 选择【工具箱】中的【矩形工具】，在绘制好的矩形内部再绘制一个小矩形，在【属性栏】中将【宽度】、【高度】设置为【29】和【16】，【顶点样式】设置为【圆角】，【圆角半径】设置为【0.785】，效果如图 7-50 所示。

3. 将绘制好的两个矩形填充上颜色。将大的矩形填充为【黑色】，颜色色值设置为 C：0，M：0，Y：0，K：100。将小的矩形填充为【灰色】，颜色色值设置为 C：0，M：0，Y：0，K：80，效果如图 7-51 所示。

4. 选择【工具箱】中的【调和工具】，单击一个矩形，向另一个矩形拖动，进行调和操作，在【属性栏】设置参数，将【调和对象】设置为【10】，效果如图 7-52 所示。

5. 选择【工具箱】中的【矩形工具】，在工作区绘制一个矩形，在【属性栏】将【宽度】、【高度】设置为【28】和【15】，【顶点样式】设置为【圆角】，【圆角半径】设置为【0.5】，如图 7-53 所示。

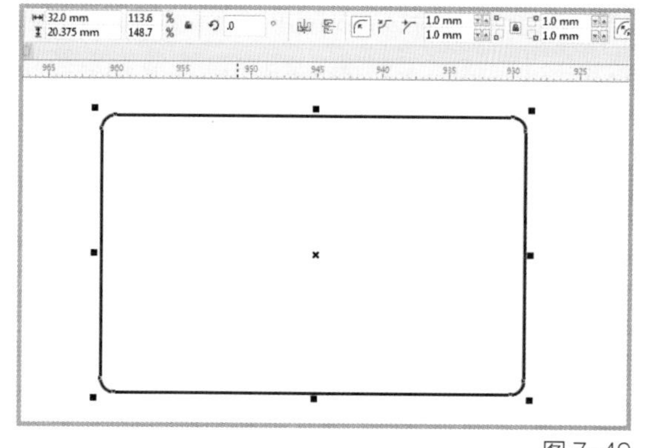

图 7-49

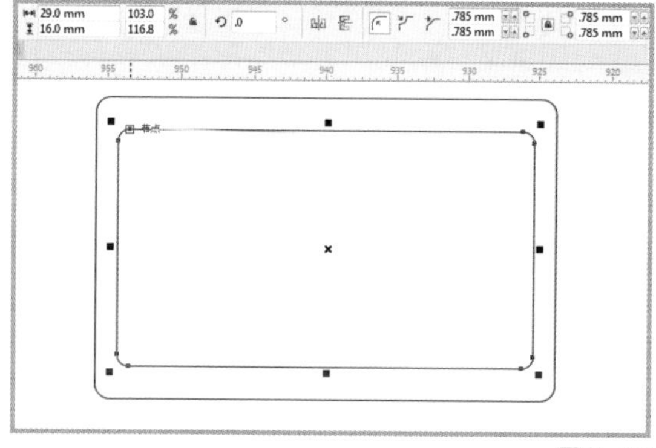

图 7-50

图 7-51

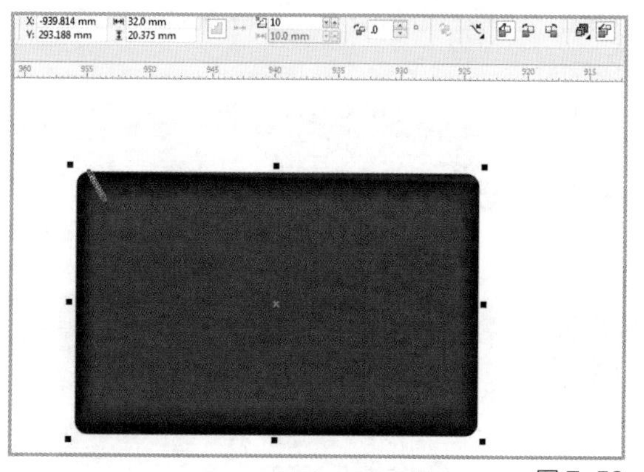

图 7-52

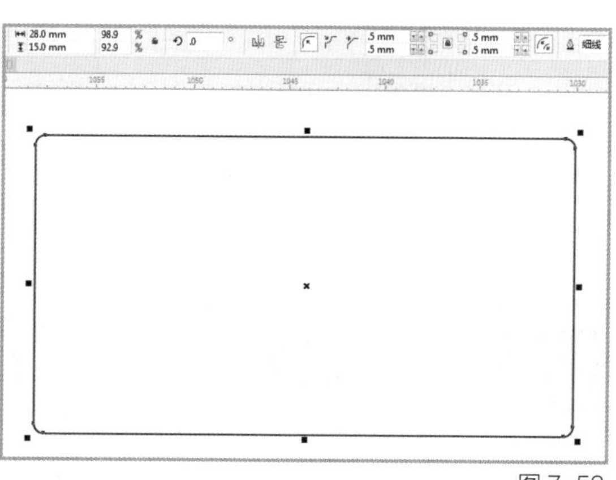

图 7-53

6. 绘制完后，按下【F11】键，弹出【编辑填充】对话框，按照图 7-54 设置填充参数。填充后的效果如图 7-55 所示。

7. 然后将矩形和进行调和的对象【居中对齐】，效果如图 7-56 所示。

8. 框选绘制好的长方形按键，单击【属性栏】中的【组合对象】按钮，将其群组。然后，将其移动至图 7-57 所示的位置。

9. 选中长方形按键，在【变换】泊坞窗设置如图 7-58 所示参数。对其进行移动复制。单击【应用】按钮，得到效果如图 7-59 所示效果。

10. 调整移动复制出来的两个长方形按键的宽度，调整好后效果如图 7-60 所示。

11. 用同样的方法绘制出其他长方形按键，效果如图 7-61 所示。

12. 选择【工具箱】中的【钢笔工具】，配合【Shift】键，绘制出回车键的外形，效果如图 7-62 所示。同样的方法在中间再绘制一个稍小一点的，效果如图 7-63 所示。

13. 将绘制好的两个回车键图形填充上颜色。将大的填充【黑色】，色值设置为 C：0，M：0，Y：0，K：100。将小的填充【灰色】，色值设置为 C：0，M：0，Y：0，K：80。选择【工具箱】中的【调和工具】，单击一个图形，向另一个图形拖动，进行调和操作，在【属性栏】设置参数，将【调和对象】设置为【10】。效果如图 7-64 所示。

14. 选择【工具箱】中的【钢笔工具】，配合【Shift】键，再绘制出一个小的回车键，效果如图 7-65 所示。按照图 7-54 的参数设置其填充色值，效果如图 7-66 所示。这样回车键就绘制完成了。

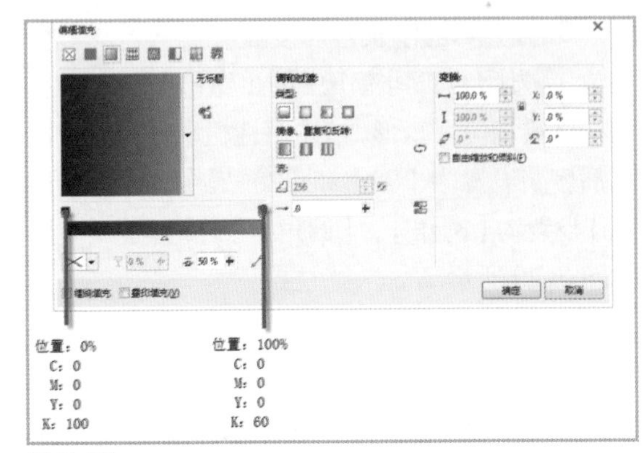

图 7-54

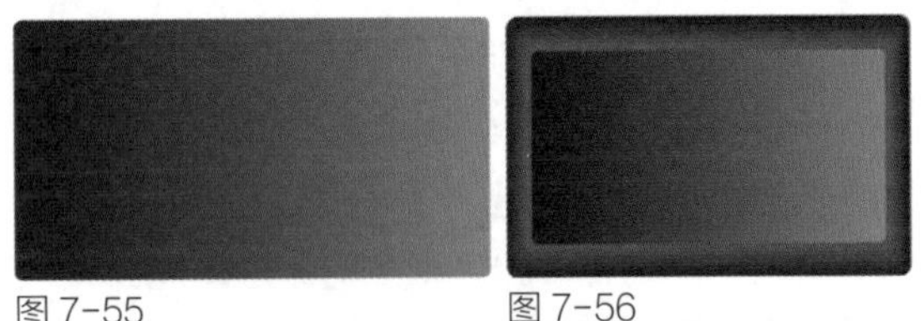
图 7-55　图 7-56

图 7-57

图 7-58

图 7-59　图 7-60

图 7-61

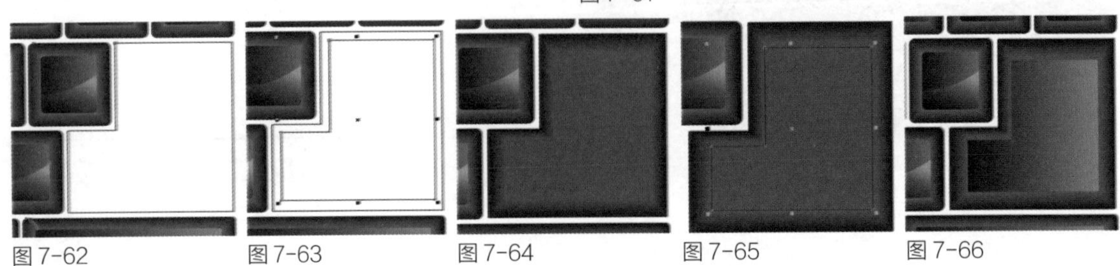
图 7-62　图 7-63　图 7-64　图 7-65　图 7-66

15. 对【Tab】键进行复制，然后对其进行缩放，将其【宽度】缩放到【20.375】，【高度】缩小为【13】，效果如图 7-67 所示。绘制完成后，将其移动至绘制好的键盘组上方，如图 7-68 所示。

16. 然后，进行移动复制，具体方法这里就不再一一赘述，完成后效果如图 7-69 所示。

17. 复制一个方形按键，对其进行缩放，使其【宽度】缩放到【26.5】，【高度】不变，效果如图 7-70 所示。修改完成后，将其解组，选中后面的矩形，按下【F11】键，弹出【编辑填充】对话框，修改其填充色值，参数设置如图 7-71 所示。调整填充后的效果如图 7-72 所示。

18. 框选修改好的按键，选择【属性栏】中的【组合对象】按钮，将其移动到键盘的左下角，效果如图 7-73 所示。

19. 选中左下角的长方形按键，在【变换】泊坞窗设置参数，如图 7-74 所示，对其进行移动复制。单击【应用】按钮，得到效果如图 7-75 所示。

图 7-67

图 7-68

图 7-69

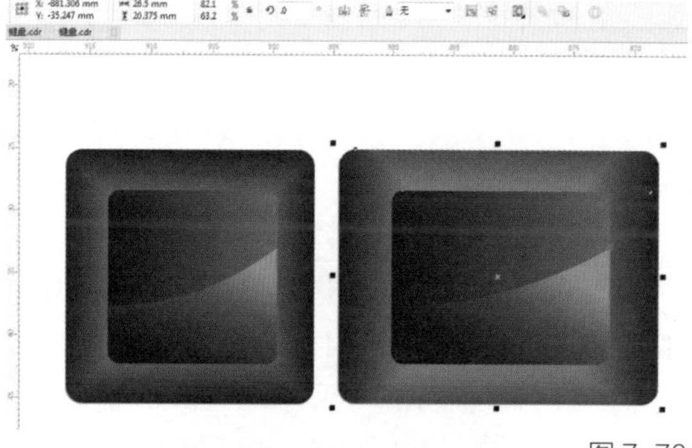

图 7-70

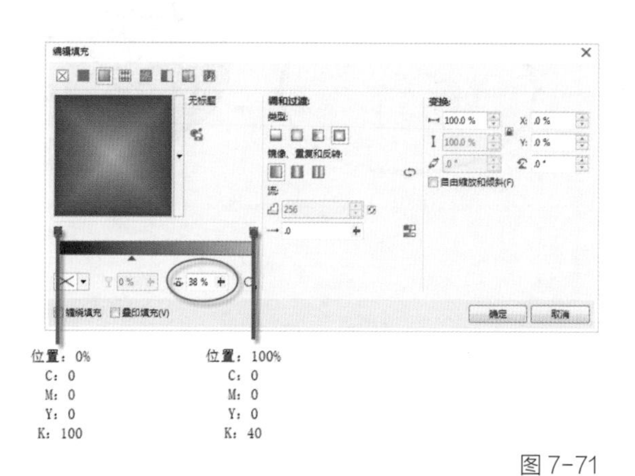

图 7-71

图 7-72

图 7-73

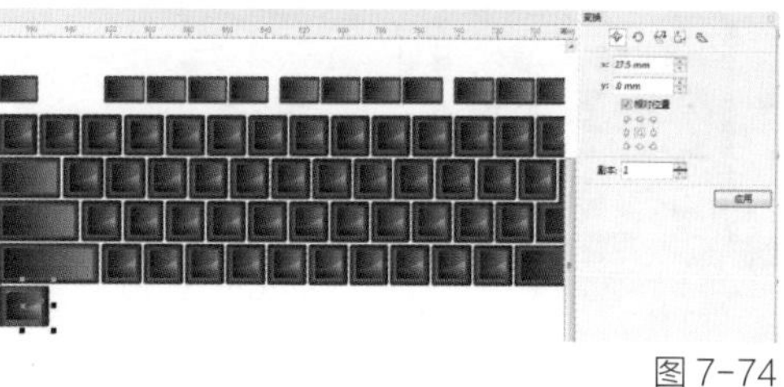

图 7-74

图 7-75　　图 7-76　　图 7-77

图 7-78

20. 同样的方法，移动复制出空格键后面的四个按键，效果如图 7-76 所示。

21. 复制【Tab】键将其移动到最下方的空白处，如图 7-77 所示，并对其进行缩放，将其【宽度】缩放到适合的大小，【高度】不变。效果如图 7-78 所示。

步骤六：绘制键盘指示灯

1. 选择【工具箱】中的【椭圆工具】，在工作区绘制一个椭圆，在【属性栏】将【宽度】、【高度】设置为【6.5】和【3.5】，并将其填充为【黑色】，色值设置为 C：0，M：0，Y：0，K：100，效果如图 7-79 所示。

2. 再复制一个，调整其大小。在【属性栏】中将【宽度】、【高度】设置为【4】和【2.5】，效果如图 7-80 所示。

3. 按下【F11】键，弹出【编辑填充】对话框，填充参数设置如图 7-81 所示。填充后效果如图 7-82 所示。

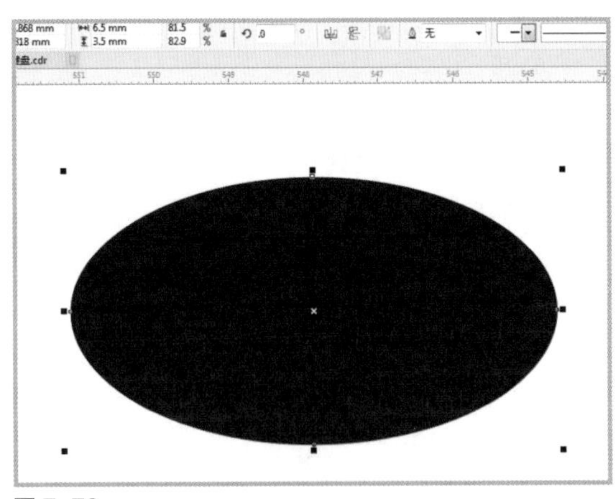

图 7-79

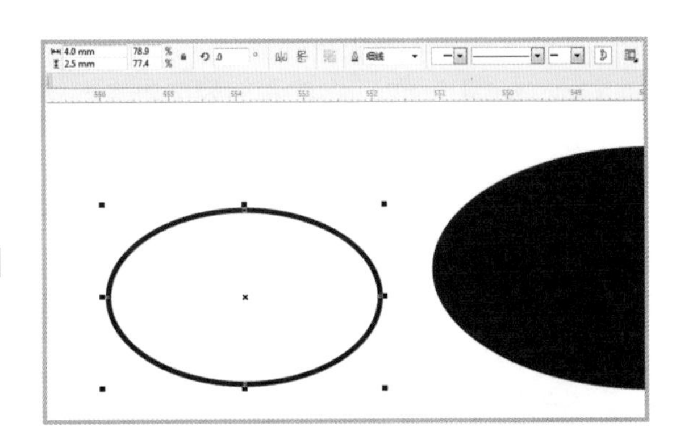

图 7-80

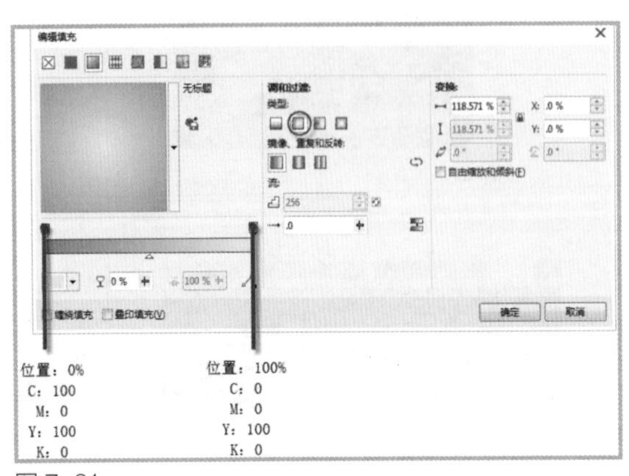

图 7-81

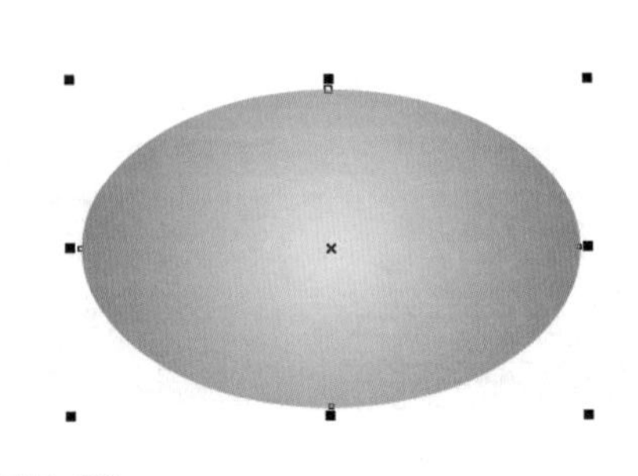

图 7-82

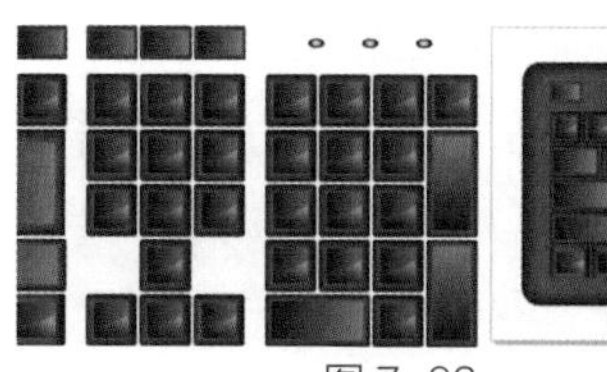

图 7-83

图 7-84

图 7-85

4. 两个椭圆在垂直和水平方向上居中对齐。框选两个椭圆，将其群组后移动至键盘的右上方。再移动复制两个，效果如图 7-83 所示。

步骤七：输入键盘上的文字

1. 这样所有键盘上的元素就制作完成了，框选所有的按键和指示灯，选择【属性栏】中的【组合对象】命令，将其群组后移动到步骤二绘制的键盘外轮廓上，效果如图 7-84 所示。

2. 最后，在每个按键上输入对应的文字，这样一个无线键盘就绘制完成了，最终效果如图 7-85 所示。

图 7-86

第三节 绘制 iPhone 手机

步骤一：新建文件——iPhone

打开 CorelDRAW X7，选择【标准工具栏】中的【新建】按钮，或者按【Ctrl+N】组合键，弹出【创建新文档】对话框，从中设置文档的尺寸以及各项参数，如图 7-87 所示，点击【确定】按钮，即可创建新文档。

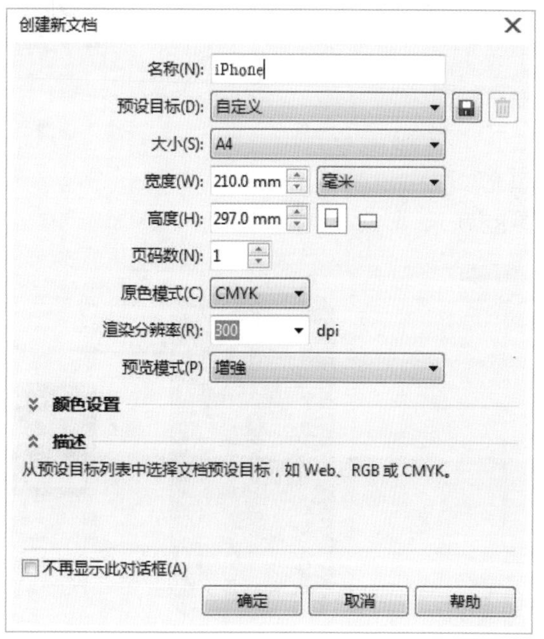

图 7-87

步骤二：绘制手机机身

1. 选择【工具箱】中的【矩形工具】，在工作区绘制一个矩形，在【属性栏】将【宽度】、【高度】设置为【94.5】和【180】，【顶点样式】设置为【圆角】，【圆角半径】设置为【15】，如图 7-88 所示。

2. 绘制好矩形后，按【F11】键弹出【编辑填充】对话框，按照图 7-89 所示的参数进行设置，设置完成后得到如图 7-90 所示效果。

3. 选择【工具箱】中的【矩形工具】，在工作区绘制一个矩形，在【属性栏】将【宽度】、【高度】设置为【88】和【177.5】，【顶点样式】设置为【圆角】，【圆角半径】设置为【14】，绘制完成效果如图 7-91 所示。

4. 绘制好矩形后，按下【F11】键弹出【编辑填充】对话框，按照图 7-92 所示的参数进行设置，设置完成后得到效果如图 7-93 所示。

5. 框选绘制好的两个圆角矩形，选择【属性栏】中的【对齐与分布】命令，在泊坞窗中设置两个矩形水平和垂直方向上【居中对齐】，如图 7-94 所示，对齐后效果如图 7-95。

6. 选择【工具箱】中的【矩形工具】，在工作区绘制一个矩形，在【属性栏】将【宽度】、【高度】设置为【84.5】和【173】，【顶点样式】设置为【圆角】，【圆角半径】设置为【13】，绘制完成效果如图 7-96 所示。绘制完成后，将其填充为【深灰色】，颜色色值设置为 C：0，M：0，Y：0，K：95。然后将其跟刚才绘制的两个矩形在垂直、水平方向上居中对齐，效果如图 7-97 所示。

7. 选择【工具箱】中的【矩形工具】，在工作区绘制一个矩形，在【属性栏】将【宽度】、【高度】设置为【80】和【145】，【顶点样式】设置为【圆角】，上面两个角的【圆角半径】设置为【0】，下面两个角的【圆角半径】设置

图 7-88

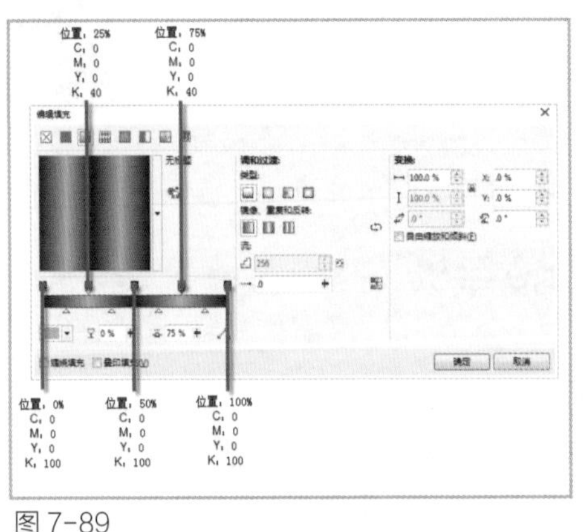

图 7-89

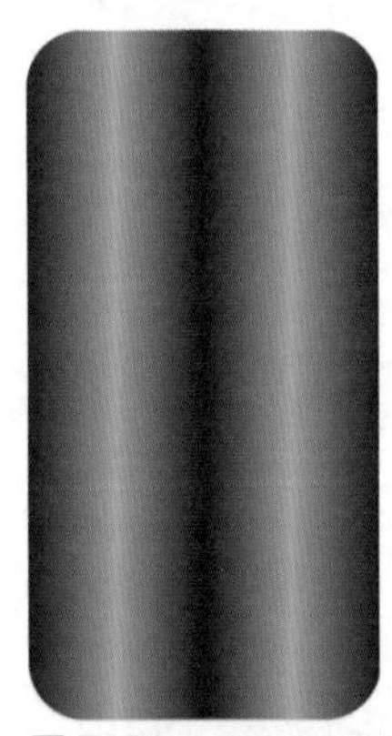

图 7-90

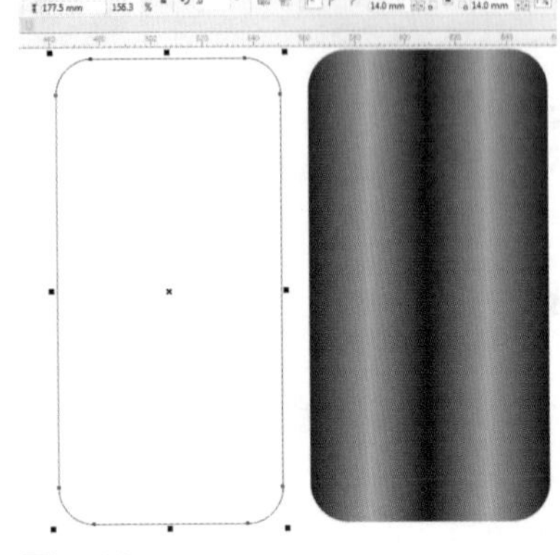

图 7-91

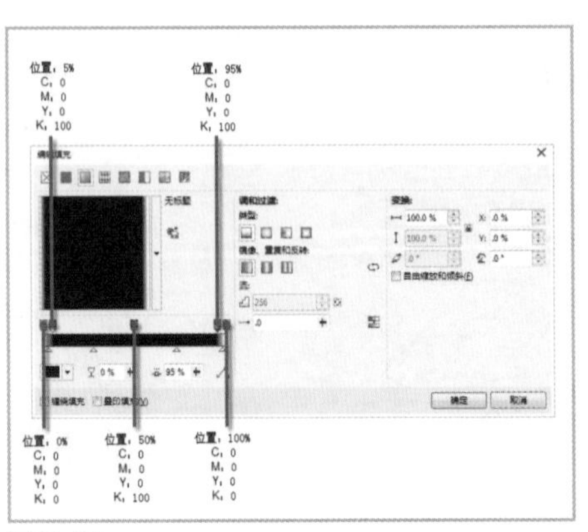

图 7-92

图 7-93

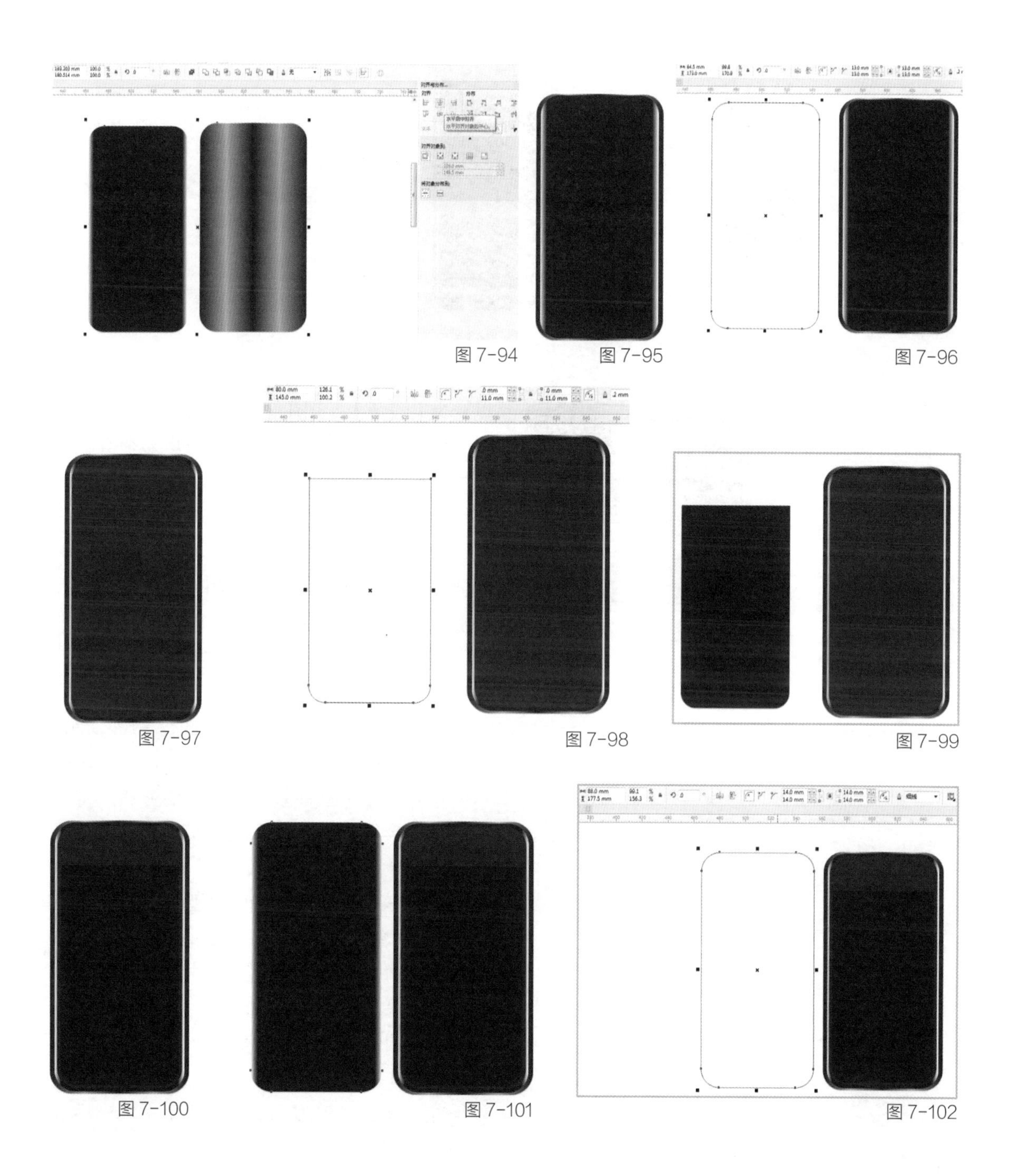

图 7-94 图 7-95 图 7-96

图 7-97 图 7-98 图 7-99

图 7-100 图 7-101 图 7-102

为【11】，绘制完成效果如图 7-98 所示。绘制完成后，将其填充为【黑色】，颜色色值设置为 C：0，M：0，Y：0，K：100，如图 7-99 所示。然后将其跟刚才绘制的三个矩形水平方向上居中对齐，垂直方向上偏下的位置，做出屏幕的效果，如图 7-100 所示。

8. 对步骤二第 3 步中绘制的矩形进行复制，如图 7-101 所示。去掉其填充色，如图 7-102 所示。

9. 选择【工具箱】中的【矩形工具】，在工作区绘制一个矩形，在【属性栏】将【宽度】、【高度】设置为【88】和【174】，【顶点样式】

图 7-103

图 7-104

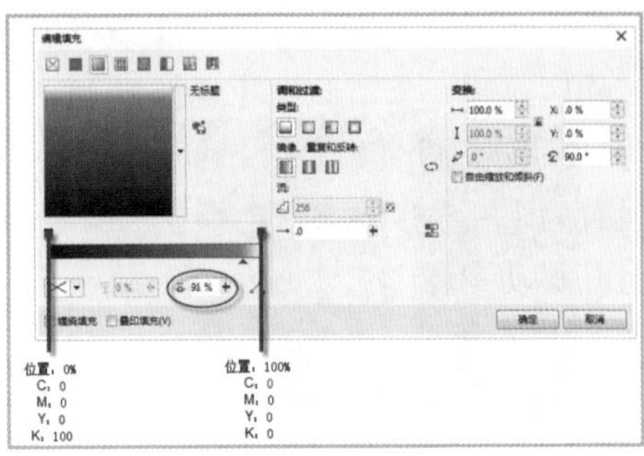

图 7-105

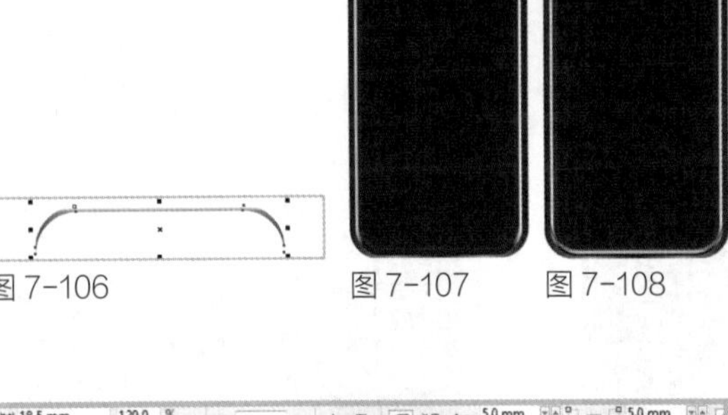

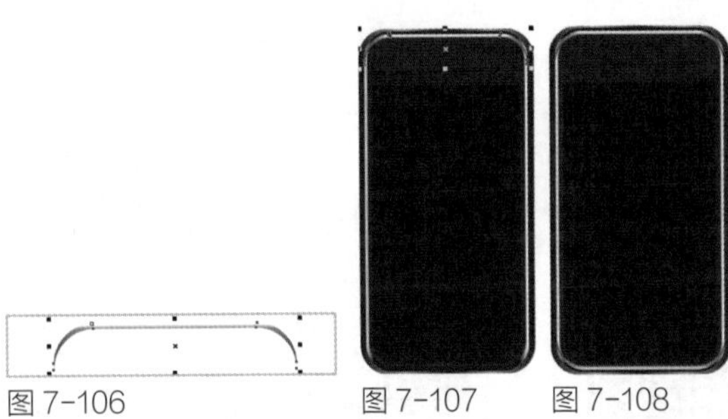

图 7-106　图 7-107　图 7-108

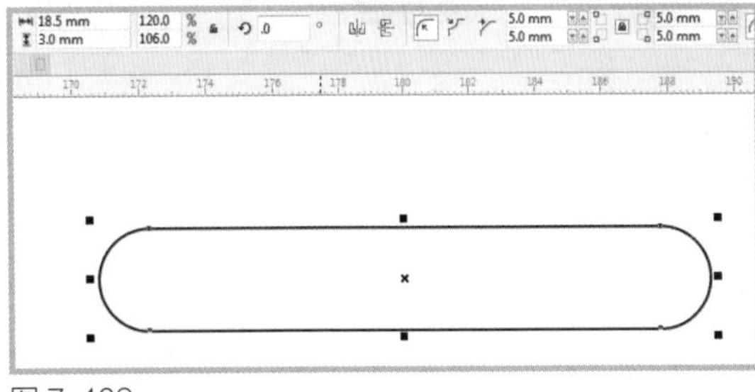

图 7-109

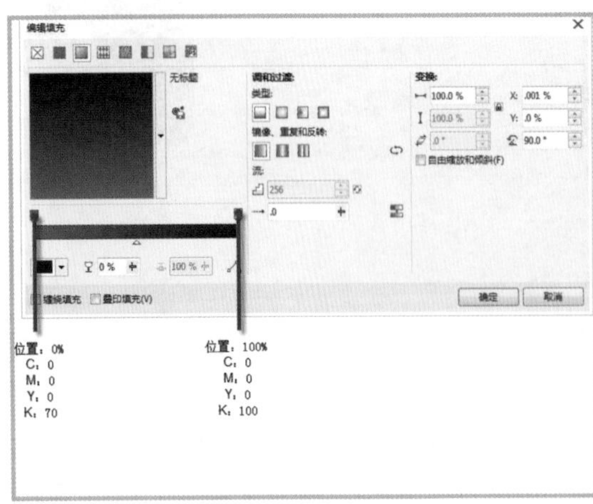

图 7-110

设置为【圆角】，【圆角半径】设置为【14.5】，将其与刚才复制好去掉填充色的矩形垂直、水平方向上居中对齐，效果如图 7-103 所示。

10. 框选两个矩形，选择【属性栏】中的【修剪】命令，得到如图 7-104 所示的图形。选中修剪好的图形，选择【属性栏】中的【拆分】命令，将上下两个月牙形拆分开来。

11. 选中上面的月牙形，按下【F11】键，弹出【编辑填充】对话框，设置如图 7-105 所示渐变填充参数，填充后的效果如图 7-106 所示。

12. 将填充好的月牙形放到如图 7-107 所示的位置，做出立体效果。同样的方法，将下面的月牙形填充颜色放置到手机的下部，效果如图 7-108 所示。

步骤三：绘制手机的听筒及主屏幕按钮

1. 选择【工具箱】中的【矩形工具】，在工作区绘制一个矩形，在【属性栏】将【宽度】、【高度】设置为【18.5】和【3】，【顶点样式】设置为【圆角】，【圆角半径】设置为【5】，效果如图 7-109 所示。按下【F11】键，设置渐变填充，参数设置如图 7-110 所示，填充后效果如图 7-111 所示。

2. 选择【工具箱】中的【矩形工具】，在工作区绘制一个矩形，在【属性栏】中将【宽度】、【高度】分别设置为【19】和【3】，【顶点样式】设置为【圆角】，【圆角半径】设置为【5】，将其移动到图 7-111 圆角矩形的上方，效果如图 7-112 所示。

3. 对步骤三第 1 步绘制的矩形进行再复制，如图 7-113 所示。

4. 框选图 7-113 中上方两个重叠的圆角矩形，选择【属性栏】中的【移除前面对象】命令，得到如图 7-114 所示的图形。按下【F11】键，弹出【编辑填充】对话框，参数设置如图 7-115 所示，填充后的效果如图 7-116 所示。

5. 框选图 7-116 中的两个图形，选择【属性栏】中的【对齐与分布】命令，弹出【对齐与分布】泊坞窗。设置两个图形【水平方向上居中对齐】、【垂直方向上底端对齐】，对齐后效果如图 7-117 所示。然后选择【属性栏】中的【组合对象】命令，将其群组后将其移动到手机的上方，效果如图 7-118 所示。

6. 下面绘制主屏幕按钮，在工作区绘制一个圆形，直径为【19.5】，如图 7-119 所示。按下【F11】键，弹出【编辑填充】对话框，参数设置如图 7-120 所示，填充后效果如图 7-121 所示。

7. 将绘制好的圆形再复制一个，放置在下方，并在其上半部分绘制一个矩形，位置如图 7-122 所示。

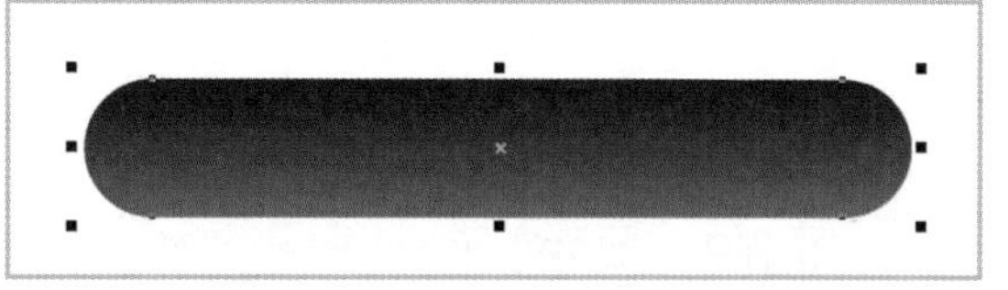

图 7-111

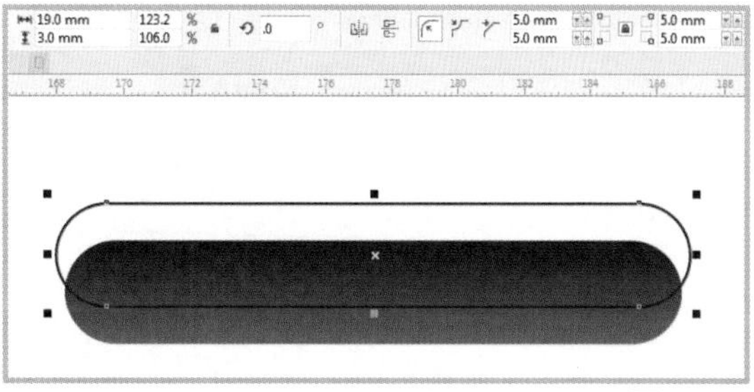

图 7-112

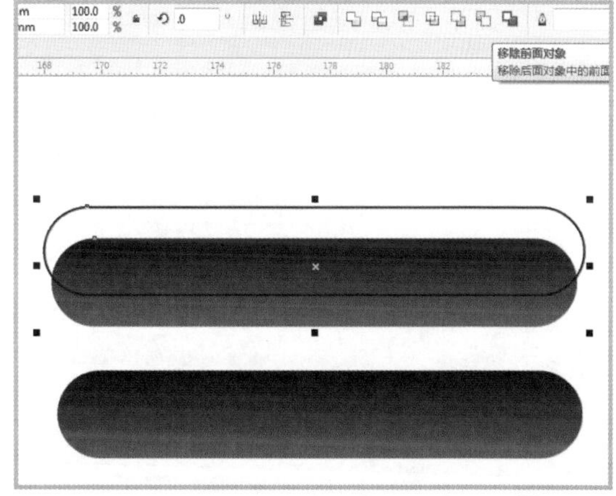

图 7-113

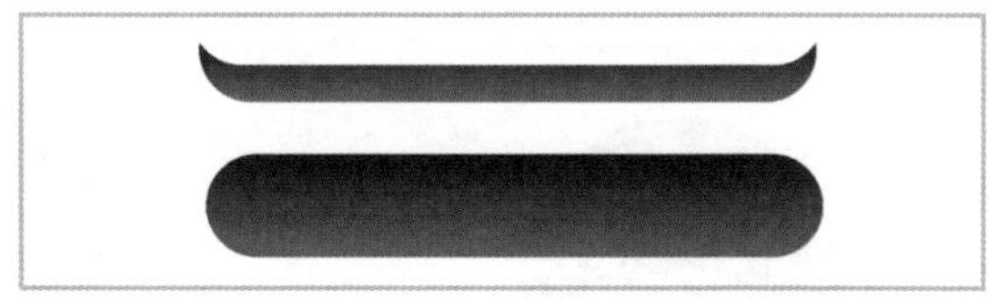

图 7-114

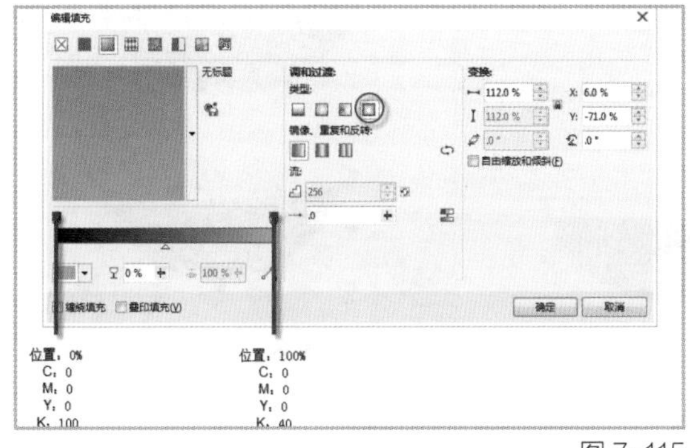

图 7-115

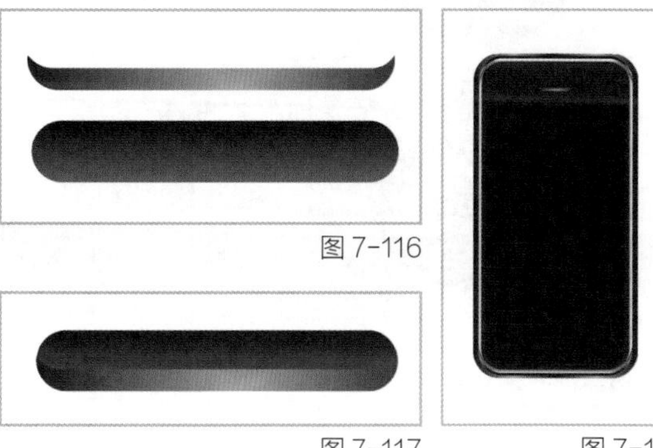

图 7-116

图 7-117

图 7-118

8. 框选图 7-122 下半部分重叠的圆形和矩形，选择【属性栏】中的【移除前面对象】命令，得到如图 7-123 所示的图形。

9. 选择【工具箱】中的【修改工具】修改被修剪后的半圆形，修改后效果如图 7-124 所示。

10. 按下【F11】键，弹出【编辑填充】对话框，参数设置如图 7-125 所示。填充好后，将半圆稍微缩小一点，将其移动到正圆上方偏下位置，效果如图 7-126 所示。

11. 选择【工具箱】中的【矩形工具】，在工作区绘制一个矩形，在【属性栏】中将【宽度】、【高度】分别设置为【5.5】和【5.5】，【顶点样式】设置为【圆角】，【圆角半径】设置为【0.5】，【轮廓宽度】设置为【0.4】，效果如图 7-127 所示。

12. 选择【对象】菜单栏中的【将轮廓转换为对象】命令，如图 7-128 所示。转换为对象后，按下【F11】键，弹出【编辑填充】对话框，渐变填充参数设置如图 7-129 所示。

13. 填充后效果如图 7-130 所示。然后将其移动到按键的中间，效果如图 7-131 所示。

14. 框选按键中的所有元素，将其群组后移动到手机的下部中间位置，效果如图 7-132 所示。

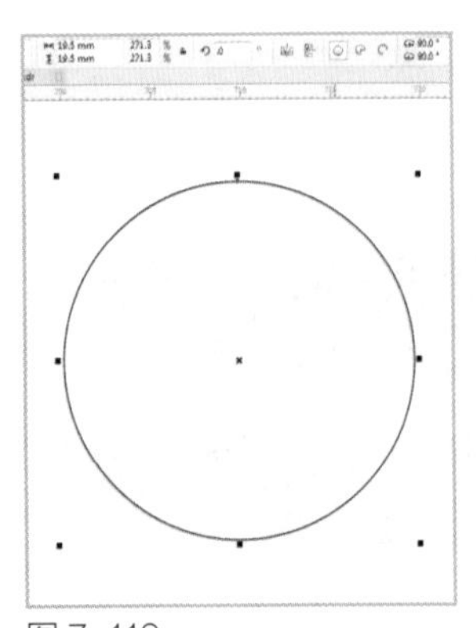

图 7-119

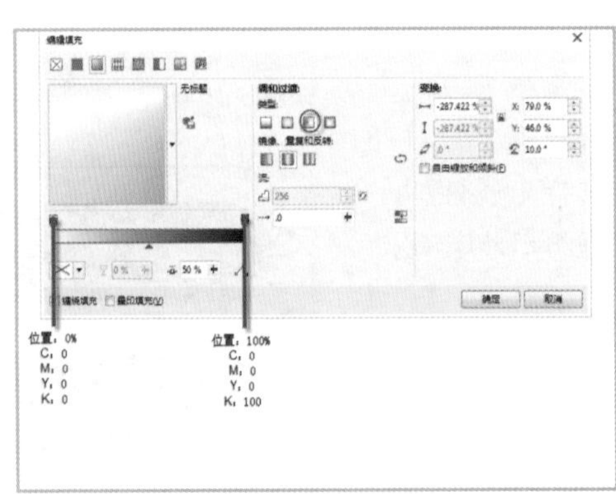

图 7-120

图 7-121

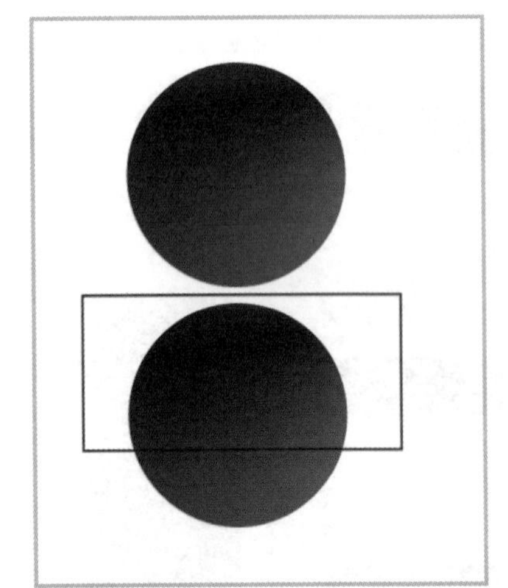

图 7-122

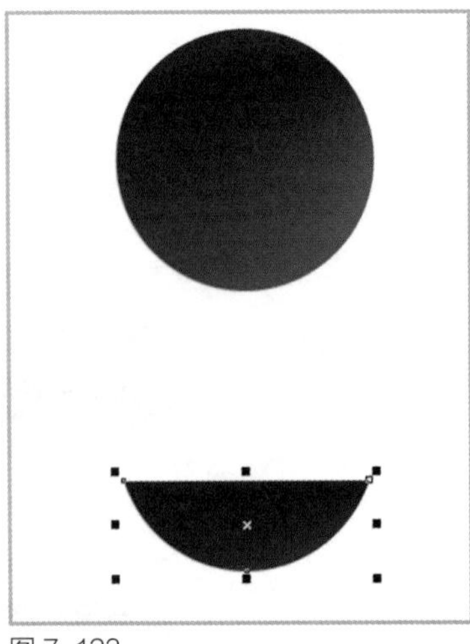

图 7-123

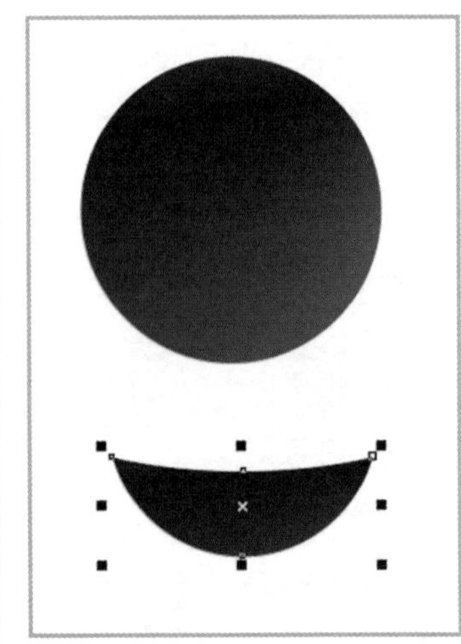

图 7-124

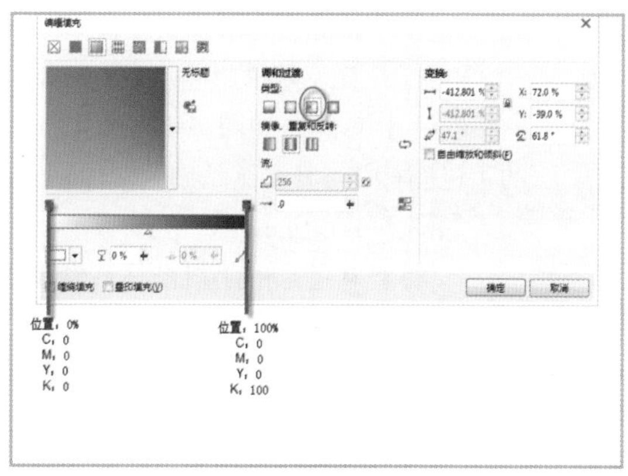

图 7-125

图 7-126

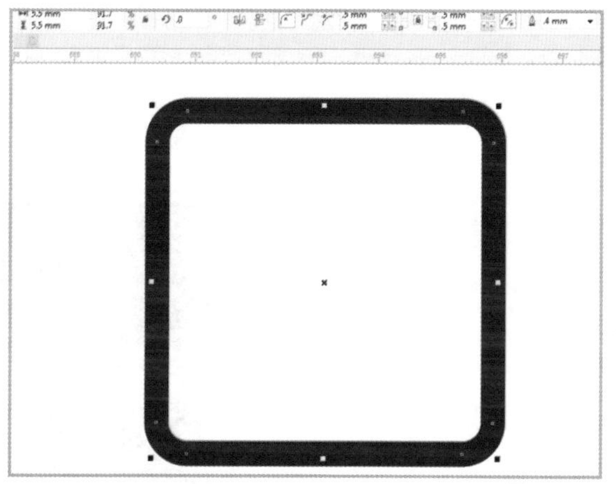

图 7-127

图 7-128

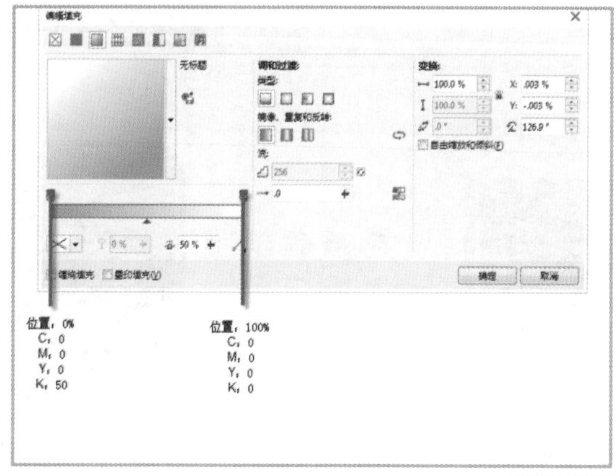

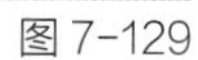

图 7-129

图 7-130

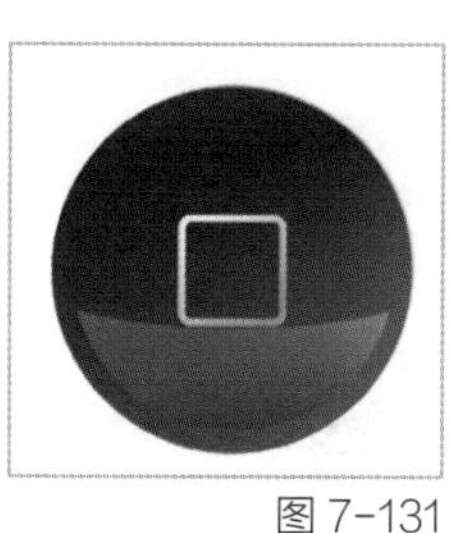

图 7-131

图 7-132

步骤四：绘制屏幕内容

1. 选择【工具箱】中的【矩形工具】，在手机机身下半部分绘制一个矩形，在【属性栏】将【宽度】、【高度】分别设置为【80】和【23】，效果如图 7-133 所示。

2. 按下【F11】键，弹出【编辑填充】对话框，参数设置如图 7-134 所示，得到填充好的图形如图 7-135 所示。

3. 再将刚才绘制好的矩形的下部缩小并复制，如图 7-136 所示。绘制好后，将其填充为【白色】，效果如图 7-137 所示。

4. 选择【工具箱】中的【透明度工具】，将【透明度】设置为【均匀透明度】，参数设置为【75】，效果如图 7-138 所示。

5. 打开光盘中的【第七章—素材—手机 icon 设计】文件，如图 7-139 所示。框选所有的手机图标，将其复制粘贴到文件【iPhone】中，效果如图 7-140 所示。

6. 将复制过来的手机图标移动到手机屏幕中，如图 7-141 所示。

7. 按照图 7-142 的样式，调整图标的位置。

8. 最后，在手机屏幕的最上方，绘制出手机状态栏内的文字及图片，绘制完成后效果如图 7-143 所示。

9. 至此，一部 iPhone 手机就绘制完成了，效果如图 7-144 所示。

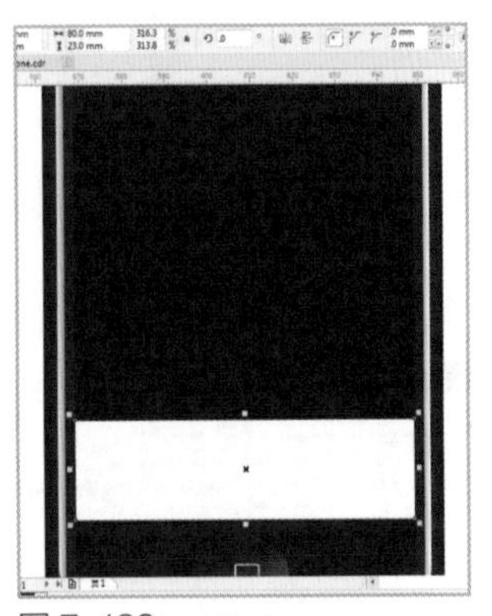
图 7-133

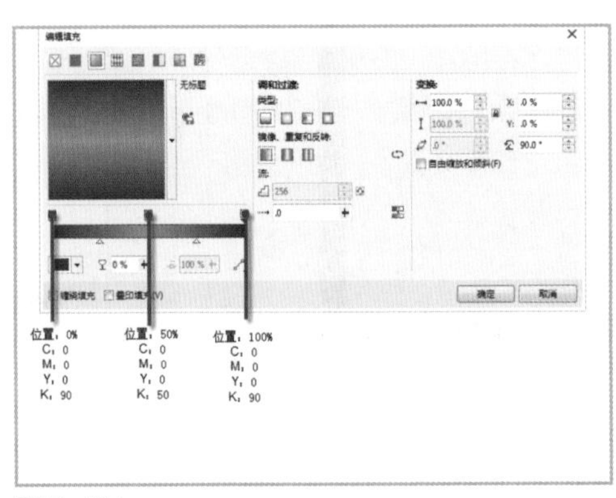

图 7-134

图 7-135

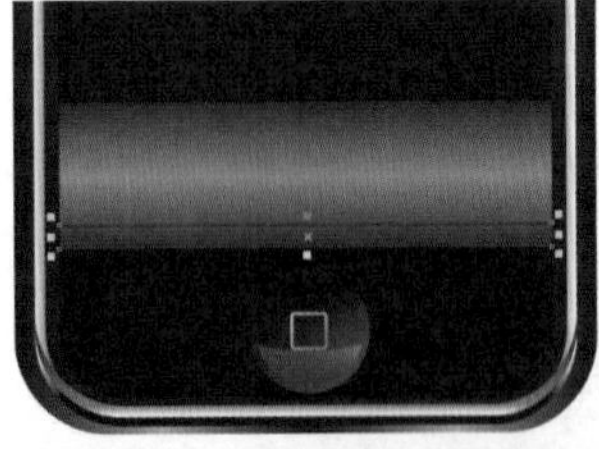
图 7-136

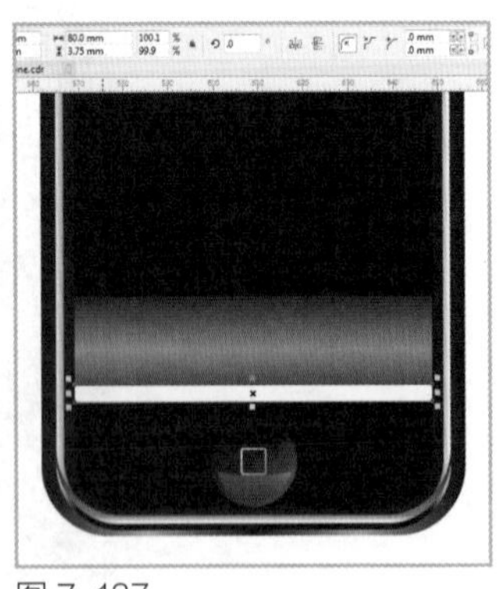
图 7-137

图 7-140

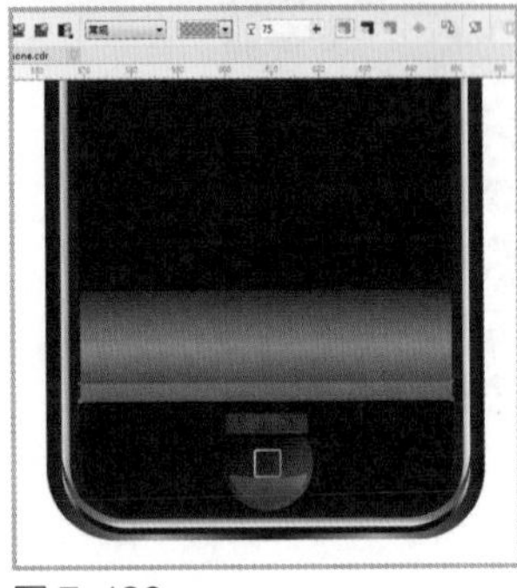
图 7-138

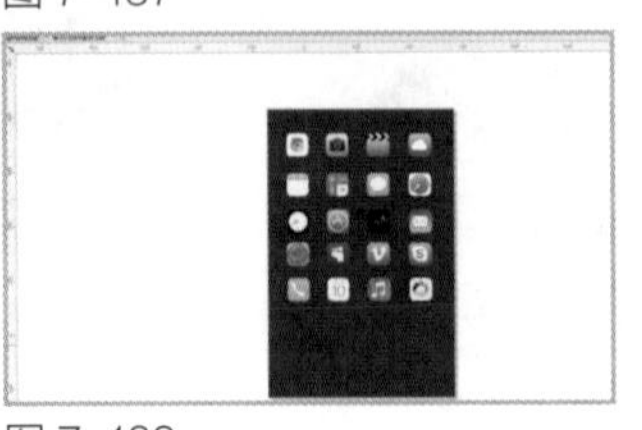
图 7-139

图 7-141

图 7-142

图 7-143

图 7-144

步骤五：绘制背景并调整最终效果

1. 绘制一个跟页面等大的矩形，将其填充为【黑色】，效果如图 7-145 所示。

2. 将群组好的手机移动到页面的正中靠上的位置，如图 7-146 所示。

3. 选中群组好的手机，选择【对象】菜单栏中的【变换—缩放和镜像】命令，弹出【变换】泊坞窗，参数设置如图 7-147 所示。点击【应用】后，得到如图 7-148 的图形。

4. 选中镜像后的手机，选择【工具箱】中的【透明度工具】，将【透明度】设置为【肩膀透明度】，打开【编辑透明度】对话框，参数设置如图 7-149 所示，完成后效果如图 7-150 所示。

5. 选中手机的投影，选择【对象】菜单栏中的【图框精确剪裁—置于图文框内部】命令，如图 7-151 所示。

6. 手机的最终效果如图 7-152 所示。

图 7-145

图 7-146

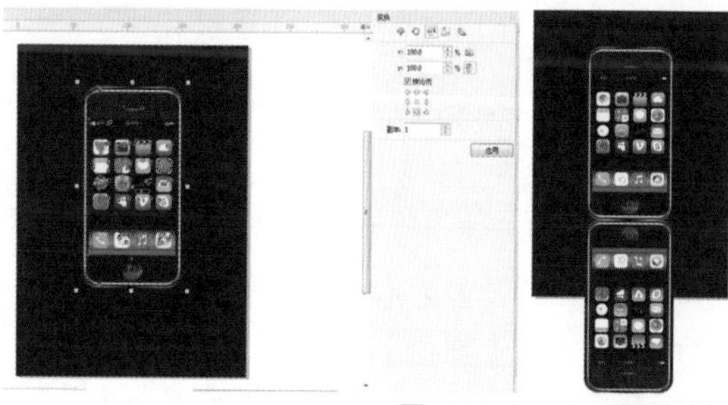
图 7-147　图 7-148

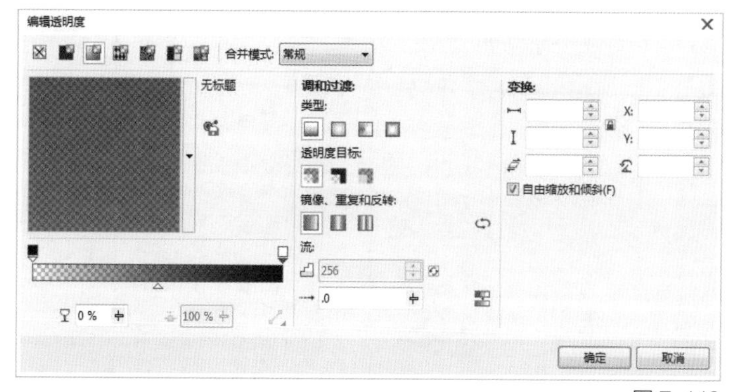

图 7-149

图 7-150

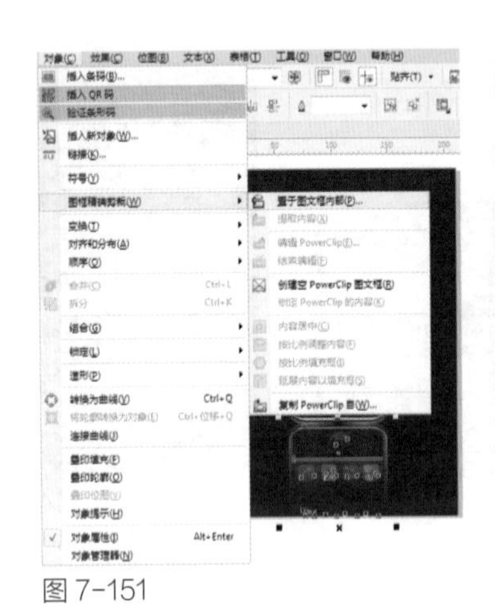

图 7-151

图 7-152

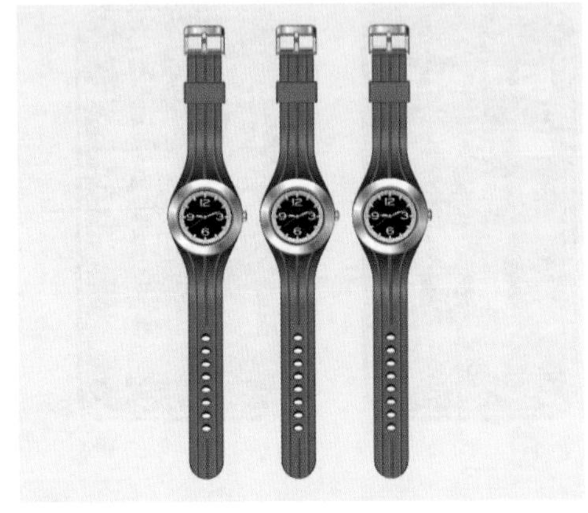

图 7-153

第四节 绘制运动手表

步骤一：新建文档——运动手表

打开 CorelDRAW X7，选择【标准工具栏】中的【新建】按钮，或者按下【Ctrl+N】组合键，弹出【创建新文档】对话框，从中设置文档的尺寸以及各项参数，如图 7-154 所示，点击【确定】按钮，即可创建新文档。

步骤二：绘制手表表带

1. 选择【工具箱】中的【矩形工具】，在工作区绘制一个矩形，在【属性栏】将【宽度】、【高度】分别设置为【20】和【245】，【顶点样式】设置为【圆角】，上面两个角的【圆角半径】设置为【0】，下面两个角的【圆角半径】设置为【10】，绘制完成效果如图 7-155 所示。

2. 绘制完成后，选择【属性栏】中的【转换为曲线】命令。在图 7-156 所示的 1、2、3、4、5、6 的位置添加节点。

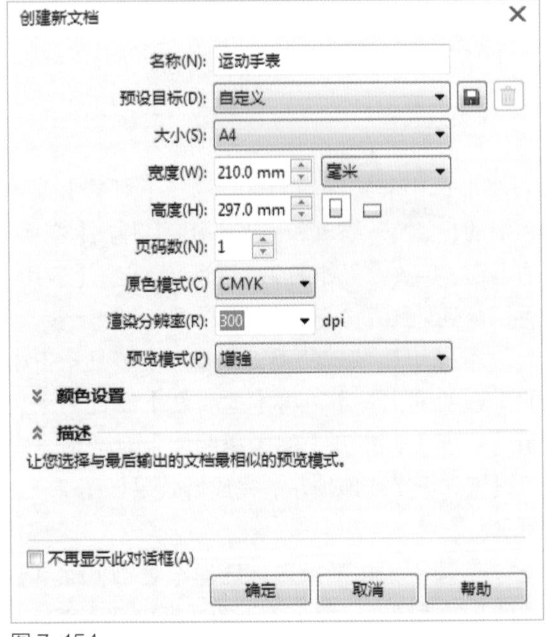

图 7-154

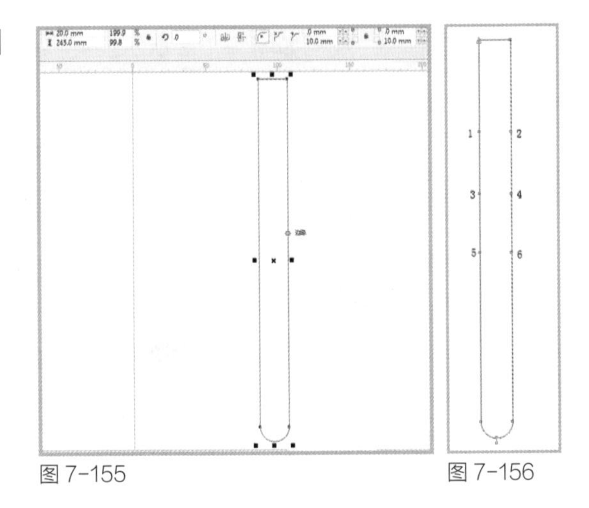

图 7-155

图 7-156

3. 选择【工具箱】中的【修改工具】，调整节点，将圆角矩形调整为图 7–157 所示样式。

4. 将绘制好的手表带轮廓填充为【黑色】，色值设置为 C：0，M：0，Y：0，K：100。填充好后，再对其进行复制，如图 7–158 所示。

5. 选中其中的一个手表带，选择【工具箱】中的【透明度工具】，打开【编辑透明度】对话框，透明度参数设置如图 7–159 所示。设置完成后，效果如图 7–160 所示。

6. 再对表带形状进行复制，适当地缩小宽度，高度不变，并将其填充为【灰色】，色值设置为 C：0，M：0，Y：0，K：60，效果如图 7–161 所示。

7. 将图 7–161 中右边两个图形框选，选择【属性栏】中的【对齐与分布】命令，弹出【对齐与分布】泊坞窗，将水平、垂直方向均设置为居中对齐。

8. 选择【工具箱】中的【调和工具】，单击其中一个表带向另外一个拖动，进行调和操作，在【属性栏】将【调和对象】设置为【5】，效果如图 7–162 所示。

9. 将设置了透明度的图形与调和好的图形居中对齐，效果如图 7–163 所示。

10. 下面绘制手表带的凹凸纹理，选择【工具箱】中的【钢笔工具】，配合【Shift】键，在工作区绘制一条直线，在【属性栏】将【长度】设置为【158】，【轮廓宽】设置为【1.5 】。【轮廓色】设置为【深灰色】，颜色色值为 C：0，M：0，Y：0，K：80，效果如图 7–164 所示。

11. 分别在刚才绘制的直线的两边再绘制两条直线，左边的直线长度设置为【158】，【轮廓宽】设置为【0.25 】，【轮廓色】设置为【灰色】，颜色色值为 C：0，M：0，Y：0，K：50。右边的直线长度设置为【158】，【轮廓宽】设置为【0.25】，【轮廓色】设置为【黑色】，颜色色值为 C：0，M：0，Y：0，K：100，效果如

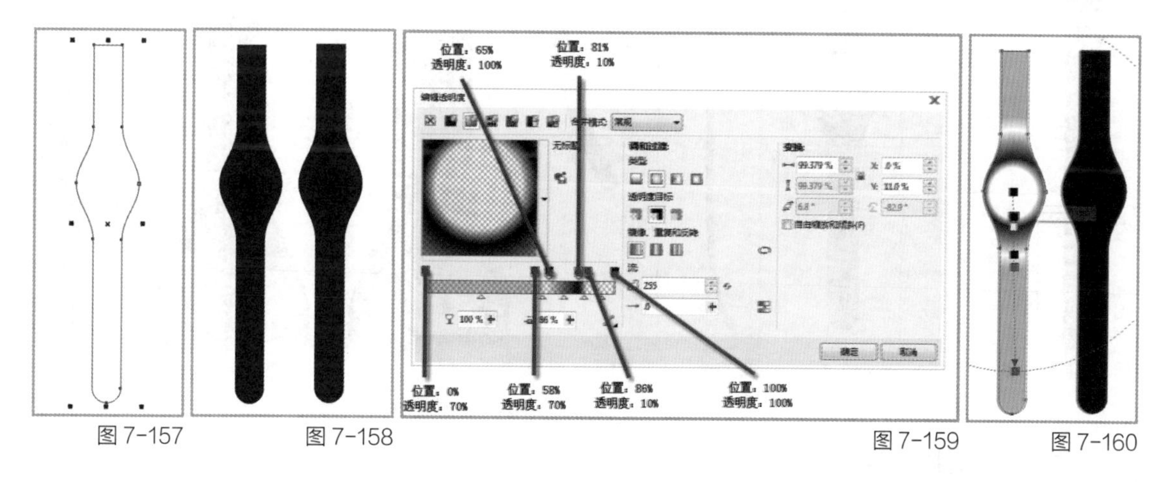

图 7–157　图 7–158　图 7–159　图 7–160

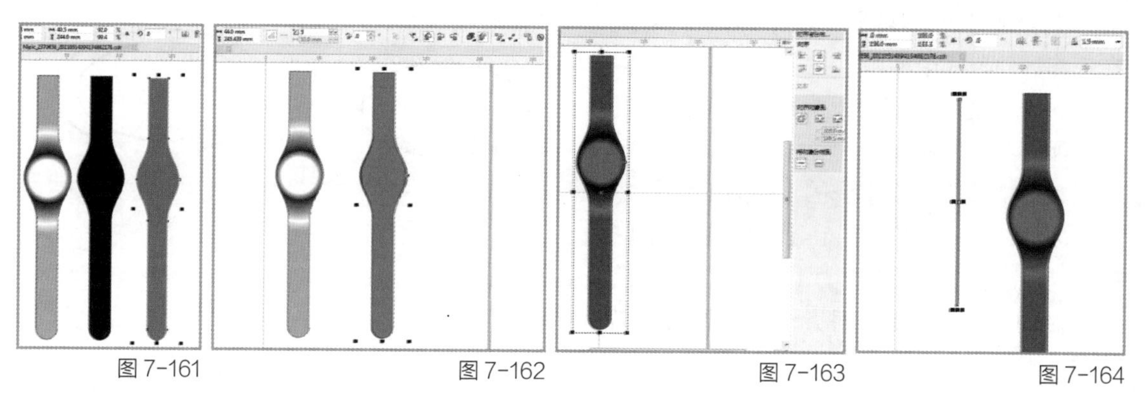

图 7–161　图 7–162　图 7–163　图 7–164

图 7-165 所示。

12. 选择【对象】菜单栏中的【将轮廓转换为对象】命令，如图 7-166 所示，分别将刚才绘制的 3 条直线转换为对象。然后将 3 条直线对齐，效果如图 7-167 所示。

13. 将对齐好的 3 条直线群组，再对其进行复制，垂直放在下端，并且缩短它的高度，效果如图 7-168 所示。

15. 将刚才绘制的线群组，放到表带中间，效果如图 7-169 所示，呈现凹凸效果。

16. 根据上面的方法绘制出手表带上的其他凹凸纹理，步骤如图 7-170—图 7-173 所示。

17. 这样表带就制作完成了，效果如图 7-174 所示。

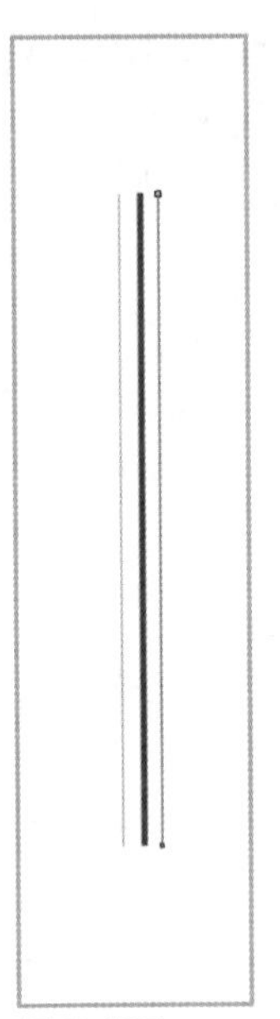

图 7-165

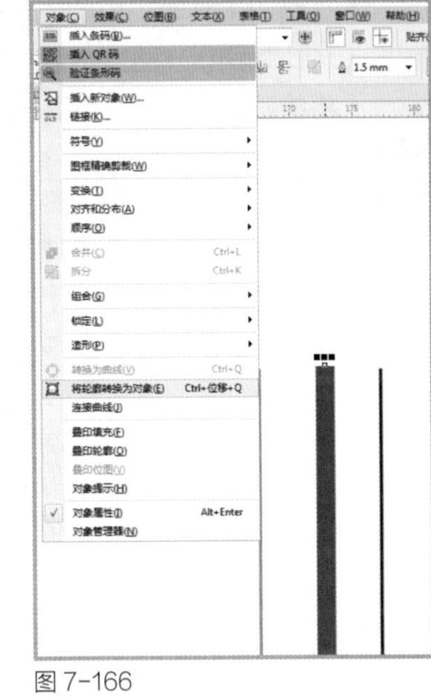

图 7-166

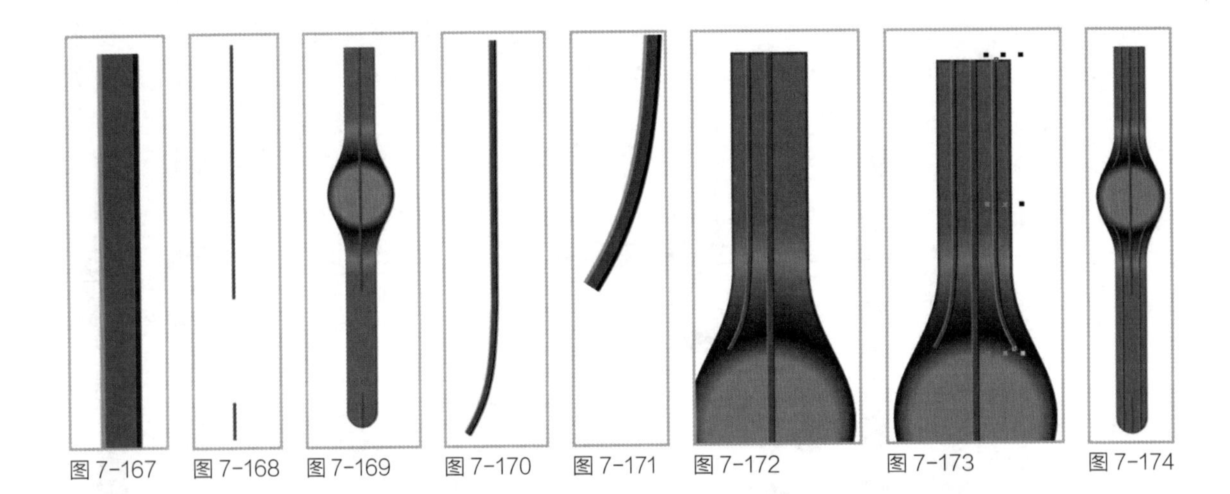

图 7-167 图 7-168 图 7-169 图 7-170 图 7-171 图 7-172 图 7-173 图 7-174

步骤三：绘制手表表扣

1. 选择【工具箱】中的【椭圆工具】，在工作区绘制一个椭圆，在【属性栏】将【宽度】、【高度】分别设置为【5】和【2.8】，效果如图 7-175 所示。

2. 选择【工具箱】中的【椭圆工具】，在工作区再绘制一个椭圆，在【属性栏】将【宽度】、【高度】分别设置为【6.3】和【3.5】。将绘制的两个椭圆圆心对齐，效果如图 7-176 所示。

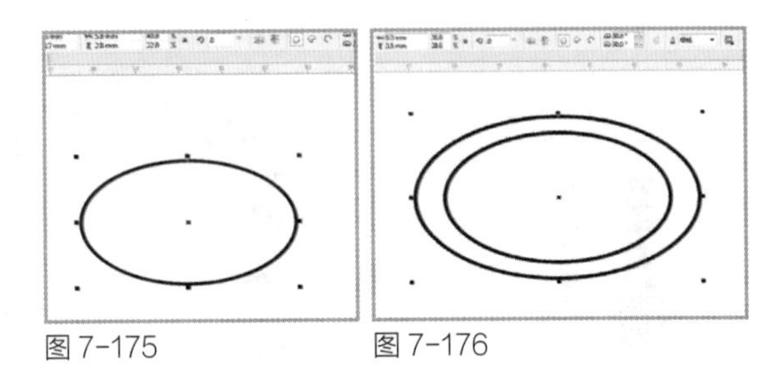

图 7-175 图 7-176

3. 选中外面的较大的椭圆，选择【属性栏】中的【转换为曲线】命令，将其转换为曲线，选择【工具箱】中的【修改工具】，选中正上方的节点，向上移动，修改后效果如图 7-177 所示。

4. 将外圈的椭圆填充为【黑色】，将内圈的椭圆填充为【白色】，效果如图 7-178 所示。

5. 利用【变换】泊坞窗将该图形移动复制 7 个，具体操作方法前面都有详细讲解，这里不再一一赘述，效果如图 7-179 所示。框选所有的扣洞图形，选择【属性栏】中的【组合对象】命令，将其群组后移动到手表带的下方，效果如图 7-180 所示。

6. 选择【工具箱】中的【矩形工具】，在工作区绘制一个矩形，在【属性栏】将【宽度】、【高度】分别设置为【24】和【12】，【顶点样式】设置为【圆角】，【圆角半径】设置为【0.5】，填充色为【黑色】，效果如图 7-181 所示。再在中间绘制一个小矩形，在【属性栏】将【宽度】、【高度】分别设置为【22】和【11】，【顶点样式】设置为【圆角】，【圆角半径】设置为【0.65】，填充色为【灰色】，色值设置为 C：0，M：0，Y：0，K：70，如图 7-182 所示。最后将两个矩形进行调和，效果如图 7-183 所示。

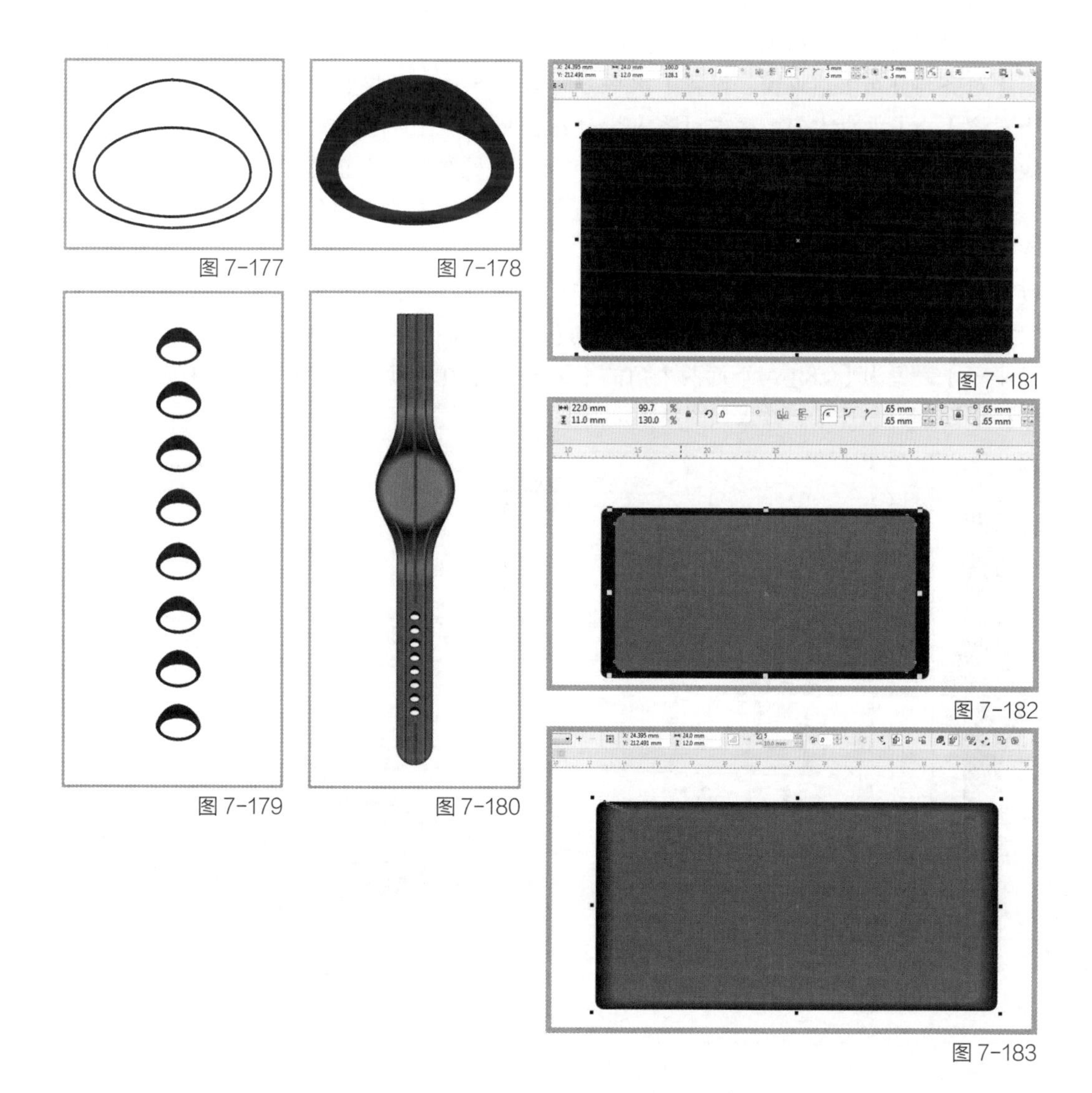

图 7-177

图 7-178

图 7-179

图 7-180

图 7-181

图 7-182

图 7-183

7. 将绘制好的表带环移动到手表带上方，效果如图 7-184 所示。

8. 选择【工具箱】中的【贝塞尔工具】，在工作区绘制如图 7-185 所示的图形，绘制完成后，对其进行填充，按下【F11】键弹出【编辑填充】对话框，渐变参数设置如图 7-186 所示，填充好后效果如图 7-187 所示。

9. 选择【工具箱】中的【贝塞尔工具】，在工作区绘制如图 7-188 所示的图形，绘制完成后，对其进行填充，按下【F11】键弹出【编辑填充】对话框，渐变参数设置如图 7-189 所示，填充好后效果如图 7-190 所示。

10. 框选填充好的两个图形，选择【属性栏】中的【对齐与分布】命令，在工作区的右边弹出【对齐与分布】泊坞窗，设置【水平方向居中对齐】、【垂直方向上底端对齐】，对齐后效果如图 7-191 所示。

11. 选择【工具箱】中的【矩形工具】，在工作区绘制一个矩形，在【属性栏】将【宽度】、【高度】分别设置为【2.583】和【12.056】，【顶点样式】设置为【圆角】，上面两个角的【圆角半径】设置为【0.8】，下面两个角的【圆角半径】设置为【0.3】，效果如图 7-192 所示。

12. 绘制完成后，对其进行填充，按下【F11】键弹出【编辑填充】对话框，渐变参数设置如图 7-193 所示，填充好后效果如图 7-194 所示。

13. 选择【工具箱】中的【矩形工具】，在工作区绘制一个矩形，在【属性栏】将【宽度】、【高度】分别设置为【19.047】和【8.018】，效果如图 7-195 所示。绘制完成后，对其进行填充，按下【F11】键弹出【编辑填充】对话框，渐变参数设置如图 7-196 所示，填充好后效果如图 7-197 所示。

14. 选择【工具箱】中的【透明度工具】，设置透明度，打开【编辑透明度】对话框，参数设置如图 7-198 所示，完成后效果如图 7-199 所示。

15. 将刚才绘制的两个图形移动到表扣图形中，效果如图 7-200 所示。

16. 在图 7-201 所示的表带和表扣的连接处绘制一个正方形，效果如图 7-201 所示，将其填充为【白色】，绘制完成后，调整顺序，效果如图 7-202 所示。

17. 绘制完后框选表扣的所有元素，选择【属性栏】中的【组合对象】命令，群组后将表扣移动至表带上方，效果如图 7-203 所示。

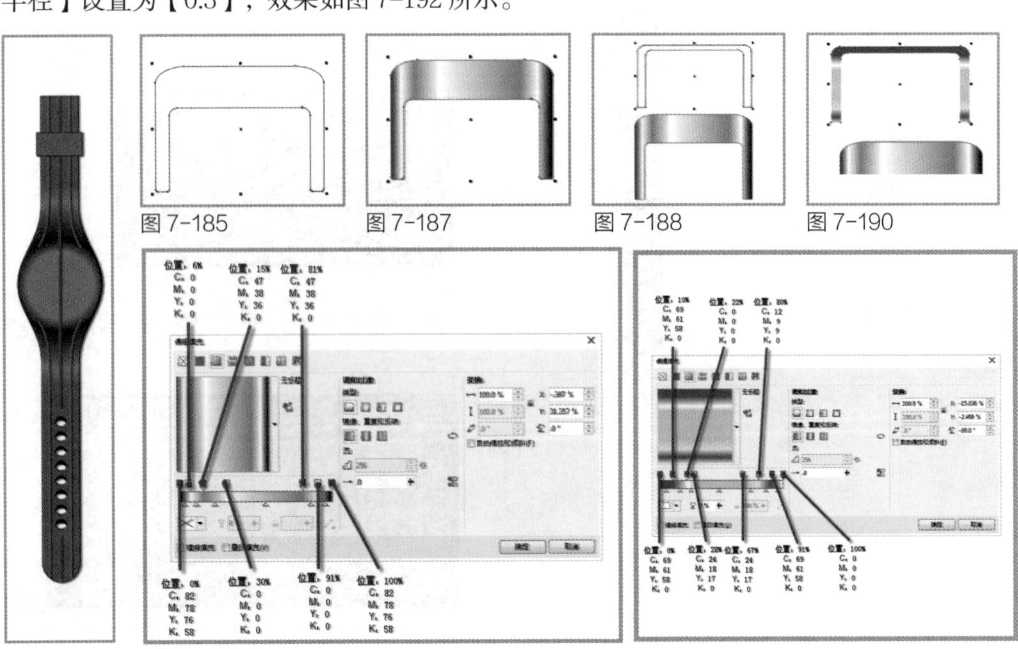

图 7-184　图 7-185　图 7-186　图 7-187　图 7-188　图 7-189　图 7-190

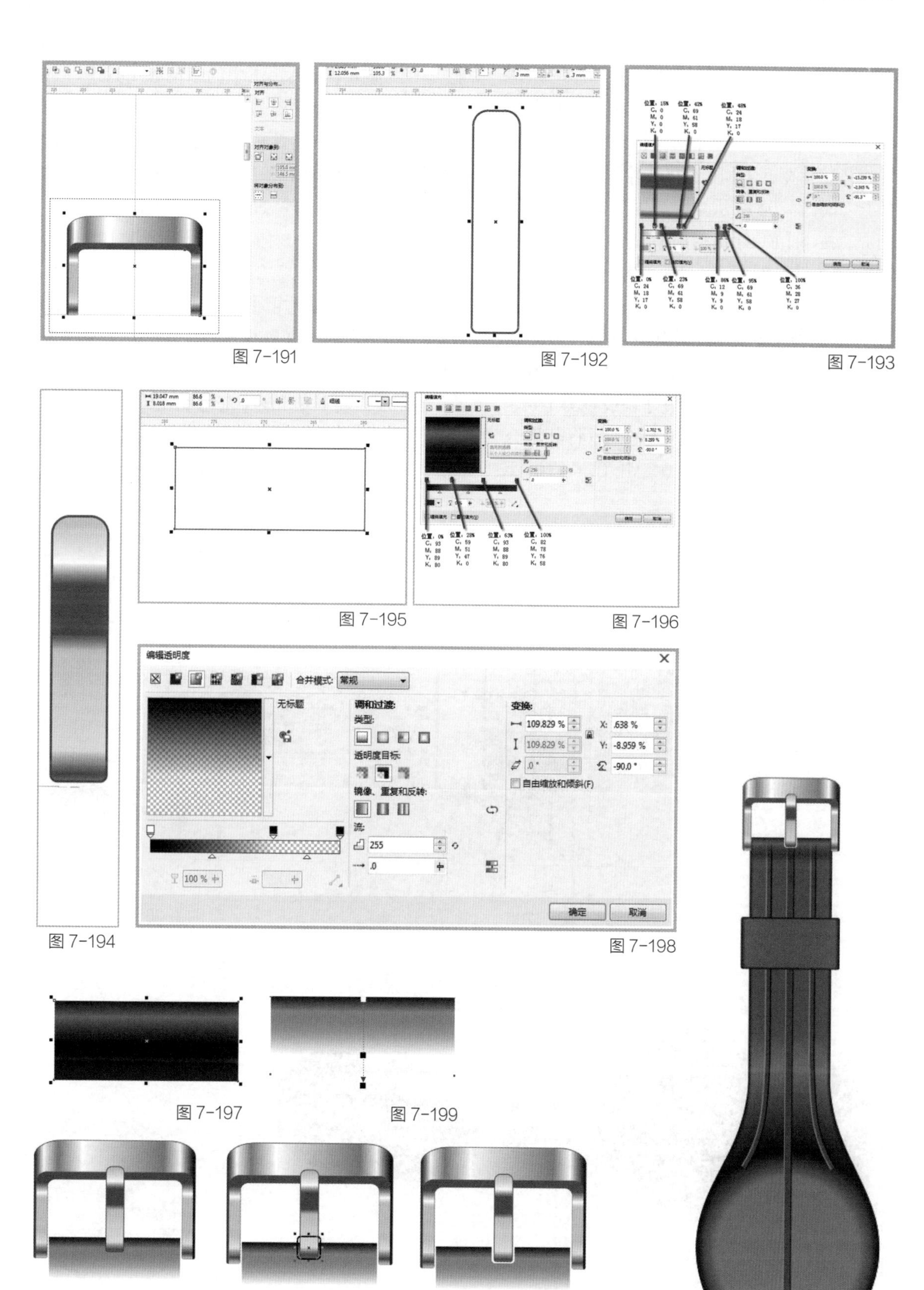

图 7-191

图 7-192

图 7-193

图 7-194

图 7-195

图 7-196

图 7-197

图 7-198

图 7-199

图 7-200

图 7-201

图 7-202

图 7-203

步骤四：绘制手表表盘

1. 选择【工具箱】中的【椭圆工具】，配合【Shift】键，在工作区绘制一个正圆，在【属性栏】将【宽度】和【高度】均设置为【43】，效果如图 7-204 所示。绘制完成后，对其进行填充，按下【F11】键弹出【编辑填充】对话框，渐变参数设置如图 7-205 所示，最终效果如图 7-206 所示。

2. 选择【工具箱】中的【椭圆工具】，配合【Shift】键，在工作区绘制一个正圆，在【属性栏】将【宽度】、【高度】均设置为【44】，效果如图 7-207 所示。绘制完成后将其填充为灰色，色值设置为 C：0，M：0，Y：0，K：85。

3. 选择【工具箱】中的【调和工具】，选中其中一个圆形，向另外一个圆形拖动，进行调和操作，在【属性栏】将【调和对象】设置为【5】，效果如图 7-208 所示。将调和的两个正圆居中对齐，效果如图 7-209 所示。

4. 将调和好的对象移动到手表带中间表盘的位置，效果如图 7-210 所示。

5. 选择【工具箱】中的【椭圆工具】，配合【Shift】键，在工作区绘制一个正圆，在【属性栏】将【宽度】和【高度】均设置为【34.374】，绘制完成后将其填充为【灰色】，色值设置为 C：12，M：9，Y：9，K：0，效果如图 7-211 所示。

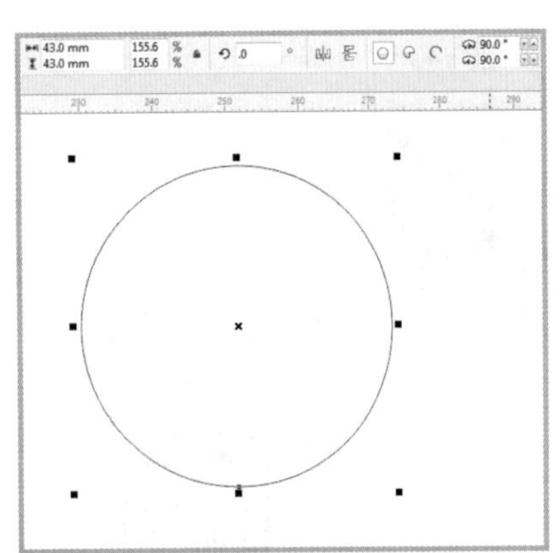
图 7-204

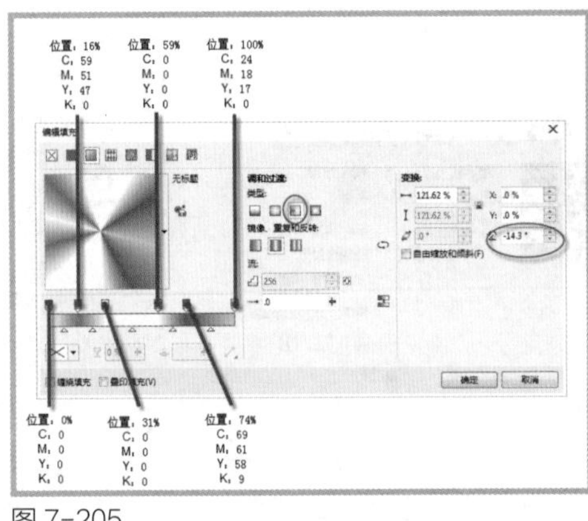

图 7-205

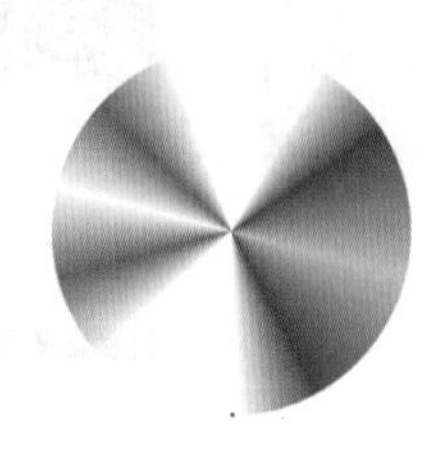
图 7-206

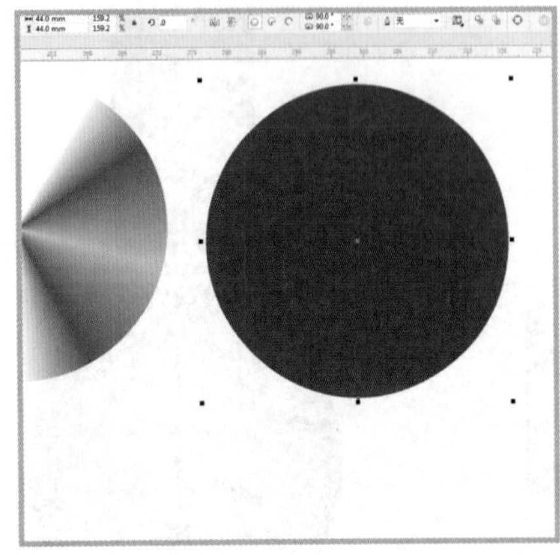
图 7-207

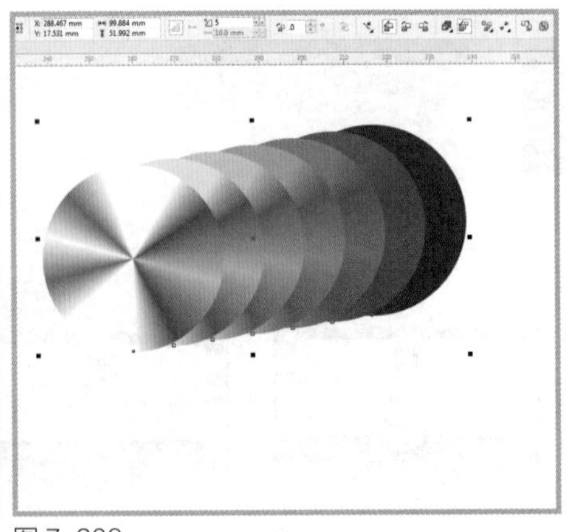
图 7-208

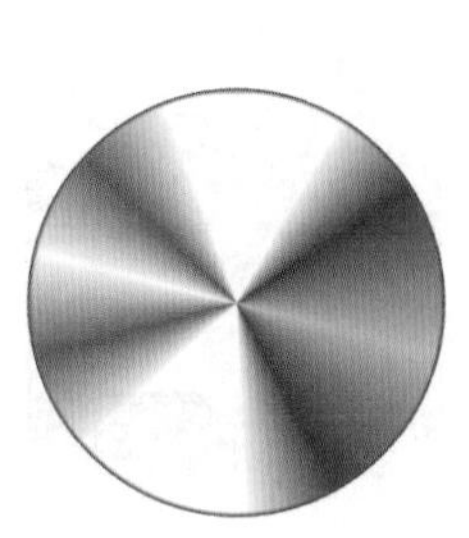
图 7-209

6. 选择【工具箱】中的【椭圆工具】，配合【Shift】键，在工作区绘制一个正圆，在【属性栏】将【宽度】和【高度】均设置为【34】，绘制完成后将其填充为【灰色】，色值设置为C：0，M：0，Y：0，K：60，效果如图7-212所示。

7. 框选刚才绘制好的两个正圆，选择【属性栏】中的【对齐与分布】命令，在弹出的泊坞窗中设置水平、垂直方向均【居中对齐】，效果如图7-213所示。

8. 将对齐的两个圆群组后移动到表盘中间，效果如图7-214所示。

9. 选择【工具箱】中的【椭圆工具】，配合【Shift】键，在工作区绘制一个正圆，在【属性栏】将【宽度】和【高度】均设置为【31.283】，绘制完成后将其填充为【白色】，色值设置为C：0，M：0，Y：0，K：0，并将其放置到表盘中间，效果如图7-215所示。

10. 选择【工具箱】中的【椭圆工具】，配合【Shift】键，在工作区绘制一个正圆，在【属性栏】将【宽度】和【高度】均设置为【31.237】，绘制完成后将其填充为【黑色】，色值设置为C：0，M：0，Y：0，K：100，并将其放置到表盘中间，效果如图7-216所示。

11. 再次选择【工具箱】中的【椭圆工具】，配合【Shift】键，在工作区绘制一个正圆，在【属性栏】将【宽度】和【高度】均设置为【31.009】，绘制完成后将其填充为【白色】，色值设置为C：0，M：0，Y：0，K：0，并将其放置到表盘正中间，效果如图7-217所示。

12. 选择【工具箱】中的【椭圆工具】，配合【Shift】键，在工作区绘制一个正圆，在【属性栏】将【宽度】【高度】均设置为【30.286】，绘制完成后，将其填充，按下【F11】键弹出【编

图7-210

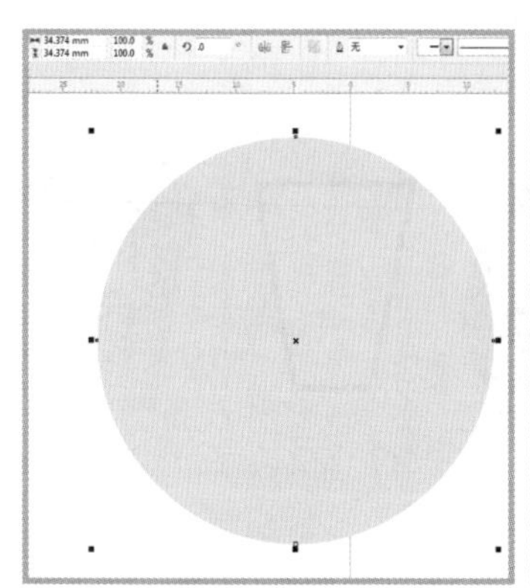
图7-211

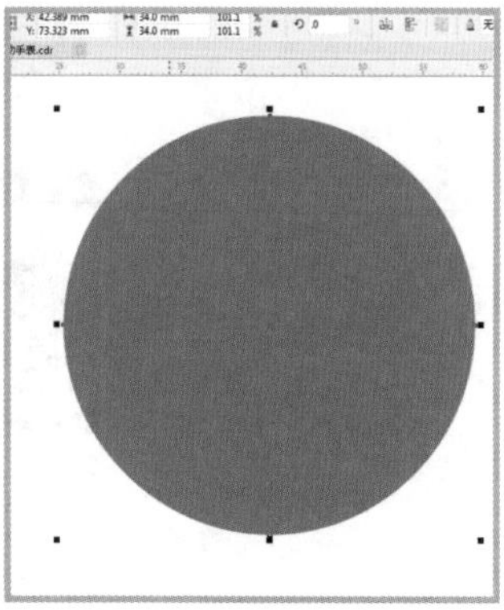

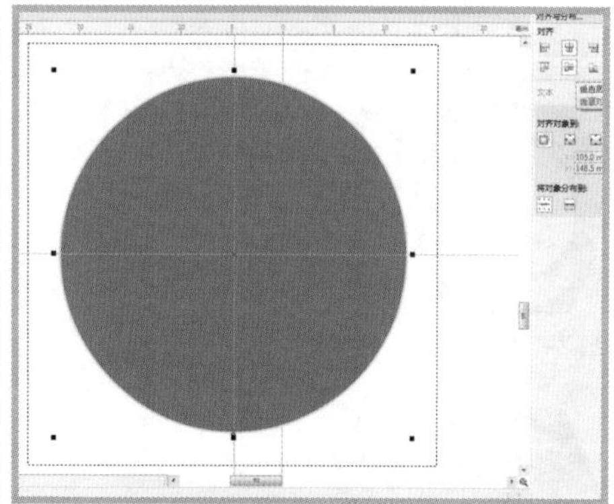
图7-212

图7-213

图7-214

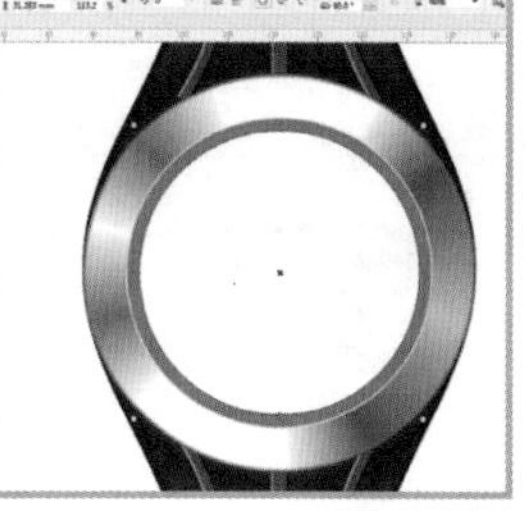
图7-215

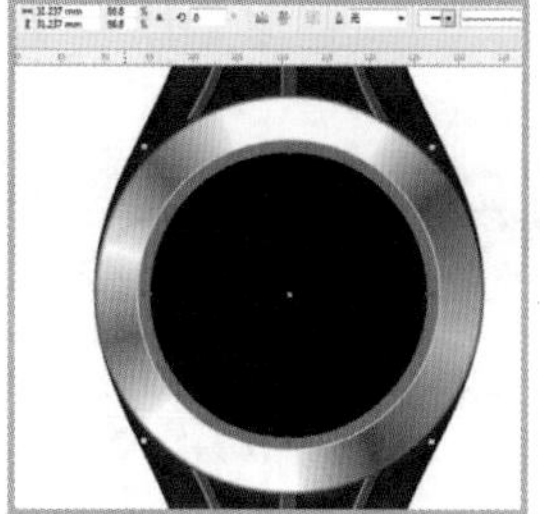
图7-216

图7-217

辑填充】对话框，渐变参数设置如图 7-219 所示。填充好后，将其移动至表盘中间，效果如图 7-220 所示。

13. 再次选择【工具箱】中的【椭圆工具】，配合【Shift】键，在工作区绘制一个正圆，在【属性栏】将【宽度】、【高度】均设置为【24.807】，绘制完成后将其填充为【黑色】，色值设置为 C：0，M：0，Y：0，K：100，并将其放置到表盘中间，效果如图 7-221 所示。

14. 选择【工具箱】中的【贝塞尔工具】，绘制如图 7-222 所示的图形，绘制完成后将其填充颜色，色值设置为 C：44，M：38，Y：42，K：0，填充后效果如图 7-223 所示。

15. 选择【工具箱】中的【贝塞尔工具】，绘制如图 7-224 所示的图形，绘制完成后将其填充，填充颜色色值设置为 C：16，M：13，Y：20，K：0。

16. 选择【工具箱】中的【贝塞尔工具】，绘制如图 7-225 所示的图形，配合【Shift】键同时选中后面的梯形和刚绘制的不规则图形，选择【属性栏】中的【相交】命令，得到如图 7-226 所示图形，将其填充为【白色】，效果如图 7-227 所示。

17. 绘制完成后，再绘制一个如图 7-225 所示图形，绘制完成后将其填充为【深灰色】，颜色色值设置为 C：74，M：70，Y：81，K：44，效果如图 7-228 所示。

18. 将刚才绘制好的图形框选并群组，然后移动到表盘中间上方黑白相接的地方，效果如图 7-229 所示。

19. 单击群组好的图形，再次单击转换为旋转控制点，将旋转轴点移动至表盘中心。打开【变换】泊坞窗，参数设置如图 7-230 所示，进行旋转复制后效果如图 7-231 所示。

20. 在表面上输入 3、6、9、12 四个数字，分别放在图 7-232 所示的位置。

21. 在表盘中间绘制分针、时针的转轴，绘制大小不同的同心圆，并将其设置为不同的颜色，效果如图 7-233 所示。

22. 选择【工具箱】中的【贝塞尔工具】，在表盘上绘制分针、时针和秒针，效果如图 7-234 所示。

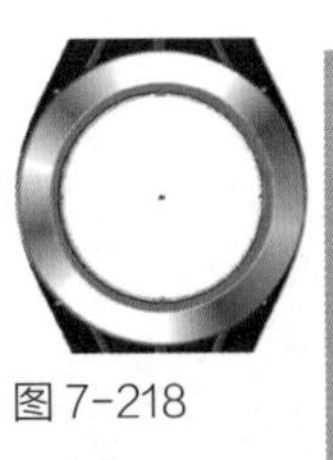

图 7-218

图 7-220

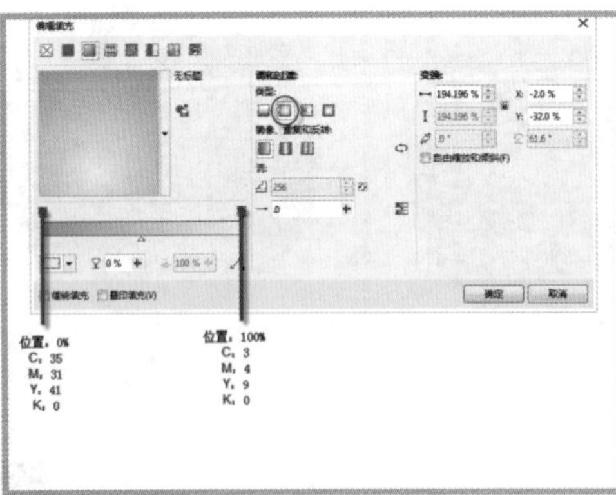

图 7-219

图 7-221

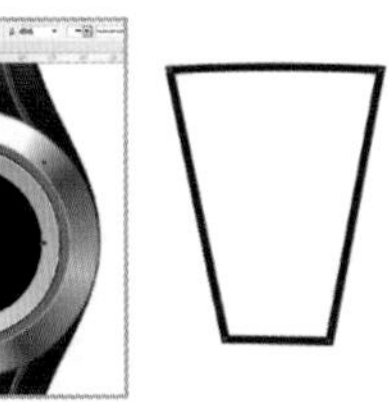

图 7-222

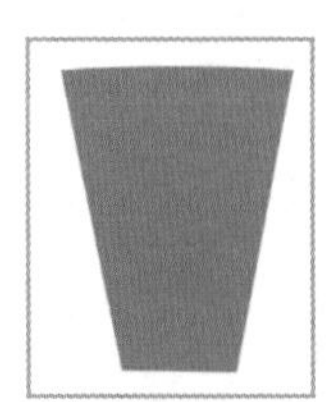

图 7-223

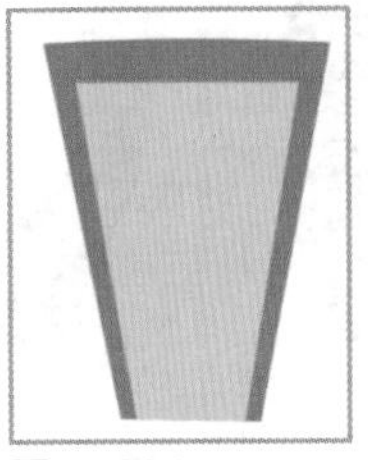

图 7-224

图 7-225

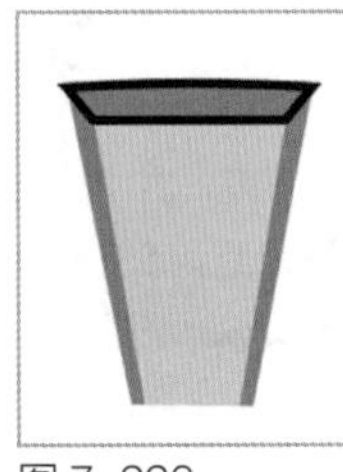

图 7-226

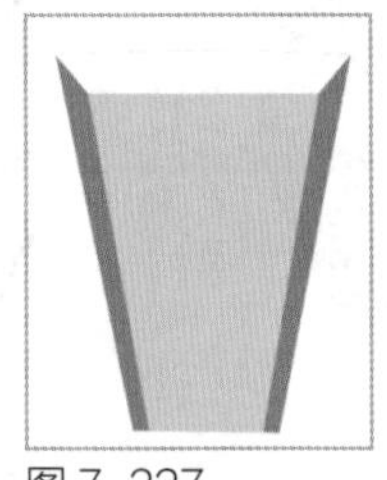

图 7-227

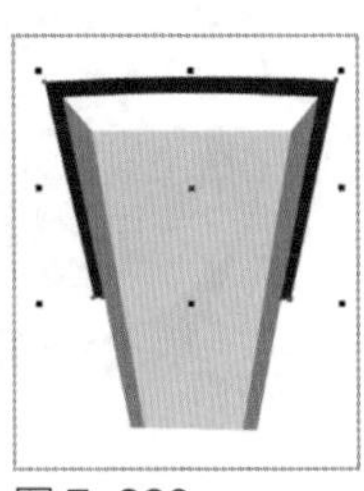

图 7-228

图 7-229

图 7-230

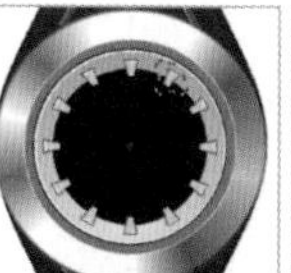

图 7-231

图 7-232

图 7-233

图 7-234

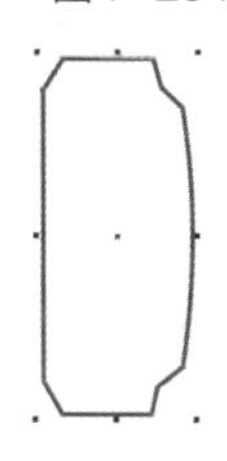

图 7-235

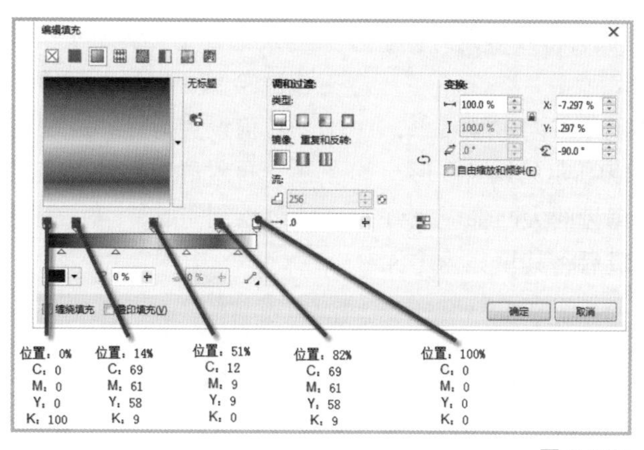

图 7-236

图 7-237

图 7-238

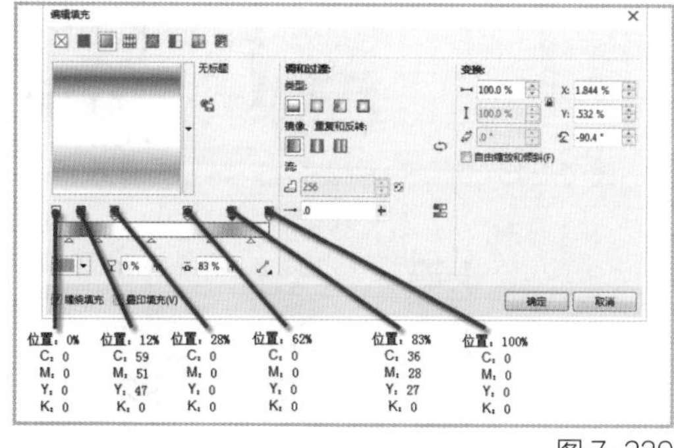

图 7-239

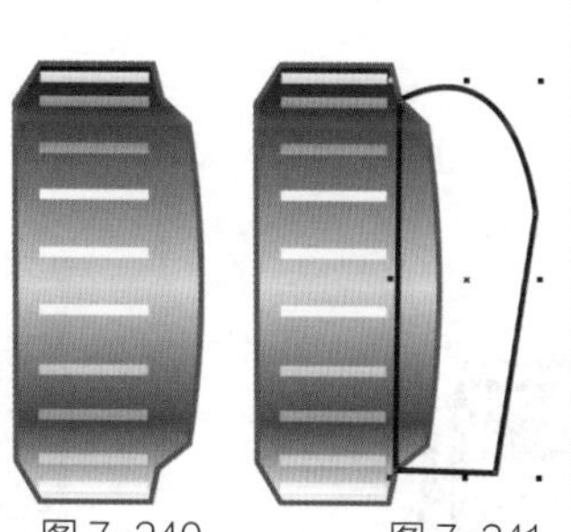

图 7-240　图 7-241

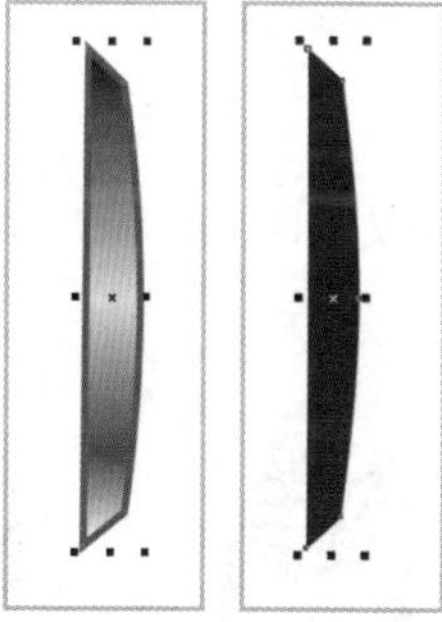

图 7-242　图 7-243

步骤五：绘制手表把头

1. 选择【工具箱】中的【贝塞尔工具】，绘制如图 7-235 所示图形，绘制完成后，将其填充颜色，按下【F11】键，弹出【编辑填充】对话框，参数设置如图 7-236 所示。将【轮廓色】设置为【灰色】，颜色色值设置为 C：0，M：0，Y：0，K：60，填充好效果如图 7-237 所示。

2. 选择【工具箱】中的【矩形工具】，绘制如图 7-238 所示的 10 个小矩形，绘制完成后，框选 10 个矩形，将其合并，然后按下【F11】键，弹出【编辑填充】对话框，参数设置如图 7-239 所示，填充好效果如图 7-240 所示。

3. 选择【工具箱】中的【贝塞尔工具】，在工作区绘制如图 7-241 所示的图形，配合【Shift】键同时选中后面的把头轮廓和刚绘制的不规则形，选择【属性栏】中的【相交】命令，得到如图 7-242 所示的图形，将其填充为【黑色】，效果如图 7-243 所示。

4. 选择【工具箱】中的【透明度工具】，打开【编辑透明度】对话框，参数设置如图 7-244 所示，透明效果如图 7-245 所示。

5. 将其移动至绘制好的把头外轮廓的右边，效果如图 7-246 所示。

6. 选择【工具箱】中的【贝塞尔工具】，在把头的内部绘制如图 7-247 所示的锯齿图形，绘制的过程中要注意，每个锯齿的尖凸部应正好对着矩形的短边，绘制完成后将其填充为【黑色】，效果如图 7-248 所示。

7. 选择【工具箱】中的【贝塞尔工具】，在把头的内部绘制如图 7-249 所示的锯齿图形，绘制的过程中注意，每个锯齿的尖凸部应正好对着矩形的短边，绘制完成后将其填充为【深灰色】，颜色色值设置为 C：76，M：69，Y：67，K：30，完成后效果如图 7-250 所示。

8. 框选绘制好的把头，将其群组，然后移动到手表的右侧，调整顺序，将其放置到表盘的右边，效果如图 7-251 所示。

步骤六：调整画面

1. 框选手表的所有元素，将其群组，效果如图 7-252 所示。

2. 选择【工具箱】中的【矩形工具】，在工作区绘制一个与页面等大的矩形，并将其填充，色值设置为 C：0，M：0，Y：0，K：10。然后，再对群组好的手表进行复制，这样运动手表就绘制完成了，最终效果如图 7-253 所示。

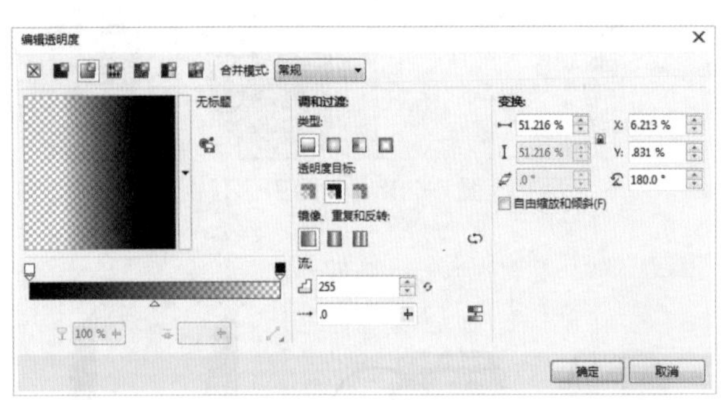

图 7-244

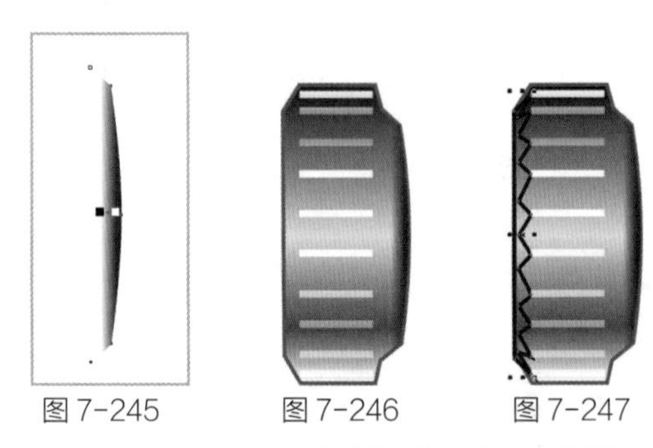

图 7-245　图 7-246　图 7-247

图 7-248　图 7-249

图 7-250　图 7-251

图 7-252　图 7-253

第八章 CorelDRAW X7 中的图书封面设计

本章导读

图书可以记录人类生活，在人类历史的长河里起着非常重要的作用。最原始的图书是以竹简为载体的。随着社会的发展，人们已不再满足于仅供人阅读的文字内容图书，人们对书籍装帧设计也有越来越高的要求，所以还必须在书籍装帧上多下工夫。本章将详细讲解 CorelDRAW X7 在图书封面设计中的常用方法和操作技巧。

学习目标

- 通过任务演示了解 CorelDRAW 制作图书封面的一般设计思路和方法
- 通过任务演示和操作掌握 CorelDRAW 图书封面设计所用的绘图工具以及图形、图像处理、滤镜、光影表现等命令的操作技能和具体制作过程
- 明确学习任务，培养学生学习的兴趣和科学研究的态度
- 引导学生提升自主学习能力，养成严谨细致的设计制作习惯

第一节 关于图书封面设计

一、关于图书封面

高尔基说：“书籍是人类文明进步的阶梯。”人类的智慧积淀、流传与延续，离不开书籍。书籍给人们知识与力量。古人曰：三日不读书便觉语言无味，面目可憎。足见书籍作为精神食粮有多大的教育启迪作用。书籍作为文字、图形的载体，它的存在是不能没有装帧的。书籍和装帧是一个和谐的统一体，应该说有什么样的书就有什么样的装帧与它相适应（图 8–1、图 8–2）。在我国，通常把书籍装帧设计叫作书的整体设计或书的艺术设计。

图 8–1

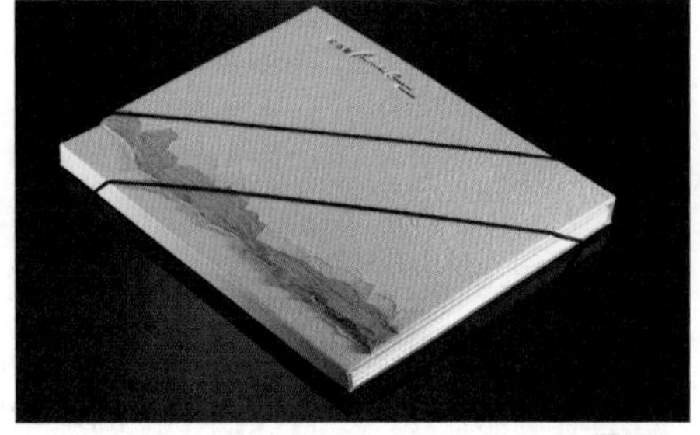

图 8–2

封面设计在一本书的整体设计中具有举足轻重的地位。图书与读者见面，留下的第一个印象就是封面。封面是一本书的脸面，是一位不说话的推销员。好的封面设计不仅能招徕读者，还能使人对其一见钟情，爱不释手。封面设计的优劣对书籍有着非常重大的影响（图 8-3 ~图 8-5）。

二、图书封面设计四要素

（一）图书封面设计的构思

首先应该确立要为书的内容服务的表现形式，用最感人、最形象、最易被视觉接受的表现形式吸引读者，所以封面的构思就显得十分重要，要充分理解书稿的内涵、风格、体裁等，做到构思新颖、切题，有感染力。构思的过程与方法大致有以下四种方法：

1. 想象

想象是构思的基点，想象以造型的知觉为中心，能产生明确的有意味形象。我们所说的灵感，也就是知识与想象的积累与结晶，它对设计构思也有很好的启迪作用。

2. 舍弃

构思的过程往往“叠加容易，舍弃难”，构思时往往想得很多、堆砌得很多，对多余的细节爱不忍释。张光宇先生说的“多做减法，少做加法”，就是真切的经验之谈。对不重要的、可有可无的形象与细节，坚决忍痛割爱。

3. 象征

象征性的表现手法是艺术表现最得力的语言，用具象形象来表达抽象的概念或意境，也可用抽象的形象来意喻表达具体的事物，都能为人们所接受。

4. 探索创新

流行的形式、常用的手法、俗套的语言要尽可能避开不用；熟悉的构思方法，常见的构图，习惯性的技巧，都是创新构思表现的大敌。构思要新颖，就需要不落俗套，标新立异。要有创新的构思就必须有孜孜不倦的探索精神。

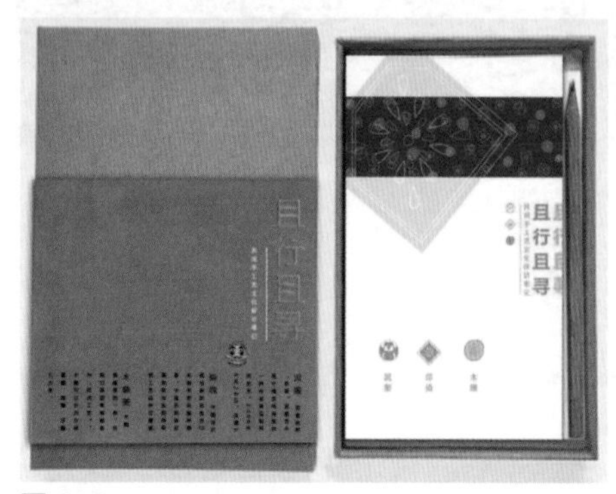

图 8-3

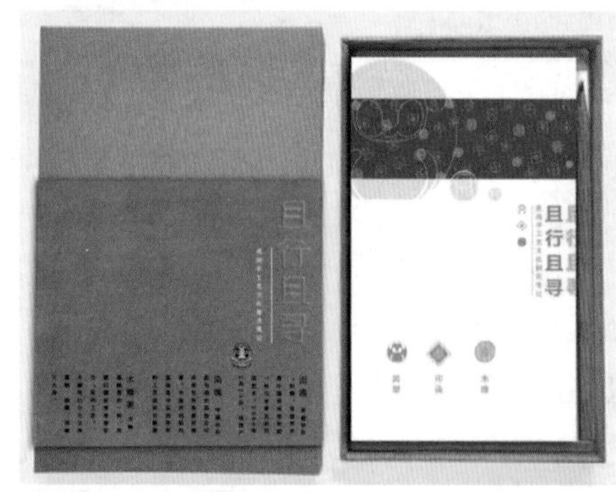

图 8-4

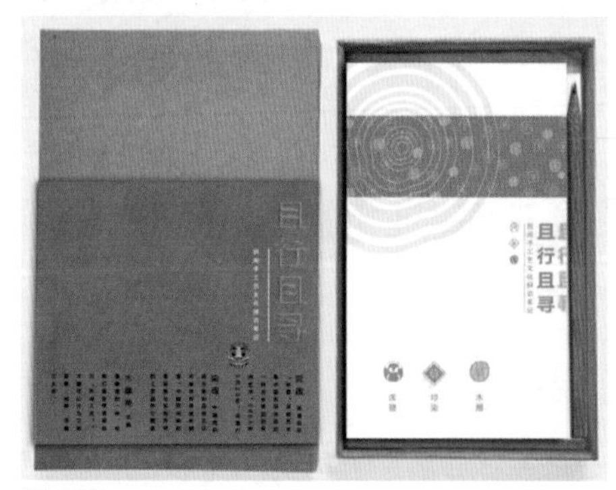

图 8-5

（二）封面的文字设计

封面文字中除书名外，均选用印刷字体，故这里主要介绍书名的字体。常用于书名的字体分书法体、美术休、印刷体三大类。

1. 书法体

书法体笔画追求无穷的变化，具有强烈的艺术感染力和鲜明的民族特色以及独特的个性，且字迹多出自社会名流之手，具有名人效应，受到广泛的喜爱（图 8-6）。

2. 美术体

美术体（图 8-7）可分为规则美术体和不规则美术体两种。前者作为美术体的主流，强调外形的规整，点划变化统一，具有便于阅读、便于设计的特点，但较呆板。不规则美术体则在这方面则与规则体不同。它强调自由变形，无论点划处理还是字体外形均追求不规则的变化，具有变化丰富、个性突出、设计空间充分、适应性强、富有装饰性的特点。不规则美术体与规则美术体及书法体相比较，它既具有个性又具有适应性，所以许多书刊均选用这类字体。

3. 印刷体

印刷体沿用了规则美术体的特点，早期的印刷体较呆板、僵硬，现在的印刷体在这方面有所突破，吸纳了不规则美术体的变化规则，大大丰富了印刷体的表现力，而且借助电脑使印刷体的处理方法既便捷又丰富，弥补了其个性上的不足（图 8-8、图 8-9）。

（三）封面的图片设计

封面的图片以其直观、明确、视觉冲击力强、易与读者产生共鸣等特点，成为设计要素中的重要部分。图片的内容丰富多彩，最常见的是人物、动物、植物、自然风光，以及一切人类活动的产物（图 8-10）。图片是书籍封面设计的重要环节，它往往在画面中占据很大面积，成为视觉中心，所以图片设计极其重要。

（四）封面的色彩设计

封面的色彩处理是设计中的重要一关。得体的色彩表现和艺术处理，能在读者的视觉中产生夺目的效果。色彩的运用要考虑内容的需要，用不同色彩对比的效果来表达不同的内容和思想。在对比中求统一协调，以间色互相配置为宜，使对比色统一于协调之中。

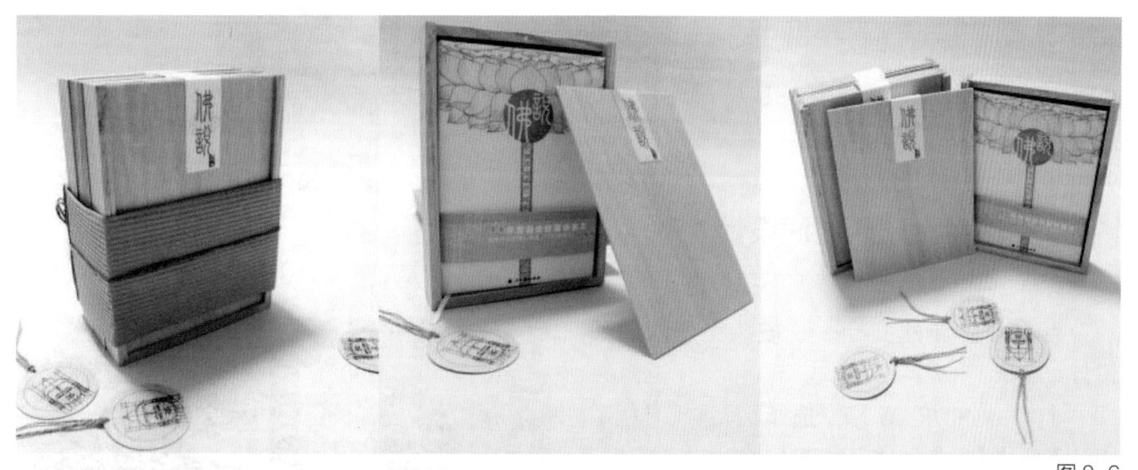

图 8-6

图 8-7

图 8-8

图 8-9

图 8-10

图 8-11

图 8-12

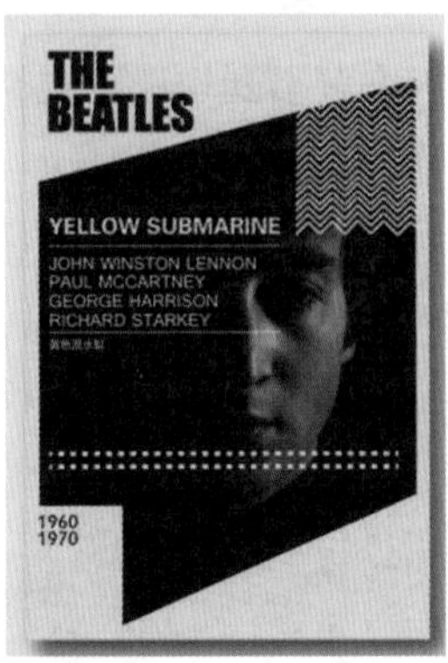

图 8-13

第二节 披头士乐队封面设计

步骤一：新建文档——披头士乐队封面设计

打开 CorelDRAW X7，选择【标准工具栏】中的【新建】按钮，或者按下【Ctrl+N】组合键，弹出【创建新文档】对话框，从中设置文档的尺寸以及各项参数，如图 8-15 所示，点击【确定】按钮，即可创建新文档。

步骤二：确定封面的规格

1. 鼠标移动至工作区左侧的标尺区域，按住鼠标左键拖出两根辅助线，分别放置在水平标尺上的【165】和【185】的位置上，设置出页面分区的辅助线，如图 8-16 所示。

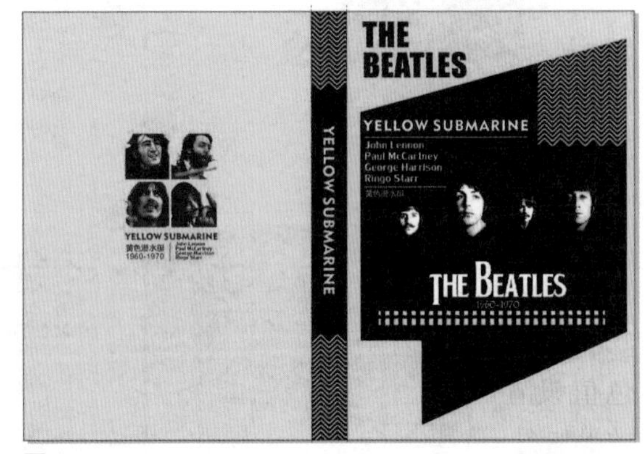

图 8-14

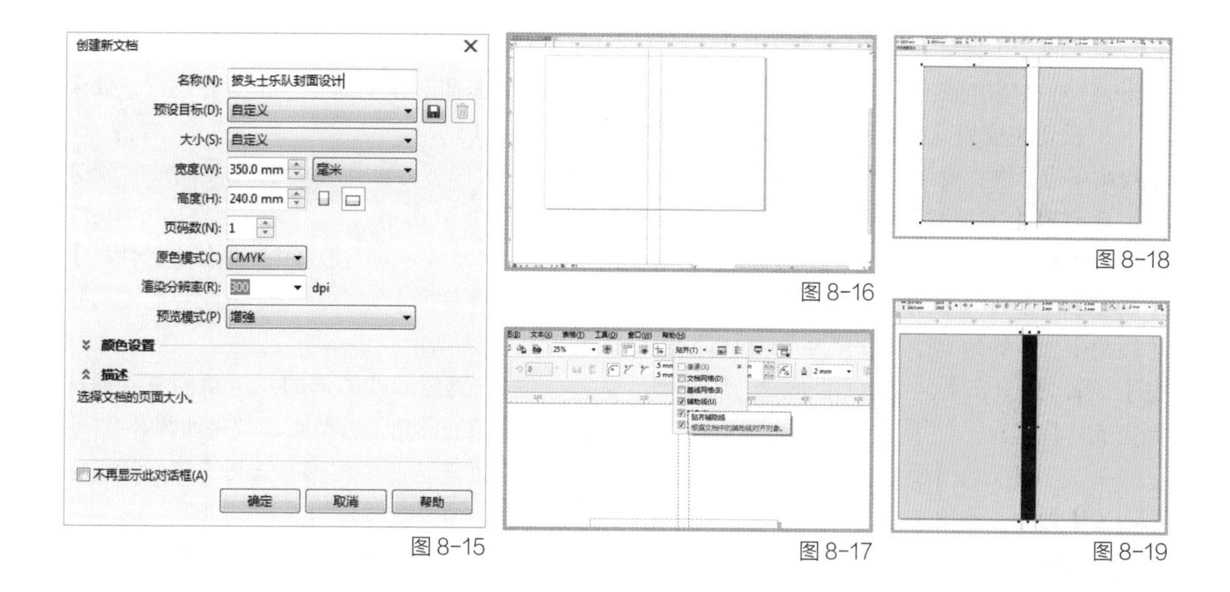

图 8-15
图 8-16
图 8-17
图 8-18
图 8-19

2. 选择【标准工具栏】中【贴齐】命令按钮旁边的小三角，选择辅助线前面的方块，打开【贴齐辅助线】，如图 8-17 所示。

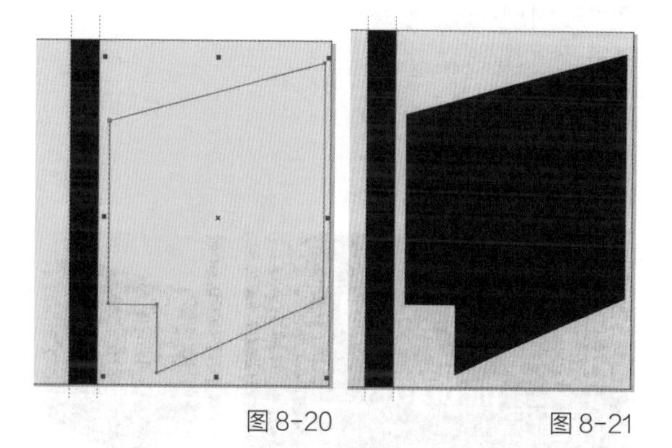
图 8-20　　图 8-21

3. 选择【工具箱】中的【矩形工具】，鼠标在页面的左上角单击拖动，第二点落在左起第一根辅助线和页面底边的交叉点上，并将其填充为【黄色】，色值设置为 C：1，M：9，Y：93，K：0。绘制完成后，再对其进行复制，放置在页面的右侧，完成后效果如图 8-18 所示。

4. 选择【工具箱】中的【矩形工具】，在两根辅助线和页面上下边围合的区域绘制矩形，绘制完成后将其填充为【黑色】，色值设置为 C：93，M：88，Y：89，K：80，完成效果如图 8-19 所示。

步骤三：绘制封面图形

1. 选择【工具箱】中的【贝塞尔工具】，在右侧的黄色矩形中，也就是封面中绘制如图 8-20 所示的图形。

图 8-22

2. 绘制完成后将其填充为【黑色】，颜色色值设置为 C：93，M：88，Y：89，K：80，效果如图 8-21 所示。

3. 选择【文件】菜单栏中的【导入】命令，导入光盘中【第八章—第二节—素材—封面素材】文件，如图 8-22 所示。

4. 选择【工具箱】中的【裁剪工具】，将不需要的画面裁切掉，裁切后的效果如图 8-23 所示。

5. 裁切完成后，将其移动到绘制好的黑色不规则多边形中，效果如图 8-24 所示。

6. 选择【工具箱】中的【矩形工具】，在工作区绘制一个矩形，在【属性栏】将【宽度】、【高度】均设置为【7】，【顶点样式】设置为【圆角】，【圆角半径】设置为【1】，【轮廓宽】设置为【0.75】，效果如图 8-25 所示。绘制完成后将其旋转 45 度，如图 8-26 所示。

7. 选择【对象】菜单栏中的【将轮廓转换为对象】命令，如图 8-27 所示，将矩形的轮廓线修改为对象。

8. 选择【工具箱】中的【矩形工具】，在菱形的中下部绘制一个矩形，如图 8-28 所示。

9. 框选菱形和矩形，选择【属性栏】中的【移除前面对象】命令。修剪完成后，效果如图 8-29 所示。

10. 对修剪好的图形进行再复制放置到旁边，如图 8-30 所示。

11. 将复制好的图形选中，选择【属性栏】中的【垂直镜像】命令，完成镜像后的图形效果如图 8-31 所示。

12. 将镜像后的图形的左上角的节点捕捉到上面图形的圆角下方节点，效果如图 8-32 所示。然后框选这两个图形，选择【属性栏】中的【合并】命令，效果如图 8-33 所示。

13. 将绘制好的图形，参照如图 8-34 所示样式进行移动复制，复制好后，将其群组。然后再对其进行复制，效果如图 8-35 所示。

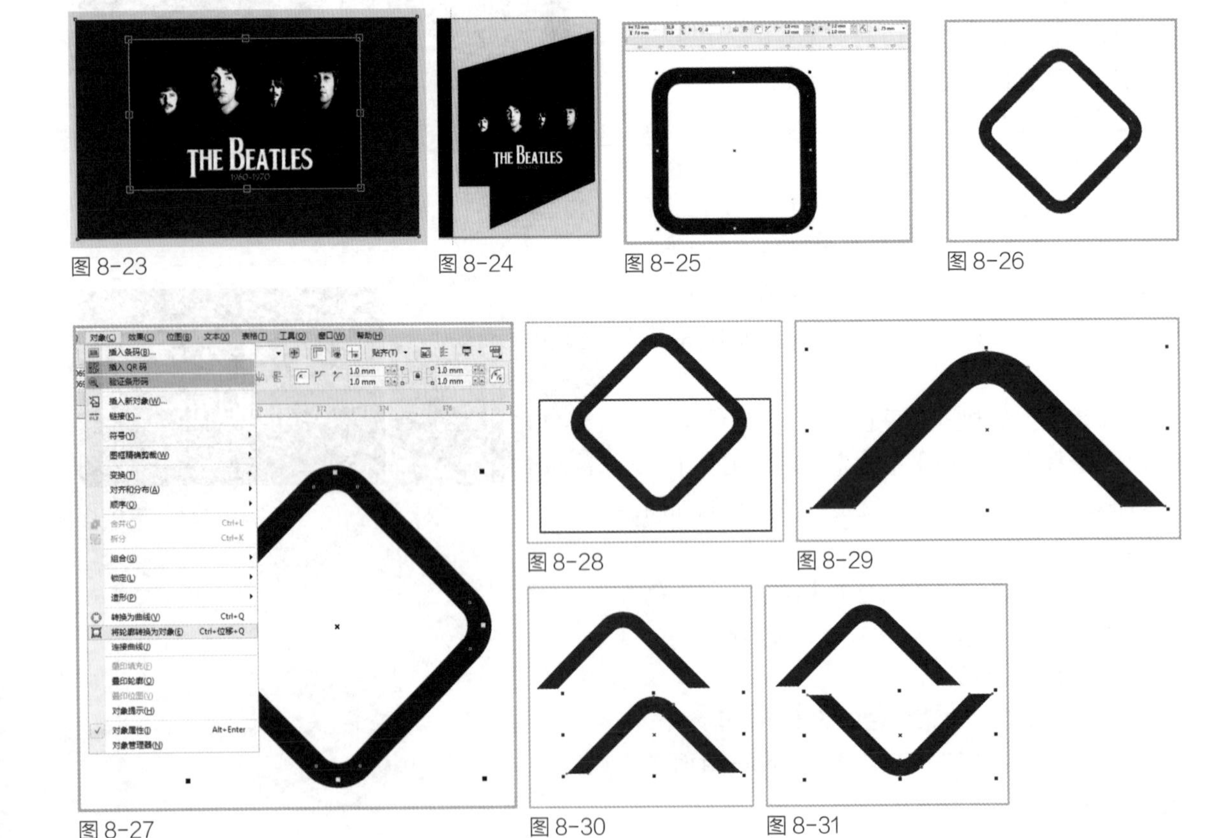

图 8-23　图 8-24　图 8-25　图 8-26

图 8-27　图 8-28　图 8-29　图 8-30　图 8-31

14. 选择【工具箱】中的【调和工具】，单击其中一根波浪线将其向另一根波浪线拖动，在【属性栏】将【调和对象】设置为【26】，如图 8-36 所示。调和完成后，将颜色设置为【黄色】，色值为 C：1，M：9，Y：93，K：0，效果如图 8-37 所示。

15. 选中刚才调和好的波浪线群，选择【对象】菜单栏中的【图框精确剪裁—置于图文框内部】命令，如图 8-38 所示，当弹出黑色箭头时，单击绘制好的黑色多边形，置入效果如图 8-39 所示。

16. 选择【工具箱】中的【矩形工具】，在黑色不规则多边形的下部位置绘制一个正方形，在【属性栏】将【宽度】、【高度】均设置为【2.5】，绘制完成后将其填充为【黄色】，色值为 C：1，M：9，Y：93，K：0，如图 8-40 所示。

17. 选中绘制好的小正方形，打开【变换】泊坞窗，泊坞窗参数设置如图 8-41 所示。点击【应用】后，效果如图 8-42 所示。

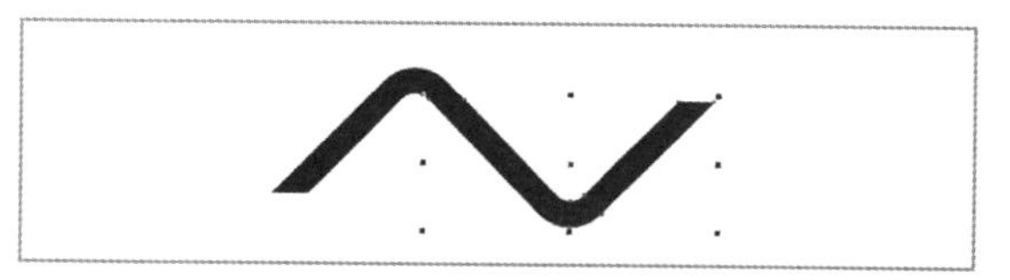

图 8-32

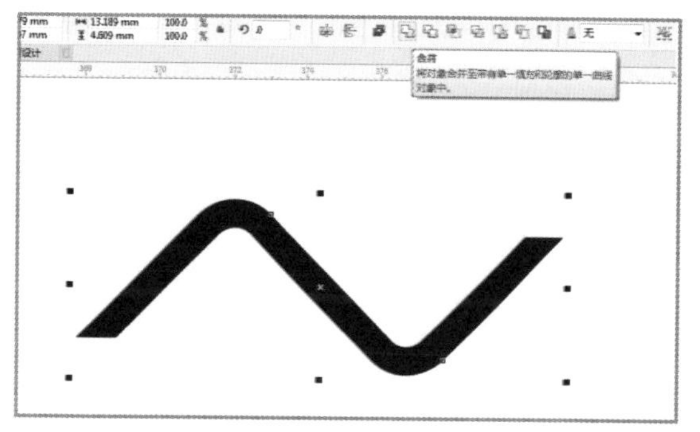

图 8-33

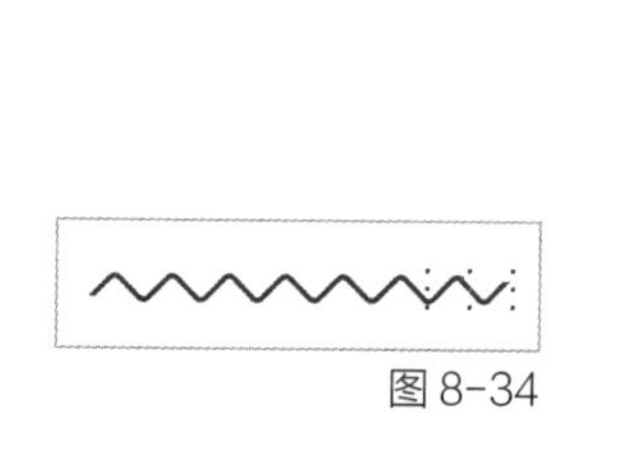

图 8-34

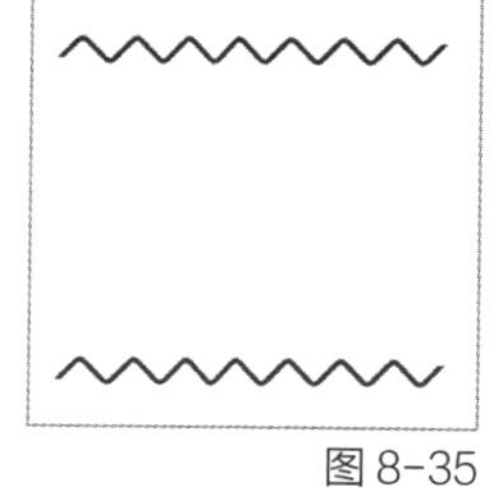

图 8-35

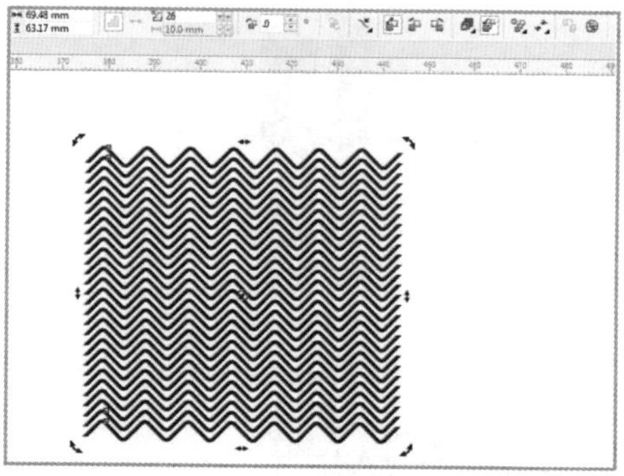

图 8-36

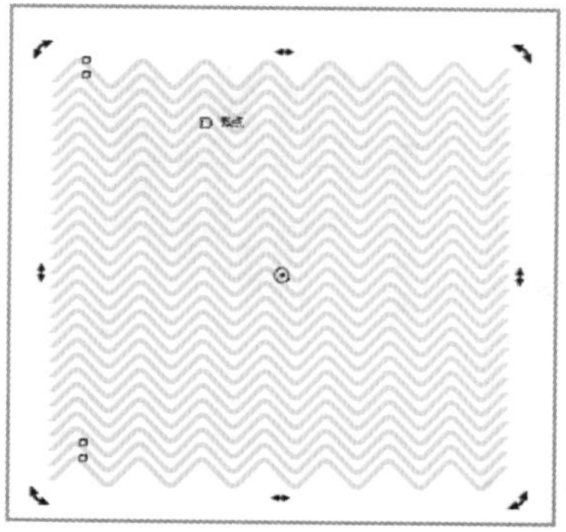

图 8-37

图 8-38

图 8-39

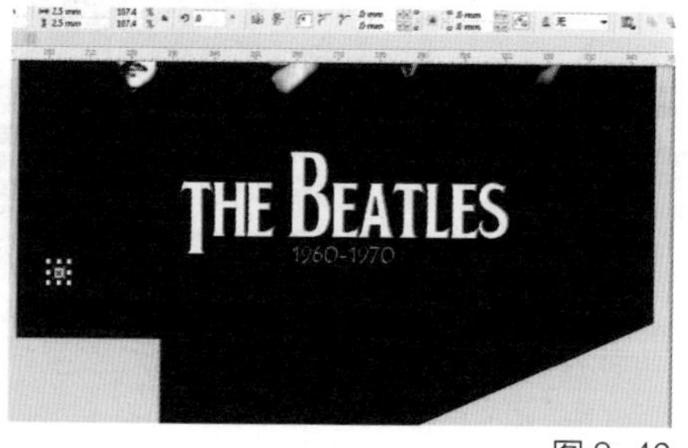

图 8-40

18. 将两端的正方形的宽度调整为原来的一半，将这些小矩形群组，再对其进行复制，放在下方，复制完成后适当调整这些矩形的高度，效果如图 8-43 所示。

19. 对第 14 步绘制好的波浪形进行复制，放置在书脊的上下两个区域，如图 8-44 所示，然后将其置入书脊的黑色细长图文框内，具体的置入方法前文有详细的讲解，这里就不再赘述，完成后效果如图 8-45 所示。

20. 选择【文件】菜单栏中的【导入】命令，将【第八章—第二节—素材—封底素材】文件导入页面中，如图 8-46 所示。

21. 图片导入后，将其缩放到合适的大小置于封底。至此，整个封面的图形部分就处理完成了，效果如图 8-47 所示。

图 8-41

图 8-42

图 8-43

图 8-44

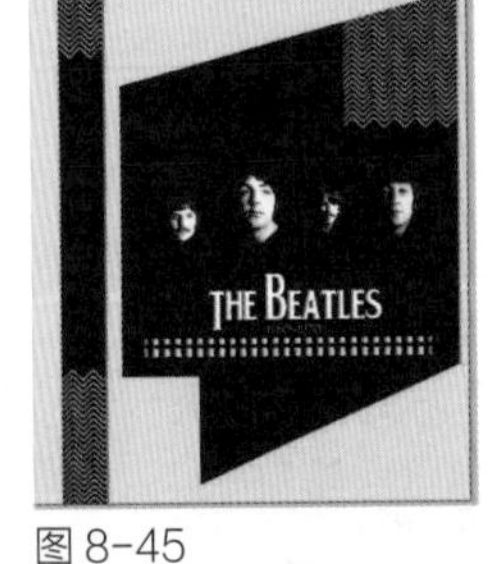

图 8-45

图 8-46

图 8-47

步骤四：制作封面上的文字

1. 文字的制作非常简单，在制作文字之前，最好先在电脑系统盘中安装字库，以便挑选合适的字体，统一封面的风格。

2. 在封面的左上角输入文字【THE BEATLES】，字体和字号设置如图 8-48 所示。

3. 依次在封面和封底上输入相应文字，步骤如图 8-49 ~ 图 8-55 所示。

4. 这样，披头士乐队的纪念册封面就制作完成了，最终效果如图 8-56 所示。

图 8-48

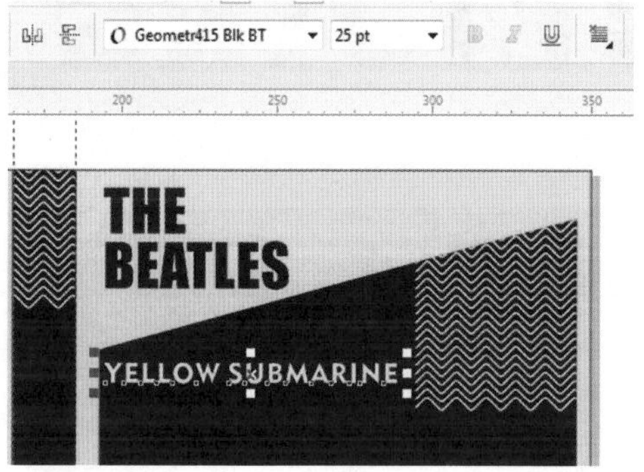

图 8-49

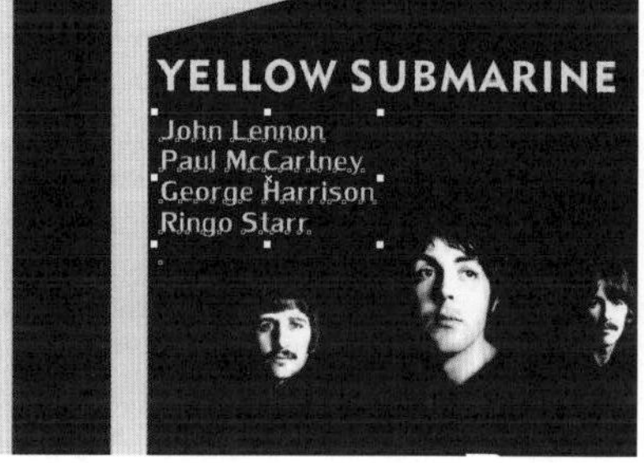

图 8-50

图 8-51

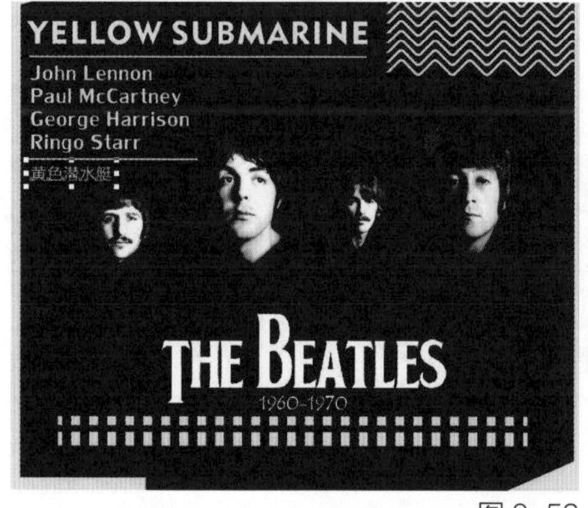

图 8-52

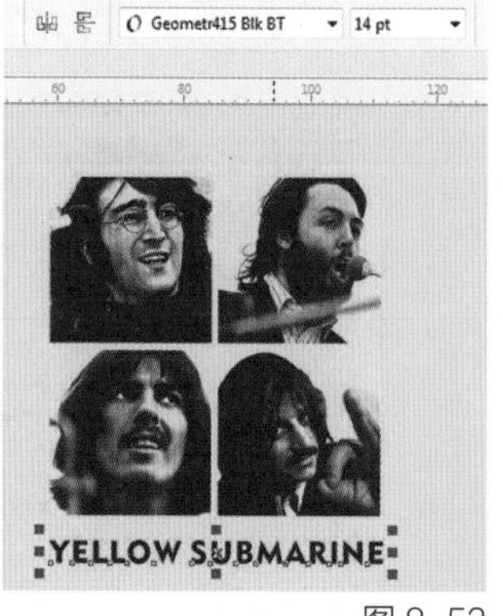

图 8-53

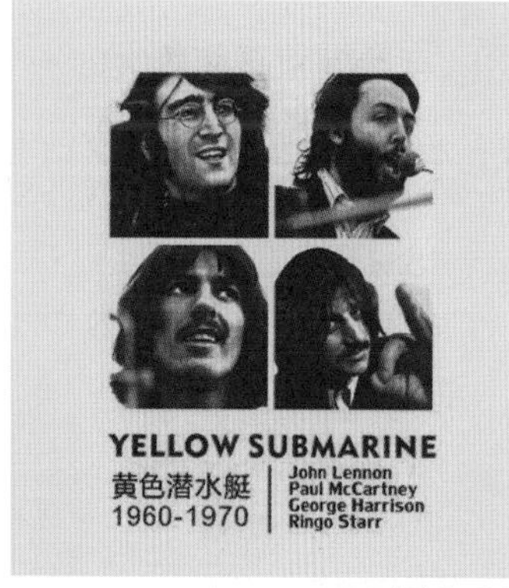

图 8-54

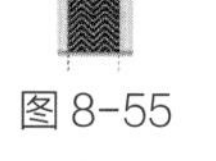

图 8-55

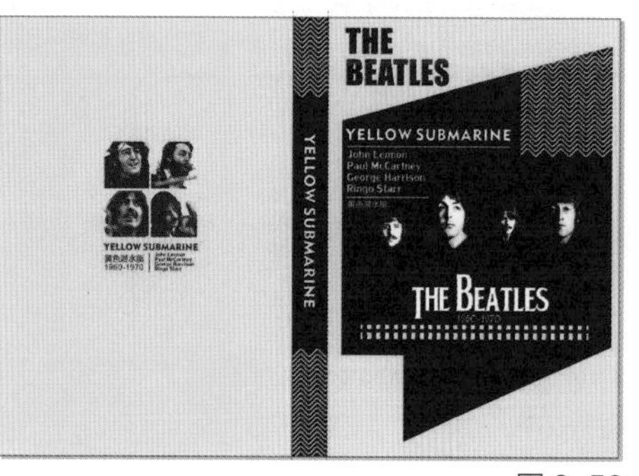

图 8-56

第三节 儿童绘本封面设计

图 8-57

步骤一：新建文件——儿童绘本封面设计

打开 CorelDRAW X7，选择【标准工具栏】中的【新建】按钮，或者按下【Ctrl+N】组合键，弹出【创建新文档】对话框，从中设置文档的尺寸以及各项参数，如图 8-58 所示，点击【确定】按钮，即可创建新文档。

步骤二：绘制封面图形

1. 运用【工具箱】中的【矩形工具】、【椭圆工具】，在工作区绘制如图 8-59 所示的 3 个椭圆和一个矩形。

2. 框选这 4 个几何形体，选择【属性栏】中的【合并】命令，将 4 个图形相加，得到如图 8-60 所示的图形。绘制完成后将其【轮廓色】设置成【蓝灰色】，色值设置为 C：25，M：15，Y：10，K：0，效果如图 8-61 所示。

3. 对绘制好的白云进行复制，铺满整个页面，绘制完成后效果如图 8-62 所示。

4. 选择【工具箱】中的【矩形工具】，在工作区绘制跟页面等大的矩形，将其顺序调整到底层。将其填充为【灰色】，色值设置为 C：6，M：5，Y：3，K：0，效果如图 8-63 所示。

5. 打开光盘中【第三章—第四节—源文件—儿童读物插画】，效果如图 8-64 所示。将画面中最下方的图形选中，对其进行复制并粘贴到【儿童绘本封面设计】文件中，粘贴后效果如图 8-65 所示。

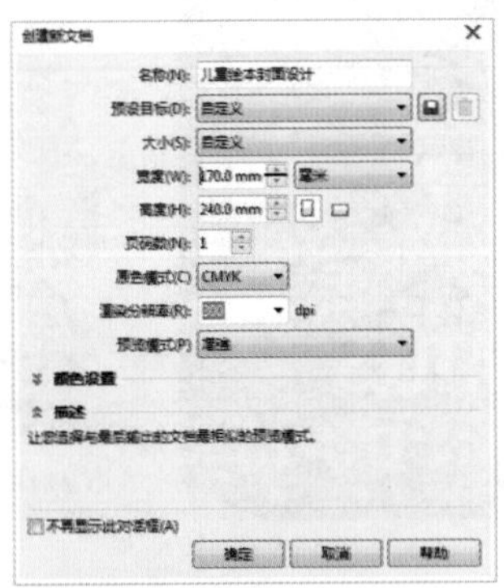
图 8-58

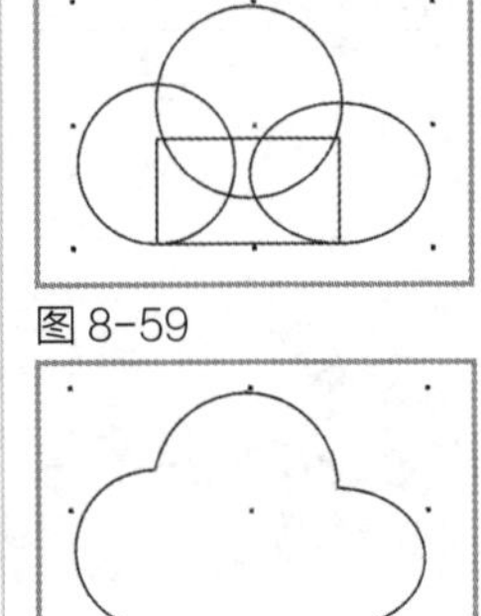
图 8-59

图 8-60

图 8-61

图 8-62

图 8-63

图 8-64

图 8-65

6. 将插画群组，然后将其置入到当前页面中，置入的方法在本章第二小节步骤三中有详细讲解，这里就不再赘述，置入后效果如图 8-66 所示。这时白云背景和插画有很多重叠的部分，将重叠的白云删除，效果如图 8-67 所示。

步骤三：封面文字制作

1. 在封面中输入文字【The Next Station is BEIJING】，如图 8-68 所示。调整输入文字的字体及字号，如图 8-69 所示。将单词【is】下的白云填充为【粉红色】，色值设置为 C：3，M：56，Y：0，K：0，效果如图 8-69 所示。

2. 将所有的文字进行图形化处理，选中文字，选择【对象】菜单栏中的【拆分美术字】命令，对其进行拆分，方便一一编辑，如图 8-70 所示。

3. 然后将已经拆分的文字进行颜色填充，首先处理的是字号相对较大的【BEIJING】，分别将前 5 个字母填充颜色，颜色色值分别为：

字母 B：　C：11，M：99，Y：96，K：0；

字母 E：　C：17，M：41，Y：82，K：0；

字母 I：　C：27，M：98，Y：71，K：0；

字母 J：　C：18，M：53，Y：80，K：0；

字母 I：　C：42，M：99，Y：100，K：9。

填充后效果如图 8-71 所示。

4. 沿着字母【N】的边缘绘制一个矩形，如图 8-72 所示。将其填充为【红色】，色值设置为 C：14，M：79，Y：56，K：0。在其中绘制小正方形，将其填充为【白色】，效果如图 8-73 所示。

5. 再复制一个小矩形，分别将两个矩形放置在红色矩形的两个角上，效果如图 8-74 所示。

6. 将放置在两个角落的点进行调和，将【调和步数】设置为【30】，得到如图 8-75 的效果。然后用同样的方法，将其铺满整个红色矩形，效果如图 8-76 所示。

图 8-66

图 8-67

图 8-68

图 8-69

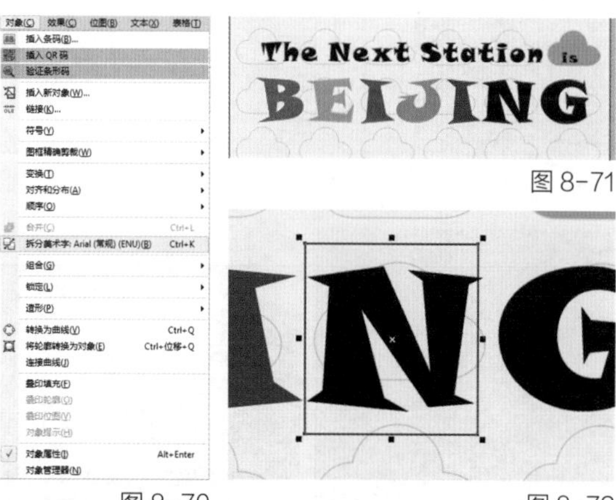

图 8-70

图 8-71

图 8-72

图 8-73

图 8-74

图 8-75

7. 选择绘制好的点图案，选择【对象】菜单栏中的【图框精确剪裁—置于图文框内部】命令，如图 8-77 所示，弹出黑色箭头时，单击字母【N】，置入效果如图 8-78 所示。

8. 同样的方法对字母 G 进行处理，具体操作步骤参照图 8-79—图 8-82。

9. 选择【工具箱】中的【钢笔工具】，在工作区绘制如图 8-83 所示的三角形，将其填充为【绿色】，色值设置为 C：65，M：0，Y：100，K：0。

10. 打开【变换】泊坞窗，参数设置如图 8-83，进行旋转复制，复制后效果如图 8-84 所示。

11. 在绘制好的旋转图形后面绘制一个灰色背景，如图 8-85 所示。

12. 选择绘制好的旋转图案及其底色，选择【对象】菜单栏中的【图框精确剪裁—置于图文框内部】命令，当弹出黑色箭头时，单击字母【S】，置入效果如图 8-86 所示。

13. 绘制如图 8-87 所示的蓝色条形图案，蓝色填充的色值为 C：60，M：0，Y：18，K：0。绘制完成后，将其旋转，并放置在单词【Next】的【N】字母上，如图 8-88 所示。

14. 选择绘制好的图案，选择【对象】菜单栏中的【图框精确剪裁—置于图文框内部】命令，当弹出黑色箭头时，单击字母【N】，置入效果如图 8-89 所示。

15. 根据自己的喜好，将其他的字母添加上颜色或图案，参考效果如图 8-90 所示。最后在英文的右下角输入中文【下一站北京】。这样，一个儿童绘本的封面就设计制作完成了，效果如图 8-91 所示。

图 8-76　图 8-77　图 8-78　图 8-79

图 8-80　图 8-81

图 8-82　图 8-83

图 8-84

图 8-85

图 8-86

图 8-87

图 8-88

图 8-89

图 8-90

图 8-91

第四节 《府窑—茶器》封面设计

步骤一：新建——《府窑—茶器》封面设计

打开CorelDRAW X7，选择【标准工具栏】中的【新建】按钮，或者按下【Ctrl+N】组合键，弹出【创建新文档】对话框，从中设置文档的尺寸以及各项参数，如图8-93所示，点击【确定】按钮，即可创建新文档。

步骤二：设置封面的规格

1. 鼠标移动至工作区左侧的标尺区域，按住鼠标左键拖出两根辅助线，分别放置在水平标尺上的【170】和【190】的位置上，设置出页面分区的辅助线，如图8-94所示。

2. 选择【工具箱】中的【矩形工具】，将辅助线分割出的三个区域分别绘制矩形，作为封面的【封底】、【书脊】、【封面】，如图8-95所示。

步骤三：绘制封面图形

1. 选择【文件】菜单栏中的【导入】命令，导入光盘中【第八章—第四节—素材—纱布素材】文件，如图8-96所示。

2. 选择导入的素材，选择【对象】菜单栏中的【图框精确剪裁—置于图文框内部】命令，当弹出黑色箭头时，单击中间书脊区域的矩形，置入效果如图8-97所示。

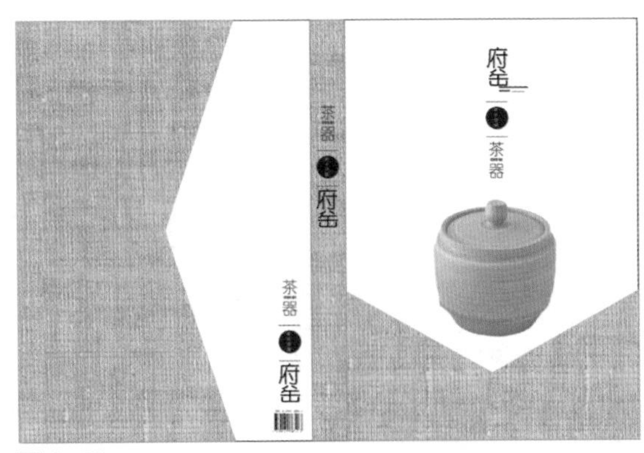

图8-92

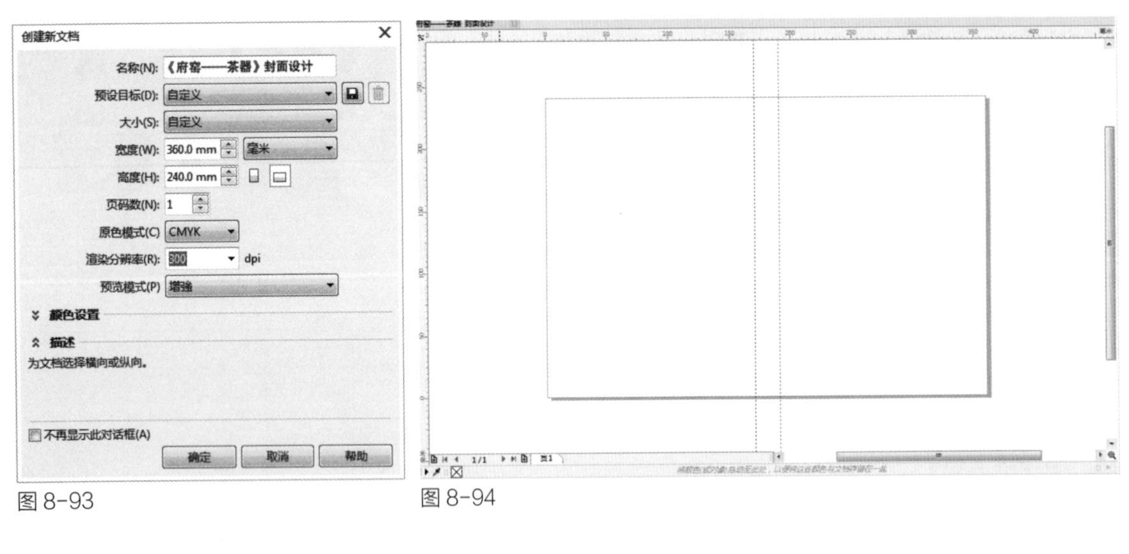

图8-93

图8-94

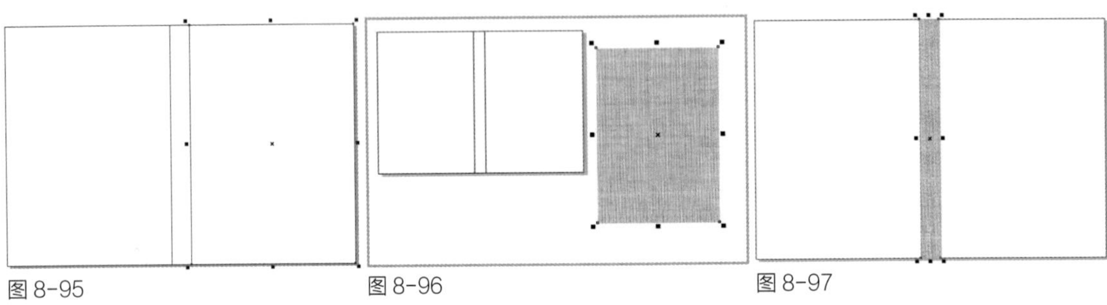
图8-95

图8-96

图8-97

3. 选择【工具箱】中的【矩形工具】，在封面区域的下部绘制矩形，宽度与封面的宽度一致，高度设置为【85】，如图 8-98 所示。选中矩形，选择【属性栏】中的【转换为对象】命令。

4. 选择【工具箱】中的【修改工具】，在矩形的上边缘中点添加一个节点，将节点向下移动，得到修改后的矩形效果如图 8-99 所示。

5. 同样的方法，我们在封底绘制矩形，如图 8-100 所示，然后对其进行变形，变形后效果如图 8-101。

6. 对导入的素材进行复制（复制两次），分别置入刚才绘制的两个图形内，置入效果如图 8-102、图 8-103 所示。

7. 选择【文件】菜单栏中的【导入】命令，导入光盘中【第八章—第四节—素材—茶器素材】文件，如图 8-104 所示。然后对导入的文件进行缩放，缩放到合适大小，将其放置在封面中，效果如图 8-105 所示。

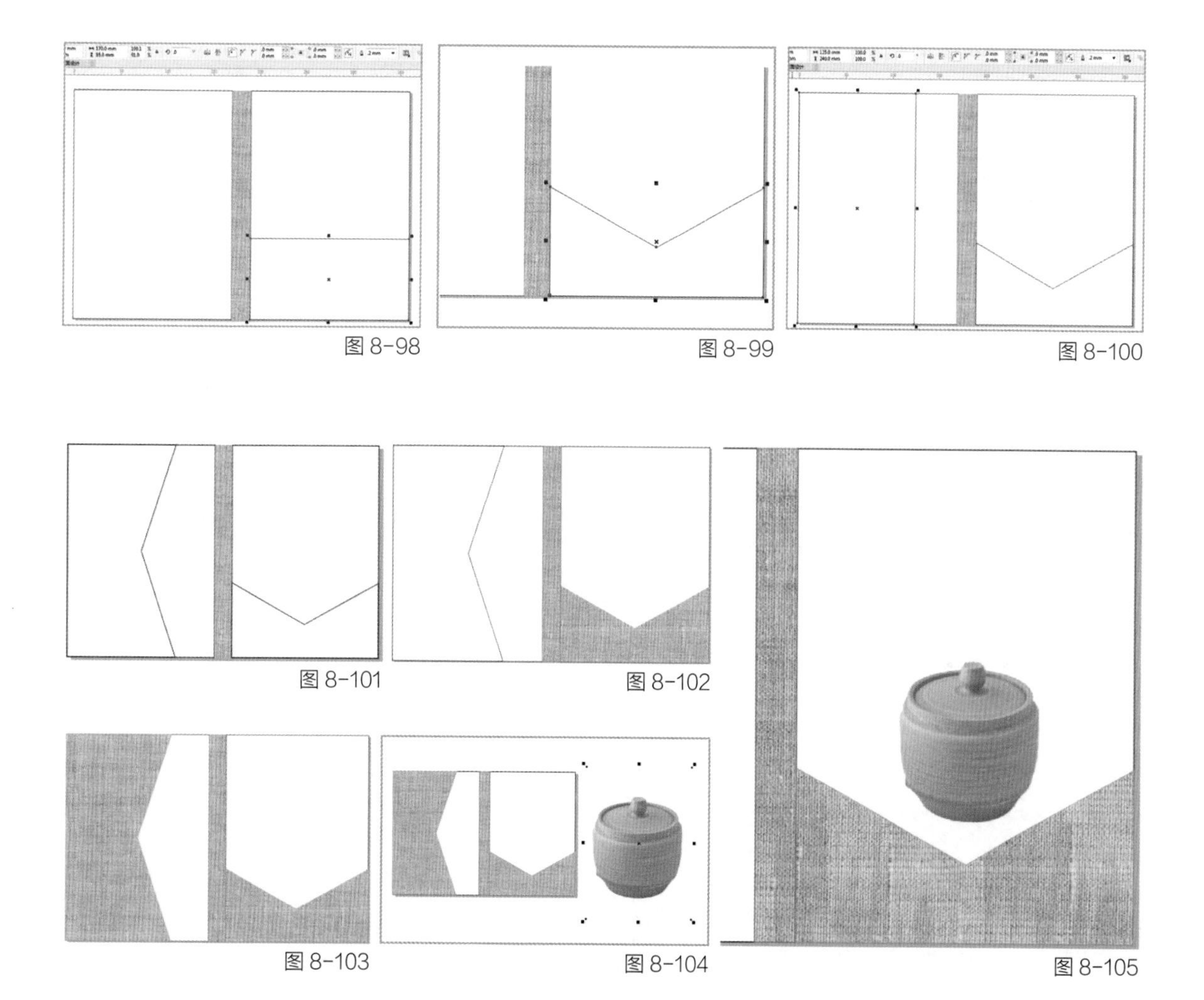

图 8-98 图 8-99 图 8-100

图 8-101 图 8-102

图 8-103 图 8-104 图 8-105

步骤四：封面文字制作

1. 选择【工具箱】中的【文字工具】，输入【府窑】二字，字体字号设置如图 8–106 所示。然后将轮廓转换为对象，如图 8–107 所示。

2. 因为后面要对【窑】进行进一步编辑，所以要将两个字拆分开，选择【对象】菜单栏中的【拆分美术字】命令，如图 8–108 所示。然后选中【窑】，单击鼠标右键，将其转换为曲线，如图 8–109 所示。

3. 选中【窑】字，选择【工具箱】中的【修改工具】， 选中文字中的宝盖头的节点，如图 8–110 所示。将这些节点删除，如图 8–111 所示。

4. 将修改好的字向上移动，然后放到封面如图 8–112 所示的位置。

5. 选择【工具箱】中的【椭圆工具】，配合【Shift】键绘制一个直径为【13】的正圆，并将其填充 90% 的【灰色】，如图 8–113 所示。

6. 选择【工具箱】中的【文字工具】，输入【新长沙窑】，字体字号设置如图 8–114 所示。将其放置在正圆中心。绘制完成后，在圆形上下两端分别绘制一条直线，直线的【轮廓色】设置为 90% 的【灰色】，效果如图 8–115 所示。

7. 选择【工具箱】中的【文字工具】，输入【茶器】，字体字号设置如图 8–116 所示。将其放置于直线下方。然后在茶器的字间输入文字【CHA QI】，字体字号如图 8–117 所示。

8. 选择【工具箱】中的【文字工具】，输入【XIN CHANG SHA YAO FU YAO】，字体字号设置如图 8–118 所示。将其放置于【府窑】下方。至此，封面就绘制完成了，效果如图 8–119 所示。

9. 对封面的文字元素进行复制放在封底的右下角，在封底中删除【XIN CHANG SHA YAO FU YAO】，将文字【茶器】和【府窑】调换位置，效果如图 8–120 所示。

10. 选择【文件】菜单栏中的【导入】命令，导入光盘中【第八章—第四节—素材—条形码】，然后对导入的文件进行缩放，缩放到合适大小，将其放置在封底的右下角，效果如图 8–121 所示。

11. 对封底的文字进行复制，放置到书脊上，效果如图 8–122 所示。

12. 至此，《府窑—茶器》封面就设计制作完成了，最终效果如图 8–123 所示。

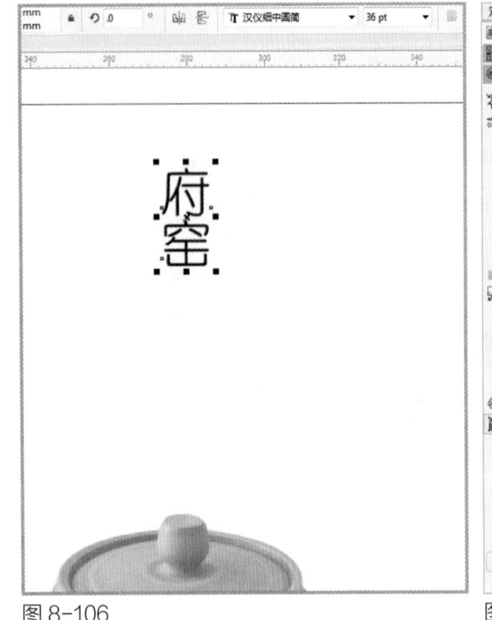

图 8–106

图 8–107

图 8–108

图 8-109

图 8-110

图 8-111

图 8-112

图 8-113

图 8-114

图 8-115

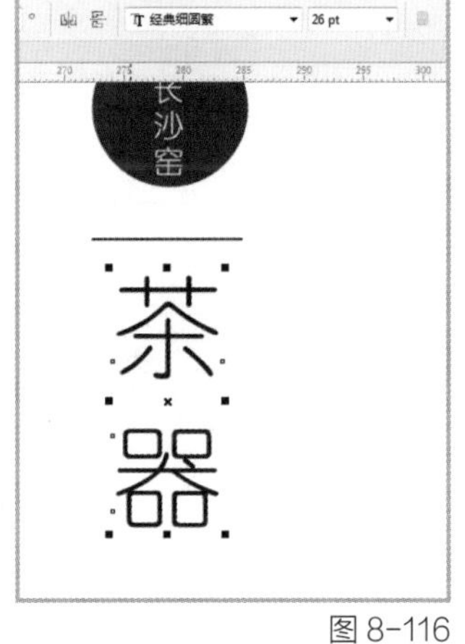

图 8-116

图 8-117

图 8-118

图 8-119

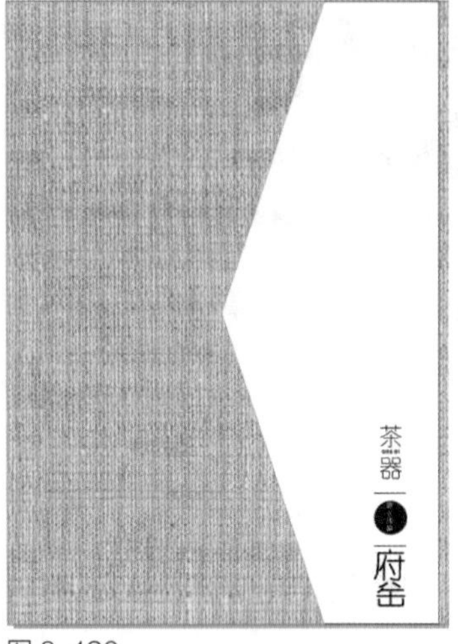

图 8-120

图 8-121

图 8-122

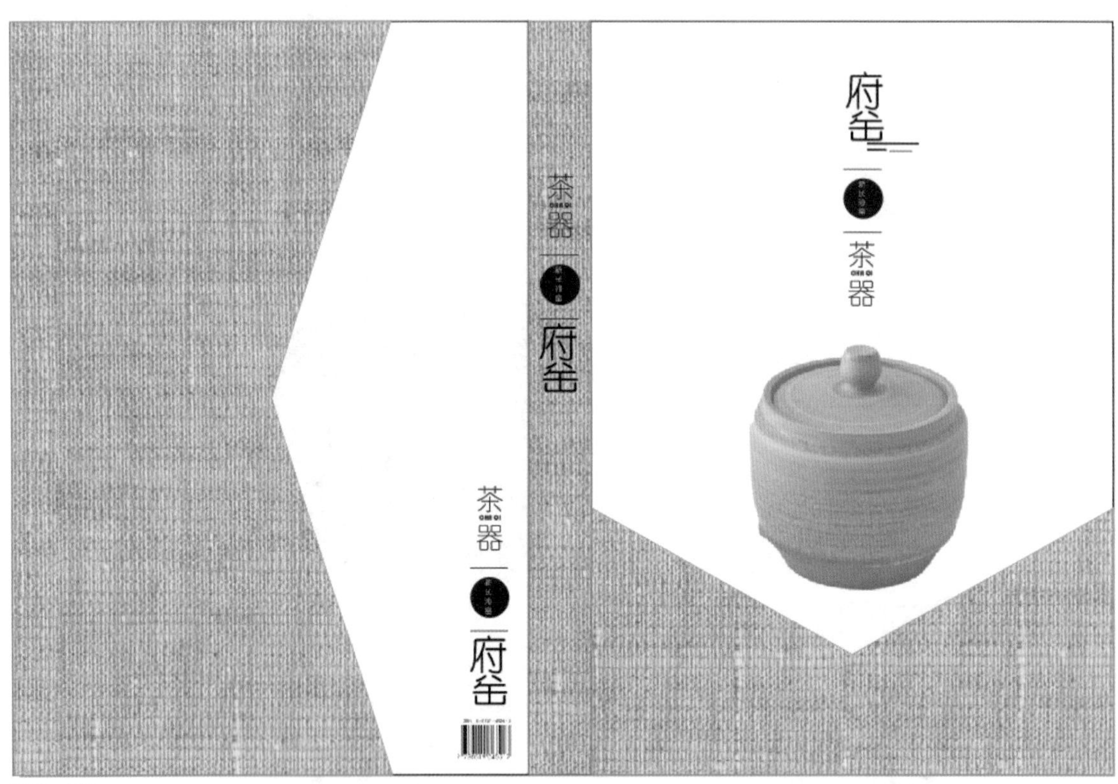

图 8-123

附 CorelDRAW X7 快捷键一览表

命令	快捷键
绘制圆 / 正方形（椭圆命令下 / 矩形命令下）	【Ctrl】+【鼠标左键】
以图形中心为基点成比例缩放	【Shift】+【鼠标左键】
放大全部的对象到最大	【F4】
放大选定的对象到最大	【Shift】+【F2】
放大后返回前一个工具	【F2】
缩小绘图中的图形	【F3】
运行缩放动作然后返回前一个工具	【Z】
组合选择的对象	【Ctrl】+【L】→组合后所有图形属性相同
拆分选择的对象	【Ctrl】+【U】
将选择的对象组成群组	【Ctrl】+【G】→群组后各图形属性不变
拆分选择的群组	【Ctrl】+【U】
绘制椭圆形和圆形	【F7】
绘制矩形组	【D】
绘制对称多边形	【Y】
重复上一次操作	【Ctrl】+【R】
显示绘图的全屏预览	【F9】
导出文本或对象到另一种格式	【Ctrl】+【E】
导入文本或对象	【Ctrl】+【I】
水平对齐选择对象的中心	【E】→以各图形中心为水平线对齐
对齐选择对象的中心到页中心	【P】
左对齐选定的对象	【L】
右对齐选定的对象	【R】
上对齐选定的对象	【T】

命令	快捷键
下对齐选定的对象	【B】
显示导航窗口（Navigator window）	【N】
运行 Visual Basic 应用程序的编辑器	【Alt】+【F11】
保存当前的图形	【Ctrl】+【S】
打开编辑文本对话框	【Ctrl】+【Shift】+【T】
擦除图形的一部分或将一个对象分为两个封闭路径	【X】
撤消上一次的操作	【Ctrl】+【Z】
撤消上一次的操作	【Alt】+【Backspace】
垂直定距对齐选择对象的中心	【Shift】+【A】
垂直分散对齐选择对象的中心	【Shift】+【C】
垂直对齐选择对象的中心	【C】
将文本更改为垂直排布（切换式）	【Ctrl】+【.】
打开一个已有绘图文档	【Ctrl】+【O】
打印当前的图形	【Ctrl】+【P】
打开【大小工具卷帘】	【Alt】+【F10】
发送选择的对象到后面	【Shift】+【B】
将选择的对象放置到后面	【Shift】+【PageDown】
发送选择的对象到前面	【Shift】+【T】
将选择的对象放置到前面	【Shift】+【PageUp】
发送选择的对象到右面	【Shift】+【R】
发送选择的对象到左面	【Shift】+【L】
将文本对齐基线	【Alt】+【F12】
将对象与网格对齐 （切换）	【Ctrl】+【Y】

命令	快捷键
将选择对象的分散对齐舞台水平中心	【Shift】+【P】
将选择对象的分散对齐页面水平中心	【Shift】+【E】
打开【封套工具卷帘】	【Ctrl】+【F7】
打开【符号和特殊字符工具卷帘】	【Ctrl】+【F11】
复制选定的项目到剪贴板	【Ctrl】+【C】
复制选定的项目到剪贴板	【Ctrl】+【Insert】
设置文本属性的格式	【Ctrl】+【T】
恢复上一次的【撤消】操作	【Ctrl】+【Shift】+【Z】
剪切选定对象并将它放置在【剪贴板】中	【Ctrl】+【X】
剪切选定对象并将它放置在【剪贴板】中	【Shift】+【Delete】
将字体大小减小为上一个字体大小设置。	【Ctrl】+小键盘【2】
将渐变填充应用到对象	【F11】
绘制矩形；双击该工具便可创建页框	【F6】
打开【轮廓笔】对话框	【F12】
打开【轮廓图工具卷帘】	【Ctrl】+【F9】
绘制螺旋形	双击该工具打开【选项】对话框的【工具框】标签 【A】
启动【拼写检查器】	检查选定文本的拼写【Ctrl】+【F12】
在【当前工具】和【挑选工具】之间切换	【Ctrl】+【Space】
删除选定的对象	【Delete】
将字体大小减小为字体大小列表中上一个可用设置	【Ctrl】+小键盘【4】
转到上一页	【PageUp】
将镜头相对于绘画上移	【Alt】+【↑】
生成【属性栏】并对准可被标记的第一个可视项	【Ctrl】+【Backspase】
打开【视图管理器工具卷帘】	【Ctrl】+【F2】
在最近使用的两种视图质量间进行切换	【Shift】+【F9】

命令	快捷键
用【手绘】模式绘制线条和曲线	【F5】
使用该工具通过单击及拖动来平移绘图	【H】
按当前选项或工具显示对象或工具的属性	【Alt】+【Backspase】
刷新当前的绘图窗口	【Ctrl】+【W】
将文本排列改为水平方向	【Ctrl】+【,】
打开【缩放工具卷帘】	【Alt】+【F9】
将填充添加到对象；单击并拖动对象实现喷泉式填充	【G】
打开【透镜工具卷帘】	【Alt】+【F3】
打开【图形和文本样式工具卷帘】	【Ctrl】+【F5】
退出 CorelDRAW 并提示保存活动绘图	【Alt】+【F4】
将对象转换成网状填充对象	【M】
打开【位置工具卷帘】	【Alt】+【F7】
添加文本（单击添加【美术字】；拖动添加【段落文本】）	【F8】
将字体大小增加为字体大小列表中的下一个设置	【Ctrl】+小键盘 6
转到下一页	【PageDown】
将镜头相对于绘画下移	【Alt】+【↓】
包含指定线性标注线属性的功能	【Alt】+【F2】
添加/移除文本对象的项目符号（切换）	【Ctrl】+【M】
将选定对象按照对象的堆栈顺序放置到向后一个位置	【Ctrl】+【PageDown】
将选定对象按照对象的堆栈顺序放置到向前一个位置	【Ctrl】+【PageUp】
使用【超微调】因子向上微调对象	【Shift】+【↑】
向上微调对象	【↑】
使用【细微调】因子向上微调对象	【Ctrl】+【↑】
使用【超微调】因子向下微调对象	【Shift】+【↓】
向下微调对象	【↓】

命令	快捷键
使用【细微调】因子向下微调对象	【Ctrl】+【↓】
使用【超微调】因子向右微调对象	【Shift】+【←】
向右微调对象	【←】
使用【细微调】因子向右微调对象	【Ctrl】+【←】
使用【超微调】因子向左微调对象	【Shift】+【→】
向左微调对象	【→】
使用【细微调】因子向左微调对象	【Ctrl】+【→】
创建新绘图文档	【Ctrl】+【N】
编辑对象的节点；双击该工具打开【节点编辑卷帘窗】	【F10】
打开【旋转工具卷帘】	【Alt】+【F8】
打开设置 CorelDRAW 选项的对话框	【Ctrl】+【J】
全选	【Ctrl】+【A】
打开【轮廓颜色】对话框	【Shift】+【F12】
给对象应用均匀填充	【Shift】+【F11】
显示整个可打印页面	【Shift】+【F4】
将镜头相对于绘画右移	【Alt】+【←】
再制选定对象并以指定的距离偏移	【Ctrl】+【D】
将字体大小增加为下一个字体大小设置。	【Ctrl】+ 小键盘【8】
将【剪贴板】的内容粘贴到绘图中	【Ctrl】+【V】
将【剪贴板】的内容粘贴到绘图中	【Shift】+【Insert】
启动【这是什么？】帮助	【Shift】+【F1】
转换美术字为段落文本或反过来转换	【Ctrl】+【F8】
将选择的对象转换成曲线	【Ctrl】+【Q】
将轮廓转换成对象	【Ctrl】+【Shift】+【Q】
使用固定宽度、压力感应、书法式或预置的【自然笔】样式来绘制曲线	【I】

命令	快捷键
将镜头相对于绘画左移	【Alt】+【→】

文本编辑：

命令	快捷键
显示所有可用／活动的 HTML 字体大小的列表	【Ctrl】+【Shift】+【H】
将文本对齐方式更改为不对齐	【Ctrl】+【N】
在绘画中查找指定的文本	【Alt】+【F3】
更改文本样式为粗体	【Ctrl】+【B】
将文本对齐方式更改为行宽的范围内分散文字	【Ctrl】+【H】
更改选择文本的大小写	【Shift】+【F3】
将字体大小减小为上一个字体大小设置。	【Ctrl】+ 小键盘【2】
将文本对齐方式更改为居中对齐	【Ctrl】+【E】
将文本对齐方式更改为两端对齐	【Ctrl】+【J】
将所有文本字符更改为小型大写字符	【Ctrl】+【Shift】+【K】
删除文本插入记号右边的字	【Ctrl】+【Delete】
删除文本插入记号右边的字符	【Delete】
将字体大小减小为字体大小列表中上一个可用设置	【Ctrl】+ 小键盘【4】
将文本插入记号向上移动一个段落	【Ctrl】+【↑】
将文本插入记号向上移动一个文本框	【PageUp】
将文本插入记号向上移动一行	【↑】
添加／移除文本对象的首字下沉格式（切换）	【Ctrl】+【Shift】+【D】
选定【文本】标签，打开【选项】对话框	【Ctrl】+【F10】
更改文本样式为带下划线样式	【Ctrl】+【U】
将字体大小增加为字体大小列表中的下一个设置	【Ctrl】+ 小键盘【6】
将文本插入记号向下移动一个段落	【Ctrl】+【↓】
将文本插入记号向下移动一个文本框	【PageDown】
将文本插入记号向下移动一行	【↓】

命令	快捷键
显示非打印字符	【Ctrl】+【Shift】+【C】
向上选择一段文本	【Ctrl】+【Shift】+【↑】
向上选择一个文本框	【Shift】+【PageUp】
向上选择一行文本	【Shift】+【↑】
向上选择一段文本	【Ctrl】+【Shift】+【↑】
向上选择一个文本框	【Shift】+【PageUp】
向上选择一行文本	【Shift】+【↑】
向下选择一段文本	【Ctrl】+【Shift】+【↓】
向下选择一个文本框	【Shift】+【PageDown】
向下选择一行文本	【Shift】+【↓】
更改文本样式为斜体	【Ctrl】+【I】
选择文本结尾的文本	【Ctrl】+【Shift】+【PageDown】
选择文本开始的文本	【Ctrl】+【Shift】+【PageUp】
选择文本框开始的文本	【Ctrl】+【Shift】+【Home】
选择文本框结尾的文本	【Ctrl】+【Shift】+【End】
选择行首的文本	【Shift】+【Home】
选择行尾的文本	【Shift】+【End】
选择文本插入记号右边的字	【Ctrl】+【Shift】+【←】
选择文本插入记号右边的字符	【Shift】+【←】

命令	快捷键
选择文本插入记号左边的字	【Ctrl】+【Shift】+【→】
选择文本插入记号左边的字符	【Shift】+【→】
显示所有绘画样式的列表	【Ctrl】+【Shift】+【S】
将文本插入记号移动到文本开头	【Ctrl】+【PageUp】
将文本插入记号移动到文本框结尾	【Ctrl】+【End】
将文本插入记号移动到文本框开头	【Ctrl】+【Home】
将文本插入记号移动到行首	【Home】
将文本插入记号移动到行尾	【End】
移动文本插入记号到文本结尾	【Ctrl】+【PageDown】
将文本对齐方式更改为右对齐	【Ctrl】+【R】
将文本插入记号向右移动一个字	【Ctrl】+【←】
将文本插入记号向右移动一个字符	【←】
将字体大小增加为下一个字体大小设置。	【Ctrl】+小键盘【8】
显示所有可用／活动字体粗细的列表	【Ctrl】+【Shift】+【W】
显示一包含所有可用／活动字体尺寸的列表	【Ctrl】+【Shift】+【P】
显示一包含所有可用／活动字体的列表	【Ctrl】+【Shift】+【F】
将文本对齐方式更改为左对齐	【Ctrl】+【L】
将文本插入记号向左移动一个字	【Ctrl】+【→】
将文本插入记号向左移动一个字符	【→】